普通高等教育"十三五"规划教材

植物生理学

孙广玉　主编

中国林业出版社

图书在版编目（CIP）数据

植物生理学/孙广玉主编. —北京：中国林业出版社，2016.7（2019.12重印）

普通高等教育"十三五"规划教材

ISBN 978-7-5038-8410-8

Ⅰ.①植… Ⅱ.①孙… Ⅲ.①植物生理学—高等学校—教材 Ⅳ.①Q945

中国版本图书馆 CIP 数据核字（2016）第 023923 号

中国林业出版社·教育出版分社

策划编辑：肖基浒　　　　　责任编辑：肖基浒　高兴荣
电　　话：（010）83143555　　传　真：（010）83143516

出版发行	中国林业出版社（100009　北京市西城区德内大街刘海胡同7号） E-mail:jiaocaipublic@163.com　电话:（010）83143500 http://www.forestry.gov.cn/lycb.html
经　销	新华书店
印　刷	固安县京平诚乾印刷有限公司
版　次	2016年7月第1版
印　次	2019年12月第2次印刷
开　本	850mm×1168mm　1/16
印　张	23.75
字　数	563千字
定　价	48.00元

未经许可，不得以任何方式复制或抄袭本书之部分或全部内容。

版权所有　侵权必究

《植物生理学》编写人员

主　　编：孙广玉
副 主 编：丁国华　李虎林
编写人员：（按姓氏笔画为序）
　　　　　丁国华（哈尔滨师范大学）
　　　　　于　爽（牡丹江师范学院）
　　　　　冯乃杰（黑龙江八一农垦大学）
　　　　　孙广玉（东北林业大学）
　　　　　李虎林（延边大学）
　　　　　张秀丽（东北林业大学）
　　　　　具红光（延边大学）
　　　　　岳中辉（哈尔滨师范大学）
　　　　　赵长江（黑龙江八一农垦大学）
　　　　　敖　红（东北林业大学）
　　　　　路运才（黑龙江大学）
　　　　　鞠世杰（黑龙江八一农垦大学）
主　　审：（按姓氏笔画为序）
　　　　　王晶英（东北林业大学）
　　　　　尹伟伦（北京林业大学）
　　　　　李德全（山东农业大学）
　　　　　张元湖（山东农业大学）
　　　　　郑桂萍（黑龙江八一农垦大学）
　　　　　郑彩霞（北京林业大学）
　　　　　高辉远（山东农业大学）

前　言

植物生理学是植物生命科学中一门无处不在的基础学科。植物生理学能够解释植物生长发育过程中的各种自然现象，加深人们对自然界的认识。掌握和运用植物生理学，能够使植物栽培措施满足植物生长发育的需求，达到栽培措施的合理化，实现植物高产、稳产、优质、低消耗等目的。因此，植物生理学在植物生产实践方面发挥着越来越重要的作用，它能够增强植物生理学在经济和社会发展方面的功能，尤其是在可持续发展的生态环境中的作用。植物不仅为人类提供食物，还在为解决可再生能源和保护生态环境方面担负着无比重要的作用。从植物微观角度来看，植物生理学不断深入探讨植物生命活动的规律与机理，而且所涉及的研究领域越来越多，已经同分子生物学、生物化学、生物物理学和物理化学等学科密切结合起来，进一步了解和探讨着植物的细胞、组织、器官和整体水平的结构与功能，以及与生物和非生物环境因素间的相互作用。因此，植物生理学是植物栽培学和分子生物学之间的桥梁和纽带。与此同时，植物生理学的研究成果促进了农林生产技术的发展。例如，对矿质营养的研究，奠定了化肥生产基础，提供了无土栽培新方法，并为合理施肥、提高作物产量做出了贡献；对光合作用的研究，为农业生产上间作套种、多熟栽培、合理密植、矮秆化和高光效育种等培育技术和措施提供了理论依据；对植物激素的研究则推动了生长调节剂和除草剂的人工合成及应用，使作物生长发育进入了化学调控时代；春化作用和光周期现象的发现及研究，对栽培、引种、育种等生产实践起到重要指导作用。

植物生理学是高等农林院校植物生产类各专业的一门专业基础课程和骨干课程。因此，国内外同行们非常重视植物生理学教材的编撰工作，迄今为止，国内外已有多个版本的植物生理学教材。在新中国成立之初，高等院校最早使用的植物生理学教材是新农出版社出版的，由蒋芸生和郑广华主编的《植物生理学》（1949年7月第1版，1952年9月第5版），之后就是在1953年由汤佩松、娄成后、薛应龙、阎隆飞、韩碧文等编写的《植物生理学讲义》。这些教材为当时植物生理学知识的普及和发展奠定了基础，为新中国培养了一批植物生理学人才。但是，有关树木方面的植物生理学专门教材却很少见，新中国成立后第一本高等林业院校的植物生理学教材是由南京林学院树木生理生化教研组在1961年编写的《植物生理学》。1979年之后，我国树木方面的植物生理学教材一直沿用中国林业出版社出版的，由北京林业大学主编的《植物生理学》，现已修订了三次。国外最早较为系统和全面的树木生理学方面的教材是由 Paul J. Kramer 和 Theodore T. Kozlowski 于1960年编写的《树木生理学》（*Physiology of Trees*），1979年修订改名为《木本植物生理学》

(*Physiology of Woody Plants*)。时隔 30 年的 2009 年，Stephen G. Pallardy 根据木本植物生理学领域的最新进展和研究成果对原著再次修订，编写了《木本植物生理学》（第 3 版），2011 年北京林业大学郑彩霞教授将此书翻译成中文版本。

  本教材以我国北方农林特色为基础，突出两方面特色：一是教材内容简明扼要，与时俱进，又具实践性。本教材虽去除了高中涉及的植物生理学内容，却又与高中植物生理学相衔接；虽删除了植物生物化学所涉猎的内容，却又与生物化学相贯通，同时介绍了现代植物生理学概念、内容和发展趋势，又可指导农林生产实践。二是教材内容重点突出，脉络清晰，图文并茂。在各章前面将内容联络成一张节点图，供读者参考，各章后有提纲挈领的小结和复习思考题，便于读者巩固和加深理解。通过本课程的系统学习，可使学生了解植物生命活动的物质代谢和能量转换的基本规律、植物生长发育的基本控制理论，掌握植物与环境进行物质和能量交换的基本理论、规律以及环境条件，为后续专业课程的学习以及将来的相关工作打下坚实基础。

  本教材是全体编写人员集体智慧的结晶，由孙广玉担任主编，具体编写分工如下：绪论由孙广玉编写，第 1 章由张秀丽编写；第 2 章由于爽编写；第 3 章和第 5 章由敖红编写；第 4 章由岳中辉编写；第 6 章由丁国华编写；第 7 章由路运才编写；第 8 章由李虎林编写，第 9 章由具红光编写，第 10 章由冯乃杰编写；第 11 章由鞠世杰和赵长江共同编写。初稿完成后由孙广玉和张秀丽统稿，并根据要求对部分章节进行了修改和补充，最后全书由孙广玉统一定稿。

  在编写过程中，得到了中国林业出版社教育出版分社的大力支持。初稿完成后，北京林业大学尹伟伦院士和郑彩霞教授、山东农业大学李德全教授、高辉远教授和张元湖教授、东北林业大学王晶英教授、黑龙江八一农垦大学郑桂萍教授进行了精心的审校，并提出宝贵的修改意见，在此我们深表谢意。本书引用了国内外许多教材和相关论著的内容和图表，在此一并感谢。

  作者期望本教材的出版能与其他现行的国内外植物生理学教材互补，满足高等院校本科教学的需要。但由于编者的水平有限，书中肯定存在不妥之处，敬请各位同行和读者批评指正。

编 者
2015 年 12 月

目 录

前 言

绪 论 ……………………………………………………………………… (1)
0.1 植物生理学的定义和内容 …………………………………………… (1)
0.2 植物生理学的任务 …………………………………………………… (2)
0.3 植物生理学的产生和发展 …………………………………………… (2)
0.4 植物生理学的展望 …………………………………………………… (4)
0.5 学习植物生理学的方法和要求 ……………………………………… (5)

第1章 植物的水分生理 ……………………………………………… (8)
1.1 水在植物生活中的作用 ……………………………………………… (9)
1.2 植物细胞对水分的吸收和运转 ……………………………………… (13)
1.3 植物根系对水分的吸收 ……………………………………………… (25)
1.4 植物的蒸腾作用 ……………………………………………………… (30)
1.5 植物体内水分的运输 ………………………………………………… (41)
1.6 合理灌溉的生理基础 ………………………………………………… (47)

第2章 植物的矿质营养 ……………………………………………… (54)
2.1 植物必需的矿质元素 ………………………………………………… (55)
2.2 植物细胞对矿质元素的吸收 ………………………………………… (63)
2.3 植物根系对矿质元素的吸收 ………………………………………… (67)
2.4 矿质元素在植物体内的运输与利用 ………………………………… (71)
2.5 合理施肥的生理基础 ………………………………………………… (73)

第3章 植物的光合作用 ……………………………………………… (77)
3.1 光合作用概述 ………………………………………………………… (78)
3.2 叶绿体和光合色素 …………………………………………………… (81)
3.3 光反应 ………………………………………………………………… (90)

3.4　碳同化 ………………………………………………………………………… (103)
　3.5　影响光合作用的因素 …………………………………………………………… (117)
　3.6　光合作用与农林生产 …………………………………………………………… (126)

第 4 章　植物的呼吸作用 ……………………………………………………………… (135)
　4.1　呼吸作用的概念及生理意义 …………………………………………………… (136)
　4.2　高等植物呼吸作用的多样性 …………………………………………………… (137)
　4.3　呼吸代谢的能量变化及调节 …………………………………………………… (147)
　4.4　影响呼吸作用的因素 …………………………………………………………… (152)
　4.5　呼吸作用与植物生产 …………………………………………………………… (155)

第 5 章　植物体内同化物运输与分配 ………………………………………………… (158)
　5.1　韧皮部中同化物的运输 ………………………………………………………… (159)
　5.2　韧皮部运输的机理 ……………………………………………………………… (164)
　5.3　韧皮部的装载及卸出 …………………………………………………………… (166)
　5.4　光合同化物的分配 ……………………………………………………………… (172)
　5.5　光合同化物的配置 ……………………………………………………………… (176)
　5.6　同化物运输分配与农林生产 …………………………………………………… (184)

第 6 章　植物细胞信号转导 …………………………………………………………… (188)
　6.1　环境刺激和胞间信号 …………………………………………………………… (189)
　6.2　受体与跨膜信号转换 …………………………………………………………… (190)
　6.3　胞内信号转导系统 ……………………………………………………………… (192)
　6.4　蛋白质可逆磷酸化与信号级联放大 …………………………………………… (197)

第 7 章　植物生长物质 ………………………………………………………………… (204)
　7.1　生长素 …………………………………………………………………………… (205)
　7.2　赤霉素 …………………………………………………………………………… (212)
　7.3　细胞分裂素 ……………………………………………………………………… (217)
　7.4　脱落酸 …………………………………………………………………………… (221)
　7.5　乙　烯 …………………………………………………………………………… (224)
　7.6　其他植物生长物质 ……………………………………………………………… (228)
　7.7　植物激素作用的相互关系 ……………………………………………………… (232)
　7.8　植物生长物质与农林生产 ……………………………………………………… (233)

第 8 章　植物的生长生理 ……………………………………………………………… (236)
　8.1　植物生长的细胞学基础 ………………………………………………………… (237)

8.2　植物生长的基本规律 …………………………………………… (240)
8.3　植物生长的相关性 ……………………………………………… (242)
8.4　环境因子对植物生长的影响 …………………………………… (247)
8.5　光形态建成 ……………………………………………………… (249)
8.6　植物的运动 ……………………………………………………… (256)

第9章　植物开花生理 …………………………………………………… (268)
9.1　低温诱导成花 …………………………………………………… (269)
9.2　光周期诱导成花 ………………………………………………… (274)
9.3　花器官形成与性别分化 ………………………………………… (280)
9.4　春化作用和光周期理论在农业生产上的应用 ………………… (289)

第10章　植物的成熟和衰老生理 ……………………………………… (293)
10.1　种子与果实的成熟 …………………………………………… (294)
10.2　植物的休眠 …………………………………………………… (302)
10.3　植物的衰老 …………………………………………………… (306)
10.4　植物器官的脱落 ……………………………………………… (311)
10.5　植物成熟和衰老的调控 ……………………………………… (314)

第11章　植物逆境生理 ………………………………………………… (319)
11.1　逆境生理概念 ………………………………………………… (320)
11.2　植物对逆境的形态和生理响应 ……………………………… (321)
11.3　植物对逆境的适应性 ………………………………………… (322)
11.4　温度逆境 ……………………………………………………… (329)
11.5　水分逆境 ……………………………………………………… (341)
11.6　病虫逆境 ……………………………………………………… (348)
11.7　盐逆境 ………………………………………………………… (355)
11.8　环境污染 ……………………………………………………… (359)

附录　常见名词英汉对照 ………………………………………………… (366)

绪 论

0.1 植物生理学的定义和内容

植物生理学(plant physiology)是研究植物生命活动规律的科学。涉及植物各时期生长发育的演替变化和世代交替的规律,在遗传和外部环境因子的作用下,植物体内的物质代谢、能量转化、信息传递和转导、形态建成等一系列的内在机制,以及最终由此导致的植物在时空上有序的生长和发育的规律。因此,植物生理学是植物学的一门分支学科,是用简单的原理解释复杂的植物生命现象,是了解植物的生命活动规律和进程,进而调控植物的生长发育而为人类服务的科学。

植物生命活动是非常复杂的,本书将其归为物质和能量代谢、形态建成和信号转导三大类。一是种子萌发、生长、运动、开花、结果等生长发育过程,其中包括人们可以看见的器官形成,即形态建成;二是水分代谢、矿质营养、光合作用和呼吸作用等物质转化和能量代谢;三是信息传递和信号转导。总之,植物生理学是植物代谢生理与环境因素相互作用的科学。

植物代谢生理包括物质同化作用和异化作用。光合作用是植物体内最为强大的同化作用,吸收环境中简单的无机物质合成体内复杂的有机物质,并贮存能量;呼吸作用是植物体内强大的异化作用,将植物体内复杂的有机物质分解成简单物质排出体外,同时释放能量。只有同化和异化的辩证统一,才构成了植物的生命活动。

植物体进行新陈代谢的结果是在植物体内蓄积了很多植物生长所需的营养物质和能量。在此基础上,植物个体得到了迅速的发展,而在其发展过程中,首先表现出量的变化,即为生长。在生长的基础上,同时产生了质的变化,即为发育,在生长和发育之间又发生着同种物质向另外一种物质转变的过程,即为分化。因此,植物的生长、分化和发育是植物新陈代谢的结果,有关这方面的研究主要是探讨植物整体发展过程中的变化规律。

值得指出的是,过去植物生理学研究的对象多以植物的某一部分或植物的个体为主,而农林生产的对象具有整体性,因此,植物生理学必需研究作物与作物之间,树木与树木之间的联系以及它们与环境的相互关系,即为群体生理学,亦或植物生理生态学。

0.2 植物生理学的任务

农业生产的主要任务是获得高产或优质的农产品，而林业生产的主要任务是获得质量，如产量高、生长快的林木以及丰富的林产品，以不断的满足人们的需要。因此，必需了解植物的生长规律，才能控制其向人们需要的方向发展，这就是植物生理学在农林生产中的首要任务。

具体而言，植物生理学的任务包括两方面：一方面是认识和理解植物本身在自然界的生长规律以及与外界环境的联系；另一方面，在认识和理解规律的基础上，有目的的控制植物生命活动规律，从植物各部分的整体性、各功能的整合性以及植物与环境的统一性，来提高农林产品的产量和质量。

0.3 植物生理学的产生和发展

植物生理学是一门实验性科学，与描述性科学不同，实验科学的结论都来自经过周密设计的实验和对实验结果的科学判断。在解决农林业植物生产中所遇到的各种问题的同时，为植物生理学的发展奠定坚实的基础，植物生理学的发展大致经历了以下3个阶段：

第一阶段是植物生理学的孕育阶段，始于1627年荷兰人凡·海尔蒙（Van Helmont）做的柳枝实验，探索植物生长过程中的物质来源。直到19世纪40年代德国化学家李比希（J. von Liebig）创立植物矿质营养（mineral nutrient）学说为止，共经历了200多年的时间。在此期间，光合作用的发现动摇了植物营养中腐殖质理论，促使科学家以新的观念探究植物土壤营养的秘密。由于18世纪末至19世纪初化学分析的技术已有了明显的进展，因而促进了对植物和土壤化学成分的研究。1804年，索苏尔在他的著作《对于植物的化学分析》中就指出：植物体内的碳素是从空气中得来，而氮素则是以无机盐的形式从土壤中吸收来的。1840年，李比希以植物灰分分析的多年实验结果为依据，在他的著作《化学在农业及生理学中的应用》中声称：植物只需要无机物作为养料，便可维持其正常生活；除了碳素来自空气以外，植物体内所有的矿物质都是从土壤中取得的。这些结论宣布了植物矿质营养学说的诞生，确立了植物区别于动物的"自养"特性，使争论了两个世纪的植物营养来源问题终于有了一个正确的结论。

第二阶段是植物生理学诞生与成长的阶段。从1840年李比希植物矿质营养学说的建立到19世纪末德国植物生理学家萨克斯和他的学生费弗尔所著的两部植物生理学专著问世为止，经过了约半个世纪的时间。在能量守恒定律确定之后，迈耶（Meyer, 1845）认为光合作用也服从这一定律，光合作用产物中积累的能量就是由日光能转化而来，因此，光合作用的本质就是将光能转化为化学能，但他未能用实验证明这种设想。19世纪60年代，俄国著名植物生理学家季米里亚捷夫用自行设计的仪器对叶绿素的吸收光谱进行了比较精密的研究，证明光合作用所利用的光就是叶绿素所吸收的光，从而证明光合作用也符合能量守恒定律。在生长发育生理方面，达尔文关于植物运动的详细观察与实验开辟了植物感应性研究的新领域。至19世纪末20世纪初，萨克斯（Sachs, 1882）和费弗尔（Pfeffer, 1897）在全面总结了植物生理学以往的研究成果的基础上，分别写成了《植物生理学讲义》和三卷本的专著《植物生理学》，成为影响达数十年之久的植物生理学经典著作和植物生理学发展史中的重要里程碑。意味着植物生理学终于从它的母体植物学中脱胎而出,独立成为一门新兴的学科。

第三阶段是植物生理学的发展阶段。20世纪是科学技术突飞猛进的时代,也是植物生理学快速壮大发展的时代。作为植物生理学理论基础的物理学和化学,特别是原子与分子物理、固体物理、物理化学、结构化学等的发展,开创了从更深层次认识生命活动本质的可能性;与植物生理学密切相关的一些学科,如细胞学、遗传学、微生物学、生物物理学也不断壮大,并且迅速改变着自己的面貌。由于植物生理学的研究领域不断扩展,研究内容不断深化,以致许多原属植物生理学范畴的内容,依据生产需求和学科发展的需要而逐渐成长为一门独立的学科,从植物生理学中分化出去,正如植物生理学当初从它的母体植物学中分化成独立学科一样。最典型的例子是随着化学肥料在农业生产中的应用愈来愈广泛,以及对土壤营养研究的深入发展,出现了一门独立的学科——农业化学;随着生物化学这门新兴学科的高速度发展,植物生物化学的研究也由开始以植物构成成分的静态研究为主,逐步向动态的代谢过程及其调控的方向发展,最终由植物生理学中孕育成型,成长为独立的学科——植物生物化学。另一方面,物理学、化学、工程与材料科学、激光与微电子技术的迅速发展,为生命科学提供了一系列现代化研究技术,如同位素技术、电子显微镜技术、X射线衍射技术、超离心技术、色层分析技术、电泳技术以及近年来发展起来的计算机图像处理技术、激光共聚焦显微镜技术、膜片钳技术等,成为人类探索生命奥秘的强大武器。自20世纪50年代以来,随着DNA双螺旋结构的揭示及遗传密码的破译,另一门新兴学科——分子生物学异军突起,以其强大的生命力迅速渗透到生命科学的各个领域。

随着世界人口的急剧增加和工业化进程的加速,全球环境恶化的问题日益严重,不但旱、涝、盐碱等灾害有增无减,而且又增加了诸如环境污染、温室效应的加剧和大气臭氧层破坏带来的紫外辐射增强等新的灾害。这种状况对逆境生理的研究提出了愈来愈迫切的要求;而生物物理学、生物化学和分子生物学的研究成果则进一步促使逆境生理的研究向纵深发展,对植物抗逆性的生化与分子生物学,例如,生物膜的组成、结构和功能与植物抗逆性的关系;逆境条件下的活性氧伤害和活性氧清除系统与植物抗逆性;植物"热激蛋白"及其他"逆境蛋白"的合成及其功能等都有了更多的了解。此外,还通过对抗逆性有关基因的转移和改造,培育出大量抗逆性强的作物新种质。

如上所述,分子生物学的迅速发展对传统的植物生理学提出了严峻挑战,许多植物生理学家转向从事分子生物学的研究;国际上重要的刊物《植物生理学年评》,1985年起改为《植物生理与植物分子生物学年评》,2002年又改为《植物生物学年评》。国际上有多种以植物生理学命名的期刊,也有以植物生物学命名的期刊,其中《Current Opinion of Plant Biology》将植物生物学文章归纳为七个方面:生长与发育、基因组研究和分子遗传学、植物生物技术、生理与代谢、生物间的相互作用、细胞信号与基因调节、细胞生物学。可见植物生理学是这本书的核心,但扩展了与之密切有关的分子生物学、细胞生物学和一些生态学内容,均是植物生理学的拓宽。

我们认为,植物生理学作为一门独立的学科,有它特殊的研究领域和范畴,分子生物学的研究成就,只能使人们对植物生命现象的认识更加深入,从过去的个体、器官、细胞、亚细胞和生化反应的水平，向代谢过程和性状控制的原初原因——基因表达与调控的探索前进了一大步。但分子生物学不可能代替植物生理学，正如20世纪以来生物化学的迅速发展大大丰富了植物生理学的内容，并且形成了一门新兴的学科——植物生物化学，但植物生理学并没有被生物化学所代替一样。这是因为植物在自然界中的生存与繁衍是以个体为基本单位而体现出来的，植物各个器官的生命活动必须在个体水平上进行整合才能成为一个完整的植物体。

0.4 植物生理学的展望

进入二十一世纪，植物生理学的发展有4大特点：

(1) 涉猎的研究层次越来越宽泛

植物生理学近几十年来有很大的发展，在生产上起到了较好的作用。例如，应用植物光合作用的知识可以改进作物的间作、套种方式与茬口安排时间，找出合理密植程度，提高对光能的利用率，从而增加复种指数与产量；利用作物开花对日照长短的要求，可以控制不同花期的作物同时开花以利于选育品种，也可为改善作物经济性状选择合理的播种时期。这些成果充分证明植物生理学是农业的基础和先导。然而，我们对植物生命活动内在变化规律的了解还不够，控制和改造植物的本领则相差甚远。在自然科学日新月异的今天，植物生理学面临着严峻的挑战。与此同时，植物生理学研究不断向微观方向发展，美国出版的 Annual Review of Plant Physiology 从1988年开始改为 Annual Review of Plant Physiology and Plant Molecular Biology。1999年又改为 Annual Review of Plant Biology。易名的过程反映了从个体到器官、细胞、分子之后，再从分子、细胞、器官到个体的综合性研究趋势。另一方面，根据生态平衡、农林生产需要，研究从个体水平扩展到群体、群落水平，向宏观方向发展。防止环境污染、保持生态平衡和提高农林生产等问题，都需要从宏观方面研究环境和植物间的相互影响、植物成为群体时的生理生化变化等。事实上，从分子到群体不同层次的研究都是需要的，它们紧密联系，不能相互代替。

(2) 学科之间相互渗透

随着科学发展，学科与学科之间相互渗透、相互借鉴的现象越来越多。植物生理学要不断引进相关学科新的概念、新的方法以增强本学科的活力，解决理论问题和实际问题。随着分子生物学的发展，拟南芥、水稻等模式植物基因组全序列测序工作的完成，功能基因组学、蛋白质组学、代谢组学等研究，将使植物生理学在植物个体、组织器官、细胞及分子水平上，研究它们的生命活动及其调控机理。从学科间的相互关系上看，植物生理学正是基因水平与性状表达之间的"桥梁"。

(3) 理论联系实际

植物生理学虽是一门基础学科。但其任务是运用理论于指导生产实践，满足人类的需要。植物生理学的研究成果对一切以植物生产为对象的行业，有普遍性和指导性的作用。例如，对农业、林业和海洋业涉及的植物，植物生理学不只是为它们的栽培和育种提供理论依据，而且不断提供新的和有效的手段，为进一步提高产量和改良品质以及综合利用做出贡献。新的植物生长物质的发现和合成，应用于调节作物和果树的生长发育，获得丰产，就是其中一例。

(4)研究手段现代化

由于数学、物理和化学等学科的发展,实验技术越来越细致,仪器设备的精密度和自动化水平越来越高。层析、电泳、分级离心、放射性同位素示踪、分光光度计等已是实验室的基本设备或必须掌握的技术,气相色谱仪、高效液相色谱仪、质谱仪、电子显微镜等仪器的应用逐渐普遍;分析仪器与计算机配合,可以自动地分析蛋白质中各种氨基酸的含量和序列以及其他物质等。研究手段的现代化,使研究数据精确可靠,而且研究速度快,大大促进了植物生理学的发展。

当今世界面临着食物、能源、资源、环境和人口五大问题。这些问题都和生物学有关。植物可利用太阳光能,吸收 CO_2 和放出 O_2,合成有机物,在增收粮食、增加资源和改善环境等方面起着不可替代的、重大的作用。因此,植物生理学在解决五大问题中扮演着重要角色。应当强调的是,中国植物生理学家还要充分认识到我国耕地少、人口多、粮食单位面积产量低的国情,提高为农业服务的积极性,为我国农业现代化做出应有的贡献。农业现代化的本质是农业科学化,即创立一个高产、稳产、优质、低耗的农业生产系统。低能消耗是农业发展的新方向。由于绿色植物可以固定、转换太阳能,农业本来是增加能量的产业,但目前农业增产主要靠化学肥料、农药、农业机械等辅助,而生产它们所消耗的能量比作物产生的能量多得多。在当今世界能源紧张的情况下,这个局面应当改变。要发挥植物本身利用太阳能的本领,这就牵涉到光合作用、生物固氮等植物生理学问题。

0.5 学习植物生理学的方法和要求

植物生理学的初学者应该认真阅读教材,掌握好植物生理学的基本概念、基本理论及试验技术方法。作为一门自然科学的独立学科,植物生理学既有与其他学科相似的性质,也有不同于其他学科的特点,对其了解将有助于对植物生理学知识的掌握和应用。

(1)植物生理学知识的整体性

植物的生命活动具有整体性特点,植物的各个器官之间、各种功能之间、各个结构水平之间、植物与环境因素之间,存在着相互协调又相互制约的关系,并处于不断的变化之中。Taiz 和 Zeiger 在他们编写的 *Plant Physiology* 前言中提及:"以光合作用为例,生物化学家提取光合作用的酶,在试管中研究他们的特性;生物物理学家分离光合膜,在比色杯中研究他们的光谱特征;分子生物学家克隆编码光合蛋白的基因,研究他们在发育过程中的调节;而植物生理学家则在不同水平,包括叶绿素、细胞、叶片和整体水平上研究光合作用"。所以在学习中应该掌握植物生理学知识的整体框架,并将各个生理过程联系起来学习,做到融汇贯通。

(2)植物生理学知识的实践性

植物生理学属于基础理论学科,也是一门实验学科,其主要研究方法是观察和实验。所以在学习植物生理学时应注意观察植物的生长发育变化,获得感性认识,还要学会应用植物生理学知识分析解释所观察到的现象以及尝试解决实践问题。同时还要学会应用植物生理学试验方法、技术和原理,这不仅有利于对理论知识的掌握,还会为研究植物生理学和在生产实践中应用植物生理学知识打下坚实的基础。

(3) 植物生理学知识与相关学科知识的交叉性

植物生理学是现代自然科学中与其他学科交叉渗透比较强的学科之一。学习和掌握好植物生理学需要有较好的植物学、化学、生物化学等学科的知识，在部分领域还涉及细胞生物学和分子生物学等学科的知识。所以对相关学科知识的学习和积累对学习植物生理学知识是非常有益的。

(4) 植物生理学的发展性

植物生理学和其他学科一样，处于不断的发展中，而教科书一般总是落后于科学研究，不能及时反映最新的研究成果，再加上课堂教学学时有限，许多内容需要自学，这就要求学习者具有较强的自学能力，并且能够自己查阅国内外科技文献，充分利用网络上的学习资源。

本章小结

植物生理学是研究植物生命活动规律及其调节机理的学科，其主要任务是研究和阐明植物体及组成部分所进行的各种生命活动及其规律、功能和调节机理，同时研究环境变化对这些生命活动的影响。

植物生命活动可划分为物质与能量代谢、生长发育与形态建成、信息传递与细胞信号转导 3 个方面。

植物生理学研究的问题有的直接来自于生产实践，有的来自于正在进行的研究过程。发现问题的基本方法是观察和实验，其基本要求是客观地反映所研究的事物，结果必须是可以重复出来的或者是可以检验的，观察和实验，需要具有相应的科学知识。做科学观察时既要尊重已有的成果，又不能受已有成果的限制。只有不断地修改观察和试验的错误，才能使认识更接近事实。根据观察和试验中发现的问题或现象提出某种可能的解释，也就是提出设想或假说，再根据假说推导出一个可以用试验加以检验的预测，最后根据试验的结果做出结论。我们在学习过程中，不仅要努力理解掌握有关的科学知识，而且还要从科学方法论角度去思考这些知识是如何得来的，了解知识产生的背景和过程，这样，我们才能在科学思维方面得到锻炼。

植物生理学的初学者应该认真阅读教材，掌握好植物生理学的基本概念、基本理论及试验技术和方法。注意植物生理学知识的整体性、植物生理学知识的实践性、植物生理学知识与相关学科知识的交叉性。在此基础上，独立提出问题、分析问题和解决问题。

复习思考题

1. 植物生理学的主要研究内容是什么？
2. 研究植物生理学有什么实践意义？
3. 植物生理学的发展过程对我们学习和工作有什么启示？

参考文献

蒋芸生，郑广华. 1952. 植物生理学) [M]. 5版. 上海：新农出版社.
南京林学院树木生理生化教研组. 1961. 植物生理学[M]. 北京：农业出版社.
潘瑞炽. 2004. 植物生理学[M]. 5版. 北京：高等教育出版社.
汤佩松. 1955. 现代中国植物生理学工作概述[M]. 上海：中国科学图书仪器公司.
王忠. 2001. 植物生理学[M]. 北京：中国农业出版社.
曾广文. 1998. 植物生理学[M]. 成都：成都科技大学出版社.
郑彩霞. 2013. 植物生理学[M]. 3版. 北京：中国林业出版社.

第 1 章

植物的水分生理

知识导图

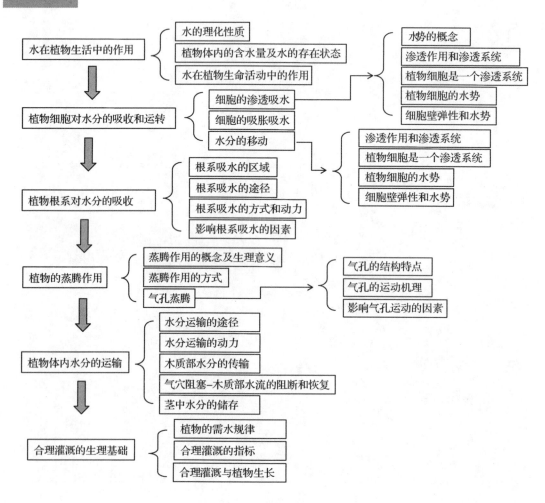

水是地球表面最重要的资源，是植物生命活动最不可缺少的先决条件。水分的供应决定着植物的生产力，水分过少，植物正常的生命活动会受到干扰和破坏，甚至停止；水分过多，陆生植物的根系会因缺氧而受害。因此，只有保持植物水分供应的平衡，才能保证植物正常的生长发育。植物从环境中不断地吸收水分，以满足正常生命活动的需要，同时又不可避免地将大量的水分散失到环境中。植物水分代谢（water metabolism）的主要过程包括：水分的吸收、运输、利用和散失。植物水分代谢的每个过程都与环境因子密切相关，只有掌握植物的需水规律才能科学合理地调控植物的水分供应，获得满足人类需要的生态系统和生态平衡。

1.1　水在植物生活中的作用

植物生理活动的强弱是由水及溶解在水中的物质决定的。因此，对水的理化性质的了解有助于我们理解植物与水分的关系。

1.1.1　水的组成及特点

1个水分子是由1个氧原子和2个氢原子以共价键（covalent bond）结合呈"V"形结构，氢原子和氧原子共同使用它们的外层电子，处于电子饱和状态，形成稳定的化学结构（图1-1）。2个氢原子之间的夹角约为104.5°。由于两氢原子不对称地位于氧原子一侧，所以正负电荷中心不重合，使得水分子成为极性分子（polar molecule），具有很强的缔合作用。相邻水分子间，带部分负电荷的氧原子与带部分正电荷的氢原子以静电的引力相互吸引形成氢键（hydrogen bond）。氢键能使部分水分子缔合成水分子聚合体$(H_2O)_n$，即常以缔合分子的形式存在。在液态水中缔合分子与单分子处于平衡状态，缔合是放热过程，解离是吸热过程。高温时，主要以单分子状态存在，温度降低时水的缔合程度增大。氢键的形成和极性分子的特点，赋予了水分子极其活跃的化学性质，在植物生理代谢中产生了重要的生理作用。

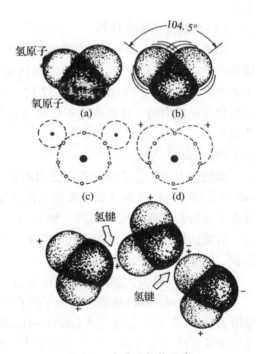

图1-1　水分子结构示意

1.1.2　水的理化性质

（1）水的密度

在4℃（严格讲是3.98℃）时水的体积最小，而密度最大，为$1 \times 10^3 \text{ kg} \cdot \text{m}^{-3}$。在4℃

以上时，随着温度升高，水的缔合度下降，密度减小；在4℃以下时，随着温度下降，水的缔合度增大，密度减小；到冰点时，全部水分子缔合成一个巨大的、有较大空隙的缔合分子。由于冰的密度小，可以浮在水面上，使下面的水层不易结冰，从而有利于水生植物的生存。

(2) 水的高比热

比热(specific heat)是指单位质量的物质温度升高1℃所需的热量。除液态氨外，在其他的液态和固态物质中，水的比热容最大，为 $4.187 \, J \cdot g^{-1} \cdot ℃^{-1}$，当水受热时，要消耗相当多的热量来破坏氢键；当水的温度降低时，会释放出比其他液体更多的热量。水的这种特性使水在外界温度变化较大时，自身的温度变化幅度较小，有利于植物适应冷热多变的环境。

(3) 水的冰点及熔解热

标准大气压下，水的冰点为0℃，而此时冰的熔解热为 $333 \, J \cdot g^{-1}$，与水凝结成冰释放出的热量相同。冰的熔解热较高，在临近结冰温度时，温度下降的趋势大大降低，防止了零度以下的快速降温，这对于地球气温的调节以及水生生物的生存都有十分重要的意义。水可直接从固态转变为气态，所吸收的热量称为升华热，升华热等于汽化热与熔解热之和。

(4) 水的沸点和汽化热

沸点(boiling point)是指当液体蒸汽压等于外界压力时的温度。在一定温度下，将单位质量的物质由液态转变为气态所需的热量称为汽化热(vaporization heat)。在标准气压下，水的沸点为100℃，汽化热为 $2.257 \, kJ \cdot g^{-1}$，在25℃时为 $2.45 \, J \cdot g^{-1}$。在所有液体中水的汽化热是最大的，这将有利于植物通过蒸腾作用有效地降低体温，避免温度升高对细胞造成伤害。

(5) 水的蒸汽压

动能较大的水分子冲破表面张力而进入空间成为水蒸气分子的过程，称为蒸发(evaporation)。液面上的水蒸气分子重新返回液体的过程，称为凝聚(condensation)。与液体达到动态平衡的蒸汽称为饱和蒸汽。饱和蒸汽所产生的压力称为饱和蒸汽压，随着温度的升高，溶液的饱和蒸汽压升高。植物气孔蒸腾的第一步是叶肉细胞的水分蒸发到气孔下腔的过程，就是饱和蒸汽压的作用。

(6) 水的内聚力、黏附力和表面张力

内聚力(cohesion)是指同类分子间存在的相互吸引力。液相与固相间的相互引力称为黏附力(adhesion)。表面张力(surface tension)实质作用于液体表面上任一假想直线的两侧，垂直于该直线且与叶面相切，并能使液面具有收缩趋势的拉力。植物细胞壁的纤维素微纤丝间有许多空隙，他们形成很多细小而弯曲的毛细管网络，木质部中的导管是一种管壁可湿的毛细管(capillary)，但在导管水分运输中，毛细作用只在较低高度中起作用，对高大树木来说，水分主要以集流方式移动。

(7) 水的抗拉(张)强度

物质抵抗张力的不被拉断的能力，称为抗拉(张)强度，自然界中液体体积难以压缩的特性，称为不可压缩性(incompressibility)。水分子的内聚力赋予水很高的抗张强度，可以抵抗水柱中的张力，有利于植物体内水分和无机盐的长距离运输。水的不可压缩性与植物气孔开闭、叶片运动、保持植株固有的姿态等方面密切相关。

(8) 水的介电常数及溶解特性

介电常数(dielectric constant)代表了电介质的极化程度，也就是对电荷的束缚能力。介电常数越大，对电荷束缚能力越强。水具有高的介电常数，可以溶解许多种类和数量的溶质，因此是最理想的生物溶剂。水分子能够与植物体内的蛋白质、氨基酸以及碳水化合物等大分子的亲水基团形成氢键，从而形成水合分子，增加其溶解性，维持大分子细胞质中的稳定性。水分子也能与 K^+、Na^+、Ca^{2+}、Cl^- 以及 NO_3^- 等结合形成水合离子，增加其溶解性，从而降低离子间的静电作用。

1.1.3 植物体内的含水量及水分的存在状态

(1) 植物体内的含水量

水是植物体的主要组成成分，其含量是不确定的，凡是生命活动旺盛的器官和组织，如根尖、茎尖、嫩梢、幼苗、发育的种子和果实等含水量较高，一般为70%~85%；凡是趋向衰老的组织和器官其含水量较低，在60%以下；休眠和风干种子的含水量则更低，分别为40%和8%~10%。

草本植物的含水量通常为70%~85%；木本植物的含水量低于草本植物，约占总鲜重的50%以上。不同器官或组织的含水量变化很大，树木心材的含水量低于其他器官或组织，但含水量仍然超过干重的100%，有些树种边材的含水量可达到250%，正在生长的树木，如形成层、根、茎尖和幼果，含水量通常最高，如火炬松(Pinus taeda L.)根的嫩尖含水量占鲜重的90%以上。树干储存着树木大部分的水分。但是，从树干基部到顶部和从外部到内部，其含水量有很大的不同，不同树木和同一树木不同结构之间也不相同。如红杉的心材含水量为基部最高而顶部最低，但边材含水量则相反，基部最低而顶部最高。但是，日本赤松树干基部含水量最低，并且沿着向上方向增高。

植物体内的含水量随着树种、树龄、森林生境、季节和每日的时间的不同而发生变化。梨树叶片上午6:00的含水量，从5月占鲜重的73%下降到8月的59%。美洲杨树(Populus tremuloides)嫩枝在6月的含水量为二年生枝条的2倍，但9月成熟枝条的含水量低于老枝。大多数树木的木材含水量随季节变化很大，这不仅仅是植物生理学所关注的问题，而且影响到木材的干燥速率、木材浮性和经济上的运输费用等。阔叶树木材的含水量随季节的变化幅度大于针叶树木材。一般情况下，树干在春夏之间叶片展开时含水量最高，夏秋之间强烈的蒸腾耗水，使其在落叶前含水量降到最低，而落叶后蒸腾量锐减，含水量又重新增加，这样的变化在桦树表现得较为典型。但是，美国白蜡树在秋季时含水量并不增加，冬季含水量最低，而春季最高。糖槭和山毛榉在晚秋时的含水量最高。

(2) 水分的存在状态

水在植物体内通常以束缚水和自由水两种状态存在。束缚水(bound water)是指被原生质胶粒紧密吸附或存在于大分子结构空间中的水，其特点是在植物体内不能移动，不起溶剂作用，其含量变化较小。由于植物细胞的原生质、膜系统以及细胞壁是由蛋白质、核酸和纤维素等大分子组成的，这些大分子表面含有大量的亲水基团(—NH_2、—COOH、—OH)

易与水分子中的氢原子形成氢键(hydrogen bond)。亲水物质的亲水基团通过氢键吸引大量水分子的现象叫水合作用(hydration),通过水合作用吸附在亲水物质周围的水层,属于束缚水。自由水(free water)是指存在原生质胶粒之间、液泡内、细胞间隙、导管和管胞内,以及植物体的其他组织间隙中的不被吸附、能在体内自由移动、起溶剂作用的水。其含量随植物的生理状态和外界条件的变化而有较大的变化。它主要供给蒸腾、补充束缚水,并且负担营养物质的传导和维持植物体一定的紧张状态,直接参与植物的生理生化反应。

自由水和束缚水对于植物的代谢活动和抗性所起的作用不同。自由水参与植物体内的各种代谢反应,而且其数量的多少直接影响着植物的代谢强度(如光合、呼吸、蒸腾和生长等)。而束缚水不参与代谢活动,但它与植物的抗性有关。细胞中自由水和束缚水比例的大小往往影响植物的代谢强度。自由水占总含水量的比率越高,代谢强度越旺盛。当植物处于不良环境时,如干旱、寒冷等,一般束缚水的比率较高,代谢强度变弱,植物抵抗其不良环境的能力增强。越冬植物的休眠芽和干燥的种子内所含的水基本上是束缚水,植物以其低微的代谢强度维持生命活动,并且度过不良的环境条件。由此可见,影响植物正常生理活动的不仅与其水分的数量有关,而且也与其存在状态有关。

1.1.4 水在植物生命活动中的作用

所有植物生命活动过程中都需要水的参与,水在植物生活中的作用十分重要,主要体现在生理作用和生态作用两个方面。

1.1.4.1 水分的生理作用

(1)水是细胞的主要组分

细胞原生质的含水量约为70%~90%。水使原生质呈溶胶状态,从而保证了代谢过程的正常进行。例如,活跃生长的根尖、茎尖,含水量在90%以上。水分减少,原生质趋向凝胶状态,生命活动减弱,如休眠种子。如果植物严重失水,可导致原生质破坏而死亡。另外,细胞膜和蛋白质等生物大分子表面存在大量的亲水基团,吸附着大量的水分子,形成水分子层,有利于细胞膜和蛋白质等生物大分子保持正常结构。

(2)水是植物对物质吸收和运输的介质

一般说来,植物不能直接吸收固态的无机物质和有机物质,由于水分子具有极性,参与生化过程的反应物都溶于水,控制这些反应的酶类也具有亲水性。例如,光合作用中的碳同化、呼吸作用的糖降解、蛋白质和核酸代谢都发生在水相中。同时,光合作用产物的合成、转化和运输分配、无机离子的吸收、运输等也需要在水介质中完成。从而将植物体的各部分有机地联系成一个整体。

(3)水是植物体内重要代谢过程的原料

有机物质的合成与分解、光合作用、呼吸作用等生理生化过程中均有水分参与。没有水,这些重要的生化过程都不能正常进行。

(4)水能使植物保持固有的姿态

水能使细胞保持一定的紧张度,从而使枝叶挺立,有利于接收光和进行气体交换;花朵张开,有利于授粉;根系伸展,有利于对水肥的吸收。

(5) 细胞的分裂和伸长生长都需要足够的水分

植物细胞的分裂和伸长生长对水分很敏感；生长需要一定的膨压，缺水可使膨压降低甚至消失，严重影响细胞分裂及伸长生长，使植物生长受到抑制，植株变得矮小。如果植物遭受干旱，生长速度会下降，严重时会导致死亡。

1.1.4.2 水分的生态作用

水对植物的生态作用是通过水分子的特殊理化性质，对植物生命活动产生重要影响。

(1) 水可调节植物的体温（热学特性）

由于水有较高的汽化热和比热，在环境温度波动幅度较大的情况下，植物体内大量的水分可维持体温相对稳定。避免植物在强光高温下或寒冷低温中，由于体温变化过大而导致灼伤或冻伤植物体。因此，水对调节植物体温具有重要作用。

(2) 水对可见光的通透性（光学特性）

水对红光有微弱的吸收，对陆生植物而言，照射到叶表面的阳光，可通过无色的表皮细胞到达叶肉细胞的叶绿体中，有利于其进行光合作用。对于水生植物，短波蓝光、绿光可透过水层，使分布于海水深处的含有藻红素的红藻进行光合作用。

(3) 水可以调节植物生存环境中的湿度和温度（热学特性）

水分可以增加大气湿度、改善土壤及土壤表面大气的温度等。在作物栽培中，利用水来调节田间小气候是农业生产中行之有效地措施。例如，早春寒潮降临，给秧田灌水可保湿抗寒；水稻栽培中可利用灌水或晒田调节土壤通气或促进肥料释放等。

(4) 水可促进植物体内物质的运输（力学特性）

由于水分子具有明显的极性，使水分子之间具有很强的内聚力和对其他物质的附着力，有利于水分在植物体内的长距离运输。

1.2 植物细胞对水分的吸收和运转

一切生命活动都是在细胞中进行的，细胞是执行生理功能的基本单位。在大多数生理状态下，植物细胞总是不断地进行水分的吸收和散失，水分在细胞内外和细胞之间总是不断地运动。不同组织和器官之间水分的分配和调节需通过水分进出细胞才能实现。因此，认识植物细胞和水分的相互关系，是了解植物整体水分代谢的基础。一般液体的流动总要存在压力差，这种压力差可以是重力，也可以是机械力。那么水分进出细胞时，是否在细胞两侧也存在一个压力差？毫无疑问，水分进出细胞和在细胞间的运输，必然伴随能量的转化，那么这种能量来自何处，能量的转化与植物细胞的水分吸收是什么关系？要了解植物如何从外界吸收水分，首先要弄清植物细胞对水分的吸收过程。搞清这些问题后，就不难理解水分是怎样在土壤—植物—大气这个连续系统中进行吸收和运输的。

植物细胞吸水主要有两种形式，一种是渗透性吸水；另一种是吸胀性吸水。未形成液泡的细胞靠吸胀性吸水，形成液泡的细胞主要靠渗透性吸水。

1.2.1 细胞的渗透吸水

在了解植物吸水过程之前，首先要弄清细胞吸收水分的原理，而水分移动需要能量来提供动力,而动力来自渗透作用。所以我们先讨论水分在植物细胞间移动自由能和水势的概念,而后再介绍渗透作用。

1.2.1.1 水势的概念

在一个系统中,物体能否自由移动以及向何处移动,取决于物体本身的能量状态。在没有外力的作用下,物体只能沿着体系中能量减少的方向移动,水分的移动也是如此。如在河流中,水分总是从高处向低处流动,表明水分从高势能向低势能移动。

细胞间的水分移动也是由高能量处向低能量处移动。决定细胞间水分移动的能量就是水势,通俗地说,水势就是水能够用于作功能量的度量。

水势不仅取决于系统的动能和势能,更取决于水的内能。根据热力学第二定律,物质的内能只有一部分可转化为有用功。系统中物质的总能量可分为束缚能(bound energy)和自由能(free energy),束缚能是不能用于做有用功的能量,而在恒温恒压条件下能够做有用功(非膨胀功)的那一部分能量称为自由能。所以水分在植物体内的移动,在很大程度上是由于各部位水分的自由能存在差异而引起的。

在相同条件下自由能的大小与物质的分子数目有关,分子数目越多,自由能就越高。所以,当物质分子数目不同时,不宜直接根据自由能的大小来比较它们能量的大小。如要比较铅和铝两种金属重量时,就不得不考虑体积,为了避免体积造成的差异,可以比较它们单位体积的重量,即比重,它与体积的大小无关。同样的,还也可以根据单位体积或单位分子数目物质的自由能来比较物质能量的高低。而每摩尔物质的自由能就是该物质的化学势,即:

$$\mu_j = \left(\frac{\partial G}{\partial n_j}\right) PTn_i \qquad i \neq j$$

式中,μ_j 为组分 j 的化学势;G 是体系的自由能;P、T 及 n_i 分别是体系的压力、温度及各组分的摩尔数。

化学势与比重、温度及溶液的浓度一样具有强度性质,与体积的大小无关,而自由能与重量、体积一样具有容量性质,体系的总量越大,自由能也越大。所以,体系中某组分化学势的高低直接反映了每摩尔该组分物质自由能的高低,便能用化学势来比较不同体积物质能量的高低。化学反应的方向和物质转移的方向取决于反应(转移)前后两种状态化学势的大小,它们总是自发地从高化学势向低化学势移动。如溶质总是从浓度高(化学势高)的地方向浓度低(化学势低)的地方扩散。水分的移动和其他物质一样也是从化学势高的地方向低的地方移动。

1960 年,澳大利亚学者 Slatyer 和美国学者 Taylor 首次提出以水的化学势来描述土壤—植物—大气体系(Soil-Plant-Atmosphere Continuum,SPAC)中水的重要性质。他们定义水势(water potential)是系统中水的化学势与纯水的化学势之差。对水溶液和其他含水的体系来说,将纯水的化学势作为基准,并将纯水的化学势定为零,其他溶液的化学势均与纯水的化学势进行比较,以确定该溶液化学势的大小。这就是 Slatyer 和 Taylor 早期定义水势(ψ_w)的基本思想,即:

$$\psi_w = \mu_w - \mu_w^\circ$$

式中,μ_w 为某含水体系中水的化学势;μ_w° 为纯水的化学势。

由于物质的化学势包括水的化学势都是反映体系能量高低的概念，因此，它们具有能量量纲。水的化学势的能量量纲，其单位为 J·mol^{-1}（焦尔·摩尔$^{-1}$），而 J = N·m（牛顿·米），故 J·mol^{-1} = N·m·mol^{-1}。

但在历史上，植物生理学家很久以来都是用压力（如 atm，bar）来描述水分的移动和扩散的。为了将现代植物生理学中的水势概念与传统的压力概念统一起来，1962 年，Tayler 和 Slatyer 建议用水势的能量单位除以水的偏摩尔体积以变成压力单位，即：

$$N·m^{-2} = pascal（帕斯卡）= 10^{-5} bar$$

而 1 atm = 101 325 N·m^{-2} = 1.013 bar，或 1 bar = 0.987 atm，1 bar = 10^5 Pa = 0.1 MPa（兆帕）。

故现代的水势概念为每偏摩尔体积水的化学势与纯水化学势之差，即：

$$\psi_w = \frac{\mu_w - \mu_w^\circ}{V_w}$$

式中，V_w 为水的偏摩尔体积，它是在压力、温度及其他组分不变的条件下，在无限大体积中加入 1 mol 水，对体系体积的增量。

从上述公式可以得出纯水的水势为零，因为纯水的化学势与自身的化学势之差为零。任何溶液的化学势如果小于纯水的化学势，它们的水势为负值。实际上在常温常压下，任何溶液中水的化学势都小于纯水的化学势。溶液中溶质的颗粒降低了水的自由能，因此，溶液的水势都为负值，溶液越浓，水势越低。

将开放体系中溶液的水势称为溶质势（solute potential）或渗透势（osmotic potential），用 ψ_s 表示，ψ_s 是水中由于溶质的存在而降低的水势。它的大小可按下式计算：

$$\psi_s = -iCRT$$

式中，i 为等渗系数，它与解离度 α 和每一个分子解离产生的离子数目 N 有关；$i = 1 + \alpha(N-1)$，对非电解质来说，$i = 1$；C 为摩尔浓度；R 为普适气体常数；T 为绝对温度。

由上式可看出，溶液的质粒数目越多，它的水势就越低。如 1 mol KCl 的水势就要比 1mol 蔗糖的水势低。因为 1 mol KCl 在水中解离后，会形成多于 1 mol 的质粒（K$^+$、Cl$^-$ 和 KCl）。

此外，如果水被亲水物质（如蛋白质、纤维素和其他多糖）的表面所吸附时，它的自由能也要降低，因此水势也是负值。将由于亲水物质存在而降低的水势称为衬质势（matric potential），用 ψ_m 表示。干种子里含有大量未被水饱和的亲水物质，因此它的衬质势很低（负值很高）。土壤胶粒对水分也有吸附能力，因此，土壤溶液也有一定的衬质势。

通过上述分析可知，体系中水分的移动取决于水势的高低。如果体系中没有水分扩散的障碍，水分便会自发地从高水势处向低水势处移动。因此，供应水分的部位与接受水分部位的水势差便是水分运转的动力。

1.2.1.2 渗透作用和渗透系统

如果在一个系统中的不同部位，同一物质的化学势存在差异，则该物质会从化学势高的部位向化学势低的部位自发地移动，直至最后各部位的化学势达到平衡为止。

把一块糖放在一杯水中不停搅拌，由于扩散作用，最后糖会均匀地溶解在整杯水中。

各种扩散的动力均来自物质的化学势差(浓度差)。同理,把两种水势不同的水溶液放在一起时,水分也由高水势处向低水势处移动。实际上,当把糖块放在水杯中时,在糖分子由高化学势向低化学势扩散的同时,水分子也从相反的方向由高水势向低水势扩散,只是水分子这种扩散肉眼无法观察到而已。

如果使用一种选择透性膜把两种不同水势的溶液隔开,就可以观察到水分自发地从高水势向低水势移动,并能观察到水分从高水势向低水势移动过程中,释放出来的自由能用来做功,推动水面上升(图1-2)。

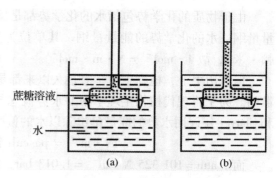

图1-2　渗透现象
(a)实验开始时　(b)由于渗透作用纯水通过择透性膜向糖溶液移动,使糖溶液液面上升

自然界中,膜可分成三类,自由透过性膜(freely permeable membranes)、选择透性膜(selectively permeable membranes)和完全不透性膜(completely impermeable membranes)。选择透性膜也称为半透性膜(semi-permeable membranes),生命系统中具有半透膜性质的物质很多,如:动物的膀胱(只允许水分子通过)、种皮(只允许水分子通过)、过滤飞机用油的麂皮(只允许汽油分子通过而不允许水分子通过)等。选择透性膜对水分是可以自由透过的,但对溶质透过是有很大限制的。当溶液被选择透性膜隔开时,膜两侧溶液的浓度差(化学势差)只能靠水分的移动来消除。这种水分通过选择透性膜从高水势向低水势移动的现象称为渗透作用(osmosis)。而把选择透性膜以及由它隔开的两侧溶液称为渗透系统。

图1-2中的糖溶液与纯水被选择透性膜隔开。因为纯水的水势比糖溶液的水势高,所以水分从纯水一侧移向糖溶液一侧。实际上水分也可以从糖溶液一侧向纯水一侧移动,但由于纯水的水势高于糖溶液的水势,所以从纯水一侧移向糖溶液一侧的水分子数目要比糖溶液移向纯水的水分子多,所以在外观上看到的是纯水向糖溶液的净移动。随着水分的不断移动,纯水不断地将自由能释放,释放出来的自由能用来做功,推动糖溶液液面逐渐上升,使糖溶液静水压不断升高。由于静水压的增加,以及糖溶液不断被移动过来的纯水所稀释,使得糖溶液的水势逐渐增加,水分由溶液一侧向纯水一侧的移动速度也加快。当糖溶液的水势增加到与纯水水势相等时,选择透性膜两侧水分进出的速度达到动态平衡,糖溶液的液面便不再升高。

1.2.1.3　植物细胞是一个渗透系统

渗透作用的产生,必须具备渗透系统,即有一个选择透性膜把水势不同的溶液隔开。植物细胞具备了构成渗透系统的条件。一个成长的植物细胞壁主要由纤维素分子组成,它对水分和溶质都是可以自由通透的。但细胞壁以内的质膜和液泡膜却是一种选择透性膜,这样我们可以把细胞的质膜、液泡膜以及介于它们二者之间的原生质一起看成一个选择透性膜,它把液泡中的溶液与环境中的溶液隔开,如果液泡的水势与环境水势存在水势差,水分便会在环境和液泡之间发生渗透作用。如果液泡的水势低于环境的水势,水分便会由环境进入细胞,这就是成长细胞吸水的主要原因。如果液泡的水势高于环境的水势,细胞便会向环境排水。

可以通过植物细胞的质壁分离现象来证明水分进出成长的植物细胞主要是靠渗透作用。把具有液泡的植物细胞置于比细胞水势低的浓溶液中，由于细胞的水势高于外液的水势，液泡中的水分便会向外流出，使整个细胞开始收缩。由于细胞壁的收缩性大大低于原生质，所以当细胞收缩到一定体积时，细胞壁便停止收缩，而原生质则继续收缩。随着细胞的水分继续外流，使原生质与细胞壁逐渐分开，开始发生于边角，而后分离的地方渐渐扩大，如图1-3所示。植物细胞由于液泡失水，使原生质体向内收缩与细胞壁分离的现象称为质壁分离(plasmolysis)。如将已发生质壁分离的细胞置于水势较高的溶液或纯水中，则细胞外的水分向内渗透，使液泡体积逐渐增大，使原生质层也向外扩张，又使原生质层与细胞壁相结合，恢复原来的状态，这一现象称为质壁分离复原(deplasmolysis)。

质壁分离现象可说明三个问题：①说明原生质层是一个半透膜。②判断细胞的死活：生活细胞的原生质具有选择透性。细胞死后，原生质层的结构被破坏，丧失了选择透性，渗透系统不复存在，细胞不能再发生渗透作用和质壁分离。③可用来测定细胞的渗透势等。

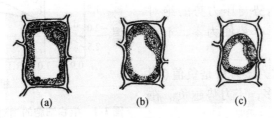

图1-3 植物细胞质壁分离现象
(a)正常细胞 (b)初始质壁分离的细胞 (c)质壁分离的细胞

1.2.1.4 植物细胞的水势

虽然植物细胞液泡的渗透势在很大程度上决定了成熟细胞的水势，但是植物细胞的水势并不完全取决于液泡的渗透势。因为原生质体外还有细胞壁存在，限制原生质体的膨胀。此外，细胞内的亲水胶体又具有吸附水的能力，能降低细胞的水势，所以细胞的水势比开放体系溶液的水势复杂一些。典型的植物细胞水势由渗透势 ψ_s、压力势(pressure potential) ψ_p 和衬质势 ψ_m 三部分构成。即

$$\psi_w = \psi_s + \psi_p + \psi_m$$

ψ_s 是由于液泡中溶有各种矿质离子和其他可溶性物质而形成的水势降低值。

ψ_p 是由于外界压力存在而使水势增加的值，它是正值。细胞的 ψ_p 是由于细胞壁对原生质体的压力导致的。当细胞充分吸水后，原生质体膨胀，就会对细胞壁产生一个压力，这个压力称为膨压(turgor pressure)。膨压是细胞紧张度产生的原因，是维持植物叶片和幼茎挺立的力量。在原生质体对细胞壁产生膨压的同时，细胞壁对原生质体产生一个大小相等方向相反的作用力，这个作用力作用于细胞内水分子而改变其自由能引起的水势变化值即为压力势。细胞的压力势是一种限制水分进入细胞的力量，它能增加细胞的水势，一般为正值。当细胞发生质壁分离时，ψ_p 为零。

处在强烈蒸发环境中的细胞 ψ_p 会变成负值。强烈蒸腾引起水分散失过快，原生质强烈收缩，空气不能及时进入而导致原生质与细胞壁之间形成负压，该负压降低了细胞内水分

子的自由能而使水势成为负值。

细胞的 ψ_m 是由细胞内的亲水胶体对水分的吸附造成的。由于亲水胶体对水分的吸附，使这部分水分子的自由能减少，其水势比纯水低，在计算时总是取负值。未形成液泡的细胞具有一定的衬质势。但当液泡形成后，细胞内的亲水胶体已被水分饱和，发生水分移动，直至两者水势相等为止。其衬质势几乎等于零，所以计算成熟细胞的水势可以表示为：

$$\psi_w = \psi_s + \psi_p$$

当细胞吸水或失水时，细胞的体积就会发生变化，渗透势和压力势也会随之发生变化。这个过程如图1-4所示。

在细胞初始质壁分离时（相对体积=1.0），压力势为零，细胞的水势等于渗透势。当细胞吸水，体积增大时，细胞液稀释，渗透势增大，压力势也增大。当细胞吸水达到饱和时，渗透势与压力势的绝对值相等，但符号相反，水势便为零，不再吸水。

当细胞强烈蒸腾时，压力势是负值（图中虚线部分），失水越多，压力势越负。在这种情况下，水势低于渗透势。

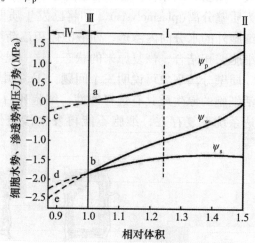

图1-4 植物细胞的相对体积变化与水势 ψ_w，渗透势 ψ_s 和压力势 ψ_p 之间的关系图解

由于细胞壁相当坚硬，弹性很小，因此细胞体积发生很小的变化，都会引起细胞膨压发生很大的变化。当细胞体积增加和减少10%时，细胞渗透势的变化较小，但压力势却发生了很大的变化。所以对大多数细胞来说，当细胞体积发生较小变化时，细胞水势的变化主要是由压力势变化造成的。当然，对于细胞壁弹性较大的细胞，细胞体积的变化对膨压的影响相对较小。有些植物可以通过改善细胞壁的弹性，来维持细胞失水时的正常膨压。

1.2.1.5 细胞壁弹性和水势

植物细胞壁是由纤维素、半纤维素和果胶质等组成，具有一定的弹性和硬度。植物在蒸腾过程中，细胞会失去水分，细胞体积减少，直到膨压完全消失。细胞体积减小的程度及细胞内水势降至膨压消失点的程度取决于细胞壁弹性。细胞壁弹性好的细胞，如CAM植物的伽蓝菜（*Kalanchoe daigremontiana*），膨压最大时保持的水分较多，因而失去膨压过程中体积的减小程度较大。细胞壁弹性取决于细胞壁各组分间的化学作用。细胞壁弹性好的细胞在夜间会积累储存一定的水分，白天由于叶片蒸腾而逐渐失去水分。通过这种方式，植物能承受短暂失水量大于根系吸水量的状况。

细胞壁弹性的大小可用弹性模量 ε（elastic modulus）来表述，单位为MPa，其含义为在某一个初始细胞体积下细胞体积的改变量 $\Delta \nu$ 引起膨压的变量 Δp。

$$\Delta p = \varepsilon \Delta \nu / \nu \text{ 或 } \varepsilon = \Delta p / d\nu \cdot \nu$$

通常，壁厚细胞的 ε 值要比壁薄细胞的大。地中海地区的常绿硬叶树，从Hofler图上可得弹性模数（图1-5）。充分膨压下，相对于体积的改变值，月桂（*Laurus nobilis*）叶片的膨压比木犀榄(*Olea oleaster*)的大(即月桂的 ε 值较大)。

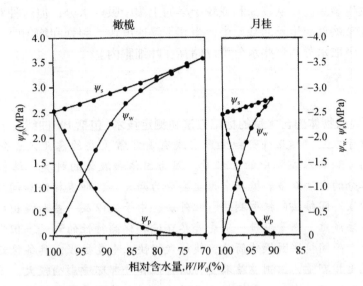

图1-5 橄榄和月桂叶片的膨压(ψ_p)、渗透压(ψ_π)和水势(ψ_w)
与相对含水量的 Hofler 图(引自张国平等,2003)
体积的弹性系数(ε)是随相对含量的起初坡度

对单个细胞而言,弹性模量可用压力室(pressure chamber)测定 PV 曲线求得。起源于干旱地区的植物种类与起源于湿润地区的相比,前者叶细胞的弹性较大,表明其细胞在到达膨压消失点前失水较多。但这并不表示起源于干旱条件的植物细胞体积较大,而是表明这些植物细胞能在水分短缺期间,在不受伤害的条件下缩小更大的体积。换言之,这些植物细胞储存水的能力较强。随着渗透势的下降,相同条件下,弹性模数小(刚性低)的细胞有利于维持膨压。在判断植物对环境尤其是水分的适应性时,常用细胞壁的弹性大小来衡量,测定 PV 曲线后计算弹性模量,并加以比较,这就是植物的弹性调节。容积弹性模量越小,细胞壁的弹性越好,反之越差。但弹性模量并不是一个常数,它随叶片相对体积的增大而升高,也随着膨压的变化而变化。因此,不能撇开膨压单独比较弹性模量,甚至也不能只比较两个叶片的最大容积弹性模量。更为准确的方法是依据细胞体积(用相对含水量 RWC 表示)和膨压的变化,以获得两者的相互关系来确定最大细胞容积的弹性模量。

在一定的水势下,细胞弹性越好,渗透势越小,膨压越大;细胞弹性越差,渗透势越大,膨压越小。当细胞内渗透溶质浓度上升时,细胞壁弹性相对较好的植物与细胞壁弹性较差的植物相比,细胞水势下降较大。因此,对干旱适应性较差的植物或抗旱性低的植物,在叶片相对含水量和叶片水势较高时,叶片细胞也会失去膨压。而对干旱适应性较强的植物或抗旱性强的植物,由于细胞壁弹性较好,即使叶片相对含水量和叶片水势较低时也能保持一定的膨压,细胞的原生质具有耐低水势的能力。

半匍匐的无花果类植物,最初匍匐生长,随后发根与土壤接触。与陆生树木相比,其叶细胞在膨压最大时渗透势较小,且在匍匐生长期总弹性模数(更多的弹性细胞)也较小。匍匐和陆生的无花果种之间渗透势及弹性模数差异的共同作用,使其在匍匐生长期膨压更小，但膨压失去点时的相对含水量相似。低渗透势（在树木生长阶段）使叶片能抵抗较大的蒸腾作用而不发生萎蔫，可从较深和或较干旱的土壤中吸取水分，但这种对策需要有一定的基础水分。在某些匍匐生长的基质中，当其干旱速度快、频繁和均匀时，更适宜的对策是从扎根基质中吸取水分，这些水分可以储存在叶细胞内。

知识窗

植物体内含水量的标记方法和测定技术（包括 PV 曲线）

水分测量对于农业、林业科研和生产实践有着非常重要的意义，水分的测量历史已久，水分是指固体和非水液体中的含水量。因为固体和液体的种类、结构和形态各不相同，所以测量水分的方法众多。概括来说主要分为两大类，即直接法和间接法。直接法包括干燥法和化学法。间接法包括电测法、红外法、中子法以及一些新提出的其他方法。直接法总体来说方法成熟，测量准确，不受外界环境和样品特性的影响，但需在实验室内完成，耗时比较长；而间接法则操作简单，获得数据快，重复性强，具备很好的连续检测性能，并且可实现无损测量，但测量结果受样品特性和外部环境影响较大，需要不断改进和完善测量系统。对比直接法，利用间接法开发的水分含量测量仪器较多，使用方便，便于携带，优势明显，其中电测法中的电容式方法是间接测量方法中最具代表和应用广泛的方法之一，是主要的研究分支，国内外已经在这方面的研究中取得很多成果，它在生物质含水量特别是粮食、物料和植物活体水分测量中有着很好的应用前景。

（1）干燥法

干燥法主要包括电烘箱法、快速失重法、减压法及红外加热法，主要原理是利用外部条件对被测样品进行加热使水分蒸发，利用加热前后的样品重量的变化检测水分；电烘箱法是利用烘箱进行加热，根据样品含水量的高低可以进行设置不同的烘干温度，其中 105℃ ±2℃ 电烘箱恒重法为标准方法，一次测量需要 2～3 h，电烘箱法在水分含量检测上已经得到了非常广泛的应用，测量精度高，它可以用来校准其他水分的测量方法；快速失重法是采用样品极限失重温度对样品进行烘干测量，由于烘干温度较高，大大缩短了样品水分含量的测量周期，提高了测量效率，快速失重法是电烘箱法的进一步发展，减小了测量的时间消耗；减压法是为样品提供真空烘干环境进行干燥测量，此种测量方法不受样品形状影响，而且操作简单可靠性高；红外加热法是利用红外辐射器发射红外线对样品进行加热处理，靠红外线辐射主波长与水吸收峰值波长相匹配，使水分子剧烈运动而升温，加速样品中水分蒸发，最终完成样品水分含量的测试，红外加热法测量精度高，测量范围宽，但测量所需时间较长。

（2）化学法

化学法主要包括蒸馏法和卡尔·费休法，这两种方法均是利用物质的化学性质把水分从样品中分离。蒸馏法是将样品与蒸馏液（甲苯、二甲苯）加入到蒸馏瓶中蒸馏之后测得样品含水量，测量值偏高；卡尔·费休法是 1935 年 Karl Fische 提出的，其原理利用碘和二氧化硫的氧化还原反应，在有机碱和甲醇的环境下，与水发生定量反应。利用这一特性测定待测物质中的水分，卡尔·费休法至今仍是测定水分最为准确的化学方法，目前分为滴定法和库仑电量法两种，主要用于微水分测量。化学法对样品的水分测量精度高，所需样品量少，但均属对样品进行破坏性测量，很难实现在短时间内对多个样品水分含量进行测量，获取多个数据，药剂成本也相对较高，实验条件要求苛刻，操作复杂，不适于对水分含量较高的样品进行测量。

（3）电测法

电测法主要分为电阻式和电容式两种。电阻式法是充分利用样品的导电性能，当样品水分含量发生改变时样品的电阻也会随之改变，利用这一原理建立样品电阻与水分含量的数学关系，从而可以通过测量样品电阻来间接测试水分含量，它是一种间接测量水分的方法。电容式法则是把样品作为电介质，在常温下样品的介电常数会随着样品含水量的变化而变化，据此通过测定生物样品的介电常数间接测量水分含量。由此可见，两种方法均是利用电学原理来设计测量的，均能快速实时的获得测量数据，达到间接测量水分的目的，其相关仪器响应速度快，结构简单，价格便宜，方便携带。电阻式不适合测量低含水量和高含水量的样品，电容式则不适合测量低含水量的样品，在高含水量测量时性能较好。

电测法作为一种间接测量水分的方法，可以短时间内对被测样品进行重复多次测量，获取多个水分测量数据，且不会损坏样品结构，达到了在线快速无损测量目的，因此，电测法在野外科研和工作中得到广泛应用，是一项值得推广和完善的样品水分测量方法。

（4）射线法

射线法主要包括红外法和微波法两种。红外法的主要原理是水分对红外辐射波长有着强烈的吸收带，根据不同样品含水量对特定波长辐射的吸收能量的不同，只要测得吸收光度，基于比尔定律便能完成样品含水量的测定，它分为反射式、透射式和反射透射复合式，具有无接触、快速、能连续测量、测量范围大、准确度高、稳定性好等优点，适用于在线水分检测，但价格贵，难以推广应用。微波法工作原理是利用水分对微波能量的吸收或微波空腔谐振频率随水分的变化间接测量含水量，微波法容易受样品的特性影响。射线法可以对样品进行连续无损测量，可以完成对样品含水量的在线连续检测。

（5）中子法

中子法是根据水分子中氢原子对快中子的减速原理，是一种较先进的在线水分测量技术。中子测水技术已广泛应用于监测田间土壤含水量，此法具有迅速，准确和定时定点连续监测的优点。研究表明，中子法测量的土壤水分含量与标准测量水分的重量法测定结果近似，并且误差相对较小，证明中子法是测量水分的可靠方法。由于对样品进行测量前必须由人工对中子水分仪进行标定，同时样品特性也会对测量结果产生很大影响。

（6）其他方法

在植物叶片含水量的测量方面，近两年有利用反射光谱信息提取叶片的含水量的方法，此法可以进行大面积无损测量，快速获取数据，可以宏观掌握植被水分状况，但准确度比传统方法要低。利用图像处理技术获取叶片的含水量是近年国内提出的一种新的测量水分含量的方法，此法建立含水量图像采集及检测系统，并通过试验确定光源条件及最适宜背景光下叶片含水量与图像特征参数关系曲线，实现了对叶片含水量的无损检测。

（7）植物 PV 曲线技术

PV 曲线(pressure volume curve)技术也称 PV 技术，是压力(pressure)与体积(volume)

曲线的简称。PV 曲线制作简便，仪器设备简单，在较短时间内，可测定出植物从饱水状态下直至脱水萎蔫各失水阶段体内的水势、渗透压、共质体水含量以及质壁分离时的水分状况。并通过数学的方法，科学地计算出 PV 曲线法的发现为压力室的延伸应用开辟了一条新途径。借助压力室在室温条件下测定并绘制的被测小枝 PV 曲线，不仅可以计算出被测小枝"初始质壁分离"时的整体渗透压（π_p）和小枝水分饱和时的最大渗透压（π_0），而且还可以推导出 π_p 点的小枝相对含水量（RWC）点的小枝共质水损失相对百分率（RSWC）以及小枝整体弹性模数（ε）等诸多水分生理参数。该法精度高于常规的方法。

通过这些生理参数，可解释许多植物体内水分状况的理论问题和生产中的实践问题。特别对干旱半干旱地区研究水分循环规律，水分利用效率及不同立地上的树种选择等方面。提供了一项重要手段。PV 实验的数据：早晨 6:00～7:00，取室温条件下培养的苗木带叶枝条，于茎干中部剪下，测水势。然后将茎干浸泡于蒸馏水中 12～24 h。取出，将枝叶密封于塑料袋，倒装于压力室。经切口处装一内有干燥滤纸的小管以汲取水液。以 2.02～0.04 MPa·min^{-1} 速度缓慢加压至所需压力，保持 10 min。降压 0.50～1.00 MPa，称排出水液的重量。再装滤纸、加压，重复前述过程。测得平衡压力为 10～12 个左右，从而得到 PV 实验数据。图 1-6 为水培杨树小枝时测得的 PV 曲线。

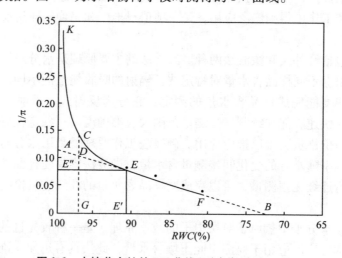

图 1-6　水培苗小枝的 PV 曲线（引自郑勇平，1992）

将直线 EF 向两边延伸，分别与纵横坐标轴相交于 A、B 两点。A 点即为小枝饱和含水时的整体渗透压 π_0 的倒数；B 点即为小枝饱和含水时的共质水体积占小枝饱和水量的相对百分比（RWC_0）直线和曲线的交点 E 在横轴上的读数 E′ 为 $P_{vat}=0$，即发生"初始质壁分离时"的压出水体积 V_0 占饱和水量的相对百分比（RWC_0）；E 点在中坐标上的读数 E″，即为小枝发生"质壁分离"时的整体渗透压 π_p 的倒数。

设 KE 曲线段上有一个 C 点，C 点到横轴的垂直为 G，它为压出水体积占饱和水量的相对百分比（RWC_0），CG 与 AE 交于 D 点，则 C，D 点在重轴上的读数 $1/D~1/C$ 即为小枝相对含水量为 RWC_g 时的体积平均膨压 P_{vat}。（B～E）小枝干重即为发生"初始质壁分离"时该小枝所具有的共质水体积 V_p（$V_p = V_0 - V_e$）。

1.2.2 细胞的吸胀吸水

植物细胞的吸胀作用是指亲水胶体吸水膨胀的现象。植物细胞的原生质、细胞壁及淀粉粒等都是亲水物质，它们与水分子之间有极强的亲和力。水分子以氢键、毛细管力、电化学作用力等与亲水物质结合后发生膨胀。不同物质吸胀能力的大小与它们的亲水性有关。蛋白质、淀粉和纤维素三者相比，蛋白质与水分子间有高度的亲和力，吸胀力最强；淀粉次之；纤维素分子的吸胀力最小。豆科植物种子较禾谷类植物种子含较多的蛋白质，故其吸胀能力较禾谷类种子大。豆科植物种子的子叶含有大量蛋白质，而种皮含有较多的纤维素，所以在豆科植物种子吸胀过程中，由于子叶的吸胀力大于种皮的吸胀力，最后使种皮胀破。

吸胀力实质就是一种水势，即前面讨论过的衬质势（ψ_m），它是衬质中水的水势。由于衬质中的水分子被亲水胶体强烈地吸附着，因而衬质中水的水势是很低的。如豆类种子中胶体的衬质势常低于 -100 MPa。所以当把含有很低衬质势的植物细胞（如干种子）放在清水中时，细胞与外液之间会形成一个很大的水势差，这就是水分进入细胞的动力。

干种子由于没有液泡，$\psi_s = 0$，$\psi_p = 0$，所以 $\psi_w = \psi_m$。

干种子萌发前的吸水就是靠吸胀作用。分生组织中刚形成的幼嫩细胞，主要也是靠吸胀作用吸水。植物细胞蒸腾时，失水的细胞壁从原生质体中吸水也是靠吸胀作用。

1.2.3 水分的移动

1.2.3.1 水分移动的方式

水分在自然界中的移动，包括水分进入植物细胞、水分在木质部导管的运输及水分由细胞再进入大气的整个移动过程有两种方式：

（1）扩散（diffusion）

扩散是指物质通过分子热运动从高浓度（高化学势）区域向低浓度（低化学势）区域自发迁移的现象。扩散是顺着物质浓度梯度的移动过程。水分的扩散速度较慢，适合短距离迁移，而不适合长距离（如树干导管）迁移。渗透（osmosis）是水分通过选择透性膜的一种特殊形式的扩散作用，水分通过选择透性膜从高水势向低水势移动的现象。

（2）集流（mass flow 或 bulk flow）

集流是指液体中成群的分子或原子在压力梯度下集体移动的现象。例如，水在管道中由于压力的作用而流动，河水在河床中由于净水压的存在而流动，压力迫使注射器中的溶液由针尖流出等。水分在植物体中，也可以集流形式移动，如水分在木质部的导管中的长距离运输，以及水分从土壤溶液流入植物体。水分的集流只与压力梯度有关，与溶液的浓度梯度无关。

1.2.3.2 细胞间水分的运转

水分进出细胞取决于细胞与其外界的水势差。相邻细胞间的水分移动同样取决于相邻细胞间的水势差。如果有一排相互联结的薄壁的细胞，只要存在水势梯度，那么水分总是从水势高的一端流向水势低的一端。植物组织和器官间的水分移动也符合这个规律。

液体在植物体的导管和筛管中长距离迁移时，主要是以集流方式移动。压力差的存在是集流的动力。水势不仅影响水分移动的方向,还影响水分移动的速度。细胞间水势差越大,水分移动越快,反之则慢。在植物体内,不同细胞和组织的水势变化很大。同一植株中,地上器官的水势比根系的水势低。而大气的水势又比植物地上部位的水势低。一般说来,土壤水势>植物根水势>茎木质部水势>叶片水势>大气水势,使根系吸收的水分能够不断地运往地上部分,使得水分从土壤到植物再到大气,形成了一个土壤—植物—大气连续体系(soil-plant-atmosphere continuum, SPAC),在这个体系中,水势从土壤到大气按顺序降低(图 1-7)。因此,在正常条件下,植物能从土壤中吸收水分,并由根部运到地上部分,再由叶片扩散到大气中。对植物的同一叶片而言,距主脉越远的部位其水势也越低。这些生理差异对植物体内的水分供应有重要意义。

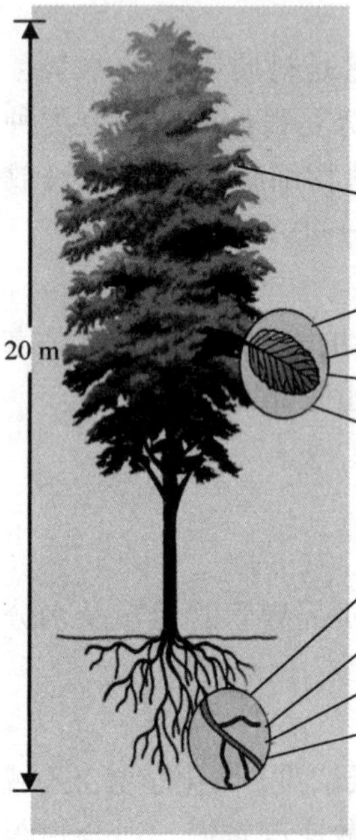

位 置	水势及其组成			
	水势	压力势	渗透势	重力势
外界空气(相对湿度50%)	-95.2			
叶间空气	-0.8			
叶肉细胞壁(10 m处)	-0.8	-0.7	-0.2	0.1
叶肉细胞液泡(10 m处)	-0.8	0.2	-1.1	0.1
叶木质部(10 m处)	-0.6	-0.8	-0.1	0.1
叶木质部(接近表面)	-0.6	-0.5	-0.1	0.0
根细胞液泡(接近表面)	-0.6	0.5	-0.1	0.0
与根连接的土壤	-0.5	-0.4	-0.1	0.0
与根距离10 mm土壤	-0.3	-0.2	-0.1	0.0

图 1-7　土壤—植物—大气连续体系示意(引自 Taiz 和 Zeiger,1998)

1.2.3.3　水分跨膜运输和水通道蛋白

细胞膜是一种选择透性膜,能够允许水分子自由通过。过去曾认为水分跨膜的渗透过程,主要是单个水分子透过细胞膜的扩散作用。但是细胞膜是由两层膜脂分子和蛋白质紧密排列而成,而水分子是极性很强的不溶于脂类的分子,很难理解不溶于脂的水分子能够透过膜脂双分子层快速地进出细胞膜。实际上水分子通过膜脂双分子层的间隙扩散进入细胞的速度很慢,水分子扩散进入细胞膜的速度大多 $<0.01\ cm\cdot s^{-1}$,因此仅仅依靠扩散是无法实现水分子的快速跨膜运输过程。

早在 40 多年前人们就提出了水分通过细胞膜上的水通道进行快速移动的假说,但是长期以来并未能得到证实。近年来,发现细胞膜上确实存在一类对水分特异的膜内通道蛋白,定义为水通道蛋白,也称为水孔蛋白(aquaporin)(图 1-8)。水孔蛋白的单体是中间狭窄的四聚体,呈"滴漏"模型,每个亚单位的内部形成那个狭窄的水通道。水孔蛋白的相对分子质量微小，只有 25~30 kDa。水孔蛋白是一类具有选择性、高效性的转运水分的跨膜通道蛋白，水分子可以通过，因为水通道的半径大于 0.15 nm，但小于 0.2 nm。1988 年，Shaboori 发现了相对分子质量为 28 000 的水分通道蛋白，现已鉴定出两类水孔蛋白，它们分别位于细胞质膜和液泡膜上。水通道蛋白对水分子有很高的透性，有利于水分的跨膜移动，但是它们只允许水分子通过，不允许离子和代谢物通过，因为水通道的半径大于水分子的半径，但小于最小溶质分子的半径。

水通道跨膜运输水分的能力可以被磷酸化和水通道蛋白的合成速度调节，在水通道蛋白的氨基酸残基上加上或除去磷酸就可以改变其对水的通透性，从而调节细胞膜对水分的通透性。虽然水通道蛋白可以加速水分的跨膜运输，但是它并不改变水分运输的方向。

水孔蛋白广泛分布在植物各个组织中，其功能因存在部位而存在差异。例如，拟南芥和烟草的水孔蛋白优先在维管束薄壁细胞中表达，可能参与水分长距离的运输；拟南芥的水孔蛋白在根尖的伸长区和分生区表达，有利于细胞生长和分化；分布在雄蕊和花药的水孔蛋白与生殖有关。由于水分通过这些通道的扩散速度比通过膜质双层要快得多，因此水孔蛋白更有利于促进水分进入植物细胞。另外，水孔蛋白组成的水通道是可逆性的"门"（存在开闭两种状态），受胞内 pH 和 Ca^{2+} 等生理指标调控。由此人们认识到植物具有主动调节细胞膜对水通透性的功能。

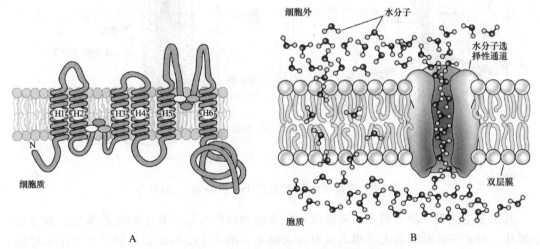

图 1-8　水孔蛋白的结构和水分跨膜移动途径的示意
A. 是一个具有 6 个跨膜螺旋的水孔蛋白结构（引自 Buchanan 等，2002）　B. 左边是单个水分子通过膜脂双层间隙进入细胞，右边是水分子以集流通过水通道蛋白进入细胞（引自 Taiz 和 Zeiger，2002）

1.3　植物根系对水分的吸收

虽然植物能够通过它的整个表面吸收水分，如通过叶片、枝条及皮孔等吸收水分，但吸收量很有限，陆生植物吸收水分主要通过根系。陆生植物有庞大的根系，是植物吸收水分的主要器官。根系在土壤中的总面积远较地上部分枝叶的总面积大。据报道生长 4 个月的黑冬麦的根和根毛的总长度能超过 10 000 km，它的总表面积能超出枝叶总表面积的 130 倍。这为植物能更好地从土壤中吸收水分提供了很好的条件。

1.3.1　根系吸水的区域

根系是陆生植物吸水的主要器官，可从土壤中吸收用以满足自身生长所需的所有水分。虽然植物有庞大的根系，但并不是所有的根的各个部分都有吸水能力。根吸水的主要部位是根的尖端，约在根尖端向上 10 mm 的范围内，包括根冠、分生区、伸长区和根毛区。

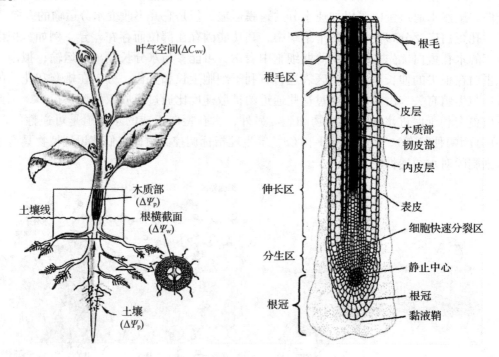

图 1-9　根系吸水区域（引自 Taiz 和 Zeiger，2006）

其中根毛区吸水能力最强，其他区域吸水能力较弱，原因在于细胞质浓度、输导组织不发达、对水分移动阻力大。根毛区有许多根毛，增大了吸收面积；同时根毛细胞壁的外部由果胶组成，黏性强，亲水性也强，有利于与土壤颗粒黏着和吸水；而且根毛区的疏导组织发达，对水分移动的阻力小，所以根毛区吸水能力最强（图 1-10）。由于根部吸水主要在根尖部分进行，所以移动幼苗时应尽量避免损伤细根。此外，移栽幼苗或树苗时，为避免损伤根尖，采用带土移栽能够提高成活率，同时要紧压疏松的泥土，使土壤与根部紧密接触，有利根系吸水。

1.3.2　根系吸水的途径

土壤中的水分移动到根系表面后，可通过渗透和扩散的方式径向运输到根内。从表皮到根内的径向运输过程中，主要由质外体途径（apoplast pathway）、跨膜途径（transmembrane pathway）和共质体途径（symplast pathway）共同作用完成（图 1-11）。质外体途径是指

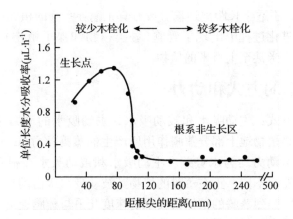

图 1-10 南瓜根部不同位置水分吸收率

水通过细胞壁、细胞间隙和木质部导管等没有原生质的部分移动，不越过任何膜，阻力小，所以这种移动方式速率快。共质体途径是指水分从一个细胞的细胞质经过胞间连丝，移动到另一个细胞的细胞质，形成一个细胞的连续体，移动速率较慢，最终通过内皮层而到达中柱，通过中柱薄壁细胞再进入导管。水分从一个细胞移动到另一个细胞，要两次通过质膜，还要通过液泡膜，故称跨膜途径。共质体途径和跨膜途径统称为细胞途径（cellular pathway）。

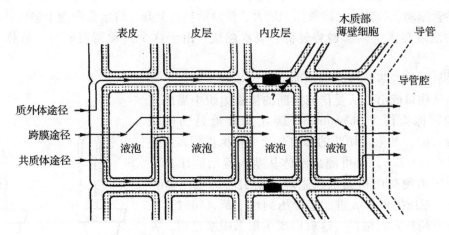

图 1-11 根系从外通过质外体、跨膜和共质体途径
吸水至木质部图解（引自 Opik 等，2005）

由于质外体被内皮层凯氏带分隔为不连续的两部分，一部分在内皮层外，包括表皮及皮层的细胞壁、细胞间隙；另一部分在中柱内，包括成熟的导管。因此，通过质外体途径移动的水分必须越过内皮层细胞的质膜，即共质体途径进入木质部，也可以通过凯氏带破裂的地方进入中柱。

水分在活细胞中移动速率慢。活细胞原生质体对水流移动的阻力很大，因为原生质体是由许多亲水物质组成，都具水合膜，当水分流过时，原生质体将水分吸住，保持在水合膜上，水流遇到阻力，流速变慢。实验表明，在 0.1 MPa 条件下，水分经过原生质体的速

率只有 10^{-3} cm·h^{-1}，不适于长距离运输。没有真正输导系统的植物（如苔藓和地衣），因此不能长得很高。在进化过程中出现了管胞（蕨类植物和裸子植物）和导管（被子植物），才有可能出现高达几十米甚至上百米的植物。

1.3.3 根系吸水的方式和动力

根系吸水有两种方式：主动吸水和被动吸水，主动吸水的动力是根系自身的生理活动，被动吸水的动力是植物地上部分蒸腾作用所产生的蒸腾拉力（transpiration pull），无论哪种方式，吸水的根本动力均为水势差。主动吸水和被动吸水在根系吸水过程所占的比重，因植物的蒸腾速度而不同。正在蒸腾的植物其被动吸水所占的比重较大，这时植物的吸水主要是被动吸水。强烈蒸腾的植株其吸水的速度几乎与蒸腾速度一致，此时主动吸水所占的比重非常小。只有蒸腾速率很低的植株，如春季叶片尚未展开时，主动吸水才占较重要的地位；一旦叶片展开，蒸腾作用加强，便以被动吸水为主。在植物一生中，被动吸水比主动吸水更为重要。

1.3.3.1 主动吸水

由根系生理活动引起的水分吸收称为主动吸水（active absorption of water）。在根系内部结构中，由于凯氏带不透水，因此，当水分自由扩散至内皮层时，必须经共质体向中柱内转移。这样整个根系就构成了一个渗透系统。根系通过消耗呼吸作用产生的能量不断向根部导管积累有机和无机溶质，使导管溶液的浓度升高，水势降低，土壤及周围细胞的水分向根部导管流动，导致此处溶液体积增大，溶液沿导管上升，将水分向地上输送，根内导管溶液的浓度越大，其渗透势越低，吸水越快，由于这个过程需要能量，故称为主动吸水。

如果从植物的茎基部靠近地面的部位切断，不久可看到有液滴从伤口流出。从受伤或折断的植物组织中溢出液体的现象，称为伤流（blooding），流出的汁液是伤流液（blooding sap）。如果在切断的部位套上一根橡皮管，并接上压力计（图1-12），便可测出液体从茎内流出的压力大小。这个压力便是由植物根系生理活动引起的根压（root pressure）。根压把根部吸进的水分压到地上部，同时土壤中的水分不断补充到根部，这就形成了根系吸水过程。各种植物的根压大小不同，大多数植物的根压为 0.1~0.2 MPa。有些木本植物的根压可达 0.6~0.8 MPa。根压的存在可以通过下面两种现象证明。

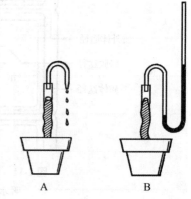

图 1-12 伤流（A）和根压（B）示意

各种植物的伤流程度不同，葫芦科植物的伤流液较多，稻麦等植物较少。同一植物在不同条件下，根系的生理活性不同，伤流量也不同。所以，伤流量的多少可作为根系生理活动强弱的指标。伤流液中除了含有大量的水分外，还含有各种无机盐、有机物和植物激素，溶质的种类和数量与根系的代谢活动有关。目前，常用伤流液来研究根系代谢。

没有受伤的植物如果处在土壤水分充足，气温适宜，天气潮湿的环境中，叶片的尖端或边缘也有液体外泌的现象，称为吐水（guttation）。吐水也与根压密切相关。水分通过叶尖或叶缘的水孔排出。植物生长健壮，根系活性强的，吐水量也较多，所以可用吐水现象作为衡量壮苗的一种生理指标。

1.3.3.2　被动吸水

被动吸水(passive absorption of water)是由于枝叶蒸腾引起的根部吸水，当叶片进行蒸腾时，靠近气孔下腔的叶肉细胞水分减少，水势降低，就会向相邻的细胞吸水，导致相邻细胞水势下降，依次传递下去直至导管，由于水的张力作用将导管中的水柱拖着上升，结果引起根部的水分不足，水势降低，根部的细胞就从环境中吸收水分。这种由于蒸腾作用产生一系列水势梯度使导管中水分上升的力量称为蒸腾拉力(transpiration pull)。蒸腾拉力与植物根的代谢活动无关。用高温或化学药剂将植物的根杀死，植物照样从环境中吸水。甚至将植物根除去后，植物被动吸水的速度更快。在这种情况下根只作为水分进入植物体的被动吸收表面。因此，将这种吸水方式称为被动吸水。

1.3.4　影响根系吸水的因素

影响根系吸水的因素有植物根系自身因素(生理因素)、气象因素和土壤因素等。其中气象因素是通过影响蒸腾作用而影响根系吸水的，将在蒸腾作用一节中讨论。下面主要介绍根系自身因素和土壤因素。

1.3.4.1　根系自身因素

吸水的有效性取决于根系的范围和总表面的透性，透性又随根龄和发育阶段而变化。根系密度越大，根系占土壤体积越大，吸收的水分就越多。根系密度是指每立方厘米土壤内根长的长度。据测定，高粱根系密度从 $1\ cm\cdot cm^{-3}$ 增加到 $2\ cm\cdot cm^{-3}$ 时吸收能力大为增加。

1.3.4.2　土壤因素

（1）土壤水势

根系吸水的根本动力是根系与土壤之间的水势差，当根系水势一定时，根系能否吸水就取决于土壤水势。土壤水势受土壤含水量及存在状态、土壤性质和溶液浓度的影响。

①土壤含水量及存在状态　对于相同类型的土壤，随着含水量增大，水势升高，有利于根系吸水。土壤中的水分有3种存在状态：束缚水、重力水和毛细管水。a. 吸湿水或称束缚水(bound water)，是与土壤颗粒或土壤胶体紧密结合的水分，水势低于 $-3.1\ MPa$，植物不能利用这部分水分，因此，被称为"无效水"或"不可利用水"；b. 重力水(gravitational water)，主要存在较大的土壤空隙中，可以因重力作用而下降的水分。这部分水是超过了田间持水量的那一部分水分，水势高于 $-0.01MPa$，对植物有害而无益；c. 毛细管水(cappilary water)，是存在于土壤毛细管内的水分，并能沿毛细管不断上升，直至土壤表面，这部分水是被植物利用的最多且利用时间最长的水分，其水势范围为 $-3.1\sim-0.01$ MPa。束缚水水势过低，植物很难利用；重力水势最高，根系最容易吸收，但存在时间短，主要存在于雨后 $1\sim2$ d，因为它占据了土壤中较大的空隙，使土壤中没有空气，严重影响植物生长。要求土壤排水良好，就是为了尽快使重力水流失；毛管水水势适中，在土壤中存在时间最长，数量较大，是植物吸收最多的水分。测定土壤中不可利用水分的指标是萎蔫系数或称永久萎蔫系数(permanent wilting coefficient)，当植物发生永久萎蔫时，土

壤中的水分占土壤干重的百分数即为萎蔫系数。植物发生永久萎蔫时，土壤中尚存的水分便是植物不可利用的水分。

②土壤性质　土壤类型大致可分为黏土、壤土和砂土。黏土土壤胶体颗粒多，束缚水多；壤土毛细管多，含毛管水多；砂土含束缚水、毛管水、重力水都少。在相同含水量下，不同类型土壤的水势依次是黏土＜壤土＜砂土。根系在砂土中更容易吸水，但由于砂土保水能力差，通常含水量和水势较低，并不是植物生长的适合土壤；黏土保水能力强，但水势偏低，也不利于植物生长；只有壤土中既具有较强的保水力，也具有较高的水势，才有利于植物生长。

③土壤溶液状况　土壤溶液浓度直接影响到土壤水势，如果土壤溶液浓度过高，使其水势低于根细胞的水势，则植物不能从土壤中吸水。盐碱地上植物不能正常生长的原因之一就在于此，因盐分过多使土壤的水势降低，植物吸水困难，形成生理干旱。施肥时，不能一次施用过多，造成土壤水势过低，严重时，还会产生植物水分外渗而枯死，出现"烧苗"现象。

(2) 土壤通气状况

土壤中的 O_2 含量对植物根系吸水过程影响很大。充足的 O_2 一方面能够促进根系发达，扩大吸水表面；另一方面能够促进根的正常呼吸，提高主动吸水能力。如果土壤通气差，O_2 含量降低，CO_2 浓度增高，短期内可以使根系呼吸减弱，影响根压，从而阻碍吸水；时间较长，则会引起根细胞进行无氧呼吸，产生和积累酒精，导致根系中毒受伤，吸水更少。作物受涝反而表现出缺水现象，原因在此。此外，缺 O_2 还会产生其他还原物质（如 Fe^{2+}、NO_2^-、H_2S 等），不利于根系的生长。如果作物栽培期间在根际施用大量未腐熟的有机肥料，在有机质腐熟过程中，微生物活动会消耗大量的氧，容易造成植物根部缺 O_2，这对植物根系的生长和水分的吸收都是不利的。

(3) 土壤温度状况

由于土壤温度影响到根系的生长、呼吸及其一系列的生理活动，因而对水分吸收会产生明显的影响。在一定范围内，温度增高植物根系吸水增多，反之亦然。不适宜的低温、高温都会对植物根系吸水产生极为不利的影响。

低温抑制根系吸水的主要原因是：a. 低温使根系的代谢活动减弱，尤其是呼吸减弱，影响根系的主动吸水。b. 低温使原生质的黏滞性增加，水分不易透过。还使水分子本身的黏滞性增加，提高了水分扩散的阻力。c. 根系生长受到抑制，使水分的吸收表面减少。

在炎热的夏日中午，突然向植物浇以冷水，会严重地抑制根系的水分吸收，同时，又因为地上部分蒸腾强烈，使植物吸水速度低于水分散失速度，造成植物地上部分水分亏缺，所以我国农民有"午不浇园"的经验。

温度过高会导致根细胞中多种酶活性下降，甚至失活，引起代谢失调，还能加速根系的衰老，使根的木质化程度加重，这些对水分的吸收都是不利的。

1.4　植物的蒸腾作用

植物一生中吸收的水分，只有极少部分用于植物自身的组成和参与代谢活动，而大部分吸收的水分都以气态的形式通过植物体表面散失到大气中去。研究发现,玉米植株每制造 1 kg 籽粒干物质的同时,要向大气中散失 600 kg 左右的水分;每制造 1 kg 有机物质(包括籽粒、叶、茎、根)要向大气散失水分 225 kg 左右。由此可见,植物用来制造有机物质的水分不到散失水分的 1%。我们需要了解,植物在制造有机物的同时消耗水分的原因,即植物如何以最少的水分散失来获取最大 CO_2 同化量。水分从植物体中向外散失的方式主要有两种:一种是吐水和伤流,即以液体状态散失到体外;另一种是以气体形式散失,即蒸腾作用,这是植物散失水分的主要方式。

1.4.1 蒸腾作用的概念及生理意义

蒸腾作用(transpiration)是水分以气态形式通过植物体表面散失到体外的过程。蒸腾与蒸发是两个不同的过程,虽然在两个过程中水分都是以气态散失。蒸腾是一个生理过程,受植物本身的气孔结构和气孔开度调控。而蒸发则是一个纯物理过程,它主要取决于蒸发的面积、温度和大气湿度。

蒸腾作用是否为植物一个必不可缺的生理过程?它对植物的生存是否有重要意义?关于这个问题近些年引起一些争论。传统的观念认为蒸腾作用是植物不可缺少的生理过程。它的主要生理作用在于:降低植物体温,增加水分的吸收和增加无机离子的吸收和运输。另一种观点认为蒸腾作用并不是植物不可缺少的生理过程。因为很多陆生植物可以在 100% 的大气相对湿度中完成其生活周期。而在 100% 的相对湿度下,植物的蒸腾接近于零。实际上人们经常可以看到,生活在湿度较高环境中的植物,比生长在较干燥空气中的植物长得更好,而前者的蒸腾速度要远远小于后者。

如果说蒸腾作用并不是植物的必需生理过程,那么植物一生当中为什么要通过蒸腾作用消耗掉如此多的水分?因为植物体内所有的有机物质骨架都是由碳原子组成。而这些碳原子必须由大气通过植物体表面的气孔进入植物体内。但是在气孔张开的同时,植物体内的水分就不可避免地通过气孔向大气中扩散。所以蒸腾作用实际上是植物为了从空气中固定 CO_2 所不得不付出的代价,它是植物光合作用这个最重要生理过程的"副产品"。

虽然在多数情况下,没有蒸腾植物也能正常生长,但是当蒸腾作用进行时,它的确也能给植物带来一些好处,其生理意义在于:

①蒸腾作用失水所造成的水势梯度是植物对水分吸收和运输的主要驱动力 特别是高大的树木,蒸腾作用有助于植物把水分从根部运到植物的顶部。但是,如果从另外一个角度来考虑这个问题,蒸腾作用所促进的水分吸收和运输,实际上只是抵偿了蒸腾本身所造成的水分损失而已。换句话说,蒸腾散失的水分越多,植物吸收的水分越多,反之亦然。

②蒸腾作用是植物吸收矿质盐类并使其在体内运转的动力 吸收到植物体内的矿物质,在木质部中会随着蒸腾流而上升。但是蒸腾流对矿物质的吸收和转运并不是不可缺少的。没有蒸腾时,植物也能吸收矿物质,而且矿物质的吸收与植物的蒸腾速率并不成比例。所以蒸腾虽然能促进矿物质的吸收和转运,但并不是必要过程。

③蒸腾作用可以降低叶片的温度 蒸腾时液态水变成气态水要吸收大量的热能,从而降低了叶片温度。但是,在温度偏低的条件下植物也进行蒸腾。此外,在干热的夏日中午,植物为了防止水分过度散失,往往将气孔关闭,导致蒸腾下降,使叶温升高。所以,

植物蒸腾作用的本身并没有主动降温这一作用。

但是，蒸腾作用也有对植物不利的方面。当植物快速蒸腾时，尤其是中午会消耗大量水分，叶片细胞或树木嫩枝失去膨压，引起萎蔫，植物组织停止生长，如果植物组织在晚上能够恢复膨压，结果并不严重；如果水分消耗远远超过水分吸收而不能恢复膨压，其结果就会脱水死亡。在植物蒸腾失水过多的情况下，即使植物膨压降低不明显，也会引起气孔过早关闭，光合作用下降，破坏淀粉和糖类的平衡，影响植物呼吸作用及其他生化进程。植物蒸腾对造林工作者尤为重要，栽植前的苗木在没有产生新根系以满足水分消耗的情况下，苗木会由于蒸腾作用而逐渐枯死。

1.4.2 蒸腾作用的部位

当植物幼小的时候，暴露在空气中的全部表面都能蒸腾。植物长大后，茎枝形成木栓质，这时茎枝上的皮孔可以蒸腾。通常根据植物进行蒸腾作用的部位将蒸腾作用的方式分为三类。

(1) 皮孔蒸腾

针对木本植物经由枝条的皮孔和木栓化组织的裂缝而散失的蒸腾称为皮孔蒸腾(lenticular transpiration)，据估计它只占树冠蒸腾总量的0.1%。但是，对于落叶树而言，无叶片的枝条可通过皮孔及包覆枝条木栓层的其他裂缝耗散大量水分。对于针叶树而言，冬季的单位针叶表面消耗水分要比落叶树单位面积枝条的耗水量要高。

(2) 角质层蒸腾

通过叶片和草本植物茎的角质层进行的蒸腾为角质层蒸腾(cuticular transpiration)。由于角质层较难透水，所以角质层蒸腾在全部蒸腾中所占比例不大。其比重因角质层的厚薄而不同。幼嫩或生长在阴湿环境中的植株，其角质层较薄，角质层蒸腾可达总蒸腾的1/3~1/2；生长在阳光充足环境中的植物以及成熟的叶片角质层较厚，其角质层蒸腾只占总蒸腾的5%~10%。长期生长在干旱缺水条件下的植物其角质层蒸腾小于总蒸腾的5%。如桦树气孔开放时，角质层蒸腾仅占气孔蒸腾的3%。

(3) 气孔蒸腾

植物体内的水分通过叶片上张开的气孔扩散到体外的过程为气孔蒸腾(stomatal transpiration)。由于气孔张开时，水气外散的阻力最小，所以气孔蒸腾是植物蒸腾作用的主要形式，可占蒸腾总量的80%~90%。

1.4.3 气孔蒸腾

气孔(stomata)是由植物叶片表皮组织上的两个特殊的小细胞即保卫细胞(guard cell)所围成的一个小孔，是蒸腾过程中水蒸气从体内排到体外的主要出口，也是光合作用和呼吸作用与外界气体交换的"大门"。气孔的蒸腾实际上分两个步骤进行，首先在细胞间隙和叶肉细胞的表面蒸发。蒸发快慢与蒸发的面积成正比，实际上叶片的内表面（即叶肉细胞的表面）要比叶片的外表面大得多。一般植物叶片内外表面之比在6.8~31.3之间，而旱生植物还要更大一些。在如此大的内表面，水分很容易变成气体，使细胞间隙的水蒸气达到饱和。

气孔蒸腾的第二步是充满气室的水汽通过气孔扩散到大气中去。由于细胞间隙很容易被水气所饱和，所以第二步是关键，即通过气孔扩散的快慢决定了整个蒸腾的快慢。而第二步取决于水分通过气孔时所受到的阻力。

这种阻力来自两个方面，一是气孔外面一层相对静止的空气，即边界层阻力，水分必须经过这个边界层才能扩散出去；另一个是气孔的大小，实验证明气孔的大小是主要阻力。在绝大多数情况下，气孔阻力的大小直接影响着蒸腾速率的大小(图 1-13)。

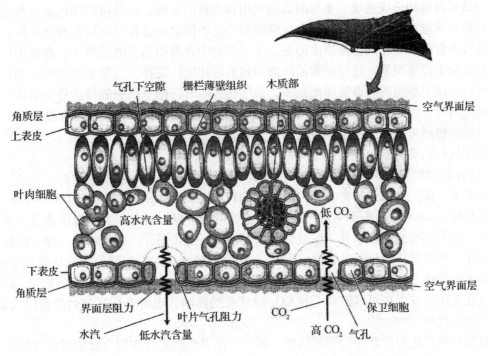

图 1-13　叶片中水分蒸腾的途径(引自 Taiz 和 Zeiger，2002)

1.4.3.1　气孔的结构特点

气孔是植物叶表皮组织上的小孔。它分布于叶片的上表皮及下表皮。但不同类型植物叶片上下表皮气孔数量不同。一般禾谷类植物如玉米、水稻和小麦等气孔在上下表皮的数目较为接近；而双子叶植物的气孔则较多地分布在下表皮；有些木本植物如苹果、桃等的气孔只分布在下表皮；也有些植物的气孔只分布在上表皮，如许多水生植物。

气孔的数目很多，每平方厘米叶片上少则有几千个，多则达 10 万个以上。如黑杨和紫杉叶片的气孔约为每平方厘米 11 500 个，而猩红栎苹叶片上分布的气孔达 100 000 个左右。一般来说，茎上端叶子的气孔要比下端多；叶子尖端的气孔比基部多；近中脉气孔多，近边缘气孔少。

气孔充分张开时宽度只有几微米，长度也只有 $10\sim40~\mu m$。气孔的面积虽小，但比水分子的直径大得多，水分子的直径只有 $4.54\times10^{-4}~\mu m$。因此，气孔开放时，水分子很容易通过气孔进行扩散。气孔的数目虽然很多，但面积不到叶片总叶面积的 1%。按一般的蒸发规律，蒸发量与蒸发面积成正比，那么气孔的蒸腾量也应当等于同面积的自由水面蒸发量的 1% 左右。但实际上远远超出这个数值。例如，通过面积不到总叶面积 1% 的气孔蒸腾量，却相当于自由水面的10%~50%，甚至达到100%蒸发量，也就是说比同面积的自由水面快几十倍，甚至100倍。

1.4.3.2 气孔运动机理

气孔是密布在植物体叶片表面，能够控制植物体与外界环境进行水分和气体交换的门户。气孔的启闭程度对蒸腾、光合作用等具有重要的调控作用，关系到植物的水分消耗和产量形成；同时保卫细胞具有非常敏感的感受外界环境信号变化的能力。因此，气孔运动机理的研究对植物适应逆境、水分的合理利用和产量的形成，以及植物体内信息传递和信号转导都具有重要的意义。与其他表皮细胞的明显不同之处是保卫细胞含有叶绿体，在光下能进行光合作用。尤其值得指出的是，保卫细胞中含有相当多的淀粉体，在光下淀粉减少，在黑暗中淀粉积累，这与正常的叶肉细胞恰好相反。现在已有很多的事实证明，气孔在张开时，保卫细胞的渗透势降低很多，而气孔关闭时，保卫细胞的渗透势便增加。如蚕豆气孔关闭时，渗透势为 -1.9 MPa，气孔开放时为 -3.5 MPa。这说明气孔在张开时有大量的可溶性物质进入保卫细胞，导致渗透势降低。

关于气孔运动的机制主要包括4种学说(假说)。

(1) 淀粉与糖转化学说(starch-sugar conversion)

在光下，保卫细胞进行光合作用消耗了 CO_2，其细胞质 pH 值增高 (pH 6.1~7.3)，淀粉磷酸化酶 (starch phosphrylase) 催化淀粉水解成可溶性糖，引起保卫细胞渗透势下降，水势降低，从周围细胞吸取水分，保卫细胞膨大，因而气孔张开。在黑暗中，保卫细胞光合作用停止，而呼吸作用仍进行，CO_2 积累，pH 值下降到 5 左右，淀粉磷酸化酶催化 G-1-P 转化成淀粉，溶质颗粒数目减少，细胞渗透势升高，水势亦升高，细胞失水，膨压丧失，气孔关闭。该学说可以解释光和 CO_2 对气孔的影响，也符合观察到的淀粉白天消失、晚上出现的现象。

淀粉与糖转化假说存在的不足问题：第一，保卫细胞光合作用合成的可溶性糖是否足以引起气孔开放的程度；第二，有些植物的保卫细胞中并没有叶绿体，如洋葱等，光下保卫细胞不能进行光合作用，而气孔仍然开放；第三，具有景天科代谢 (CAM) 途径的植物，如仙人掌等，在暗中气孔也能开放，表明植物气孔运动不依赖于光合作用；第四，糖含量在白天高，黑夜低；但黑夜转为白天或白天转为黑夜时，是气孔先开张或先关闭，而后方是糖含量的升高或降低。因此可以认为糖含量与气孔运动的关系不大。

最近研究表明，蔗糖在调节保卫细胞运动的某些阶段可能起重要作用。连续观测气孔在一天中的变化发现，当气孔在上午逐渐开放时，保卫细胞内 K^+ 含量也逐渐升高，但是下午较早时候，当气孔导度仍然在增加时，K^+ 含量却已经开始下降了。而在 K^+ 含量逐渐下降的过程中，蔗糖含量却在逐渐增加，成为保卫细胞内的主要渗透调节物质，当气孔在下午较晚关闭时，蔗糖的含量也随着下降(图1-14)。这个结果似乎表明，气孔的张开与 K^+ 的吸收有关，而气孔开放的维持和气孔关闭则与蔗糖浓度的变化有关。推测在气孔运动过程中，可能有不同的渗透调节阶段。在不同的阶段，主要的渗透调节物质可能也不同。调节气孔运动的蔗糖可以通过淀粉转化，或在光下通过光合作用形成，从而调节保卫细胞的渗透势。

(2) K⁺累计学说

K⁺累计学说又称为K⁺泵学说，20世纪60年代末，人们发现钾离子是引起保卫细胞渗透势发生变化的重要离子。保卫细胞利用光合磷酸化或氧化磷酸化形成的ATP不断推动质膜上H⁺-ATP酶做功，将H⁺从保卫细胞内排到细胞外，使保卫细胞内pH值升高、电势降低，使膜外的pH值下降、电势升高，建立跨膜的质子电动势，这种跨膜的质子电动势驱动保卫细胞外面K⁺通过质膜上的内向

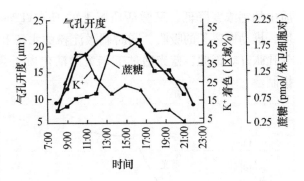

图1-14 蚕豆叶片气孔开度、保卫细胞中钾离子和蔗糖浓度在一天中的变化（引自Taiz and Zeiger，2006）

K⁺通道进入保卫细胞，这是一种K⁺的主动运输机制。在K⁺进入保卫细胞的同时，还伴随着少量负电荷的Cl⁻，通过Cl⁻-K⁺共转运载体进入保卫细胞的，以保持电中性。Cl⁻和K⁺离子的累积，导致水势降低，水分进入保卫细胞，气孔张开。

(3) 苹果酸代谢学说（malate metabolism theory）

该学说是20世纪70年代提出的，由于淀粉的糖酵解产物为磷酸烯醇丙酮酸（phosphoenolpyruvate，PEP），而PEP可与苹果酸的产生联系起来，苹果酸可以在保卫细胞内形成相对可移动的碳库（pool of carbon）。因此，保卫细胞内淀粉和苹果酸之间存在一定数量关系。由淀粉产生苹果酸就使保卫细胞内的苹果酸不必由叶肉细胞转移而来。光下，保卫细胞内的CO_2被利用，pH上升至8.0~8.5，活化了细胞质中磷酸烯醇式丙酮酸羧化酶（phosphoenolpyruvate carboxylase，PEPC），它催化由淀粉降解产生的PEP与HCO_3^-结合形成草酰乙酸，并进一步被NADPH还原为苹果酸，苹果酸解离为2个H⁺和苹果酸根，在H⁺-K⁺泵的驱使下，H⁺和K⁺交换，苹果酸根进入液泡和Cl⁻共同与K⁺在电化学上保持平衡。同时苹果酸根的存在还降低水势，使保卫细胞吸水，气孔张开，当叶片由光下转入暗处时，苹果酸减少，导致保卫细胞失水而使气孔关闭。

(4) 玉米黄素假说

该学说是20世纪90年代提出来的，当用饱和红光照射蚕豆叶片保卫细胞原生质体时，再增加蓝光照射会引起蚕豆叶片保卫细胞气孔张开（图1-15）原生质体的质子外流，使原生质体的悬浮介质pH下降（图1-16）。这种蓝光引起的酸化过程可以被H⁺-ATP酶的抑制剂和破坏跨膜质子梯度的抑制剂所抑制。说明蓝光的酸化作用是通过激活质膜上的H⁺-ATP酶将胞内的质子泵出胞外所致。在一定的光强范围内，蓝光诱导的酸化效应是和蓝光的强度成正比的，并随着蓝光强度的增加而逐渐趋于饱和。综上所述，蓝光对质膜上H⁺-ATP酶的活性诱导和它对气孔开放的诱导直接相关。玉米黄素假说认为类胡萝卜素-玉米黄素可能作为蓝光反应的受体，参与气孔运动的调控，气孔对蓝光反应的强度取决于保卫细胞中玉米黄素的含量和照射蓝光的总量，而玉米黄素的含量则取决于类胡萝卜素库的大小和叶黄素循环的调节。气孔对蓝光反应的信号转导是从玉米黄素被蓝光激发开始的，蓝光激发的最可能的光化学反应是玉米黄素的异构化，引起脱辅基蛋白发生构象改变，以后可能是通过活化叶绿体膜上的Ca^{2+}-ATPase，将胞基质中的钙泵进叶绿体，胞基

质中的钙浓度降低，又激活质膜上的 H^+-ATPase，不断泵出质子，形成跨膜电化学势梯度，推动钾离子的吸收，同时刺激淀粉的水解和苹果酸的合成，使保卫细胞的水势降低，气孔张开。因此，蓝光通过玉米黄素活化质子泵是保卫细胞渗透调节和气孔运动的重要机制。

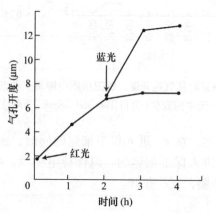
图 1-15　在饱和红光的基础上增低通量的蓝光对气孔开放的影响（引自孟庆伟，2011）

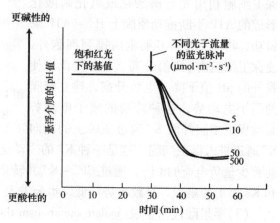
图 1-16　蓝光刺激蚕豆保卫细胞原生质体引起介质酸化（引自孟庆伟，2011）

整合上述学说和近年的研究成果表明：一是蓝光信号对气孔的开放起重要调控作用；二是 K^+ 对气孔开放起着关键作用；三是气孔开放后，蔗糖在气孔开放的维持和气孔的关闭机制中可能起重要作用。气孔的运动机制如图 1-17 来所示。应该说明的是，某种植物具有其中一种气孔运动的机理，而有些植物则多种机理共存。

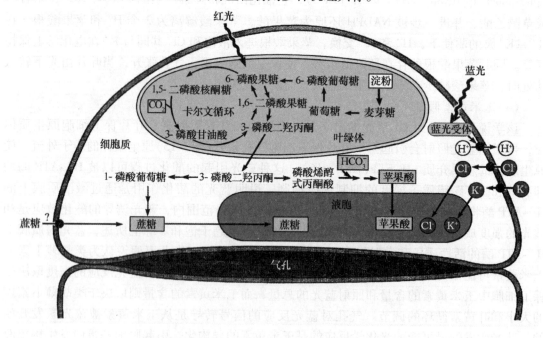
图 1-17　光下气孔开启的机理（引自孟庆伟，2011）

1.4.3.3 影响气孔运动的因素

凡是能影响到叶片水分状况以及光合作用的因素都能影响到气孔运动。此外，气孔运动还受内生节奏、植物激素等多种因素的影响。

(1) 内生节奏

气孔的运动有一种内生的昼夜节律。即使把植物放在连续光照或连续黑暗的条件下，植物的气孔也不会保持一直开放或关闭的状态，而是随着一天的昼夜更替而进行开闭运动。研究表明，在 CO_2、光照、温度及湿度都恒定的条件下，大豆叶片的气孔导度呈现出白天开、晚上关的昼夜节律。白天在12:00左右，气孔导度达一天中最高值；而在夜间21:00左右气孔导度达一天中最低值。这种内生节奏的机理尚不清楚。

(2) 光照

光照是影响气孔运动的主要因素。除了CAM植物以外，大多数植物都是在光照下气孔张开，在黑暗中气孔关闭。光促进气孔张开的效应有两种，一种是通过光合作用产生的间接效应；另一种是蓝光对气孔开放的直接诱导作用。蓝光对气孔开放的诱导作用比红光更为有效。

(3) CO_2

一般来讲，CO_2 含量减少时，气孔张开；而当 CO_2 浓度增加时气孔便关闭。气孔不仅对大气中的 CO_2 浓度做出响应，甚至对细胞间隙 CO_2 浓度也能做出响应。当叶肉光合能力下降，呼吸速率增加时，会导致细胞间隙 CO_2 浓度升高，气孔便会对此做出响应而关闭，以减少不必要的水分散失。当细胞间隙 CO_2 下降时，便促进气孔张开，加速 CO_2 向叶肉中的扩散速度以维持较高的光合速率。CO_2 浓度的高低会改变保卫细胞中的 pH 值，影响 PEP 羧化酶和淀粉磷酸化酶的活性，同时也影响跨膜质子梯度的建立。

(4) 水分

水分状况是直接影响气孔运动的关键条件。气孔不仅能对土壤中的水分状况做出响应，还能对大气中的水分状况即叶片—大气水气压亏缺(vapor pressure dificit, VPD)做出灵敏响应。气孔的关闭是在环境水分不足时，为植物节约水分，防止叶片过度失水造成伤害的第一道防线。气孔对水分亏缺的响应快、灵活，既能防止不必要的水分损失，同时还保持着较高的光合速率。

当大气干燥引起蒸腾增加，再加之土壤水分供应不足，就可能导致叶肉细胞过度失水，造成水分亏缺，使叶肉细胞和保卫细胞水势都下降，失去膨压导致气孔关闭。这种由于叶片蒸腾导致叶肉细胞和保卫细胞水势下降，进而引起气孔关闭的过程称为气孔的反馈调节(feedback regulation)。

近来研究表明，在叶片水势尚未降低之前，气孔便能感知到空气湿度下降和土壤水分亏缺的信号而提前关闭，减少蒸腾，防止植物进一步失水。气孔的这种功能称为前馈调节(feed forward regulation)，也有人称之为植物的预警系统。气孔的这种调节方式可以使植物在预测到水分亏缺即将开始时，就及时关闭，使植物对有限的土壤水分利用达到最优化。气孔对水分状况的前馈调节存在两种方式，一种是直接感知大气湿度的变化，更确切地说是感知 VPD 的变化；另一种则是通过根系感知土壤水势的变化以某种化学或物理信号传递到地上部分，而使气孔关闭。这时植物尚未出现明显的水分亏缺。

植物是否真能感受根系的水分亏缺信号？一个有趣的分根实验对此很有说服力。该实验是将植物的根分成两部分，大部分充分供水，另一小部分处在干旱状态下。这时虽然地上部分的水分状况良好，但气孔仍然处于关闭状态。若将受旱的这部分根系切去，虽然地上部分的水分状况没有变化，但气孔却张开。显然，受旱的那部分根系产生了某种信号运到地上部导致气孔关闭，现在已经知道，这种信号是一种植物激素——脱落酸（ABA）。

当叶片水分饱和时（如久雨后），表皮细胞含水量高，体积增大，挤压保卫细胞，故在白天气孔也关闭。只有当叶片水分饱和程度稍为下降时，表皮细胞体积减小，气孔才能张开。

（5）植物激素

细胞分裂素能促进气孔开放，而 ABA 却引起气孔关闭，水分亏缺时，可刺激细胞中 ABA 含量显著升高，当根部缺水时根尖可以合成大量的 ABA，并通过蒸腾流运到地上部影响气孔的行为。ABA 可能抑制保卫细胞质膜上的 H^+/K^+ 泵使 K^+ 不能进入细胞，也可能直接激活质膜上的 K^+ 外向通道，控制 K^+ 的吸收和释放。有证据表明 ABA 通过增加细胞质 Ca^{2+} 浓度，间接促进 K^+ 和 Cl^- 流出、抑制 K^+ 的流入，降低保卫细胞膨压，使气孔关闭。

（6）温度

在正常温度下，叶温对气孔运动的影响没有光和 CO_2 那么明显。气孔导度一般随温度的上升而增大。在30℃左右达最大值。35℃以上的高温会使气孔导度变小。近于0℃的低温，即使其他条件都适宜，气孔也不张开。

很多植物的气孔在高温低湿的中午开始关闭，使植物在最有利于蒸腾的时刻，其蒸腾速率不但没有增加反而降低。中午气孔关闭的原因可能有如下几点：第一，气孔对中午时 VPD 的增高做出的前馈或反馈调节。第二，中午高温导致光合能力下降，呼吸速率升高，细胞间隙 CO_2 浓度升高而 pH 值下降，对气孔产生反馈作用使之关闭。第三，叶片周围湿度小，影响到保卫细胞壁的弹性，细胞壁的弹性下降时，导致气孔关闭。

总之，植物的气孔导度对环境因素变化响应的结果，是植物在一天中可蒸腾水量一定时，使全天的水分利用效率达到最高。即通过调节气孔在适当时刻的开关，尽可能减少水分损失，而保证最大的 CO_2 同化量。人们把气孔的这种行为称为气孔的最优化调节。

知识窗

气孔振荡与水分利用效率

20世纪60年代，研究者们分别发现扁豆、棉花、大麦等作物的气孔开度在变化和稳定的环境条件下都可出现振荡。尽管在气孔和光合作用对光照、CO_2、温度的变化的响应方面已有了较好的理解，试验证明气孔振荡可提高水分利用效率。

在田间条件下，分别测定春小麦振荡和无振荡时的光合和蒸腾速率，计算水分利用效率，结果发现气孔振荡与稳态条件比较，蒸腾速率下降了45%，而光合同化速率仅下降了14%，水分利用效率则提高了55%。但两者都表明气孔振荡能提高水分利用效率。当气孔发生振荡时，蒸腾和光合作用同时受到影响，那么为什么能提高水分利用效率呢？利用已有的植物生理学知识进行简要的分析得知：在光照条件下当气孔关闭时，光合作用仍将利用气腔内的CO_2继续进行,直到气孔腔内CO_2浓度降到光合作用速率与光呼吸速率平衡时的浓度为止。在气孔开合振荡的状态下,每个振荡周期内气孔关闭的时间极为短暂(由振荡方程可求出该时间为无穷小),在气孔腔内CO_2浓度降到光合作用速率与光呼吸速率平衡时的浓度之前即再次开放。所以,光合作用虽然与蒸腾作用同步振荡,但仅使气孔腔内CO_2的浓度有所波动,并且因气孔变小和关闭时,气孔腔内CO_2浓度变得更低而加大了气孔内外的CO_2浓度差,当气孔再次开放时,增加了单位时间内CO_2进入气孔的量。

气孔振荡所具有的大幅度提高植物的水分利用效率的特点,表明了这是植物适应和抗御大气干旱环境的一种有效方法。但是,自然条件下植物仅在大气相对湿度降到一定阈值以下的严重干旱条件下才会出现气孔振荡,要使作物在一般干旱条件下出现气孔振荡,需要降低作物体的水分输导阻力和提高水分感应系数。如能对作物在这方面有目的地进行改良,或研究某种调节剂使作物在遇旱时气孔振荡提高抗旱性,将会是干旱农业研究的一大突破。

1.4.4 蒸腾作用的度量和调节

植物在进行光合作用的过程中,必须和周围环境发生气体交换;在气体交换的同时,又会引起植物大量丢失水分。植物在长期进化中,对这种生理过程形成了一定的适应性,以调节蒸腾水量。适当降低蒸腾速率,减少水分损失,在生产实践上是有意义的。

1.4.4.1 蒸腾作用的度量

(1) 蒸腾速率(transpiration rate)

植物在单位时间内,单位叶面积通过蒸腾作用所散失水分的量称为蒸腾速率,也可称为蒸腾强度。一般用 $g \cdot m^{-2} \cdot h^{-1}$ 或 $mg \cdot dm^{-2} \cdot h^{-1}$ 表示。现在国际上通用 $mmol \cdot m^{-2} \cdot s^{-1}$ 来表示蒸腾速率。植物在白天的蒸腾速率较高,一般约为 $15\sim250\ g \cdot m^{-2} \cdot h^{-1}$,而夜间较低,约为 $1\sim20\ g \cdot m^{-2} \cdot h^{-1}$。

(2) 蒸腾效率(transpiration ratio)

植物在一定生长期内所积累的干物质与蒸腾失水量之比称为蒸腾效率。常用 $g \cdot kg^{-1}$ 表示。不同种类的植物蒸腾效率不同,一般植物的蒸腾效率为 $1\sim8\ g \cdot kg^{-1}$。

(3) 蒸腾系数(transpiration coefficient)

植物在一定生长时期内的蒸腾失水量与积累的干物质量之比。一般用每生产1 g干物质所散失水量的克数($g \cdot g^{-1}$)来表示,又称为需水量。绝大多数植物的蒸腾系数在125~1 000之间。木本植物的蒸腾系数较草本植物小,C_4植物又较C_3植物小。蒸腾系数越小,植物对水分利用越经济,水分利用效率越高。

1.4.4.2 蒸腾作用的调节

(1) 影响蒸腾的内外条件

如前面所述,蒸腾实际上分两步进行:第一步是水分先在细胞表面上进行蒸发;第二步是水蒸气经过气孔扩散到叶面的边界层,再通过边界层扩散到大气中去。因此,蒸腾速率取决于水蒸气向外扩散的动力和扩散途径中所遇到的各种阻力。即:

$$蒸腾速率 = 扩散力/扩散阻力$$

物质转移的方向和速率取决于转移前后两种状态化学势（浓度）差的大小。因此，细胞间隙内的水蒸气浓度（压）C_i 和叶片外大气的水蒸气浓度（压）C_a 的差值 $C_i - C_a$（相当于 VPD）便是水分从叶内向叶外扩散的动力；而气孔开度的大小决定了水蒸气通过气孔时受到阻力的大小。所以一切影响到气孔阻力、边界层阻力和叶片—大气水气压差的因素都会影响到蒸腾速率。

①影响气孔阻力的因素　前面提到的一切影响气孔开关的因素均影响到气孔阻力。

②影响边界层阻力的因素　所谓边界层阻力是指叶片表面一层相对静止的空气对气体进出叶片所产生的阻力。它的大小与叶片的光滑程度如叶片绒毛的多少有关。越光滑的叶片边界层阻力越小。此外，还与空气的流动程度有关。有风时可使边界层阻力减少或消失，使蒸腾加快。但强风不仅会减少边界层阻力，而且还会引起气孔关闭，使气孔阻力增加，蒸腾反而减弱。与气孔阻力相比，边界层阻力要小得多。

③影响叶片—大气水气压差的因素　一般来说，大气湿度越低，植物的蒸腾速率也越高。但植物对大气湿度的反应，不是大气相对湿度 RH，而是 VPD。因为即便 RH 相同，但温度不同时，大气的实际含水量也不同。如 RH 相同时，30℃时大气的实际含水量是 0℃时的 7 倍，而 40℃时的大气实际含水量则是 0℃时 12.1 倍。VPD 不仅与大气湿度有关，还与大气温度和叶片温度有关。温度增加时，水蒸气压增加。在正常条件下，叶肉的细胞壁是被水分饱和的，所以气孔下腔的相对湿度接近于饱和，而陆生植物所处环境中的大气相对湿度总是低于 100%。所以即便在气温与叶温相同的条件下，叶肉的细胞间隙的水气压也要大于大气的水气压，即 VPD 大于零，如果叶温高于气温，VPD 便会加大。所以在正常条件下水分总是会从叶片内向大气中扩散。

大气越干燥，叶温越高，VPD 越大。因此，在晴天，一天当中 VPD 从早晨到中午逐渐增加的，中午以后又随之下降，形成一个单峰曲线。如果仅从水分扩散动力这个角度来考虑，VPD 越大，蒸腾速率越快。

所以在多数情况下，蒸腾速率一天中的变化规律与 VPD 的变化规律一致。但是气孔也会对 VPD 作出响应，VPD 过高时，气孔会通过前馈和反馈调节而关闭，使气孔阻力增加。所以，有些植物在炎热的中午，蒸腾速率不但没有增加，反而下降，使蒸腾日变化曲线呈现双峰形，就是因为气孔关闭所致。

当植物发生初干和萎蔫时，细胞间隙不再被水气饱和，使水气压降低，致使 VPD 接近或等于零，导致蒸腾减弱甚至停止。

(2) 蒸腾作用的非气孔调节

一般条件下，植物对蒸腾的调节主要是通过控制气孔的开关。虽然气孔的开关和蒸腾之间存在着密切关系，但是也只有在叶肉细胞壁被水充分饱和的条件下，水分才能不断地蒸发。当蒸腾失水过多或水分供应不足时，叶肉细胞被水饱和的程度下降，水势也随之降低，细胞的保水能力加强，细胞壁的外层不可避免地趋向干燥，气室不再为水气所饱和，水气由气孔腔向大气的扩散速率降低。在这种情况下，这一步是整个蒸腾过程的限速步骤。这时，即便气孔张开，蒸腾速率也降低了，这种现象称为"初干"或"初萎"。

初干是指由于叶肉细胞水分亏缺，引起细胞壁的水分饱和程度下降，细胞保水力加强，而使蒸腾作用减弱的现象。初干是植物蒸腾的非气孔调节方式。除此之外，植物的萎蔫也是一种有效的非气孔调节方式。

植物在严重水分亏缺时，失去膨胀状态，叶子和茎的幼嫩部分下垂的现象称为萎蔫。萎蔫分为两种，暂时萎蔫和永久萎蔫。若降低蒸腾速率即能使萎蔫的植物消除水分亏缺，恢复原状，那么这种萎蔫称暂时萎蔫。如在炎热的夏日白天，由于蒸腾强烈，水分供应不足，植物发生萎蔫，晚间蒸腾降低，水分亏缺便逐渐消除。因此，不用浇水，暂时萎蔫便可恢复原状。但若由于土壤中已没有可利用水分，则虽然降低蒸腾，仍不能消除水分亏缺使植物恢复原状，这种萎蔫称为永久萎蔫。发生永久萎蔫的植物，除非浇水，否则不能使之恢复，持续时间过长，植物会最终死亡。

植物在萎蔫状态下，失水仅为正常状态下的 1/5～1/10。因此，萎蔫也是蒸腾的一种调节方式。但萎蔫状态的细胞不能进行正常的细胞分裂和伸长，植物的许多代谢过程也受到影响。发生永久萎蔫对植物的危害很大，必须及时浇水。

(3) 蒸腾作用的人工调节

生产上人们想尽可能地减少植物水分散失，维持植物体内水分平衡。在水分缺乏的干旱和半干旱地区，人们更希望能经济有效地利用有限的水资源。可以通过改变某些环境条件来调节或控制植物的蒸腾作用。在移栽植物时，可以去掉一些枝叶从而减少蒸腾面积，同时尽量降低引起蒸腾增加的外界条件，如避免太阳暴晒等。

人工调节蒸腾的常见方法是使用抗蒸腾剂。常用的有 ABA、α-羟基磺酸盐、CO_2 等。化学物质虽然能通过使气孔关闭来降低蒸腾，但同时 CO_2 向叶肉的扩散也受到限制，光合也会降低。CO_2 相比而言是一种最好的抗蒸腾剂。通过提高 CO_2 浓度可使气孔关闭，减少蒸腾，但又不会限制光合作用。因为气孔导度减少对 CO_2 造成的扩散阻力，会被 CO_2 浓度增加所促进的扩散速率所抵消。另外，CO_2 还能抑制光呼吸，增加光合产物的净积累。

此外，根据分根实验的启示，人们在作物栽培实践中摸索出一种行之有效的节水灌溉措施。如采用"控制性根系分区交替灌溉"方式。即在灌溉时，仅对部分区域灌水，另一部分区域保持干燥，交替使不同区域根系经受水分胁迫的锻炼。这种灌溉方式可使处在干旱土壤中的根系产生水分亏缺的信息，并传到地上部位，调节气孔开度，减少蒸腾，提高水分利用效率。这种方式适用于果树和沟灌的宽行作物和蔬菜，在生产中简便易行。据报道，在维持产量不变的基础上，玉米采用此方法灌溉可节水 1/3 以上。

1.5 植物体内水分的运输

据记载，美国的一种红杉树高达 113.1 m，而澳大利亚的一种桉树则高达 132.6 m。除此之外，世界上还有许多其他高大的植物。要把水分运到 130 m 的高处需要多大的力量？我们知道，在常压下，真空抽水泵最多能把水抽到 10.3 m 的高处。也就是说，一个大气压的力量只能把水抬高到 10.3 m 的高度。而把水抬高到 130 m 的树顶至少需要 12.6 个大气压(1.28 MPa)。如果考虑到水分运输途径中的阻力，那么还需要更高的压力。假设克服水分运输途径的阻力所需的压力与把水抬到高处的压力相等的话，那么将水运到 130 m 高树顶则需要 25.2 个大气压(2.56 MPa)。那么，植物体内能否产生如此大的压力将水分运到树顶呢？是什么机制把水分以相当快的速度运到植物顶部的？这种驱使水分上升的力量来自何处？

前文所述，根系的生理活动能够产生根压使水分上升。在某些情况下根压的确也是水分上升的主要动力。但是大多数植物的根压不超过 0.2 MPa，而且只有在土壤水分充足，大气温度较高的情况下才能表现出来，更何况在许多植物上还没有发现根压。显然，对大多数植物尤其是那些高大的树木，根压不是使水分上升的主要动力。

19 世纪时人们曾认为，在植物茎中有一系列的泵细胞，它们连续作用把水泵到植物顶部，但后来的详细研究并没有发现这些泵细胞，而且发现在植物茎秆中大多数水分的运输是通过死细胞进行的。1893 年，E. A. Strasburger 做了一个实验，将一个锯断的高 20 m 的树干放在盛有硫酸铜、苦味酸和其他有毒物质的溶液中。这些有毒的液体杀死了树皮及分散在木质部中所有的活细胞，但液流仍然继续沿着树干向树的顶部运输，直到树顶部的叶片死亡，蒸腾作用停止为止。显然，泵细胞学说也解释不了水分在植物体向上运动的原因。

1.5.1 水分运输的途径

已知水分从土壤经过植物到大气的这段过程，即在土壤—植物—大气连续体（SPAC）上升过程中，一部分要经过活细胞即共质体进行，一部分要经过死细胞即质外体进行。其具体途径为：土壤水分→根毛→根的皮层→根的中柱鞘→根的导管→茎的导管→叶柄的导管→叶脉的导管→叶肉细胞→叶肉细胞间隙→气孔下腔→气孔→大气。由图 1-18 可知，成熟的植物根的结构主要由表皮，皮层薄壁细胞、内皮层和中柱组成。水分在植物根内的径向运输可以沿着质外体途径也可以沿着共质体途径进行。

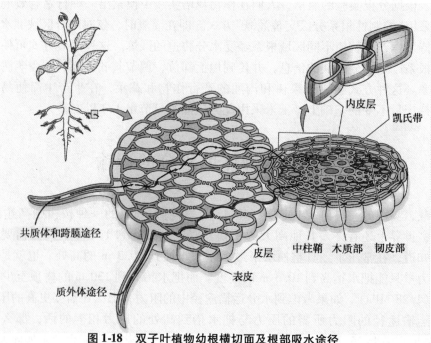

图 1-18 双子叶植物幼根横切面及根部吸水途径

质外体(apoplast)是指包括细胞壁、细胞间隙和木质部内的导管,与细胞质无关的,水分能够自由通过的部分。共质体(symplast)是指生活细胞的细胞质通过胞间连丝所联结成的一个整体。所以整个根系的共质体是一个连续体系。而质外体是不连续的,它被内皮层分成两个区域,一个是内皮层以外的部分,包括表皮及皮层的细胞壁及细胞间隙;另一个区域在中柱内,包括成熟的导管。内皮层之所以把质外体分隔成两部分,是因为内皮层细胞具有四面木栓化加厚的凯氏带(图1-18),而凯氏带不能允许水分和物质自由通过。

土壤溶液中的水分可以在内皮层以外的质外体中自由扩散,但当扩散到内皮层时便被凯氏带挡住,水分要进入中柱,只有通过内皮层的原生质。所以这时水分只有通过共质体这条唯一的途径运输。这样一来,整个内皮层细胞就像一层选择透性膜把中柱与皮层隔开,只要中柱中的水分与皮层中的水分存在水势差,水分便会通过渗透作用进出中柱。

质外体是不连续的,水分由根毛到根部导管必须要经过内皮层细胞。此外,由叶脉到叶肉细胞也要经过活细胞。虽然,经过活细胞的运输距离很短,长度不超过几毫米,但细胞内有原生质体,所以阻力很大。水分在活细胞内运输每移动 1 mm 就可能受到约 1 个大气压的阻力。可以算出,如果水分通过活细胞运到 130 m 高的树顶,需要的力量是非常惊人的,所以这种运输方式不适合长距离运输,这可以解释了为什么没有真正输导系统的植物(如苔藓、地衣等)不能长得很高的原因。由于进化中出现了管胞(裸子植物)和导管(被子植物),植物才可能长得高大。因此,水分在植物茎杆中向上运输的过程是沿着导管和管胞进行的。由于成熟的导管和管胞是中空的,没有原生质,所以阻力小,运输速率较快,每小时可达 3~4.5 m,具体速率因植物输导组织和环境条件不同而不同。水分在向上运输的过程中,还可以通过维管射线做径向运输,与周围薄壁组织内的水分相互交往。

1.5.2 水分运输的动力

前文所述,水分从土壤进入根的中柱是靠渗透作用,导管中的水分进入叶肉细胞,以及叶肉细胞水分散失到大气中也是靠渗透作用。所以水分从土壤→植物→大气过程中必须有一个不断降低的水势梯度。实际上,这种水势梯度的确存在。即便植物不蒸腾,植物在生长过程中,通过各种代谢活动,也可以使茎顶端的芽、叶片、果实等产生足够低的水势,使导管中的水分通过渗透作用进入这些活细胞,从而带动导管中的水分以集流的方式向上移动。

由于蒸腾作用的存在,这些活细胞从导管吸水的同时,又不可避免向大气中散失水分。因为大气的水势在多数情况下比叶肉细胞的水势低得多。当大气相对湿度 RH 从 100% 开始下降时,其水势便随之急剧下降。在 RH 为 100% 时其大气的水势为零;在 20℃ 时,当 RH 降至 98% 时,其水势便降至 -2.72 MPa(足够把水分移到 277 m 的高处);当 RH 为 90% 时,其水势为 -14.2 MPa;RH 为 50% 时,其水势为 -93.5 MPa;RH 为 10% 时,其水势为 -311 MPa。而土壤可利用水的水势很少低于 -1.51 MPa,所以大气湿度不需要很低,便可以从土壤→植物→大气建立足够大的水势梯度。如果土壤水分充足时,98% 的 RH 就可建立大于 2.5 MPa 水势梯度,足可以把水分运到 130 m 高的树顶。

所以在大多数情况下,蒸腾拉力是水分上升的主要动力。随着蒸腾的进行,叶肉细胞不断失水,同时又不断向邻近细胞吸水,依次传递下去,便从导管中吸收水分直到根部。

问题是蒸腾作用(水势差)产生的这种拉力怎么通过导管(或管胞)中的水柱传递到根部?只要水柱中的水分子之间有足够大的内聚力,使水柱维持连续不断,便可以把下部的水分提到顶部。但是当水柱高达几十米乃至上百米时,水柱本身就会产生很大的重量使水柱下沉,再加上蒸腾拉力向上的力量,就会使水柱产生很大的张力,可高达 3.0 MPa。这么大的力量是否会把水柱拉断?由于水分子的特殊结构,使它们之间能够形成氢键,产生很大的内聚力,这种内聚力可高达 30 MPa 以上,同时水分子与导管和管胞细胞壁的纤维素分子之间还有很强的附着力,这种力量可高达 100MPa 以上。与导管中水柱产生的张力相比,后两者的力量要大得多,足可以维持连续水柱高达 1 000 m 以上而不至于中断,也不与导管壁脱离。此外,由于导管和管胞的孔径很小,而且细胞壁很厚,有很强的坚韧程度,所以导管在很高的张力下,也不会向内凹陷,而阻止水分的运输。但导管此时可能与水柱一起稍为收缩一些。有实验指出,在蒸腾强烈时,树木的直径比夜间要小一些,就是因为导管被拉拽的缘故。导管中产生的这种张力一直传递到与根尖靠近的下端,甚至有时还能穿越过根组织传递出去。

上述水分运输的理论称为蒸腾拉力—内聚力—张力学说,也称为内聚力学说(cohesion theory),是 19 世纪末爱尔兰人 Dixon 提出的。这一学说得到广泛的支持,但也有人提出异议。如有人指出,在昼夜温度变化时水柱中可能产生水泡,使水柱暂时中断。对这个问题的解释是茎中存在许多导管,此外体内产生的连续水柱除了存在导管腔(或管胞腔)之外,也存在细胞壁的微孔及细胞间隙中,当个别导管的水柱暂时中断后,水分可通过其他导管和微孔之间的小水柱上升。到夜间蒸腾减弱时,气体便会溶解在木质部溶液中,又可以恢复连续水柱。

需要指出的是,虽然蒸腾作用是降低叶肉细胞水势而牵动水分在体内进行长距离运输的主要原因,但植物生长过程中的其他一些代谢过程,只要能在植物主轴的一端或附近的细胞中产生足够多的可溶性物质,造成足够低的水势,也一样可以成为水分运输的动力。夜间蒸腾作用基本停止,但只要植株顶部的叶片还维持较低的水势,水分仍可以继续上运。

1.5.3 木质部中水分的传输

正在蒸腾的树木和作物,其茎木质部中水分的阻力为总阻力的 20%~60%,因土壤和大气而有所差异。木本植物中各器官和相同器官不同部位的木质部阻力不尽相同。如枝杈与枝条中的木质部水压多数是不同的,枝杈与枝条中的木质部截面积较小。木质部导管中的水流(Jv,$mm^3 \cdot mm^{-2} \cdot s^{-1} = mm \cdot s^{-1}$)可用 Hagen-Poiseuille 方程表述,该方程描述了理想毛细管中的液体流动:

$$Jv = (\psi \cdot R^4 \cdot \Delta\psi_p)/8\eta \cdot L$$

式中,$\Delta\psi_p$ 为流体静力压差(MPa);R 是单个导管的半径(mm);L 为导管中水流流动的长度(mm);η 为黏滞性常数($m \cdot m^{-2} \cdot MPa$)。

该方程表明,液流传导率与导管半径的四次方成正比。总木质部截面积相同的情况下,木质部导管量少但半径较大的茎与量多但半径较小的茎相比,前者传导率较高。另外,与管胞壁相邻的纹孔对水分流动有一定阻力。

由于木质部导管管径和长度的不同,植物木质部导管中的水流速度和液流传导率存在较大差异。树木导管的长度从小于 0.1 m 到大于 10 m，甚至达到整个树干的长度。导管长或短并不影响木质部水流的速度，可能是树木生长的其他变量偶然作用的结果，如纤维长度的力学需求，或小导管受冻不易形成气穴而造成导管阻塞使水流中断。导管的长度与管径相关。一年中，落叶树早期形成的木质部导管比晚期形成的要长，且孔径较粗。环孔树早期和晚期木材之间的差异表现出像"年轮"一样的分布，而散孔树一年中宽导管和窄导管的生长分布是随机的，没有明显的"年轮"分布。

与一些植物种或攀缘植物种相比，藤本植物的茎虽然相对较细，但具有较大直径的长导管。因为液流传导率与导管半径的四次方成正比，较大的管径弥补了总截面积较小的劣势。例如，藤本植物羊蹄甲（*Bauhinia fassoglensis*）的传导率等于边材面积为其 10 倍的崖柏（*Thuja occidentalis*）。细木质部导管的缺点是液流传导率低，因为木质部总截面积主要由木质部壁决定，后者使植物具有较强的机械强度。但细木质部导管的优势是不易形成冷冻气穴。

1.5.4 气穴阻塞——木质部水流的阻断和恢复

1.5.4.1 气穴和阻塞现象

近些年的研究，特别是超声探测技术的应用，证明了气穴和栓塞是在植物中发生的"平常事件"。Milbum 认为，植物在水分胁迫下，当木质部张力很高时，空气通过导管细胞壁间最大的孔进入导管，形成气穴；随着气穴的增大，则会形成阻塞（embolism），降低木质部导管传导水分的能力，甚至限制植物生长。树木木质部导管气穴和栓塞化研究现在已成为当前林木水分传输机理的研究重点之一。研究证明，导致使木质部张力增加的因素都可能引起木质部气穴或阻塞。已知的诱因有水分胁迫、低温、一些维管病害和一定相对分子质量的化合物，其中水分胁迫最为常见。Zimmermann（1983）提出的"空气充散假说"用于解释植物木质部空穴和阻塞化的产生。该假说认为，木质部管道内的栓塞是由于空气泡自外界大气空间或者已栓塞的管道内，经由管道间纹孔膜上的微孔传送到充水管道内所形成（图 1-19）。

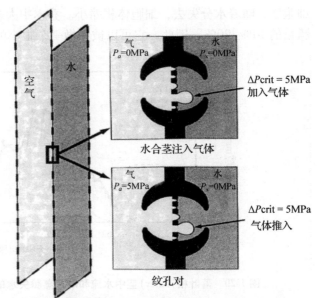

图 1-19 脱水茎上气体影响的气穴（引自张国平译，2003）

两个相邻的木质部导管，右边导管充满了木质部流体。左边导管已穴化因而充满了近 0 MPa 的水压。导管间的气穴能允许水分通过但是气体—水分的弯叶面不能通过。表明了当两个导管间的压力超过临界值时一个小气泡如何通过气穴膜被拖入，此时木质部压力为 -5 MPa。图的下部是一个设计的试验，通过迫使空气进入已栓塞的导管，而另一导管处于大气压下，由于临界压力差过大，使一个气泡被推入

1.5.4.2 阻塞的恢复

气穴化发生之后，无论是木本植物或草本植物，栓塞化的导管或管胞均能够修复，即便邻近的导管处于张力之下水分也可能回填。Sperry 等提出了栓塞修复的 3 种机制：水蒸气的凝结、气体的溶解和气体的排出。其中，水蒸气的凝结较少，但它在空穴化事件之后肯定会立即发生；气体的排出仅在端口暴露在空气中的导管（管胞）中发生。张力下气泡的溶解可能需要细导管，这也许可以解释为什么沙漠植物和起源于寒冷环境的植物有较细的导管。当不能达到足够低的负水势时，木质部被水蒸气充满，导致导管不能在水分传输中起作用。不能被重新填充的阻塞导管有时也有其优点。例如，当土壤变得极端干旱时，仙人掌木质部导管形成气穴，从而防止水分从植物体内流失到土壤中。

1.5.5 茎中水分的储存

植物能够把部分水分储存在茎中，以备蒸腾过程中临时用水之需。例如，许多树木水分吸收与树冠的蒸腾失水存在大约 2 h 的时滞（图 1-20），蒸腾开始时提供给叶子的水来自茎中的薄壁细胞。白天茎中水的抽出使树干的直径不时地发生变化，茎的直径一般是清晨最大而日落前最小。茎干的收缩大多发生在木质部外围的活组织中，其细胞具弹性较强的细胞壁，随着水分失去，细胞体积缩小。乔木中大多数植株茎干中的水可以满足一天中蒸腾量的 10%~20%，因此，它可以被看做一个很小的水分缓冲器（Lambers 等，1998）。

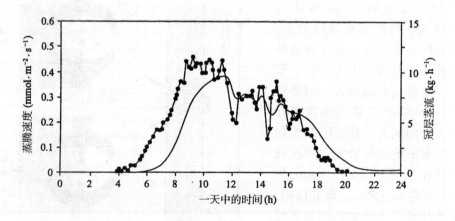

图 1-20　落叶松（*Larix*）茎中水流和叶片蒸腾失水的日变化模式（引自 Lambers，1998）
两条线的差异表明茎中的储存水

对不同生活型的植物，茎中贮藏水的生理生态意义不同。在热带干旱森林（tropical dry forest）中，干季里落叶乔木的叶脱落能防止由蒸腾引起的水分损失。研究发现茎干中的贮藏水可以为满足这些树木在干季节开花和萌发新枝的水分需求作出重要贡献。对于寒冷地区的森林，茎干中贮藏水的意义在于减少冬季脱水，如生长在树线之上的一种云杉（*Picea engelmannii*）的针叶面与脱水可能采用了这样的机制：当土壤结冰但气温高于 4℃时，植物就需要利用茎干中的贮藏水。茎中储存水反过来又与木材密度相关。生长早期不耐阴的植物种类生长迅速，树材密度低，大量茎贮藏水使它们能在旱季开花并萌发新枝。相反，树材密度高的落叶树生长较慢，茎贮藏水对减少冬季落叶也很重要。

在草本植物和肉质植物中，茎中贮藏水显得更为重要。草本植物白天可以将这部分水用于蒸腾，而在叶间由于根压作用再将一部分水补充到木质部中来；肉质植物的贮藏水可以在土壤水分供应终止数周后，继续维持其蒸腾作用。最明显的例子是，巨型仙人掌在缺水与吸水后差异很大，因而类似于"可伸缩的茎"，能储存 5 000 kg 之多的水。

1.6　合理灌溉的生理基础

在农林业生产中，人们力求使植物体内水分达到动态平衡，来满足不同作物在不同发育期对水分的需要。农业上灌溉的基本任务是，合理利用水分，以最少的水分消耗来换取最大的作物产量，为了达到此目的，就需要了解植物的需水规律。

1.6.1　植物的需水规律

1.6.1.1　植物需水量及水分利用效率

需水量是指植物的蒸腾系数。不同类型的植物以及同种植物的不同生育期需水量存在差异。C_4 植物因为它特殊的固定 CO_2 的途径，使它在较低的气孔导度下能比 C_3 植物固定更多的 CO_2，再加上 C_4 植物光呼吸较低，所以在利用相同的水分条件下，C_4 植物比 C_3 植物合成的干物质高出 1~2 倍，因而 C_4 植物的需水量低于 C_3 植物的需水量。如 C_4 植物玉米的需水量是 349 g，狗尾草是 285 g，而 C_3 植物小麦为 557 g，油菜为 714 g，紫花苜蓿为 844 g。光合效率越高的植物，需水量就越低。

植物从幼苗到开花结实，在不同生育期需水量是不同的。苗期由于蒸腾面积较小，水分消耗量不大，需水量较小。随着幼苗长大，水分消耗量也相应增多。需水量不仅与光合面积不断增加有关，而且还与各生育期的生理特性和气象因子有关。如干旱、高温天气就会促进蒸腾，提高植物的需水量。植物的需水量不等于灌水量。因为灌水不仅要满足生理用水，还要满足生态用水。要考虑土壤蒸发、水分流失和向深层渗漏等因素。因此，农业生产上，灌水量常常是需水量的 2~3 倍。

水分利用效率笼统地讲是指植物每消耗单位水量生产干物质的量（或同化 CO_2 的量）。在某种层次上植物水分利用效率与蒸腾效率是一致的。但从整个田间来考虑两者便不同。因为田间除了植物蒸腾外，还有土壤蒸发耗水。此外，长期和短期的水分利用效率也不同。因为夜间植物不进行光合只呼吸，所以夜间的水分利用效率应比白天的低。

详细地划分可把植物水分利用效率分为 3 个层次：

①植物瞬时水分利用效率　指某一时刻光合速率与蒸腾速率之比，即某一时刻的蒸腾效率。

②植物长期水分利用效率　指一定时间内植物积累干物质量与蒸腾失水量之比，是指较长一段时间的蒸腾效率。

③农田水分利用效率　指一定时间内植物积累的干物质与植物蒸腾失水和田间蒸发失水量之和（蒸发蒸腾量）之比。由于农田水分利用效率考虑了田间蒸发失水量在内，因此，它比植物的蒸腾效率要低，更符合植物实际耗水的情况。

1.6.1.2 植物水分临界期

植物一生中对水分亏缺最敏感、最容易受水分亏缺伤害的时期称为水分临界期。在农业生产上，对以收获种子为对象的农作物来说，其水分临界期就是其生殖器官形成和发育时期，严格说就是花粉母细胞四分体形成时期，该时期缺水，会造成生殖器官发育不正常，导致空粒、秕粒，使籽粒产量下降。对收获营养器官为对象的农作物（如叶菜类）来说，其水分临界期应是它们营养生长最旺盛时期。植物种类以及收获目的不同，它们的水分临界期也不同。

1.6.2　合理灌溉的指标

许多生产实践都证明，不同时期的灌溉效果不同，所以在适宜的时期灌溉就能最大限度地发挥灌溉效益。

确定灌溉时期有时是根据土壤含水量进行的。该方法有一定的参考价值，但灌溉的对象是植物而不是土壤。所以，要使灌溉能符合作物生长及农业生产的需要，应以作物本身情况为依据。有时根据作物水分临界期事先定好的灌溉方案，因为年际间的气象条件变化不同，也变得不适用。所以合理灌溉要看天、看地、看庄稼。实际上作物本身的生长情况已经客观地反映了天气和土壤的水分变化。

有经验的农民往往根据作物的长势、长相进行灌溉。植物茎叶伸长对水分亏缺甚为敏感，在水分缺乏时，叶片的伸长会受到明显的抑制。在形态上也能反映出植物的水分状况，如缺水时，幼嫩茎叶发生凋萎；茎、叶颜色较为暗绿（可能是细胞生长缓慢、叶绿素积累所致）或变为红色（干旱时，碳水化合物分解大于合成，细胞液中积累较多的可溶性糖，这些糖转变成花青素所致）。

植物一些生理指标也可以作为灌溉指标。如叶片的相对含水量、叶片水势、叶片渗透势及气孔导度均可灵敏地反映植物的水分状况。水分亏缺时，叶片含水量、渗透势、水势及气孔导度均下降。但需要指出的是，不同的植物，同一植物不同生育期以及同一植物不同部位，这些生理指标会有很大差异。因此，实际应用时，必须结合当地实际情况，确定适宜灌溉的生理指标。

1.6.3　合理灌溉与植物生长

由于淡水资源的亏缺，在很多国家和地区，水分亏缺成为农业生产的限制因素。为了提高水分利用效率，目前人们大力发展节水农业，改变多年来的传统"浇地"习惯，如改变传统的排灌和漫灌方式，把"浇地"改变为"浇作物"，按照作物的需水规律进行灌溉，极大地提高了水分利用效率。目前广泛使用的节水灌溉方法有：

①喷灌　利用专门的喷灌设备将水分喷到空中形成细小的水滴，均匀地落到田间的一种方法。

②微灌　利用埋入地下或置于地面上管道网络系统，将作物生长所需要的水分及养分运输到植物根系附近土层的灌溉方法，可以分为滴灌、微喷灌和涌泉灌3种方式。

③渗灌　利用地下管道系统将灌溉水输送到田间，通过管壁孔湿润根层土壤的灌水方法。

④膜上灌 在地膜覆盖的基础上,将膜侧水流改为膜上水流,利用地膜进行输水,通过膜上特定位置的预留孔给作物进行灌溉。

随着植物水分代谢研究的深入,新的研究成果不断地应用于节水农业中。近些年来,人们又提出了多种新型的节水灌溉方式,如利用信息化技术控制的精确灌溉、调亏灌溉、肥水耦合,以肥调水、控水灌溉以及控制性根系分区交替灌溉等。相信这些措施的不断完善和在农业生产中的广泛使用,将进一步提高水分在农业生产中的利用效率。

知识窗

节水灌溉

我国水资源仅占世界总量的6%,是比耕地资源(占世界总量的9%)更紧缺的资源。目前我国人均水资源占有量仅为 2 800 m^3,只相当于世界平均水平的1/4,同时水资源还存在分布不均的问题,淮河以北的广大北方地区拥有全国60%的土地,却只有15%的水资源。为此,在农林业发展节水灌溉势在必行。所谓节水灌溉技术是比传统的灌溉技术明显节约用水和高效用水的灌水技术的总称。节水灌溉技术大致可分为节水灌溉工程技术和节水灌溉农艺技术。

(1) 节水灌溉工程技术

节水灌溉工程技术是指减少灌溉渠系(管道)输水过程中的水量蒸发与渗漏损失,提高农田灌溉水的利用率的技术。

①渠道防渗技术 是为减少渠道的透水性或建立不易透水的防护层而采取的各项技术措施。根据使用的材料可分为土料压实、三合土护面、砖石衬砌、水泥衬砌、塑料薄膜防渗和沥青护面防渗等。我国的渠道防渗工作始终围绕开发性能好、成本低、易于施工、便于群众掌握的防渗材料为中心,同时研究推广新型防渗渠道断面形式和衬砌形式。如陕西省宝鸡峡灌区在近年的三大灌区更新改造过程中,推出了一系列"U"型渠道衬砌机械,就在施工中发挥了重要作用。目前,占我国总用水量80%的农灌主要输水手段是渠道,而传统的土渠输水渗漏损失约为引水总量的50%~60%,全国仅此一项年损失水量约 117×10^{11} m^3,大力发展渠道防渗技术是节水灌溉的重要途径。

②低压管道输水灌溉技术 又称"管灌",是利用低压管道代替渠道输水的一种灌水方法。"管灌"由于具有一次性投资少、设备简单、比土渠省水40%、省工、省地、省时,增产效益显著,农民易于掌握等优点,颇受重视。因此,在无力发展喷灌和微灌的地方,采用"管灌"是一个方向。在井灌区,逐步用低压管来代替中小型渠道,也可以取得很显著的节水效果。在我国北方井灌区已发展到 $30 \times 10^6 hm^2$。其中陕西省的关中、陕北地区大片机井灌区大量采用"管灌"技术。实践证明,"管灌"是我国北方地区发展节水灌溉的重要途径之一。

③喷灌技术 该技术是利用专门的设备将压力水喷洒到空中形成细小水滴,并均匀地降落到田间的灌水方法。喷灌明显的优点是灌水均匀,少占耕地,节省人力,对地形的适应性强。主要缺点是受风影响大,设备投资高。喷灌系统的形式很多,其优缺点也有很大差别。在我国用得较多的有固定管道式喷灌、半移动式管道喷灌、滚移式喷灌、时针式喷灌、平移式喷灌、绞盘式喷灌等。以上各种喷灌溉形式各有利弊,各自适合于不同的条

件,因此,只能因地制宜地选择应用。

④滴灌技术　该技术是将作物生长所需的水分和各种养分适时适量地输送到作物根部附近的土壤,具有显著的节水、增产效果。国外滴灌技术的研究应用起步较早,主要在缺水地区的果树、花卉等经济效益较高的作物上采用。以色列、美国等发达国家在大田棉花上也采用滴灌,但大都采用铺设于裸露地表、使用 5~7 年的滴灌管,一次性投资很高。国内引进滴灌技术始于 1973 年,由于种种原因发展速度缓慢,且面积很小,主要应用于蔬菜、花卉、果树等高经济价值作物上,在大田作物上应用较少。

⑤渗灌技术　该技术是继喷灌、滴灌之后,一种新型的有效地下灌溉技术,是在满足植物生理生长需求的条件下,将以往对土地的灌溉转变为对植物根系直接进行灌溉。目前国内有低压渗灌和重力渗灌两种方式。由于以往渗灌普遍存在渗孔易于堵塞、灌水不均匀、坡度较大的田块不宜采用等问题,渗灌的发展曾遇到阻力。针对这些问题,笔者曾与有关单位联合研制出了新型的亚表层渗灌节水防堵系统,解决了管道堵塞和渗水不均匀等问题。

⑥雨水汇集利用技术　该技术是在干旱、半干旱的山丘地区,将较大强度降雨所产生的地面径流汇集起来,并在最需要时供给作物利用的技术。20 世纪 80 年代末,我国开展了雨水汇集利用技术的研究,如汇流表面薄层水泥处理技术、窖窑构建及布局技术、汇集效率、汇流面与种植面积比例确定等,取得了一批有意义的成果。近几年在甘肃东部、陕西白于山区和宁夏南部发展起来的窖灌农业就是采用典型的雨水汇集利用技术,有的地区已把它作为扶贫工程而深受群众欢迎。但在雨水引导、汇集储存和高效利用上缺乏系统化的理论研究,未形成适宜于不同区域的汇流整体规划和与之配套的灌溉技术及作物栽培技术。

(2) 节水灌溉农艺技术

①作物调亏灌溉技术　在 20 世纪 70 年代中后期,国际上出现并逐步发展的一种新的节水灌溉技术,是在作物生长发育的某些阶段施加一定的干旱胁迫,有目的的使作物处于一定程度缺水的条件下,调节作物的光合产物向不同组织器官的分配,调控地上和地下生长动态,促进生殖生长,控制营养生长,舍弃有机合成物总量,提高经济产量,最终达到节水、高效、高产的目的。作物调亏灌溉具有广阔的推广应用前景,但目前还需进一步研究适宜于农民应用的田间实施技术。

②作物控制性分根交替灌溉技术　通过改变根系生长空间的土壤湿润方式,人为控制根区土壤某个区域的干燥或湿润程度,使作物根区土壤交替干燥,促使其产生水分胁迫信号传递至叶气孔,形成最优气孔开度;使另一部分生长在湿润区的根系正常吸水,以减少作物奢侈的蒸腾和植株间的无效蒸发,节约灌溉用水量。

③改进地面灌水技术　该技术主要围绕传统地面灌水技术存在的灌水均匀度差、灌水定额大等缺点进行的技术改进,包括改进沟畦规格(如长畦改短畦,宽畦改窄畦,短沟灌和细流沟灌等。例如,陕西省的洛惠渠、宝鸡峡灌区,推广长畦改短畦,宽畦改窄畦,大水漫灌改小畦浅灌后,作物生育期灌水量降低 20%~30%)和采用先进的地面灌水技术(如波涌灌、隔沟灌、膜上灌、细索灌、水平畦灌等)。地面灌溉采用这一改进技术,对提高灌水均匀度,节省灌溉用水具有十分重要的意义。目前,在我国最具推广价值的改进地面

灌水技术有波涌灌和膜上灌两项。波涌灌是通过改进放水方式，把传统的沟、畦一次放水改为间歇放水，进行间歇灌形成波涌，是20世纪80年代地面灌水技术的一大突破。间歇放水使水流呈波涌状推进，由于土壤孔隙会自动封闭，在土壤表层形成一薄封闭层，水流推进速度快。在用相同水量灌水时，间歇灌水流前进距离为连续灌的1~3倍，从而大大减少了深层渗漏，提高了灌水均匀度，田间水利用系数可达0.18~0.19。膜上灌是在地膜栽培的基础上，把膜侧水流改为膜上流，利用地膜输水，通过膜孔和膜边侧渗给作物进行灌溉，该项技术目前在新疆取得了较高的增产节水效果。

④水稻薄浅湿晒灌技术　传统的水稻灌溉一般是长期保持较深水层，有的地方还采用串灌、漫灌，水肥流失严重。而采用薄、浅、湿、晒的灌溉制度，可取得很好的节水效果。其基本做法是薄水插秧、浅水返青，分蘖前期田间湿润管理，分蘖后期晒田，拔节抽穗期保持薄水，乳熟期保持田间湿润，黄熟期湿润落干。此方法在广西、江苏等地得到广泛推广，推广面积累计达 $17\,812\times10^4\,hm^2$，可增产71%~72%以上。由于水层浅，渗漏量和植株棵间蒸发量大大减少，从而减少田间耗水量，年平均减少耗水量 $1\,069\,m^3/hm^2$，是值得在稻田大力推广的节水灌溉技术之一。此项技术投入小，收效大，但是此法受地域与自然条件的影响大。

⑤咸水灌溉技术　微咸水灌溉技术主要包括不同水质的水混灌和轮灌技术。混灌是将两种不同的灌溉水混合使用，包括咸淡混灌、咸碱(低矿化碱性水)混灌和两种不同盐渍度的咸水混灌，降低灌溉水的总盐渍度或改变其盐分组成。混灌在提高灌溉水水质的同时，也增加了可灌水的总量，使以前不能使用的碱水或高盐渍度的咸水得以利用。轮灌是根据水资源分布、作物种类及其耐盐性和作物生育阶段等交替使用咸淡水进行灌溉的一种方法。如旱季用咸水，雨后有河水时用淡水；强耐盐作物(如棉花)用咸水，弱耐盐作物(如小麦、玉米、大豆)用淡水；播前和苗期用淡水，而在作物的中、后期用咸水。轮灌可充分、有效地发挥咸淡水各自的作用和效益。

本章小结

水分对植物生命活动具有重要的生理生态作用，植物的正常生命活动必须在一定的水分状况下才能进行。水分在植物体内的存在形式有两种：自由水与束缚水，两者的比值反映着代谢活性与抗性强弱。

植物水分代谢包括对水的吸收、运输、利用和散失过程。植物对水分的吸收是以细胞吸收为基础的，细胞吸水有两种方式：渗透吸水和吸胀吸水，其中以渗透吸水为主。扩散、集流是水分在植物细胞间运输的两种方式，渗透作用是水分扩散的一种特殊形式。任何情况下，植物体内细胞与细胞之间的水分移动是顺着水势梯度进行，即由水势高的一方流向水势低的一方。因此，植物细胞吸水取决于细胞与环境的水势差。水势是指溶液水化学势与纯水化学势差值与偏摩尔体积的比值。典型的植物细胞水势为 $\psi_w = \psi_s + \psi_p + \psi_m$，具有液泡细胞的水势为 $\psi_w = \psi_s + \psi_p$，分生组织细胞、风干种子水势为 $\psi_w = \psi_m$。细胞的水势只有低于环境的水势时才能吸水，否则会失水。植物细胞质膜及液泡膜上存在水孔蛋白，水孔蛋白的存在减小了水跨膜运动的阻力，具有高效、有选择性转运水分的功能，使细胞间水分水势梯度迁移的速率加快。

根系是吸水的主要器官，吸水主要区域为根毛区。根系吸水有两种方式：主动吸水（动力是根压）和被动吸水（动力是蒸腾拉力）。根压与根系生理活动有关，蒸腾拉力与蒸腾有关，所以，影响根系生理活动和蒸腾作用的内外因素都影响根系吸水。水分从根向地上部运输的途径有两种：质外体途径和细胞途径，细胞途径包括跨膜途径和共质体途径。质外体途径经过维管束中的死细胞（导管或管胞）和细胞壁与细胞间隙进行的长距离运输；细胞途径是在活细胞（根毛、根皮层、根中柱以及叶脉导管、叶肉细胞、叶细胞间隙）中运输，属短距离径向运输。导管运输水分的能力因气穴和阻塞的出现而降低，是导致木质部张力增加的因素，如水分胁迫、低温、一些维管病害和一定相对分子质量的化合物等都可能引起木质部气穴或阻塞；因气穴化而致使植物栓塞化的导管或管胞在一定的状况下能够得以修复。

植物向体内吸收水分的同时又不断以蒸腾作用向环境中散失水分。植物的蒸腾作用有3种方式：皮孔蒸腾、角质层蒸腾和气孔蒸腾，其中气孔蒸腾是陆生植物的主要失水方式。气孔是植物蒸腾作用的"门户"，气孔蒸腾符合小孔扩散律，气孔运动主要取决于保卫细胞膨压大小的变化，保卫细胞吸水膨压增大，气孔开放，保卫细胞失水膨压变小，气孔关闭。解释气孔运动机理有4种学说，即"淀粉—糖转化学说""K^+累积学说"、"苹果酸代谢学说"和"玉米黄素学说"。一切影响气孔开闭的因素如光照、温度、水分、CO_2浓度以及风等都会影响蒸腾作用。

植物在一定的含水量的基础上的水分平衡是植物正常生命活动的关键。维持水分平衡一般从减少蒸腾和增加供水两方面入手。后者是主要的、积极的途径。目前关于土壤—植物—大气连续体系中水分运动关系的研究已经比较清楚，灌溉的原则就是用最少量的水获得最大的效益。合理灌溉是维持植物水分平衡最可靠的方法。

复习思考题

一、名词解释

水势　渗透势　压力势　质外体　共质体　渗透作用　根压　蒸腾作用　蒸腾速率　蒸腾比率　水分利用率　内聚力学说　水分临界期

二、问答题

1. 将一成熟的植物细胞分别放在纯水中和2 mol/L NaCl 溶液中，细胞的体积、水势、渗透势、压力势将如何变化？
2. 典型细胞水势由哪些部分组成？种子水势主要由哪些部分组成？
3. 把一株大树枝叶剪去一半，对其蒸腾作用有何影响？
4. 水分是如何进入根部导管？水分又是如何运输到叶片？
5. 试从植物生理学的角度分析"有收无收在于水"的道理。
6. 植物叶片的气孔为什么在光照条件下会张开，在黑暗条件下会关闭？
7. 试述水分进出植物体的全部经过及其动力。

8. 为什么干旱时不宜给植物施肥?
9. 节水农业工程对我国的农业生产有什么意义?
10. 设计一个证明植物具有蒸腾作用的实验装置。
11. 在栽培植物时,如何才能做到合理灌溉?
12. 气孔的张开与保卫细胞的什么结构有关?

参考文献

Buchanan B, Gruissem W, Jones R. 2006. 植物生物化学与分子生物学[M]. 瞿礼嘉, 译. 北京: 科学出版社.

Lambers H. 1998. Plant Physiological Ecology[M]. 2rd. Berlin: Springer-Verlag.

Opik H, Rolfe S. 2005. The Physiology of Flowering Plants[M]. 4th ed. Cambridge: Cambridge University Press.

Taiz L, Zeiger E. 2006. Plant Physiology[M]. 4rd. Sunderland: Sinauer Associates Inc.

蒋高明. 2004. 植物生理生态学[M]. 北京: 高等教育出版社.

孟庆伟. 2011. 植物生理学[M]. 北京: 中国农业出版社.

潘瑞帜. 2004. 植物生理学[M]. 6版. 北京: 高等教育出版社.

武维华. 2008. 植物生理学[M]. 2版. 北京: 科学出版社.

张治安. 2009. 植物生理学[M]. 吉林: 吉林大学出版社.

郑勇平. 1992. PV曲线在杨树耐旱性鉴别中的应用[J]. 浙江林学院学报, 9(1): 36-41.

第 2 章

植物的矿质营养

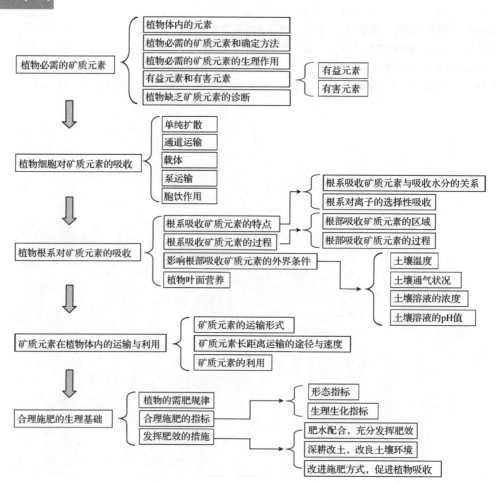

植物属自养生物(autotrophic organisms)，在其自养生活过程中，除了从土壤中吸收水分外，还吸收矿质元素和氮素，植物吸收的这些元素，有的作为植物体的组成成分，有的参与调节植物的生命活动，有的兼有这两种功能。通常把植物对矿质元素的吸收、转运和同化称为植物的矿质营养(mineral nutrition)。

2.1 植物必需的矿质元素

矿质元素和水分一样，主要存在于土壤中，而土壤又往往不能完全及时地满足植物的需要，因此，施肥就成为提高产量和改进品质的主要措施之一。俗话说："有收无收在于水，收多收少在于肥。"土壤的好坏，直接影响到植物的矿质营养和施肥效果，三者联系非常密切，单独形成一门学科叫土壤肥料学。

2.1.1 植物体内的元素

将新鲜植物体在 105℃下烘干 10~30 min，使组织内的酶迅速钝化，为防止高温下某些成分挥发或化学性质发生变化，再在 70~80℃下烘干 1~2d，得到干物质，将干物质燃烧，C、H、O 以 CO_2、H_2O 形式挥发掉；N 以 N_2、NH_3、N 的氧化物形式挥发，少量 S 以 H_2S、SO_2 形式挥发掉。不挥发的残烬称为灰分。构成灰分的元素称为灰分元素，因这些元素普遍存在于矿物质中，又习惯称为矿质元素。土壤中含有大量矿质元素，可被植物通过根系而吸收。由于氮在燃烧过程中变为各种气态物质而挥发，所以氮不是灰分元素，但存在于矿物质中，仍属于矿质元素，常归于矿质营养一起讨论。

植物体内有哪些元素？据研究，地壳中存在的元素几乎都能在不同植物体中找到，但并不是每种元素对植物都是必需的，有些元素在植物生活上不太需要，但能在体内积累，仅是因为环境中存在而进入植物体内，相反的，有些元素在植物体内较少，却是植物绝对必需的。

植物干物质中的元素组成及比例大体为：C 45%、H 6%、O 45%、N 1.5%、灰分元素 2.5%。

植物各器官中灰分的含量有很大的差别，因植物种类、器官、年龄、生长环境等不同而不同。如水生植物为 1% 左右，中生植物为 5%~15%，盐生植物达 45% 以上；草本植物的根和茎含 4%~5%，而叶可多达 10%~15%。禾本科植物含 Si 多，豆科植物含 Ca 多，马铃薯块茎含 K 多。植物的矿质元素成分也是其对生活环境的反应，矿藏附近生长的植物体内矿藏元素含量多。一般说来，植物的幼嫩和生理机能活跃的部分灰分含量高；气候干燥、土壤通气好、土壤含盐多，则灰分含量多。

2.1.2 植物必需的矿质元素和确定方法

虽然在各种植物体内已发现有 70 种以上的元素，但这些元素并不都是植物正常生长所必要的，元素的必要性也不取决于其在植物体内的含量。所谓必需元素(essential element)是指对植物生长发育必不可少的元素。1939 年 Arnon 和 Stout 提出了植物必需元素的三条标准：

①不可缺少性 缺乏该元素，植物生长发育受到明显抑制，不能完成生活史。

②不可替代性 缺少该元素，植物表现出专一的缺素症状，只有加入该元素方可预防或消除此病状，而加入其他元素则不能替代该元素的作用。

③直接功能性 该元素的生理作用是直接的，而不是因土壤、培养液或介质的物理、化学条件或微生物生长条件的改善等原因而引起的间接效果。

根据植物对必需元素需要量的大小，通常又把植物必需元素划分为两大类，即大量元素(major element, macroelement)和微量元素(minor element, microelement, trace element)。大量元素(或大量营养素)是指植物需要量较大、其含量通常为植物体干重0.1%以上的元素，共有9种，即C、H、O 3种非矿质元素和N、P、K、Ca、Mg、S 6种矿质元素；微量元素(或微量营养素)是指植物需要量极微、其含量通常为植物体干重的0.01%以下的元素，包括Fe、Mn、B、Zn、Cu、Mo、Cl、Ni 8种，这类元素在植物体内稍多就会产生毒害。

由于植物体所含的元素并不一定都是植物所必需的营养元素，因此分析植物灰分中各种元素的组成并不能确定某种矿质元素是否为必需元素。天然土壤成分复杂，其中的元素成分无法控制，因此，用土培法无法确定植物必需元素的种类。自从Sachs等设计的溶液培养体系培养植物获得成功后，人们便采用溶液培养法(solution culture method)来确定植物必需的矿质元素及其在植物体中的作用。

溶液培养法，又称水培法，是在含有全部或部分营养元素的溶液中栽培植物的方法。营养液用若干种含植物所需矿质元素的无机盐配制而成，故能人为控制营养液的成分，通过添加或除去某些元素，观察植物生长发育情况，从而判断某元素是否为植物所必需及其生理作用，称之为缺素培养。

溶液培养时要保证所加溶液是平衡溶液并具有适宜pH值，在培养过程中要常给根通气，因为氧气不足会抑制根的吸收。应定期更换或补充培养液，调节pH值，所用试剂、水、容器需纯净、无污染，应防止光对根系的直接照射，以避免藻类滋生等。溶液培养法配方很多，要根据实验材料选择合适的药品及培养液，其中由美国科学家D. R. Hoagland等设计的Hoagland培养液最为常用。除此之外，还有克诺普氏(Knop)培养液等(表2-1)。

表2-1 几种常用营养液配方

营养液	成分与用量(g/L)
Sachs	NaCl 0.25；KNO_3 1.0；$Ca_3(PO_4)_2$ 0.5；$CaSO_4$ 0.5；$MgSO_4 \cdot 7H_2O$ 0.5；$FePO_4$ 微量
Knop	$Ca(NO_3)_2 \cdot 4H_2O$ 0.8；KNO_3 0.2；K_2HPO_4 0.2；$MgSO_4 \cdot 7H_2O$ 0.2；$FeSO_4$ 微量
Hoagland	$Ca(NO_3)_2 \cdot 4H_2O$ 1.18；KNO_3 0.51；K_2HPO_4 0.14；$MgSO_4 \cdot 7H_2O$ 0.49；$FeC_4H_4O_6$ 0.005；H_3BO_3 0.002 9；$MnCl_2 \cdot 4H_2O$ 0.001 8；$ZnSO_4$ 0.000 22；$CuSO_4 \cdot 5H_2O$ 0.000 08；H_2MoO_4 0.000 02

至今溶液培养已不单单用于研究植物必需元素的生理功能和观察缺素症，已经作为一种工厂化生产手段广泛用于大棚蔬菜、花卉、生态园等生产性培养。在科研和生产实践中，溶液培养法还衍生出砂基培养法(sand culture)、气栽法(aeroponics)、营养液膜法(nutrient film)(图2-1)等。其中，砂基培养法是用洗净的石英砂或玻璃球、珍珠岩等基质

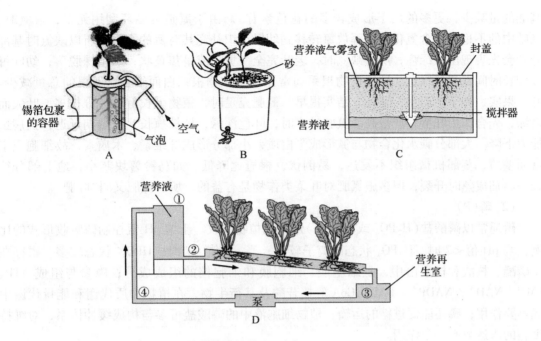

图 2-1　几种营养液培养法（引自 Taiz and Zeiger 1998）
A. 溶液培养法　B. 砂培法　C. 气培法　D. 营养膜(nutrient film)法（营养液从容器①流进长着植株的浅槽②，未被吸收的营养液流进容器③，并经管④泵回①。营养液 pH 值和成分均可控制）

来固定植株，同时加入含有全部或部分营养元素的溶液来栽培植物的方法。气栽法是将根系置于营养液气雾中栽培植物的方法。

2.1.3　植物必需的矿质元素的生理作用

必需元素在植物体内的生理作用概括起来主要有 4 个方面：①结构作用，是细胞结构物质的组成成分，如 N、P、S 等；②调节作用，作为酶、辅酶的成分或激活剂等，参与酶活性的调节，如 Mn^{2+} 等；③电化学作用，参与渗透调节、胶体的稳定和电荷的中和及能量转换过程中的电子载体等，如 K^+、Cl^-、Fe^{2+} 等；④信号作用，作为重要的细胞信号转导信使，如 Ca^{2+}、NO 等。以下是各种必需矿质元素的生理作用和缺乏症。

（1）氮（N）

植物从土壤中吸收的氮主要是无机态氮，即铵态氮（NH_4^+）和硝态氮（NO_3^-），也可以吸收利用尿素等小分子有机态氮。氮的主要生理作用：①氮是蛋白质、核酸、磷酸的主要成分，这些物质是原生质、细胞核和细胞膜等细胞结构物质的重要组成成分；②氮是酶、ATP、多种辅酶（如 NAD^+、$NADP^+$、FAD 等）的组成成分，在细胞的物质和能量代谢中起重要作用；③氮是植物体内一些微量生理活性物质植物激素（如吲哚乙酸、细胞分裂素）和维生素（如 B_1、B_2、B_6、PP 等）的组成成分，对生命活动起调节作用；④氮是叶绿素的组成成分，对光合作用的进行有重要意义；⑤NO 可以作为信号分子调节植物的生长发育和逆境反应。可见，氮在植物生命活动中占有重要地位，因此，氮又被称为"生命元素"。

缺氮时，植株矮小，细弱，分枝、分蘖少；叶小色淡或发红（碳水化合物用于合成氨基酸的量减少，更多的用于形成较多的花色素苷）。由于氮是可循环利用元素，缺氮时，老叶中的不稳定的含氮化合物释放氮转移到幼嫩组织补充其对氮的需求，所以缺氮时基部老叶会先表现出缺绿症；严重缺氮时，老叶完全变黄，或呈焦黄状，从植株脱落，幼叶可以较长时间保持淡绿色。缺氮植物根系通常比正常植物根系白而细长，但根的总量减少。叶、果实、种子少而小，开花、结实提早。氮肥充足时，植物生长健壮，分枝多，叶大而鲜绿，光合作用旺盛，产量高。氮肥过多时，叶色深绿，植株疯长，成熟期延迟，抗病虫能力下降。大部分碳水化合物与氮形成蛋白质，小部分形成纤维素、木质素，故细胞质丰富而壁薄，茎部机械组织不发达，易倒伏，根冠比降低。如马铃薯块茎小，地上部分徒长，蕃茄成熟时开裂，但多施氮肥对叶菜类作物是有益的，所以氮肥又叫"叶肥"。

（2）磷（P）

磷通常以磷酸盐（$H_2PO_4^-$ 或 HPO_4^{2-}）形式被植物吸收。土壤 pH 值控制磷吸收形式的比例，当 pH 值 <7 时，$H_2PO_4^-$ 状态的离子较多；当 pH 值 >7 时，HPO_4^{2-} 状态较多。磷存在于磷酯、核酸和核蛋白中，是细胞质、细胞膜和细胞核的组成成分；磷参与组成 ATP、FMN、NAD^+、$NADP^+$、FAD、CoA 等核苷酸及其衍生物，在植物物质代谢和能量代谢中起重要作用；磷还能促进糖的运输；植物细胞液中的磷酸盐可参与构成缓冲体系，对维持细胞的渗透势起一定作用。

土壤中缺磷的现象非常普遍，其缺乏的可能性仅次于缺氮。缺磷时植株矮小，分蘖、分枝少，根系不发达，呈鸡爪状。有的叶子和叶鞘呈不正常的红紫色，这是因为蛋白质合成能力下降，糖的运输受阻，从而使营养器官中糖的积累有利于花青素的形成。有的叶子不呈紫红色而呈深绿或暗绿，这是因为缺磷时，细胞生长慢，花、种子减少，而叶绿素含量相对增多的缘故。

磷在植物体内是可循环利用元素，缺磷时老叶中的磷能大部分转移到正在生长的幼嫩组织中。所以缺磷的症状首先在下部老叶出现，并逐渐向上发展。

磷过多时叶上会出现小焦斑，是磷酸钙沉淀所致；磷过多还会影响植物对其他元素的吸收，如水稻施磷过多会阻碍硅的吸收，易患稻瘟病；过多的水溶性磷酸盐可以与锌结合，从而减少土壤中有效锌的含量，使植物发生缺锌症。

（3）钾（K）

钾以离子形式（K^+）被吸收。钾不参与重要有机物的组成，主要作为酶的活化剂，促进植物体内一些酶系的活性，如合成碳水化合物、蛋白质、核苷酸等物质的酶系，目前已知钾可以作为植物体内 60 多种酶的活化剂；钾可使原生质的水合程度增加，黏性降低，从而使细胞保水力增强，抗旱性增加；钾可参与调解细胞吸水、调节气孔的运动；钾还是细胞中最重要的电荷平衡成分，在维系活细胞正常生命活动所必需的跨膜（质膜、液泡膜、叶绿体膜和线粒体膜等）电位中有不可替代的作用，例如，钾离子在光诱导的跨类囊体膜的质子流动以及光合磷酸化中 ATP 合成所必需的膜 pH 梯度起着重要作用。

缺钾时，碳水化合物合成受阻，纤维素和木质素合成减少，所以茎秆柔弱易倒伏，抗旱性和抗寒性均差，植物的下部老叶常出现黄斑或边缘缺绿，随后叶尖和叶缘呈褐色，最后变枯焦，呈烧灼状。钾是可再分配元素，年老的组织会先表现出缺乏症。

土壤中通常缺乏氮、磷和钾这三种元素，在农业生产中需要经常补充，故称为"肥料三要素"。

(4) 硫(S)

硫主要以 SO_4^{2-} 形式被植物吸收。硫是蛋白质的组成成分。硫酸盐在植物体内大部分被还原成巯基(SH)和联巯基(—S—S—)而形成含硫氨基酸,如胱氨酸、半胱氨酸和甲硫氨酸。蛋白质中的巯基(SH)和联巯基(—S—S—)可互相转变,不仅能调节植物体内的氧化还原反应,而且还具有稳定蛋白质空间结构的作用。

硫不易移动,缺乏时一般幼叶表现缺绿症,且新叶均衡失绿,呈黄白色并易于脱落。土壤中有足够的硫满足植物需要,所以缺硫在农业上很少遇到。

(5) 钙(Ca)

钙以 Ca^{2+} 的形式被植物吸收。钙是细胞某些结构的组分。例如,钙与果胶酸形成果胶酸钙,可以构成细胞壁的胞间层;钙作为磷脂中磷酸与蛋白质羧基联结的桥梁,提高膜结构的稳定性;钙还参与染色体的组成并保持其稳定性。钙能提高植物的抗病性,有助于愈伤组织的形成,钙也可以与植物代谢的中间产物有机酸结合为不溶性的钙盐(如草酸钙、柠檬酸钙),从而避免有机酸积累的毒害作用。此外,钙还是某些酶的活化剂(如 ATP 水解酶、磷脂水解酶), Ca^{2+} 可与钙调素(calmodulin,CaM)形成 Ca^{2+}-CaM 复合体,行使第二信使功能。

钙在植物体内主要分布在老叶或其他老组织中。缺钙时,幼叶淡绿色,继而叶尖出现典型的钩状,随后坏死,生长点坏死。钙是难移动、不易被重复利用的元素,故缺素症状首先表现在幼茎、幼叶上,如大白菜缺钙时心叶呈褐色"干心病",番茄"脐腐病"。

(6) 镁(Mg)

镁以 Mg^{2+} 形式被植物吸收。镁是叶绿素的组成元素,参与光合作用,在光能的吸收、传递和转换中起重要作用;镁是某些酶的激活剂或组分, Mg^{2+} 与 K^+ 一起作为 H^+ 的对应离子促进光合磷酸化; Mg^{2+} 可进入叶绿体间质活化 RuBP 羧化酶,促进光合碳循环的运转。镁参与核酸和蛋白质代谢,蛋白质合成时氨基酸的活化需要镁的参与,核糖体大、小亚基间的稳定结合需要镁。缺镁时,叶片失绿,从下部叶片开始,往往是叶肉变黄而叶脉仍保持绿色。严重缺镁时可形成坏死斑块,引起叶片的早衰与脱落。

(7) 铁(Fe)

铁主要以 Fe^{2+} 或 Fe^{3+} 形式被植物吸收。铁是细胞色素氧化酶、过氧化物酶等多种酶的辅基,以价态的变化传递电子($Fe^{3+}+e=Fe^{2+}$),铁也是合成叶绿素的必需因子和铁氧还蛋白(ferredomin,Fd)的组分,在呼吸和光合电子传递中起重要作用。铁参与氮代谢,硝酸及亚硝酸还原酶中含有铁,豆科根瘤菌中固氮酶的血红蛋白也含铁蛋白。铁不易重复利用,缺铁时,最明显的症状是幼芽、幼叶缺绿发黄,甚至变为黄白色。在碱性土或石灰质土壤中,铁易形成不溶性的化合物,使植物不能正常吸收而缺铁。

(8) 锰(Mn)

锰主要以 Mn^{2+} 形式被植物吸收。锰是光合放氧复合体的主要成员,也为叶绿素形成和维持叶绿体结构所必需,参与光合作用。锰是细胞内许多酶的活化剂,如柠檬酸脱氢酶、草酰琥珀酸脱氢酶、柠檬酸合成酶等。缺锰时,植物叶脉间失绿褪色,新叶脉间缺绿,有坏死小斑点(褐或黄)。燕麦缺锰易得"灰斑病",甜菜易得"黄斑病"。

(9) 硼(B)

硼以硼酸(H_3BO_3)形式被植物吸收，以花的柱头和子房含量最高。硼与花粉形成、花粉管萌发和受精有密切关系。硼能与游离态的糖结合，使糖带有极性，从而使糖容易透过质膜，促进其运输。硼参与尿嘧啶的生物合成，进而影响RNA与蛋白质的合成，尿嘧啶又是尿苷二磷酸葡萄糖(UDPG)的前体物质之一，从而进一步影响糖类的代谢。硼能抑制酚酸(如咖啡酸、绿原酸)的形成，保护根尖与茎尖不受这类物质的伤害。

缺硼时，花药、花丝萎缩，花粉母细胞不能向四分体分化；受精不良，籽粒减少，能够造成油菜的"花而不实"，大麦、小麦的"穗而不实"，棉花的"蕾而不实"现象的发生。

缺硼时根尖、茎尖的生长点停止生长，侧根、侧芽大量发生，其后侧根、侧芽的生长点又死亡而形成簇生状。易于形成甜菜的"干腐病"、花椰菜的"褐腐病"、马铃薯的"卷叶病"和苹果的"缩果病"等。

(10) 锌(Zn)

锌以Zn^{2+}形式被植物吸收。锌是色氨酸合成酶的成分，参与生长素的合成。锌是多种酶的成分和活化剂，如锌是碳酸酐酶(carbonic anhydrase, CA)、谷氨酸脱氢酶、RNA聚合酶及羧肽酶的组成成分，在氮代谢中也起一定作用。

缺锌时，植物生长缓慢，植株矮小，果树"小叶病"是缺锌的典型症状。如苹果、桃、梨等果树的叶片小而脆，且节间短而丛生在一起，叶上还出现黄色斑点。北方果园在春季易出现此病。

(11) 铜(Cu)

铜以Cu^{2+}(土壤通气良好)或Cu^+(土壤潮湿缺氧)形式被植物吸收。铜是一些酶(多酚氧化酶、抗坏血酸、SOD、漆酶)的成分，在呼吸的氧化还原中起重要作用。铜是质体蓝素(PC)的组分，参与光合作用电子传递。缺铜时，植物生长缓慢，叶片呈现蓝绿色，幼叶缺绿出现枯斑，严重时死亡脱落。树皮、果皮粗糙，而后裂开引起树胶外流。

(12) 钼(Mo)

钼以MoO_4^{2-}形式被植物吸收。钼是植物需要量最少的必需元素，在植物体内含量极低。钼是硝酸还原酶和豆科植物固氮酶钼铁蛋白的成分，在植物氮代谢中有重要作用。钼还能增强植物抵抗病毒的能力，可使遭受病毒感染而患萎缩病的桑树恢复健康。

缺钼一般发生在豆科、十字花科植物中，禾本科植物很少缺钼。缺钼时叶较小，叶脉间失绿，有坏死斑点且叶边缘焦枯，向内卷曲。通常柑橘缺钼易患"黄斑病"，花椰菜缺钼易患"尾鞭病"。

(13) 氯(Cl)

氯以Cl^-形式被植物吸收。氯参与光合作用过程中水的光解放氧，在光合电子传递中与H^+作为K^+与Mg^{2+}的对应离子从叶绿体间质向类囊体腔转移，起到电荷平衡作用。氯还参与渗透势的调节，与K^+一起参与气孔的开闭运动。缺氯时，植株叶片小，萎蔫失绿，最后坏死变为褐色；同时根系生长受阻、变粗，根尖变为棒状。

(14) 镍(Ni)

镍以Ni^{2+}形式被植物吸收。镍是脲酶和氢化酶的辅基，对植物氮代谢有重要作用。镍能激活大麦α-淀粉酶。缺镍时，植物体内的尿素积累过多，产生毒害，导致叶尖或叶缘坏死。

2.1.4 有益元素和有害元素

2.1.4.1 有益元素

在植物体内，有些矿质元素并不是植物所必需，但是对于某些植物的生长发育有积极的影响，这些元素称为有益元素或有利元素（beneficial element）。钠（Na）、硅（Si）、钴（Co）、硒（Se）、钒（V）及稀土元素被认为是有益元素。除钠和硅在一些植物体内含量较高外，其他几种有益元素在植物体内的含量都很小，稍多也会发生毒害。

（1）钠（Na）

钠能够促进滨藜属（Atriplex）盐生植物的糖酵解。Na^+可代替K^+调解盐生植物的气孔开闭。C_4盐生植物缺钠时会严重缺绿，有时叶缘和叶尖坏死，Na^+可能参与C_4盐生植物光合作用中丙酮酸从维管束鞘进入叶肉细胞叶绿体的过程。Na^+可激活盐生植物碱蓬液泡膜ATP酶并使叶片肉质化。土壤中缺钾但有钠时，农作物甜菜、芹菜、棉花、亚麻、番茄等仍可在一定程度上缓解缺钾症状，但钠不能取代钾的作用。

（2）硅（Si）

硅在木贼科、禾本科植物中含量很高，特别是水稻茎叶干物质中含有15%~20%的SiO_2。硅多集中在表皮细胞内，使细胞壁硅质化，增强了水稻对病虫害的抵抗力和抗倒伏的能力。对生殖器官的形成有促进作用，如对穗数、小穗数和籽粒增重都是有益的。

（3）钴（Co）

钴是维生素B_{12}的成分，由于根瘤菌及其他固氮微生物需要Co，钴为豆科植物固氮所必需，参与生物固氮，核酸和蛋白质代谢。钴还是黄素激酶、葡萄糖磷酸变位酶、异柠檬酸脱氢酶等多种酶的活化剂。

（4）硒（Se）

低浓度的硒对一些植物的生长发育有利，可能与其有助于消除这些植物所敏感的磷的毒性有关。硒在植物体内能形成类似于半胱氨酸和蛋氨酸的含硒氨基酸，从而抑制蛋白质的合成及其功能，因此过量的硒对植物有害。植物体内硒的含量一般不超过0.1mg/kg鲜重，其中，蔬菜和水果含硒量常为0.001~0.01 mg/kg鲜重。

（5）钒（V）

绿藻中的栅列藻（Scenedesmus obliguus）的生长需要极低浓度的钒，钒可增加甜菜根中蔗糖的含量，也可增加玉米籽粒中蛋白质和淀粉的含量。

（6）稀土元素

元素周期表中原子序列由57~71的镧系元素及其性质相近的钪（Sc）和钇（Y）共17种元素统称为稀土元素，土壤和植物中普遍含有稀土元素。实验证明，低浓度的稀土元素可促进冬小麦种子的萌发和幼苗的生长，对植物扦插生根有特殊的促进作用，可促进大豆根系生长，增加结瘤数，提高根瘤的固氮活性，增加结荚数和荚粒数。

2.1.4.2 有害元素

有些元素少量或过量存在时对植物有不同的毒害作用，因此被称为有害元素（poisonous element）如重金属汞（Hg）、铅（Pb）、钨（W）、铝（Al）等。

汞、铅等对植物有剧毒。钨可竞争性地抑制豆科植物共生固氮体系对钼的吸收,过多的铝可抑制植物对铁、钙及磷的吸收,强烈干扰磷的代谢和转运。植物受铝毒害后根生长受抑制,根尖和侧根变粗呈棕色;地上部生长受阻,叶子呈暗绿色,茎呈紫色。

许多工厂排出的污水中含有有害元素,污染河流和土壤,这势必会影响作物和蔬菜的正常生长,而且还会造成有毒元素在作物、蔬菜中的积累,进而危害人类身体健康。因此,污水排放前必须进行处理。

2.1.5 植物缺乏矿质元素的诊断

植物缺乏某种必需元素时,便会引起生理和形态上的变化,但是,这些变化产生的原因又很复杂。因此,在植物出现缺素症状时,必须加以诊断,可从以下几方面入手:

第一,调查分析,找出症因。要分清生理病害、病虫危害和其他因环境条件不利而引起的病症。如蚜虫危害后出现卷叶,红蜘蛛危害后出现红叶,缺水或淹水后叶片发黄等。因此,必须先查明病因。

若确定是生理病害,可根据缺素症查找必需元素缺乏的主要症状检索表(表2-2),再结合土壤及施肥情况加以分析,土壤酸碱度对各种矿质元素的溶解度影响很大,如在强酸性土壤中,由于存在大量水溶性的 Fe^{3+} 和 Al^{3+},能和磷结合形成不溶性的磷酸铁和磷酸铝而难以被利用。

表 2-2 必需元素缺乏的主要症状检索表

```
1. 较幼嫩组织先出现病症——不易或难以重复利用的元素
   2. 生长点枯死
      3. 叶片缺绿 ·················································································· B
      3. 叶片缺绿,皱缩,坏死;根系发育不良;果实极少或不能形成 ·············· Ca
   2. 生长点不枯死
      4. 叶缺绿
         5. 叶脉间缺绿以至坏死 ····························································· Mn
         5. 不坏死
            6. 叶淡绿至黄色;茎细小 ····················································· S
            6. 叶黄白色 ········································································· Fe
      4. 叶尖变白,叶细,扭曲,易萎蔫 ······················································· Cu
1. 较老的组织先出现病症——易重复利用的元素
   7. 整个植株生长受抑制
      8. 较老叶片先缺绿 ······································································· N
      8. 叶暗绿色或红紫色 ··································································· P
   7. 有失绿斑点或条纹以致坏死
      9. 脉间缺绿 ················································································ Mg
      9. 叶缘失绿或整个叶片上有失绿或坏死斑点
         10. 叶缘失绿以致坏死,有时叶片上也有失绿至坏死斑点 ··············· K
         10. 整个叶片有失绿至坏死斑点或条纹 ··········································· Zn
```

以上方法只能帮助做一些可能性推断,要确知缺乏什么元素,必须做植物和土壤成分的测定和加入元素的实验。

第二,化学分析诊断法是以叶子为材料分析病株内的化学成分,与正常植株的化学成分进行比较。必需认识到植物组织中存在某一元素,并不等于该元素就能满足植物的需要。土壤中存在某一元素，也不等于该元素就一定能被吸收利用。

第三，加入诊断法是根据化学分析诊断法或病征诊断法，初步诊断植株所缺乏的元素后，补充加入该元素，经过一定时间，如症状消失，就能确定造成此病的原因。对于大量元素可以采用土壤施肥加入，对于微量元素可采用根外追肥（叶面喷施）或浸渗法加入，加入诊断需要经过一段时间才能看出效果。

2.2 植物细胞对矿质元素的吸收

细胞是植物生命活动的基本单位，要了解植物体对矿质元素的吸收，首先必须了解植物细胞对矿质元素吸收的机制。植物细胞质膜是细胞与环境之间的空间界限，活细胞对各种元素的吸收过程就是这些元素的跨膜运输过程。

植物细胞对矿质元素的吸收方式可分为被动吸收（passive absorption）、主动吸收（active absorption）和胞饮作用（pinocytosis）3种。根据膜运输蛋白的差异，细胞对矿质元素的跨膜吸收方式又可概括为单纯扩散、离子通道、载体、泵运输和胞饮作用5种（图2-2）。

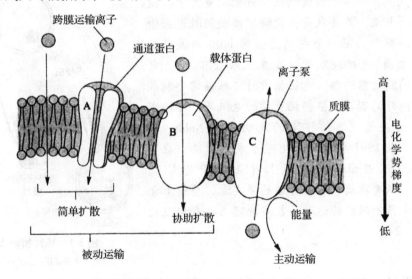

图 2-2 溶质跨膜转运的几种方式（引自 Taiz 和 Zeiger，2010）

2.2.1 单纯扩散

扩散（diffusion）是物质分子（包括气体分子、水分子、溶质分子）从一点到另一点的运动，即分子从较高化学势区域向较低化学势区域的随机的、累进的运动，通常导致扩散分子的均匀分布。因此，细胞内外浓度梯度是单纯扩散的主要决定因素。单纯扩散符合斐克定律（Fick's law），即某物质的扩散速率与该物质的浓度成正比。

另外，膜中的脂质是扩散途径中的主要障碍。脂溶性较好的非极性溶质能够较快地通过膜，如 O_2、CO_2、NH_3；而带电荷的离子则不能通过单纯扩散方式穿过脂质双分子层，由通道蛋白或载体蛋白等进行跨膜扩散。

2.2.2 通道运输

通道运输是通过膜上的通道蛋白实现的。通道蛋白简称通道或离子通道(ion channel)，是由多肽链中的若干疏水性区段在膜的脂质双层结构中形成的跨膜孔道结构。孔的大小及孔内表面电荷等性质决定了通道转运离子的选择性，即一种通道通常只允许某一离子通过。离子的带电荷情况及其水合规模决定了离子在通道中扩散时通透性的大小。水合程度的影响指与之相关联的水分子必须与离子一起扩散。

根据通道的开关机制，可将离子通道分为两类：一类是对跨膜电势梯度产生响应的电位门控通道；另一类是对外界刺激(如光照、激素、化学物质等)产生响应而开放的配体门控通道。应用膜片钳技术，已证实了质膜上存在 K^+、Cl^-、Ca^{2+} 和 NO_3^- 等通道。

知识窗

膜片钳技术

膜片钳技术(patch clamp technique)是研究离子通道的主要手段。该技术采用玻璃微电极来测量离子跨膜转移所产生的电流，其要点是：用酶解法或用激光去除全部或部分细胞壁，用一个尖端直径约 $1\mu m$ 的玻璃微电极紧贴膜表面(电极玻璃管内事先装入盐溶液)，电极与高分辨的放大器连接，电极抽出时可根据需要制成内向外或外向外的膜片。根据记录到的电讯号，可推测离子通道的开关情况。该技术的发明者 E. Nehler 和 B. Sakmann 荣获 1991 年诺贝尔生理学或医学奖。应用膜片钳技术，已经证实了质膜上存在有 K^+、Cl^-、Ca^{2+} 等通道。从有机离子跨膜传递的事实看，质膜上也存在着供有机离子通过的通道。在液泡膜上也有相应的离子通道(图2-3)。

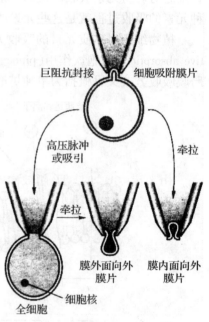

图 2-3　膜片钳技术示意
(引自 Buchanan 等，2000)

2.2.3 载体

载体也是一类内在蛋白，由载体转运的物质首先有选择的与质膜一侧的载体蛋白活性部位结合，结合后载体蛋白发生构象变化，将被转运物质暴露于膜的另一侧，并释放出去。载体蛋白对被转运物质的结合与释放和酶促反应中酶与底物的结合及对产物的释放情况相似。通过动力学分析，可以区别溶质是经通道还是经载体进行转运，经通道进行的转运，没有饱和现象，而经载体进行的转运则依赖于溶质与载体特殊部位的结合，因结合部位的数量有限，所以载体转运有饱和效应。

载体可分为3种类型：单向运输器(uniporter)、同向运输器(symporter)和反向运输器(antiporter)(图2-4)。

单向运输器能催化分子或离子单方向跨膜运输，如 Fe^{2+}、Zn^{2+}、Mn^{2+}、Cu^{2+} 的载体。

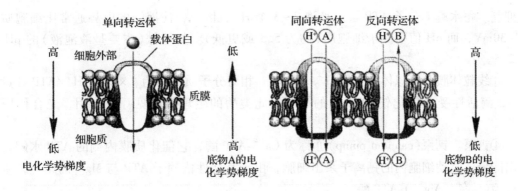

图 2-4　跨质膜 3 种类型载体运输示意（引自 Taiz 和 Zeiger，2006）

同向运输器能使载体与质膜外侧的 H^+ 结合的同时，又与另一分子或离子（如 Cl^-、K^+、NH_4^+、SO_4^{2-}，氨基酸、蔗糖等）结合，同一方向运输至膜上。

反向运输器是载体与质膜外的 H^+ 结合的同时，与质膜内侧的分子或离子（如 Na^+）结合，两者朝相反方向运输。

2.2.4　泵运输

生物膜上存在着 ATP 磷酸水解酶（ATP phosphorhydrolase，ATP 酶），它催化 ATP 水解释放能量，驱动离子的转运，在膜两侧形成电势差。膜上的泵主要有质子泵和离子泵。

用来转运 H^+ 的 ATP 酶被称为 H^+-ATP 酶（H^+-ATPase）或 H^+ 泵、质子泵，H^+-ATP 酶对植物的许多生命活动起着重要的调控作用，例如，细胞内环境 pH 的稳定、细胞的伸长生长、气孔运动、种子萌发等。H^+-ATP 酶催化水解 ATP，将细胞内侧的 H^+ 向细胞外侧泵出，细胞外侧的 H^+ 浓度增加，结果使质膜两侧产生了质子浓度梯度（proton concentration gradient）和膜电位梯度（membrane potential gradient），两者合称为电化学势梯度（electro-chemical potential gradient）。通常将 H^+-ATP 酶直接水解 ATP 逆着电化学势梯度转运 H^+ 的过程称为初级主动运输（primary active transport）；将由 H^+-ATP 酶所建立的跨膜电化学势梯度驱动其他无机离子或小分子有机物的跨膜转运过程称为次级主动运输（secondary active transport）。次级主动运输是间接利用能量转运离子的过程，是一种共转运（co-transport）过程，即两种离子同时被跨膜运输。

质子泵主要有质膜 H^+-ATP 酶、液泡膜 H^+-ATP 酶、线粒体 H^+-ATP 酶和叶绿体 H^+-ATP 酶等。

①质膜 H^+-ATP 酶　水解 ATP 活性位点在质膜细胞质一侧。最适 pH 值为 6.5，底物为 Mg^{2+}-ATP，但过量的 Mg^{2+} 或 ATP 会产生抑制效应，而 K^+ 可刺激其活性。每水解 1 分子 ATP，可泵出 0~1 个 H^+。邻-钒酸盐（ortho-vanadate）为质膜质子泵的专一抑制剂。已烯雌酚（DES）对该酶也有一定抑制效果。质膜质子泵与物质跨质膜转运关系密切。此外，质膜质子泵与许多生理过程有关，故又被称为主宰酶（master enzyme）。

②液泡膜 H^+-ATP 酶　液泡膜 H^+-ATP 酶的相对分子质量约为 6.5×10^5，其催化部分在细胞质一侧。Cl^-、Br^-、I^- 等对该酶有激活作用，该酶可被硝酸盐抑制，但不被钒酸

盐抑制。每水解1分子ATP泵入液泡2~3个H^+，因此，使液泡的电势通常比细胞质高20~30mV，而pH值则低于细胞质（约为5.5或更低）。如柠檬（主要是液泡液）的pH值为2.5。

③线粒体膜与叶绿体膜上的H^+-ATP酶　相对分子质量约为$4×10^5$，H^+/ATP计量约为3，酶活性受叠氮化钠（NaN_3）的抑制。此类酶的生理作用见呼吸作用、光合作用的章节。

④钙泵　钙泵（calcium pump）亦称为Ca^{2+}-ATP酶，它催化质膜内侧的ATP水解，释放出能量，驱动细胞内的钙离子泵出细胞，由于其活性依赖于ATP与Mg^{2+}的结合，所以又称为（Ca^{2+}，Mg^{2+}）-ATP酶。

⑤ABC转运体　ABC转运体（ATP binding cassette transporter），即三磷酸腺苷结合转运体，是一组定位于液泡膜、内质网、过氧化物酶体、线粒体等细胞器上的跨膜蛋白，与ATP结合后能介导氨基酸、糖类、脂质、脂多糖、无机离子及多肽等多种分子的耗能转运。

综上所述，溶质有经过脂质双分子层或通道蛋白扩散通过膜的被动运输，也有通过载体蛋白的主动或被动运输，以及经过泵的主动运输。有人把离子通道、载体和泵统称为植物细胞膜的溶质传递系统（transport system）（图2-5）。

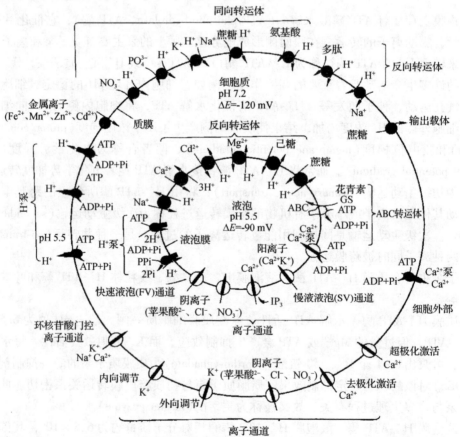

图2-5　植物细胞质膜和液泡膜上的几种跨膜转运系统（引自Taiz和Zeiger，2010）

2.2.5 胞饮作用

物质吸附在质膜上,再通过膜的内折而转移到细胞内的获取物质及液体的过程称为胞饮作用(pinocytosis)。胞饮作用属于非选择性吸收,物质被质膜吸附时质膜内陷、并进一步内折,将物质和液体包围形成小囊泡。小囊泡向细胞内部移动,通过囊泡膜的自溶将物质和液体留在细胞基质或进一步与液泡膜相触相溶留在液泡内。胞饮作用为细胞吸收大分子物质提供了可能,但不是植物吸收矿质元素的主要方式。

2.3 植物根系对矿质元素的吸收

植物细胞对矿质元素的吸收是植物体吸收和利用矿质元素的基础,而植物体对矿质元素吸收的最主要器官是根系,根系对矿质元素的吸收情况影响着整个植物体的生长和发育。

2.3.1 根系吸收矿质元素的特点

2.3.1.1 根系吸收矿质元素与吸收水分的关系

植物对矿质元素的吸收和对水分的吸收的关系是既相互联系,又相对独立的。相互联系表现为矿质元素必须溶于水后,才能被植物吸收,并在水流带动下进入根部的质外体,且矿质的吸收降低了细胞的渗透势,促进了植物的吸水;相互独立表现为两者的吸收比例和吸收机理不同,吸水是以蒸腾拉力为主的被动吸水,吸盐是以消耗能量为主的主动吸收,有选择性和饱和效应。

2.3.1.2 根系对离子的选择性吸收

离子的选择性吸收(selective absorption)即植物根系吸收离子的数量与溶液中离子的数量不成比例的现象。这种选择性吸收改变了溶液的酸度,植物根系从溶液中有选择地吸收离子后使溶液酸度降低的盐类叫做生理碱性盐(physiologically alkaline salt),如 $NaNO_3$。植物根系从溶液中有选择地吸收离子后使溶液酸度增加的盐类叫做生理酸性盐(physiologically acid salt),如 $(NH_4)_2SO_4$。植物吸收其阴、阳离子的量很相近,不改变周围介质 pH 值的盐类叫做生理中性盐(physiologically neutral salt),如 NH_4NO_3。

许多陆生植物的根系浸入 Ca、Mg、Na、K 等任何一种单盐溶液中,根系都会停止生长,且分生区的细胞壁黏液化,细胞破坏,最后变为一团无结构的细胞团。任何植物,假若培养在某一单盐溶液中,不久即呈现不正常状态,最后死亡。这种现象称单盐毒害(toxicity of single salt)。

若在单盐溶液中加入少量其他盐类,这种毒害现象就会消除。这种离子间能够互相消除毒害的现象,称离子颉颃(ion antagonism)。植物只有在含有适当比例的多盐溶液中才能良好生长,这种溶液称平衡溶液(balanced solution)。前文介绍的 Hoagland 培养液就是平衡溶液。对海藻来说,海水就是平衡溶液。对陆生植物来说,土壤溶液是平衡溶液。

2.3.2 根系吸收矿质元素的过程

2.3.2.1 根部吸收矿质元素的区域

根尖的根毛区是吸收水分最活跃的区域,但是否也是吸收矿质最活跃的部位呢?有学者以放射性同位素铷、磷做实验,发现根尖顶端积累离子最多,后来的研究表明,根尖的顶端区域积累较多的离子是因为该区域无疏导系统,不易运往别处;而根毛区积累离子较少,是因为该区的木质部已经分化完全,所吸收的离子较多运往别处,因此根毛区才是根尖吸收离子的活跃区域。

2.3.2.2 根部吸收矿质元素的过程

土壤中的矿物质有3种存在状态:溶解在土壤溶液中,吸附在土壤胶体上,以及存在于难溶性物质的内部。矿质元素要被根系吸收,首先必须吸附在根细胞表面,然后通过质外体或跨膜,再通过共质体途径进入到根的内部。

根部细胞在吸收离子的过程中,同时进行着离子的吸附与解吸附。这时,总有一部分离子被其他离子所置换,并且遵循"同荷等价"的原则,即阳离子只和阳离子交换,阴离子只和阴离子交换,而且价数必须相等。由于细胞吸附离子具有交换性,故称为交换吸附(exchange absorption)。根部细胞呼吸放出的 CO_2 与 H_2O 生成 H_2CO_3,H_2CO_3 能够解离出 H^+ 和 HCO_3^-。二者分别与周围溶液的阳离子和阴离子进行交换吸附而使阴阳离子到达根细胞表面,H^+ 和 HCO_3^- 则进入土壤溶液中。这种交换吸附是不消耗代谢能量的,吸附速度很快(几分之一秒),当吸附表面形成单分子层即达极限,且吸附速度与温度无关。

对于被土壤胶体吸附着的矿物质,根部细胞可通过两种方式吸收:

①通过土壤溶液间接进行 根部呼吸放出的 CO_2 与土壤溶液中的 H_2O 生成 H_2CO_3,H_2CO_3 从根表面逐渐接近土粒表面,土粒表面吸附的阳离子(如 K^+)与 H_2CO_3 解离形成的 H^+ 进行离子交换(ion exchange),H^+ 被土粒吸附,K^+ 进入土壤溶液,当 K^+ 接近根表面时,再与根表面的 H^+ 进行交换吸附,K^+ 被根细胞吸附。有时也可能连同 HCO_3^- 一起进入根部。整个过程中发生两次离子交换,土壤溶液好似"媒介"将根细胞与土粒之间的离子交换联系起来。

②通过直接交换 根部和土壤颗粒表面的离子在吸附位置上不断振动。当距离小于离子振动空间,土壤颗粒上的阳离子与根表面的 H^+ 即可直接交换,这种方式的交换也称为接触交换(contact exchange)。

对于难溶性盐类,根系可以通过呼吸放出的 CO_2 与 H_2O 生成的 H_2CO_3,或者通过根向外分泌的柠檬酸、苹果酸等有机酸来溶解并进一步加以吸收利用。岩缝中生长的树木、岩石表面的地衣就是通过这种方法来获取矿质营养的。

被根表面吸附的离子可以通过质外体扩散,当到达内皮层时,由于凯氏带的存在,必须转入共质体途径运至导管,或由共质体重新进入凯氏带内侧的质外体向根内部扩散(在幼嫩的根中,内皮层尚未形成凯氏带之前或内皮层上存在通道细胞时除外)。离子也可经共质体途径进入根内部,首先跨膜进入根毛细胞,然后通过胞间连丝进入相邻细胞,或者进入液泡而暂时储存下来(图2-6)。

目前有两种观点解释离子进入导管的机制:一是导管周围薄壁细胞中的离子以被动扩

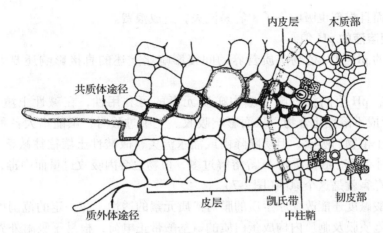

图 2-6　根毛区离子吸收的共质体和质外体途径（引自 Salisbur Ross，1992）

散的方式随水分流入导管，有实验证明木质部中各种离子的电化学势均低于皮层或中柱内其他生活细胞。另一种观点则认为导管周围薄壁细胞中的离子通过主动转运进入导管，有实验指出离子向木质部的转运在一定时间内不受根部离子吸收速率的影响，但可被 ATP 合成抑制剂抑制。总之，有关机理还需要进一步研究。

2.3.3　影响根部吸收矿质元素的外界条件

植物对矿质元素的吸收受外界环境条件的影响。其中以土壤温度、通气状况、土壤酸碱度和土壤溶液浓度影响最为显著。

2.3.3.1　土壤温度

根细胞对矿质元素的吸收主要通过膜转运蛋白进行，因此，土壤温度过高或过低，都会使根系吸收矿物质的速率下降。温度过高会使酶钝化，影响根部代谢，也使原生质的结构受到破坏，细胞膜透性加大而引起矿物质被动外流。温度过低时代谢减弱，主动吸收慢；酶的活性下降，原生质胶体黏性增加，透性降低，吸收减少。在我国南方小暑、大暑期间，稻田水温有时高达 45℃，不但影响矿物质吸收，甚至会使根系烫伤，这时应注意灌水，以水调温，水稻生育最适水温是 28～32℃。

2.3.3.2　土壤通气状况

根部吸收矿物质与呼吸作用密切相关，因此，土壤通气状况能直接影响根对矿质元素的吸收。土壤通气好可加速气体交换，从而增加氧气含量，减少二氧化碳的累积，增强呼吸作用和 ATP 的供应，促进根系对矿物质的吸收。如土壤板结或积水过多，就会影响土壤通气，造成氧气供应不足，影响根的生长和呼吸，从而影响对养分的吸收，甚至呈现出营养缺乏症。人们说"以气养根"即是这个道理。生产中开沟排水、中耕松土等都是增加土壤通气的有效措施。冷水田和烂泥田会使水稻低产的原因就是地下水位高，导致土壤通气不良。

2.3.3.3　土壤溶液的浓度

在外界溶液浓度较低的情况下随着溶液浓度的增高，根部吸收离子的数量也增多，但在较高浓度的溶液中，则离子的吸收和离子浓度不呈正相关。这是因为离子载体在一定条件下达到饱和所致。在农业生产上施肥有"薄肥勤施"的经验，如一次施用化肥过多，不仅会烧伤作物，而且根部也吸收不了，容易流失，造成浪费。

2.3.3.4 土壤溶液的 pH 值

土壤溶液的 pH 值对植物矿质营养的间接影响比上述的直接影响还要大，具体表现如下。

①土壤溶液 pH 值间接影响土壤中矿质元素的可利用性，在碱性土壤中，Fe、Ca、Cu、Zn 等易形成不溶性化合物，从而影响吸收。土壤过酸时，虽能增大各种金属离子的溶解度，有利于植物的吸收，但易随降雨或灌水流失，故酸性土壤往往缺乏 K、Ca、Mg、P 等元素，同时有些有毒物质如 Al 等溶解过多，植物也会因吸收过量而中毒，土壤改良地区易发生铝盐毒害就是这个原因(图 2-7)。

②土壤的酸碱度还能改变原生质的膜对矿质元素的透性，在一定的范围内，酸性土壤中，根的活细胞质膜及胞质内构成蛋白质的氨基酸带正电荷，根易于吸附外界溶液中的阴离子；碱性土壤中，氨基酸带负电荷，根易于吸附外界溶液中的阳离子。

③土壤酸碱度能影响土壤微生物的活动，间接影响植物对矿物质的吸收，如在酸性土壤中，固氮菌失去固氮能力，根瘤菌会死亡，从而影响植物对氮素的吸收。

不同植物对土壤的 pH 值要求不同，大多数植物在 pH6~7 的土壤环境中生长发育良好，但有些植物(如茶、马铃薯、烟草等)适于较酸的土壤环境，有些植物(如甘蔗、甜菜等)适于偏碱的土壤环境。

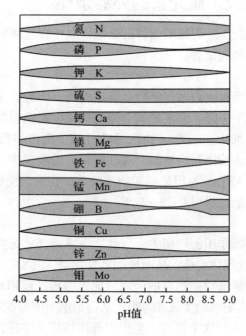

图 2-7　土壤 pH 值对有机土壤中营养元素利用的影响(引自 Taiz 和 Zeiger, 2006)

深色代表供植物吸收的养分溶解度

2.3.4　植物叶面营养

除根部外，植物的地上部分也可以吸收矿物质。通常把速效性肥料直接喷施在叶面上以供植物吸收的施肥方法称为根外施肥，也称为叶面营养。

溶于水中的营养物质喷施到植物地上部分后，营养元素可通过叶片的气孔、茎表面的皮孔进入植物体内，主要是通过角质层裂隙进入叶片内部，溶液经角质层孔道到达表皮细胞外侧壁后，再经过细胞壁中的通道外连丝(ectodesmata)到达表皮细胞的质膜，进而被转运到细胞内部，最后到达叶脉韧皮部，其转运机理与吸收离子相同。

根外施肥具有肥料用量省、肥效快的特点，特别是在土壤缺少有效水或作物生长后期根系活力降低、吸肥能力弱时，采用根外施肥可以很快补救。根外施肥还可以避免土壤对某些元素的固定(如P、Fe、Mn、Cu等)。此外，根外施肥也是植物补充微量元素的一种好方法，农业生产中喷施内吸性杀虫剂、杀菌剂、植物生长调节剂、除草剂和抗蒸腾剂等，都是根据叶面营养的原理进行的。

叶面营养的有效性取决于营养物质是否能被叶片吸收。通常叶片只能吸收溶解在溶液中的矿质元素，而且溶液必须吸附在叶片上才易于吸收。可在溶液中加入吐温、三硝基甲苯，或较稀的洗涤剂来降低液体表面张力。嫩叶吸收营养元素比老叶迅速而且量大，大气温度对营养元素进入叶片有直接影响，如在30℃、20℃、10℃时棉花叶片吸收^{32}P的相对速率分别是100、72、53。根外施肥应选择凉爽、无风、大气湿度较高的时间(如阴天、傍晚)进行。所用溶液的肥料质量分数一般在2.0%以下为宜。

2.4 矿质元素在植物体内的运输与利用

根系吸收的矿质元素除一部分留在根内被利用外，其余大部分被运输到地上各部位；叶片吸收的矿质元素也会运送到根系等植物体其他部位。在植物生长发育过程中，或某种元素缺乏时，矿质元素同样会在植物体不同部位之间进行再分配。

2.4.1 矿质元素的运输形式

根系吸收的氮素，大部分在根内转化成有机氮化合物再运往地上部。氮的主要运输形式是氨基酸(主要是天冬氨酸，还有少量丙氨酸、甲硫氨酸、缬氨酸等)和酰胺(主要是天冬酰胺和谷氨酰胺)；也有少量的氮素以硝酸根的形式直接被运送至叶片后再被还原利用。磷素主要以正磷酸盐形式运输，还有少量先合成磷酰胆碱和ATP、ADP、AMP、6-磷酸葡萄糖、6-磷酸果糖等有机化合物后再运往地上部。硫的主要运输形式是硫酸根离子，但也有少数以甲硫氨酸及谷胱甘肽等形式运送。大部分金属元素以离子状态运输。

2.4.2 矿质元素长距离运输的途径与速度

根部吸收的矿质元素经质外体和共质体途径进入导管后，随蒸腾流一起上升，同时也可从木质部活跃地横向运输到韧皮部。将一段柳茎的韧皮部和木质部中间用蜡纸隔开，根施^{42}K，5h后测定^{42}K在柳茎各部分的分布(图2-8)。结果表明：根部吸收的^{42}K是通过木质部向上运输的。在实验组的其他部位以及对照组柳茎韧皮部都有较多的^{42}K，说明^{42}K从木质部横向运输至韧皮部(表2-3)。

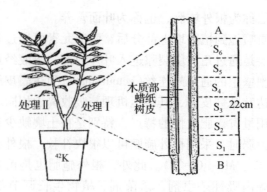

图 2-8 放射性^{42}K 向上运输的试验示意

表 2-3 5h 后放射性^{42}K 在柳树茎各段中的分布

部分		^{42}K 质量浓度/(mg·L^{-1})			
		韧皮部与木质部间隔以蜡纸		木质部与韧皮部分开后再密切接触	
		韧皮部	木质部	韧皮部	木质部
分离部分以上	A	53	47	64	56
分离部分	S$_6$	11.6	119		
	S$_5$	0.9	122		
	S$_4$	0.7	112	87	69
	S$_3$	0.3	98		
	S$_2$	0.3	108		
	S$_1$	20.0	113		
分离部分以下	B	84	58	74	67

用同样的技术，利用^{32}P 证明叶片吸收的矿物质向下和向上运输都是通过韧皮部进行的，同时，也可以横向运输到木质部随蒸腾流上升。

由根部上运的矿质离子，大部分进入叶片参与代谢和同化，多余的离子和从木质部横向运至韧皮部的离子，可以和光合产物一道通过筛管向下运输至根部，然后再由根部导管向上运输，从而参加到离子的循环中。叶片吸收的矿质元素也可从韧皮部横向运输到木质部后向上运输到叶片，最终也有一些离子可加入到离子循环中。

矿质元素在植物体内的运输速率与植物的种类、植物的生育期及环境条件等有关，一般为 30~100cm/h。

2.4.3 矿质元素的利用

某些元素（如 K）进入地上部后仍呈离子状态；有些元素（N、P、Mg）形成不稳定的化合物，不断分解，释放出的离子又转移到其他需要的器官去。这些元素便是参与循环的元素。另外有一些元素（S、Ca、Fe、Mn、B）在细胞中呈难溶解的稳定化合物，特别是 Ca、Fe、Mn，它们是不能参与循环的元素。从同一物质在体内是否被反复利用来看，有些元素在植物体内能多次被利用，有些只利用一次。参与循环的元素都能被再利用，不能参与循环的元素不能被再利用。在可再利用的元素中以 P、N 最典型，在不可再利用的元素中以 Ca 最典型。

参与循环的元素在植物体内大多数分布于生长点和嫩叶等代谢较旺盛的部分。同样道理，代谢较旺盛的果实和地下储藏器官也含有较多的矿质元素。不能参与循环的元素却相反，这些元素被植物地上部分吸收后，即被固定住而不能移动，所以器官越老含量越大，例如，嫩叶的钙少于老叶。植物缺乏某些必需元素，最早出现病症的部位（老叶或嫩叶）不同，原因也在于此。凡是缺乏可再度利用元素的生理病征，首先在老叶发生；而缺乏不可再度利用元素的生理病征，首先在嫩叶发生。

参与循环元素的重新分布，也表现在植株开花结实时和落叶植物落叶之前。

某些离子进入根部后，即进行一些同化作用。植物能直接利用铵盐的氨。当吸收硝酸盐后，要经过硝酸还原酶催化，把硝酸还原为铵，才能被利用。游离氨的量稍多，即毒害植物。植物体通过各种途径把氨同化为氨基酸或酰胺。高等植物不能利用游离态氮，借固氮微生物固氮酶复合物的作用，经过复杂的变化，把氮还原成铵，供植物利用。

植物吸收的硫酸根离子经过活化，形成活化硫酸盐，参与含硫氨基酸的合成。磷酸盐被吸收后，大多数被同化为有机物，如磷脂等。

2.5 合理施肥的生理基础

合理施肥是根据矿质元素在植物中的生理功能及土壤中有效矿质元素含量，结合植物需肥特点进行施肥。既要满足植物对必需元素的需要，又要使肥料发挥最大的经济效益。合理选肥，适时、适量施肥，从而达到少肥高效的目的。以植物营养理论和生产实践为依据，按农业生态平衡规律，来控制土壤养分的物质循环，培肥改土，使其转化为更大的生产力。另外，合理施肥的生理基础也遵循以下规律。

最小养分定律：作物产量受数量最小的养分因素控制，其产量高低随最小养分多少而变化。

归还学说：作物从土壤中吸收了养分，为保持土壤的肥沃度，就必须把作物带走的那部分养料还给土壤。

2.5.1 植物的需肥规律

不同植物或同一植物的不同品种对元素的需要量和比例不同。一般说来，叶菜类及茶等以茎叶为收获对象的植物，需氮肥较多，可使叶片肥大，质地柔嫩；禾谷类植物如小麦、水稻、玉米等除需较多的氮肥外，还需要一定量的P、K肥，既要促进营养器官生长，又要保证后期光合产物充分，使籽粒饱满；根、茎类植物，如甘薯、马铃薯应多施P、K肥，促进更多的光合产物运往块根或块茎合成淀粉。

不同植物利用的元素形态也不同。烟草和马铃薯用草木灰做钾肥比氯化钾好，因为氯同时能影响淀粉的转化和运输，并可使烟叶含水量增加，降低烟草的燃烧性；但氯离子能使茎叶组织充水，使有机物积累在叶中，故对茎叶类蔬菜的生长较好。水稻宜施铵态氮而不宜施硝态氮，因为水稻体内缺乏硝酸还原酶，难以利用硝态氮；而烟草则以施用硝酸铵效果最好，因为铵态氮有利于芳香油的形成，硝态氮有利于有机酸的形成。

同一植物在不同生育时期需肥不同。在萌发期间，因种子本身储藏养分，故不需要吸收外界肥料；随着幼苗的长大，吸肥渐强；将近开花、结实时，矿质养料进入最多；之后随着生长的减弱，吸收下降，至成熟期则停止吸收，衰老时甚至有部分矿质元素排出体外。所以，施肥应该重在前、中期，后期以叶片施肥为主。在植物栽培中，将植物对缺乏矿质元素最敏感、最易受害的时期称为需肥临界期，如水稻的三叶期，人们常说"一叶一心早施断奶肥"即是这个道理；而把施肥的营养效果最好的时期称为营养最大效率期。一般以种子和果实为收获对象的植物，其营养最大效率期是生殖生长期，需肥临界期是苗期。

因此，不同植物、不同品种、不同生育期对肥料要求不同，要针对植物的具体特点进行合理施肥。

2.5.2 合理施肥的指标

配方施肥是综合运用现代农业科技成果，根据植物需肥规律、土壤供肥性能与肥料效应，以有机肥为基础，提出 N、P、K 和微量元素肥料的适宜用量比例，以及相应的施肥技术。目前一般用土壤分析(测土)和植物体营养分析的方法，来确定植物营养状况，从而确定施肥的措施。

2.5.2.1 形态指标

能够反映植物需肥情况的植株外部形态称为形态指标。植物的长相(株型或叶片形状)、长势(生长速度)和叶色都是很好的形态指标。例如，氮肥多时，植物生长快，叶片大而色浓，株形松散；氮肥不足时，植物生长慢，叶短直而色淡，株形紧凑。形态指标往往不灵敏，一旦表现出来，就表明植物体内已经严重缺乏该元素。

2.5.2.2 生理生化指标

植株缺肥不缺肥，也可以根据植株内部的生理状况去判断。这种能反映植株需肥情况的生理生化变化，称为施肥的生理生化指标。生理生化指标可靠、准确，是诊断作物营养状况最有前途的方法，但还有待于进一步完善。

① 叶中元素含量　一般以功能叶作为测定对象。测定叶片或叶鞘等组织中矿质元素含量来判断营养的丰缺情况。叶片营养元素诊断是研究植物营养状况较有前途的途径之一。叶片分析最好与土壤分析结合起来。

通过分析可在丰缺之间找到一临界值，即植物获得最高产量时，其组织中营养元素的最低浓度。组织中养分浓度低于临界浓度，就预示着应及时补充肥料。

② 叶绿素含量　叶绿素形成及其含量与矿质元素供给状况有关，特别与氮的水平有关。

③ 酰胺和淀粉含量　酰胺是过多氮的临时贮存形式。测定幼叶是否存在酰胺进而判断植物氮素的丰缺情况。水稻幼穗分化期测定尚未全部展开的叶片中的天冬酰胺，若测到天冬酰胺，则可不施穗肥；若测不到，则表示缺氮，必须立即追施穗肥。

水稻、小麦叶鞘中淀粉含量也可以作为氮素丰缺的指标。将水稻叶鞘劈开，浸入碘液，如染成的蓝黑色，颜色深、面积大，则表明缺 N，需要追施 N 肥。

④ 酶活性　一些矿质元素可以作为某些酶的激活剂或组成成分，当缺乏这些元素时，相应的酶活性就会发生变化。例如，缺铜，抗坏血酸氧化酶和多酚氧化酶活性下降；缺

钼，硝酸还原酶活性下降；缺锌，碳酸酐酶和核糖核酸酶活性降低；缺铁，过氧化物酶和过氧化氢酶活性下降；缺锰，异柠檬酸脱氢酶活性下降。缺磷，酸性磷酸酶活性会提高。根据这些指标的变化推测植物体内的营养水平，从而合理指导施肥。

2.5.3 发挥肥效的措施

（1）肥水配合，充分发挥肥效

施肥的同时适量灌水，就能大大提高肥料效益，免除肥料烧伤作物的可能。肥多控水，通过减少对矿物质的吸收从而控制徒长。

（2）深耕改土，改良土壤环境

适当深耕，增施有机肥料，可以促进土壤团粒结构的形成，控制微生物的有害转化。有机肥经腐熟后施用（杀虫，避免微生物增殖，消耗土壤中 N），秸秆还田时需补施速效态 N 肥。

（3）改进施肥方式，促进植物吸收

深层施肥是将肥料施于作物根系附近 5~10cm 深的土层，由于深施，挥发少，铵态氮的硝化作用也慢，流失也少，供肥稳而久。根有趋肥性，深层施肥使根深扎，植株健壮，增产。根外施肥也是一种经济用肥的方法。

本章小结

利用溶液培养法或砂基培养法，可知植物生长发育必需的元素有从水和 CO_2 获取的碳、氢、氧等 3 种，有从土壤获取的 N、P、K、S、Ca、Mg 等 6 种大量元素，微量元素则包括 Fe、Mn、B、Zn、Cu、Mo、Ni 和 Cl 共 8 种。

植物细胞吸收溶质的方式有 5 种：单纯扩散、通道运输、载体运输、泵运输和胞饮作用。通道运输主要有 K^+、Cl^-、Ca^{2+}、NO_3^- 等离子通道，离子通道的运输是顺着跨膜的电化学势梯度进行的。载体运输包括单向运输载体、同向运输器和反向运输器，它们可以顺着或逆着跨膜的电化学势梯度运输溶质。泵运输有质子泵和钙泵，它们都要依赖于 ATP 启动。胞饮作用不只吸收矿物质，也可摄取大分子物质。

虽然叶片可以吸收矿质元素，但根系才是植物吸收矿质元素的主要器官。根毛区是根尖吸收离子最活跃的区域。根部吸收矿物质的过程是：首先经过交换吸附把离子吸附在表皮细胞表面；然后通过质外体和共质体运输进入皮层内部。对离子进入导管的方式有两种：一是被动扩散；二是主动过程。土壤温度和通气状况是影响根部吸收矿质元素的主要因素。

有一些矿质元素在根内同化为有机物，但也有一些矿质元素仍呈离子状态。根部吸收的矿质元素向上运输主要通过木质部，也能横向运到韧皮部后再向上运。叶片吸收的离子在茎内向上或向下运输途径都是韧皮部，同样，也可横向运到木质部继而上下运输。

矿质元素在植物体内的分布以离子是否参与循环而异。磷和氮等参与循环的矿质元素，多分布于代谢较旺盛的部分；钙和铁等不参与循环的矿质元素，则固定不动，器官越老，含量越多。

某些离子进入根部后,即进行一些同化作用。植物能直接利用铵盐的氨。当吸收硝酸盐后,要经过硝酸还原酶催化,把硝酸还原为铵,才能被利用。游离氨的量稍多,即毒害植物。植物体通过各种途径把氨同化为氨基酸或酰胺。高等植物不能利用游离氮,借固氮微生物固氮酶复合物的作用,经过复杂的变化,把氮还原成铵,供植物利用。植物吸收的硫酸根离子经过活化,形成活化硫酸盐,参与含硫氨基酸的合成。磷酸盐被吸收后,大多数被同化为有机物,如磷脂等。

不同植物对矿质元素的需要量不同,同一植物在不同生育期对矿质元素的吸收情况也不一样,因此应分期追肥,看苗追肥。作物某些外部形态(如相貌、叶色)和某些生理状况(如元素含量等)可作为追肥的指标。

为了充分发挥肥料效能,要适当灌溉、改进施肥方式和适当深耕等。

复习思考题

一、名词解释

矿质营养　灰分元素　必需元素　大量元素　有益元素　溶液培养　砂培法　单盐毒害　离子颉颃　平衡溶液　生理酸性盐　生理碱性盐　生理中性盐　需肥临界期

二、思考题

1. 植物完成正常生命活动需要哪些矿质元素?其确定标准和方法是什么?
2. 溶液培养应注意哪些问题?
3. 试述氮、磷、钾对植物的生理作用及缺素症表现。
4. 植物细胞吸收矿质元素的方式有哪些?
5. 试分析植物叶片变黄的可能原因。
6. 为什么植物缺素有些会表现在幼叶上,而有些则是老叶上显示症状?
7. 在农业生产中如何合理施肥?

参考文献

潘瑞炽. 2008. 植物生理学[M]. 6版. 北京:高等教育出版社.
王宝山. 2004. 植物生理学[M]. 北京:科学出版社.
武维华. 2008. 植物生理学[M]. 2版. 北京:科学出版社.
李合生. 2012. 现代植物生理学[M]. 3版. 北京:高等教育出版社.
王忠. 2010. 植物生理学[M]. 北京:中国农业出版社.
蒋德安. 2011. 植物生理学[M]. 2版. 北京:高等教育出版社.
Buchanan B B, Gruissem W, Jones R L. 2000. Biochemistry and Molecular Biology of Plants[M]. Rockville, Maryland, USA: Courier Companies, Inc.
Hans Lambers F. Stuart ChapinIII. 1998. Plant physiological ecology[M]. Berlin: Springer-Verlag.
Taiz L, Zeiger E. 2010. Plant physiology[M]. 5th ed. Sunderland: Sinauer Associates Inc.

第 3 章

植物的光合作用

知识导图

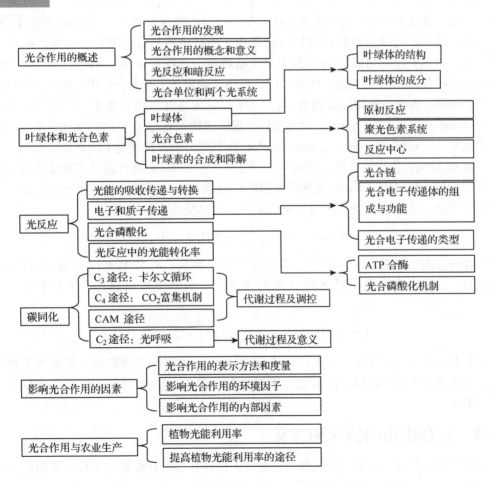

生物圈是由无数微生物、植物和动物等生物构成的,它丰富多彩而又变化无穷,而它的存在、运转和发展一刻也离不开光合作用(photosynthesis)。能够进行光合作用的生物都属于自养生物(aototroph),它们是生物圈中的生产者,因为只有光合作用才能为生物圈中的绝大多数生物提供它们生存所需要的食物、氧气和能量。1988 年,德国 3 位学者因在光合作用研究中的重大贡献而获得了诺贝尔化学奖,诺贝尔奖金委员会在宣布获奖评语中称"光合作用是地球上最重要的化学反应",由此看出光合作用的重大意义。

3.1 光合作用概述

目前已知,光合作用是一个复杂的生物氧化还原过程,在这一过程中实现了物质和能量的转换,从而对整个生物界产生了巨大的影响。

3.1.1 光合作用的发现

18 世纪以前,人们都认为植物是从土壤中获得生长所需的全部元素的。1771 年,英国牧师、化学家 J. Priestley 发现将薄荷枝条和燃烧着的蜡烛放在一个密封的钟罩内,蜡烛不易熄灭;将小鼠与绿色植物放在同一钟罩内,小鼠也不易窒息死亡。因此,他在 1772 年发表文章指出:植物可以"净化"由于燃烧蜡烛和小鼠呼吸弄"坏"的空气。虽然当时尚不知道光在植物"净化"空气过程中的作用,但该实验促进了对光合作用的研究,因此人们一般以 Priestley 为光合作用的发现者,把 1771 年定为光合作用发现年。1773 年,荷兰医生 Ingenhousz 在多次重复 Priestley 的实验后发现,植物只有在光下才能"净化"空气,在暗下会恶化空气。1782 年,瑞士人 Jean Senebier 用化学分析方法发现 CO_2 是光合作用的必需物质,而 O_2 是光合作用的产物。1804 年,瑞士人 De Saussure 通过定量实验证实光合作用要有水的参与。1864 年,Sachs 发现照光的叶片遇碘变蓝,证明光合作用形成碳水化合物(淀粉)。至此,光合作用的大致过程被确定了,其总反应式如下:

$$CO_2 + 2H_2O \xrightarrow[\text{叶绿体}]{\text{光}} (CH_2O) + O_2$$

随着研究的不断深入,1941 年,美国科学家 S. Ruben 和 M. D. Kamen 通过 ^{18}O 同位素标记实验,证明光合作用中释放的 O_2 来自于 H_2O,因此更加明确地用下式来表示光合作用:

$$CO_2 + 2H_2O^* \xrightarrow[\text{叶绿体}]{\text{光}} (CH_2O) + O_2^* + H_2O$$

事实上,有关光合作用的分子机理从 20 世纪开始才有突破性进展,多位从事相关研究的科学家获得了诺贝尔奖。由于光合作用的重大意义,它必将是 21 世纪生命科学的热点研究领域。

3.1.2 光合作用的概念和意义

光合作用是指植物或光合细菌利用光能把无机物合成为有机物的过程。根据电子供体的种类或反应是否放氧,把光合作用分为无氧光合作用(anoxygenic photosynthesis)和放氧光合作用(oxygenic photosynthesis)两类。大多数细菌进行的光合作用属于无氧光合作用,如紫色硫细菌能利用 H_2S 为电子供体,在光下将 CO_2 合成碳水化合物,同时释放单体硫。绿色植物(包括蓝藻和绿藻等)的光合作用为放氧光合作用,在此过程中,植物利用 H_2O 作为电子供体,在光下将 CO_2 合成碳水化合物,同时释放出氧气。由于绿色植物的光合作用是地球上规模最大的转换日光能的过程,和人类的关系最为密切,因此,本章讲述的光合作用指的是绿色植物的光合作用。

光合作用的重大意义主要表现在以下3个方面:

①将无机物转化为有机物　据估计,地球上的自养植物每年约同化 2×10^{11} t 碳素,其中40%是由浮游植物同化的,余下60%是由陆生植物同化的。也就是说人类或其他动物所吃的食物和某些工业原料,都是直接或间接地来自光合作用。

②蓄积太阳能量　植物在同化无机碳化合物的同时,把太阳光能转变为化学能,贮藏在形成的有机化合物中。有机物所贮藏的化学能,除了供植物本身和全部异养生物之用以外,更重要的是可提供人类营养和活动的能量来源。我们所利用的能源,如煤炭、天然气、木材等,都是现在或过去的植物通过光合作用形成的。因此,可以说,光合作用是今天能源的主要来源。

③维持大气中 CO_2 和 O_2 的平衡　微生物、植物和动物等在呼吸过程中吸收 O_2 和呼出 CO_2,工厂中燃烧各种燃料,也大量地消耗 O_2 排出 CO_2。据估计,全世界生物呼吸和燃料燃烧消耗的氧气量,平均为 10 000t/s。以这样的速度计算,大气中的 O_2 在3 000年左右就会消耗完。然而由于绿色植物的光合作用每年会释放出 5.35×10^{11} t O_2,所以大气中的 O_2 含量仍然维持在21%左右。但尽管光合作用每年会吸收大量的 CO_2,大气中的 CO_2 仍然在增加,至今浓度已经达到 380 $\mu L \cdot L^{-1}$。世界范围内的 CO_2 及其他温室气体(greenhouse gases),如甲烷等浓度的加速上升,已引起了温室效应(greenhouse effect)。温室效应会对地球的生态环境造成怎样的影响,这是人类十分关注的问题。为使人类免受气候变暖的威胁,1997年12月,《联合国气候变化框架公约》第3次缔约方大会在日本京都召开,149个国家和地区的代表通过了旨在限制发达国家温室气体排放量以抑制全球变暖的《京都议定书》。该议定书规定,到2010年,所有发达国家 CO_2 等6种温室气体的释放量,要比1990年减少5.2%。减缓温室效应,除了限制温室气体排放外,提高植物的光合作用也是一个有效途径。

综上所述,深入探讨光合作用的规律,弄清光合作用的机理,对于有效利用太阳能,使之更好地服务于人类,具有重大的理论和实际意义。

3.1.3　光反应和暗反应

20世纪初英国的布莱克曼(Blackman)、德国的瓦伯格(O. Warburg)等人在研究光强、温度和 CO_2 浓度对光合作用影响时发现,在弱光下增加光强能提高光合速率,但当光强增加到一定值时,再增加光强则不再提高光合速率,这时要提高温度或 CO_2 浓度才能提高光合速率。按照光化学原理,光化学反应是不受温度影响的,这说明光合过程中有化学反应的存在。

1954年美国科学家阿农(D. I. Arnon)等在给叶绿体照光时发现,当向体系中供给无机磷、ADP 和 NADP$^+$ 时，体系中就会有 ATP 和 NADPH 产生。同时发现，只要供给了 ATP 和 NADP$^+$，即使在黑暗中，叶绿体也可将 CO_2 转变为糖。这些实验表明了光合作用可以分为需光的光反应(light reaction)和不需光的暗反应(dark reaction)两个阶段。一般认为，原初反应、电子传递和光合磷酸化是光反应，碳同化(carbon assimilation)是暗反应。

光合作用中光反应和暗反应分别发生在叶绿体的不同区域内。光反应产生 ATP 和 NADPH 的一系列反应发生在叶绿体类囊体膜上，而利用 ATP 和 NADPH 进行碳同化的一系列反应发生在叶绿体的基质中。

进一步研究发现光反应、暗反应对光的需求不是绝对的。即在光反应中有不需光的过程(如电子传递与光合磷酸化，但受光促进)，在暗反应中也有需要光调节的酶促反应。现在认为，光反应不仅产生同化力(ATP 和 NADPH)，而且产生调节暗反应中酶活性的调节剂，如还原性的铁氧还蛋白。通过光反应和碳同化，光能被转变成稳定的化学能储存在碳水化合物中。光合作用中的能量转化见表3-1。

表 3-1　光合作用中各种能量的转化概况

能量转变	光能 →	电能 →	活跃的化学能 →	稳定的化学能
贮存能量的物质	量子	电子	ATP、NADPH	碳水化合物
转化过程	原初反应	电子传递、光合磷酸化	碳同化	
时间跨度(s)	$10^{-15} \sim 10^{-9}$	$10^{-10} \sim 10^{-4}$	$10^1 \sim 10^2$	
反应部位	类囊体膜	类囊体膜	叶绿体基质	
光影响	需光	不一定，但受光促进	不一定，但受光促进	
温度影响	无影响	无影响	受温度促进	
光合作用阶段	光反应	光反应	碳同化	

3.1.4　光合单位和两个光系统

早期在研究光合作用时经常有这样的疑问：释放 1 分子 O_2 究竟需要多少个叶绿素分子参与，需要吸收几个光量子？为此提出了"光合单位"(photosynthetic unit)的概念。研究表明一个光合单位包含多少个叶绿素分子与光合单位所执行的功能有关，如果就释放 1 分子 O_2 或同化 1 分子 CO_2 的而言，光合单位所包含的叶绿素分子数约为 2 500；就吸收 1 个光量子而言，光合单位所包含的叶绿素分子数约为 300；就传递 1 个电子而言，光合单位所包含的叶绿素分子数约为 600；可见如果光合单位的定义不同，那么一个光合单位中所包含的叶绿素分子数是不同的。事实上，随着光合作用研究的进行，光合单位的定义被多次修改，目前多数人的观点认为所谓的"光合单位"，就是指存在于类囊体膜上能进行完整光化学反应的最小结构单位，它应当包括聚光色素(Light-harvesting pigment)和反应中心(reaction centre)。聚光色素系统主要负责光能的吸收和传递，而反应中心直接实现光能到电能的转换。

在对光合光反应的进一步研究中，又发现了两个光系统的存在。20 世纪 40 年代，以小球藻为材料研究不同光质的量子产额。量子产额(quantum yield)，指光合作用中吸收一个光量子所能放出的氧分子数或固定 CO_2 的分子数。发现当用大于 680nm 的远红光(farred light)照射时,虽然光仍被叶绿素吸收,但量子产额急剧下降,这种现象被称为红降现象(red drop)。1957年,爱默生观察到小球藻在用远红光照射时补加一点稍短波长的光(如650nm的光),则量子产额大增,比这两种波长的光单独照射的总和还要高。这种在长波红光之外再加上较短波长的光促进光合效率的现象被称为双光增益效应,或又称爱默生增益效应(Emerson enhancement effect)(图3-1),随着研究进一步发现光合作用需要两个光化学反应的协同作用。

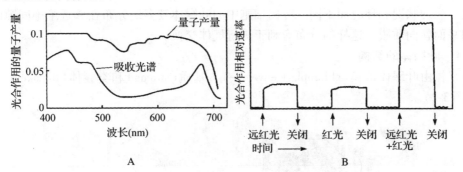

图 3-1 光合作用的红降现象和双光增益效应(引自 Taiz 和 Zeiger, 2002)
A. 红降现象(当波长大于680 nm时,光合量子产量显著下降)
B. 双光增益效应(当红光和远红光一起照射时光合速率远远大于它们分别照射时光合速率的总和)

根据上述实验结果,希尔(1960)等人提出了双光系统(two photosystem)的概念,把吸收长波光的系统称为光系统Ⅰ,吸收短波长光的系统称为光系统Ⅱ,量子需要量的测定结果证实了这一点。量子需要量(quantum requirement)为量子产额的倒数,即释放1分子O_2和还原1分子CO_2所需吸收的光量子数。从理论上讲一个量子引起一个分子激发,可以放出一个电子,那么释放一个O_2,传递4个电子($2H_2O \rightarrow 4H^+ + 4e + O_2 \uparrow$)只需吸收4个量子,而实际测得光合放氧的最低量子需要量为8~12,这证实了光合作用中电子传递要经过两个光系统,有两次光化学反应。

20世纪60年代以后,人们已能直接从叶绿体中分离出PSⅠ和PSⅡ的色素蛋白复合体颗粒。对PSⅠ和PSⅡ的组成与功能进行分析,结果发现,每个光系统都包含一套能捕获光能的聚光色素蛋白复合体和一个能进行光化学反应的反应中心,由此可以看出光系统和前面提到的"光合单位"的含义基本是一致的。比较两个不同的光系统,可以看出,PSⅠ的颗粒较小,直径约11 nm,主要分布在叶绿体类囊体膜的非垛叠部分;PSⅡ颗粒较大,直径约17.5 nm,主要分布在类囊体膜的垛叠部分。进一步的研究证明光系统Ⅰ与$NADP^+$的还原有关,光系统Ⅱ与水的光解、氧的释放有关。

3.2 叶绿体和光合色素

叶片是进行光合作用的主要器官,叶绿体(chloroplast)是进行光合作用的细胞器,而存在于叶绿体中的一些色素是参与光合作用的重要光合色素分子。

3.2.1 叶绿体

利用细胞匀浆法和分级离心技术，可以将细胞中大小不同的细胞器分开，然后再进行其结构功能的分析。在电子显微镜下可以看到，高等植物的叶绿体一般呈椭圆形，直径约为 3~6 μm，厚约为 2~3 μm。叶绿体的数量非常多，据统计，大多高等植物的叶肉细胞含有 50~200 个叶绿体，可占细胞质体积的 40%。叶绿体的大小、形态和数目随物种、细胞种类、生理状况和环境而不同。叶肉细胞中的叶绿体较多地分布在邻近细胞间隙的质膜旁，扁平面朝向质膜，这样的分布有利于进行气体交换。

3.2.1.1 叶绿体的结构

叶绿体由叶绿体被膜（chloroplast envelope）、基质（stroma）和类囊体（thylakoid）3 部分组成（图 3-2）。

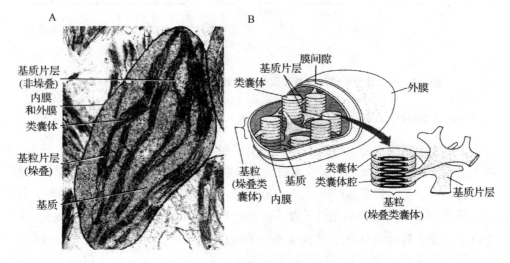

图 3-2 叶绿体的结构（引自 Taiz 和 Zeiger，2006）
A. 叶绿体结构的电镜图片 B. 叶绿体和类囊体结构的示意

叶绿体的外围是内、外膜组成的双层膜结构。叶绿体内的膜结构是类囊体。类囊体外的空间称为基质。
垛叠在一起的类囊体片层称为基粒，连接基粒的非垛叠类囊体膜片层称为基质类囊体

（1）叶绿体被膜

叶绿体被膜由两层单位膜组成，分别称为外膜（outer membrane）和内膜（inner membrane）。叶绿体外膜通透性较大，许多化合物如核酸、蔗糖、无机盐等可以通过；内膜具有控制代谢物质进出叶绿体的功能，是一个有选择性的屏障，CO_2、O_2、H_2O 可以自由通过；蔗糖、五碳糖、$NADP^+$、焦磷酸等物质不能通过；磷酸、磷酸丙糖、双羧酸、甘氨酸等需要经过膜上的转运器（translocator）才能通过。

（2）叶绿体基质

叶绿体膜以内的基础物质称为基质。基质成分主要是可溶性蛋白质（酶）和其他代谢活跃物质，呈高度流动性状态。光合作用中催化碳固定还原的酶系统存在于基质中，因此基质中可以完成 CO_2 的固定和还原，光合产物淀粉就是在基质里形成和贮藏起来的。基质中还存在叶绿体自身的 DNA、RNA 等遗传物质，能半自主地合成叶绿体的结构和功能物质。

基质中有淀粉粒(starch grain)与质体小球(plastoglobulus)，它们分别是淀粉和脂质的储藏库。质体小球又称为脂质球，因脂质易被锇酸染成黑色，故又称质体小球为嗜锇颗粒(osmiophilic droplet)。在叶片的发育或功能期，叶绿体中的脂质用于类囊体膜的合成，质体小球少而小，而叶片衰老时类囊体膜解体，质体小球也随之增多增大。

(3) 类囊体

在叶绿体基质中悬浮着由单位膜封闭形成的扁平小囊，称为类囊体，2个以上的圆盘状类囊体垛叠在一起，形成基粒(granum，复数 grana)。组成基粒的类囊体称为基粒类囊体(granum thylakoid)，其片层称为基粒片层(grana lamellae)。

叶绿体的光合色素主要集中在基粒中，一个典型的成熟的高等植物的叶绿体，含有 20~200 个甚至更多的基粒。基粒的直径一般约为 0.5~1.0 μm，厚度约为 0.1~0.2 μm。贯穿在两个或两个以上基粒之间没有发生垛叠的类囊体称为基质类囊体(stroma thylakoid)，其片层称为基质片层(stroma lamellae)。由类囊体包围的空腔称为类囊体腔(thylakoid lumen)，类囊体腔内充满溶液。凡是光合细胞都具有类囊体，类囊体膜上有多个蛋白复合体，包括：光系统Ⅰ、光系统Ⅱ、Cyt b_6f 复合体、ATP 合酶、聚光色素蛋白复合体和电子、H^+ 传递体。光合作用的能量转换功能是在类囊体膜上进行的，所以类囊体膜亦称为光合膜(photosynthetic membrane)。

叶绿体中的类囊体垛叠成基粒是高等植物光合细胞所特有的膜结构。类囊体的垛叠具有如下意义：①捕获光能的机构高度密集，能更有效地收集光能；②因为膜系统往往是酶的排列支架，膜垛叠可使代谢顺利进行。由此可见，从系统发育角度来看，高等植物叶绿体中基粒类囊体的垛叠，有利于光合进程，是一个进化的优点。

3.2.1.2 叶绿体的成分

叶绿体约含 75% 的水分，其干物质以蛋白质、脂质、色素和无机盐为主。蛋白质是叶绿体的结构基础，一般占叶绿体干重的 30%~45%。叶绿体中的蛋白质有许多是作为酶在一些物质代谢过程起催化作用。还有一些蛋白质，与其他物质结合形成复合体，如所有色素及起电子传递作用的细胞色素、质体蓝素(plastocyanin)等，都是与蛋白质结合的。叶绿体中色素很多，占干重 8% 左右，在光合作用中起着决定性的作用。由于叶绿体是一个纵横交错的膜结构，因此，膜的主要成分脂质在叶绿体中占 20%~40%。叶绿体中还含有 10%~20% 的贮藏物质（淀粉、脂类等），10% 左右的灰分元素（Fe、Cu、Zn、K、P、Ca、Mg 等）。此外，叶绿体还含有各种核苷酸（如 NAD^+ 和 $NADP^+$）和醌（如质体醌，plastoquinone），它们在光合过程中起着传递质子（或电子）的作用。

3.2.2 光合色素

存在于叶绿体类囊体膜上参与光合作用的重要色素分子被称为光合色素(photosythetic pigment)。光合色素有 3 类：叶绿素(chlorophyll)、类胡萝卜素(carotenoid)和藻胆素(phycobilin)。不同光合色素在光合作用中的功能不同，有的主要完成光能的吸收、传递，还有的可以直接完成光化学转换。

3.2.2.1 叶绿素

高等植物中存在两种叶绿素，叶绿素 a(chlorophyll a)与叶绿素 b(chlorophyll b)。两种叶绿素颜色不同，叶绿素 a 呈蓝绿色，而叶绿素 b 呈黄绿色。叶绿素 a 的化学组成为 $C_{55}H_{72}O_5N_4Mg$；叶绿素 b 的化学组成为 $C_{55}H_{70}O_6N_4Mg$。

叶绿素分子含有一个卟啉环的"头部"和一个叶绿醇的"尾巴"（图3-3）。卟啉环由 4 个吡咯环和 4 个甲烯基（=CH—）连接而成。叶绿素 a 与 b 的差异不大，如果叶绿素 a 第二个吡咯环上的一个甲基（—CH_3）被醛基（—CHO）所取代即成为叶绿素 b。卟啉环的中央是镁原子，Mg^{2+} 可以被 H^+、Cu^{2+}、Zn^{2+} 等所置换，当 Mg^{2+} 被 H^+ 所置换后，绿颜色丢失，形成褐色的去镁叶绿素（pheophytin, Pheo）。如果去镁叶绿素中的 H^+ 再被 Cu^{2+} 取代，颜色比原来的叶绿素更加鲜艳稳定，因此人们常用醋酸铜来处理保存绿色植物标本。

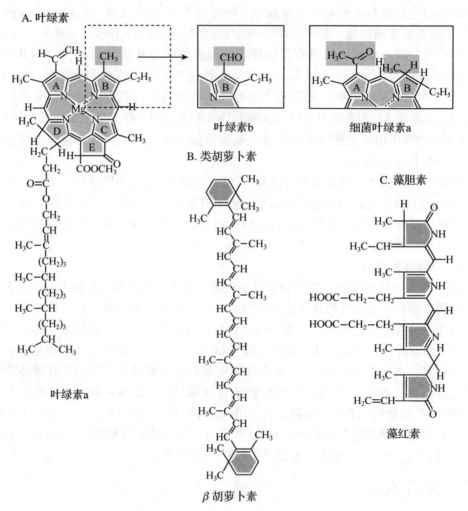

图 3-3 主要光合色素的分子结构（引自 Taiz 和 Zeiger, 2002）

A. 叶绿素（"头部"是由 4 个吡咯环组成的卟啉环，在卟啉环中心有一个镁原子与 4 个氮原子配位结合；"尾巴"是一个长的疏水碳氢化合物。叶绿素 a 比叶绿素 b 多两个氢少一个氧。两者结构上的差别仅在于叶绿素 a 的 B 吡咯环上一个甲基（—CH_3）被醛基（—CHO）所取代） B. 类胡萝卜素（由 8 个异戊二烯组成的四萜，具有一系列的共轭双键，它能够充当天线色素和光保护物质） C. 藻胆素（由 4 个砒咯环形成的直链共轭体系，与蛋白质结合形成藻胆蛋白）

除了 4 个吡咯环外，叶绿素分子还有 1 个含羰基和羧基的 E 环。E 环上的羧基以酯键和甲醇结合，叶绿醇则以酯键与 D 环侧键上的丙酸相结合，因此叶绿素可以看作叶绿酸的酯。由于叶绿素具有脂类物质的化学特性，因此，它不溶于水，但能溶于一些有机溶剂，如酒精、丙酮和石油醚等。

在第 D 环上存在的叶绿醇链是高分子量的碳氢化合物，是叶绿素分子的亲脂部分，使叶绿素分子具有亲脂性。叶绿素分子的"头部"是金属卟啉环，镁原子带正电荷，而氮原子则偏向于带负电荷，呈极性，因而具有亲水性。叶绿素分子的头部和尾部分别具有亲水性和亲脂性的特点，这就决定了它在类囊体片层中与其他分子之间的排列关系。

叶绿素都是以色素蛋白复合体的形式存在于类囊体膜上。其亲水"头部"位于蛋白质内，而亲脂"尾巴"则深入膜脂层。蛋白质多肽结构为叶绿素分子的定向排列提供了框架，使光能的吸收、传递和转换能在色素蛋白复合体中高效地进行。

叶绿素分子是一个共轭系统，吸收光变成激发状态后会改变它的能量水平。以氢的同位素氕或氚试验证明，叶绿素不参与氢传递或氢的氧化还原，似乎只以电子传递（即电子得失引起的氧化还原）及共振传递（直接传递能量）的方式参与光反应。在光反应阶段，不同的叶绿素行使不同的功能，绝大部分叶绿素 a 分子和全部叶绿素 b 分子具有收集光能的作用，少数特殊状态的叶绿素 a 分子有将光能转换为电能的作用。目前叶绿素分子已经可人工合成。

3.2.2.2 类胡萝卜素

高等植物叶绿体中还含有类胡萝卜素。类胡萝卜素是由 8 个异戊二烯形成的四萜，同叶绿素一样不溶于水，能溶于有机溶剂。类胡萝卜素包括胡萝卜素（carotene）和叶黄素（xanthophyll）两类，胡萝卜素呈橙黄色，而叶黄素呈黄色。

胡萝卜素是不饱和的碳氢化合物，分子式是 $C_{40}H_{56}$，它有 3 种同分异构物，分别是 α、β、γ 胡萝卜素。叶子中常见的是 β-胡萝卜素，它的两头分别具有一个对称排列的紫罗兰酮环，中间以共轭双键相连接。叶黄素是由胡萝卜素衍生的醇类，分子式是 $C_{40}H_{56}O_2$（图 3-3）。

类胡萝卜素也有收集光能的作用，它能将吸收的光能传递给叶绿素分子；除此之外，由于它可以猝灭激发态叶绿素分子或以叶黄素循环的形式耗散能量，因而具有强光下保护叶绿素和光合机构的功能。

3.2.2.3 藻胆素

藻胆素是某些藻类进行光合作用的主要色素，在蓝藻、红藻等藻类中常与蛋白质结合为藻胆蛋白（phycobiliprotein）。根据颜色的不同，藻胆蛋白可分为藻红蛋白（phycoerythrin）和藻蓝蛋白（phycocyanin），藻红蛋白呈红色，藻蓝蛋白呈蓝色。藻胆蛋白生色团的化学结构与叶绿素有相似的地方，也是由吡咯环组成，但 4 个吡咯环没有形成环状结构卟啉环，而是形成一个直链共轭系统。藻蓝蛋白是藻红蛋白的氧化产物，它们可以吸收光能和传递光能。

3.2.2.4 光合色素的光学特性

光合作用的核心问题是"植物是如何吸收和利用光能的？"因此，我们有必要对光以及光合色素的基本特性做一个深入了解。

（1）光合色素的吸收光谱

光波是一种电磁波，同时又是运动着的粒子流，这些粒子称为光子（photon）或光量子

(亦称量子，quantum)。光子携带的能量和光的波长的关系如下：

$$E = Nh\upsilon = Lhc/\lambda$$

式中，E 为每摩尔光子的能量；N 为阿伏加德罗常数($6.02 \times 10^{23} \text{mol}^{-1}$)；$h$ 为普朗克常量($6.626 \times 10^{-34} \text{J} \cdot \text{s}$)；$\upsilon$ 为辐射频率(s^{-1})；c 为光速($2.9979 \times 10^8 \text{m} \cdot \text{s}^{-1}$)；$\lambda$ 为波长(nm)。上式表明，光子的能量与波长成反比。不同波长的光，每摩尔光子所持的能量是不同的，见表 3-2。

表 3-2 不同波长光子所持有的能量

波长(nm)	光子所持有的能量($\text{kJ} \cdot \text{mol}^{-1}$)	波长(nm)	光子所持有的能量($\text{kJ} \cdot \text{mol}^{-1}$)
400	289	700	172
500	259	800	161
600	197		

到达地表的太阳辐射，波长大约从 300 nm 到 2 600 nm，但植物的光合作用只能利用波长在 390~770 nm 之间的可见光。当光束通过三棱镜后，可被分为红、橙、黄、绿、青、蓝、紫 7 色连续光谱。如果把叶绿素溶液放在光源和分光镜的中间，就可以看到光谱中有些波长的光被吸收了，在光谱上出现黑线或暗带，这种光谱被称为吸收光谱(absorption spectrum)。

叶绿素吸收光谱的最强吸收区有两个：一个在波长为 640~660 nm 的红光部分；另一个在波长为 430~450 nm 的蓝紫光部分。叶绿素对橙光、黄光吸收较少，对绿光的吸收最少，所以叶绿素的溶液呈绿色。

叶绿素 a 和叶绿素 b 的吸收光谱很相似，但也略有不同。首先，叶绿素 a 在红光部分的吸收带宽些，在蓝紫光部分的窄些；而叶绿素 b 在红光部分的吸收带窄些，在蓝紫光部分的宽些；其次，与叶绿素 b 相比较，叶绿素 a 在红光部分的吸收带偏向长波方向，而在蓝紫光部分则偏向短波方向；另外，叶绿素 a 在红光区吸收峰较高，在蓝光区吸收峰较低。可以看出，叶绿素 b 吸收蓝紫光的能力比叶绿素 a 强。

如图 3-4 所示胡萝卜素和叶黄素的吸收光谱与叶绿素不同，它们的最大吸收带在蓝紫光部分，不吸收红光等长波的光。

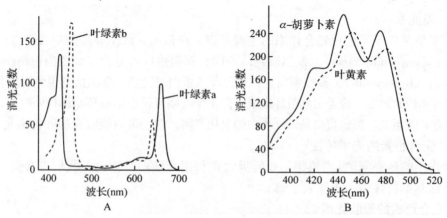

图 3-4 主要光合色素的吸收光谱
A. 叶绿素　B. 类胡萝卜素

藻胆素的吸收光谱刚好与类胡萝卜素的相反,它主要吸收绿、橙光。具体来说,藻蓝蛋白的吸收光谱最大值是在橙红光部分,而藻红蛋白的是在绿光和黄光部分。

(2)荧光现象和磷光现象

叶绿素溶液在透射光下呈绿色,而在反射光下呈红色,这种现象称为荧光(fluorescence)现象。荧光现象是激发态叶绿素分子释放能量时产生的。当叶绿素分子吸收量子后,就由最稳定的、最低能量的基态(ground state)上升到一个不稳定的、高能状态的激发态(excited state)。如果叶绿素分子被蓝光激发,其电子跃迁到能级较高的第二单线态;如果被红光激发,电子跃迁到能级次高的第一单线态;处于单线态的电子,其自旋方向保持原有状态,即与配对电子的自旋方向相反;如果电子在激发或退激过程中,其自旋方向发生了变化,与原配对的电子自旋方向相同,那么该电子就进入能级较低的三线态(图3-5)。

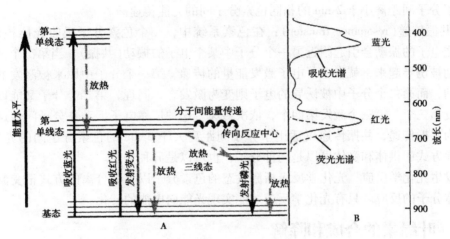

图3-5 叶绿素分子对光的吸收及能量的释放(引自王忠,2008)

A. 能量水平示意 B. 吸收光谱与荧光光谱

由于激发态极不稳定,叶绿素分子会迅速向较低能状态转变,转变的方式有以下4种:

①放热 激发态的叶绿素分子在去激发时,多余的能量以热的形式释放出来,如从第二单线态到第一单线态;从第一单线态到基态或三线态;从三线态到基态。

②释放出荧光或磷光 激发态的叶绿素分子在去激发时,多余的能量以光子的形式释放。其中叶绿素分子从第一单线态回到基态所发射的光就称为荧光。荧光的寿命很短,大约为 $10^{-8} \sim 10^{-10}$ s。由于叶绿素分子吸收的光能有一部分消耗于分子内部振动上,根据波长与光子能量成反比的规律,反射光的波长比入射光的波长要长一些,所以叶绿素溶液在入射光下呈绿色,而在反射光下呈红色。荧光在离体叶绿素溶液中较强,但在叶片和叶绿体中却很微弱,难以观察出来,这可能是因为溶液中缺少能量受体或电子受体,叶绿素吸收的光能无法进行光化学反应所致。

叶绿素除了在光照时能发射出荧光外,当去掉光源后,还能继续发射出极微弱的红光,它是三线态叶绿素分子回到基态时所产生的光,称为磷光(phosphorescence)。磷光的寿命和波长均较荧光长。

叶绿素的荧光和磷光现象都是叶绿素被光激发后产生的,而叶绿素分子的激发是光能转变为化学能的第一步,因此,现代植物生理学研究中把荧光作为光合作用的探针,研究植物光合机构的工作状况。

③色素分子间的能量传递　聚光叶绿素分子在第一单线态的能量水平上,通过分子间的能量传递,把捕获的光能传到反应中心色素分子,以推动光化学反应的进行。色素分子间激发能的传递可能是通过激子传递或共振传递方式传递的。

a. 激子传递(exciton transfer):激子通常是指非金属晶体中由电子激发的量子,它能转移能量但不能转移电荷。在由相同分子组成的聚光色素系统中,其中一个色素分子受光激发后,高能电子在返回原来轨道时也会发出激子,此激子能使相邻色素分子激发,即把激发能传递给了相邻色素分子,激发的电子以相同的方式再发出激子,将能量传递给相同的另一色素分子,这种在相同分子间依靠激子来转移能量的方式称为激子传递。激子传递仅适用于分子间距离小于2 nm的相同色素分子间的光能传递。

b. 共振传递(resonance transfer):在色素系统中,一个色素分子吸收光能被激发后,其中高能电子的振动会引起附近另一个分子中某个电子的振动(共振),当第二个分子中的电子振动被诱导起来,就发生了电子激发能量的传递,第一个分子中原来被激发的电子便停止振动,而第二个分子中被诱导的电子则变为激发态,同理,第二个分子又能以同样的方式激发第三个、第三个激发第四个,依次传递。这种依靠电子振动在分子间传递能量的方式称为共振传递,共振传递仅适用于分子间距离大于2 nm的色素分子间的光能传递。这种传递方式中供体和受体可以是同种分子,也可以是异种分子。

④发生光化学反应　光化学反应指激发态的色素分子以电荷分离的方式把受激电子传递给受体分子的反应。只有光化学反应才能实现光能向电能的转化。

3.2.3　叶绿素的合成和降解

尽管叶绿体中含有多种色素,但从光合色素的分布和功能来看,叶绿素无疑是最重要的,因此下面重点讲述叶绿素的合成和降解。

3.2.3.1　叶绿素的合成

叶绿素是在前质体或叶绿体中在一系列酶的催化下完成的,它的合成受到很多外界因素的影响。

(1)叶绿素的合成过程

叶绿素的生物合成可以分为4个阶段。第1阶段是从谷氨酸开始,经过5-氨基酮戊酸(5-aminolevulinic acid,ALA),2分子ALA缩合形成1分子含吡咯环的胆色素原(porphobobilinogen,PBG)。第2阶段是4个PBG分子聚合成原卟啉IX(protoporphyrin IX)。原卟啉IX是形成亚铁血红素和叶绿素的分界点,如果与铁结合,就生成亚铁血红素(ferroheme);如果与镁结合,则形成Mg-原卟啉(Mg-protoporphyrin)。Mg-原卟啉丙酸基被环化形成E环,生成原叶绿素酸酯a(monovinyl protochlorophyllide a)。阶段3是在光照和NADPH存在下,受原叶绿素酸酯氧化还原酶(protochlorophyllide oxidoreductase)催化,D环还原形成叶绿素酸酯a(chlorophyllide a)。第4阶段是植醇尾巴与D环的丙酸酯化,就形成叶绿素a,叶绿素b是由叶绿素a演变过来的。叶绿素的形成过程如图3-6所示。

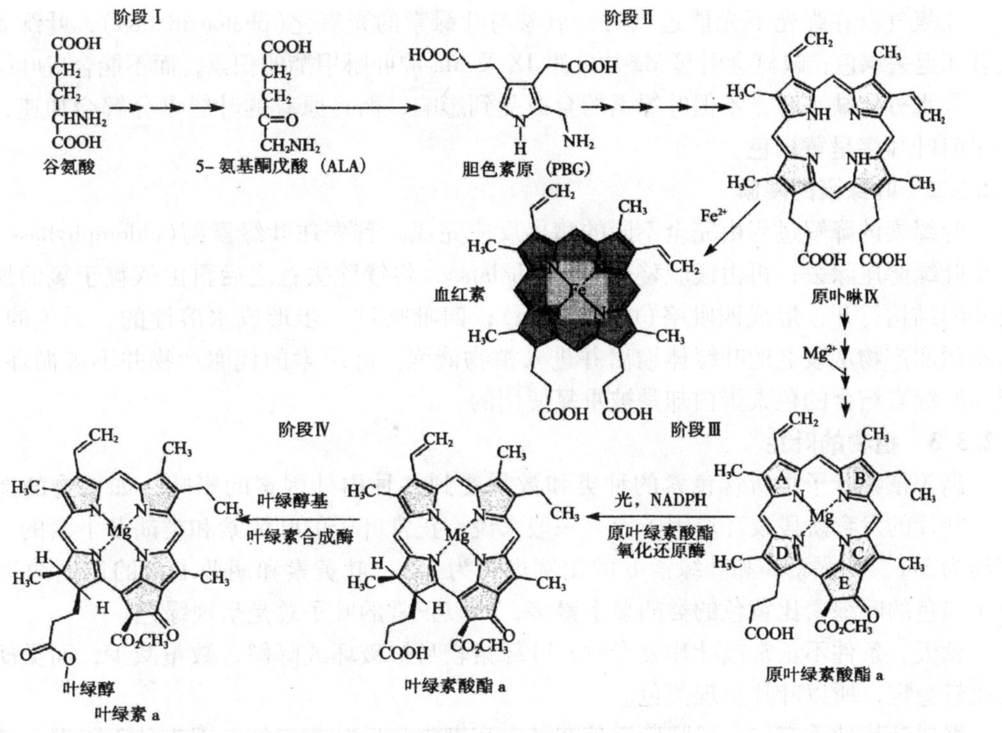

图 3-6 叶绿素 a 的生物合成过程(引自 Taiz 和 Zeiger, 2002)

谷氨酸首先转变为 5-氨基酮戊酸(ALA), 2 分子 ALA 缩合形成胆色素原(PBG); 4 分子 PBG 相互联结形成原卟啉 IX, 原卟啉 IX 与 Mg 结合形成 Mg-原卟啉, 然后, 原卟啉上生成含 E 环的原叶绿素酸酯 a; 光下原叶绿素酸酯 a 分子 D 环加 H 还原生成叶绿素酸酯 a; 最终, 叶绿素酸酯 a 上连接叶绿醇基生成叶绿素 a

(2)影响叶绿素合成的条件

许多环境条件影响叶绿素的生物合成, 如光照、温度、水分、矿质元素、O_2 等。

①光照 光是影响叶绿素形成的主要因素。从上述叶绿素的合成过程可知, 原叶绿素酸酯 a 只有经过光照后, 才能顺利合成叶绿素, 如果没有光照, 一般就只能停留在这个步骤。形成叶绿素所要求的光照强度相对较低, 而且可见光中各种波长的光照都能促使叶绿素形成。一般植物在黑暗中生长都不能合成叶绿素, 叶子发黄, 这种因为缺光而影响叶绿素形成, 使茎叶发黄的现象, 称为黄化现象(etiolation)。光线过弱, 不利于叶绿素的生物合成。所以, 栽培密度过大或由于肥水过多而贪青徒长的植株, 上部遮光严重, 植株下部叶片叶绿素分解速度大于合成速度, 叶色变黄, 严重时可能造成死亡。

②温度 由于叶绿素的合成是一系列酶促反应, 因此温度影响叶绿素的合成。一般来说, 叶绿素形成的最低温度是 2~4℃, 最适温度是 30℃左右, 最高温度是 40℃。秋天叶子变黄和早春寒潮过后水稻秧苗变白等现象, 都与低温抑制叶绿素形成有关。

③矿质元素 矿质元素对叶绿素形成也有很大的影响。植株缺乏 N、Mg、Fe、Mn、Cu、Zn 等元素时, 就不能形成叶绿素, 呈现缺绿病(chlorosis)。N 和 Mg 都是组成叶绿素的元素; Fe 可能是形成原叶绿酸酯所必需的; Mn、Cu、Zn 可能是叶绿素合成中某些酶的活化剂。

④氧气 在强光下光能过剩时,氧参与叶绿素的光氧化(photooxidation),叶绿素分子被破坏退去绿色;缺氧会引起 Mg-原卟啉 IX 及 Mg-原卟啉甲酯的积累,而不能合成叶绿素。

⑤水分 缺水时,不但叶绿素的合成受到影响,而且原有的叶绿素分解会加速,因此干旱时叶片多呈黄褐色。

3.2.3.2 叶绿素的降解

叶绿素的降解过程由完全不同的酶促反应完成。首先在叶绿素酶(chlorophyllase)作用下将叶绿醇尾除去;再由镁脱螯合酶(dechelatase)将镁除去;之后再由依赖于氧的加氧酶将卟啉结构打开,形成四吡咯(tetrapyrrole);四吡咯进一步形成水溶性的、无色的产物。这些代谢产物从衰老的叶绿体输出并进入植物液泡。叶绿素的代谢产物并不被循环使用,但与叶绿素结合的色素蛋白却是被重复使用的。

3.2.3.3 植物的叶色

高等植物叶子中所含色素的种类和数量受到多种内外因素的影响,如植物的遗传特性、叶片的发育阶段及环境因子等。一般来说,正常叶子的叶绿素和类胡萝卜素的分子比例约为3:1,叶绿素 a 和叶绿素 b 的比例也约为3:1,叶黄素和胡萝卜素的比例约为2:1。由于绿色的叶绿素比黄色的类胡萝卜素多,所以正常的叶子总是呈现绿色。

秋天、条件不正常或叶片衰老时,叶绿素较易被破坏或降解,数量减少,而类胡萝卜素比较稳定,所以叶片呈现黄色。

枫树叶片秋季变红,绿肥紫云英在冬春寒潮来临后叶茎变红是因为秋天降温,植物体内积累了较多糖分以适应寒冷,而体内可溶性糖增多有利于形成花色素(红色),叶子就呈红色。花色素吸收的光不传递到叶绿素,不能用于光合作用。

3.3 光反应

光反应发生在叶绿体的类囊体,它包括原初反应、电子(质子)传递与光合磷酸化。光反应为暗反应提供了 CO_2 同化所需要的 ATP 和 NADPH。

3.3.1 光能的吸收传递与转换

原初反应(primary reaction)包括光能的吸收、传递与转换。原初反应不同于生化反应,其速度快,可在皮秒(ps,10^{-12} s)与纳秒(ns,10^{-9} s)内完成,且与温度无关,可在 -196 ℃(77 K,液氮温度)或 -271 ℃(2 K,液氦温度)下进行。

原初反应中光能的吸收、传递与转换的核心是光合色素。叶绿体类囊体上的光合色素按其主要功能可区分为 2 种:一为反应中心色素(reaction center pigment),具有光化学活性,既是光能的"捕捉器",又是光能的"转换器",可以把光能转换为电能。少数特殊状态的叶绿素 a 分子属于此类。二为聚光色素(light-harvesting pigment),亦称天线色素(antenna pigment),没有光化学活性,只有收集光能的作用。一般来说,250~300 个聚光色素分子将收集的光能传到一个反应中心色素,引起光化学反应。绝大多数色素(包括大部分叶绿素 a 和全部叶绿素 b、类胡萝卜素、藻红蛋白和藻蓝蛋白)都属于聚光色素。

聚光色素系统的色素分子吸收 400~700 nm 的可见光后，变成激发态，其能量在色素分子之间以激子传递或诱导共振方式进行传递，传递可以在相同色素分子之间，也可以在不同色素分子之间。传递的速度很快，一个寿命为 5×10^{-9} s 的红光量子在类囊体中可把能量传递过几百个叶绿素 a 分子；传递的效率很高，类胡萝卜素所吸收的光能传给叶绿素 a 或细菌叶绿素的效率高达 90%，叶绿素 b 和藻胆素所吸收的光能传给叶绿素 a 的效率接近 100%。光能在色素分子间的传递具有一定的方向，通常顺序依次为类胡萝卜素、叶绿素 b、叶绿素 a、特殊叶绿素 a。这样，聚光色素就像透镜把光束集中到焦点一样，把大量的光能吸收、聚集，并迅速传递到反应中心色素分子。

光合反心中心是指在类囊体中进行光合作用原初反应的最基本的色素蛋白结构，它至少包括反应中心色素分子(reaction center pigment，P)、原初电子受体(primary electron acceptor，A)、电子供体(electron donor，D)等电子传递体，以及维持这些微环境所必需的蛋白质。原初电子受体是直接从反应中心色素分子上接收电子的电子传递体；反应中心色素分子也被称为原初电子供体(primary electron donor)，因为它是光化学反应中最先向原初电子受体供给电子的；电子供体是指将电子直接供给反应中心的物质。

反应中心色素分子(少数特殊状态的叶绿素 a 分子)与蛋白结合，有秩序地排列在片层结构上，通常以其光最大吸收峰的波长作标志，例如，P_{680} 代表光能吸收高峰在 680nm 的色素(P)分子。光合作用的原初反应是连续不断地进行的，因此，必须不断经过一系列电子传递体的传递，从最终电子供体到最终电子受体，把得到的电子交出来，构成电子的"源"和"流"。

聚光色素分子将光能吸收和传递到反应中心后，使反应中心色素(P)激发而成为激发态(P^*)，放出电子给原初电子受体(A)，同时留下一个空位，称为"空穴"。色素分子被氧化(带正电荷，P^+)，原初电子受体被还原(带负电荷，A^-)，这样就实现了电荷分离。由于氧化的色素分子有"空穴"，可以从电子供体(D)得到电子来填补，于是色素恢复原来状态(P)，而电子供体却被氧化(D^+)。这样不断地氧化还原，完成了光能转换为电能的过程。

$$D \cdot P \cdot A \xrightarrow{光} D \cdot P^* \cdot A \longrightarrow D \cdot P^+ \cdot A^- \longrightarrow D^+ \cdot P \cdot A^-$$

光合作用原初反应的能量吸收、传递和转换关系如图 3-7 所示。

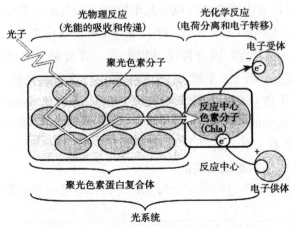

图 3-7　光系统的基本组成和原初反应过程示意(引自王忠，2008)

3.3.2 电子和质子的传递

原初反应使光系统的反应中心发生电荷分离,产生的高能电子推动着光合膜上的电子传递。电子传递的结果,一方面引起水的裂解放氧以及$NADP^+$的还原;另一方面建立了跨膜的质子动力势,启动了光合磷酸化,形成ATP。这样就把电能转化为活跃的化学能。

3.3.2.1 光合链

所谓光合链(photosynthetic chain)是指定位在光合膜上的,由多个电子传递体组成的电子传递的总轨道。

现在较为公认的是由希尔(R. Hill)等人1960提出并经后人修正与补充的"Z"方案("Z" scheme),即电子传递是在两个光系统串联配合下完成的,电子传递体按氧化还原电位高低排列,使电子传递链呈侧写的"Z"形(图3-8)。

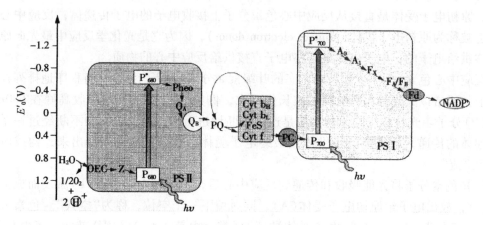

图3-8 光合链"Z"方案(引自Buchanan等,2000)

长方形代表蛋白复合体;Z:次级电子供体(酪氨酸残基);Pheo:去镁叶绿素,原初电子受体;Q_A、Q_B、PQ:质体醌;Cyt b:细胞色素b;Cyt f:细胞色素f;FeS(或RFeS):铁硫蛋白;PC:质体蓝素;A_0:PS I 的原初电子受体;A_1:PS I 的次级电子受体;Fx、F_B/F_A:PS I 铁硫蛋白;Fd:铁氧还蛋白

如图3-8所示,可以看出光合链有以下几个特点:①电子传递链主要由3个蛋白复合体组成,分别是PS II、Cyt b_6f 及 PS I,PS I 和 PS II 的反应中心色素分别是P_{700}和P_{680}。②电子传递不能完全自发进行,因为传递过程中有二处是逆电势梯度,即P_{680}至P_{680}^*和P_{700}至P_{700}^*,这种逆电势梯度的"上坡"电子传递需由色素吸收光能后推动。③质体醌PQ(plastoquinone)在PS II 和 Cyt b_6f 之间传递电子,质体蓝素PC(plastocyanin)在Cyt b_6f 与 PS I 之间传递电子。④水的氧化与PS II 电子传递有关,$NADP^+$的还原与PS I 电子传递有关。从整个光合链来看,电子最终供体为H_2O,电子的最终受体为$NADP^+$。

3.3.2.2 光合电子传递体的组成与功能

下面按照光合链中电子传递的顺序介绍几种传递体的结构与功能。

(1) PS II 复合体

PS II 的生理功能是吸收光能,进行光化学反应,产生强氧化剂,使水裂解释放氧气,并把水中的电子传到质体醌。

①PS Ⅱ复合体的组成　PS Ⅱ是含有多亚基的蛋白复合体。它由中心天线、反应中心、放氧复合体、细胞色素和多种辅助因子组成。PS Ⅱ的外侧有聚光色素复合体（PS Ⅱ light harvesting pigment complex，LHC Ⅱ），LHC Ⅱ因离反应中心远而被称为"远侧天线"。LHC·Ⅱ除具有吸收、传递光能的作用外，还具有耗散过多激发能，保护光合器免受强光破坏的作用。PS Ⅱ复合体的结构如图3-9所示。

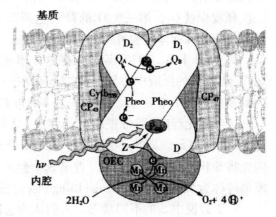

图3-9　光系统Ⅱ复合体结构示意
（引自Malkin等，2000）
D_1和D_2：PS Ⅱ的反应中心的两个蛋白；Pheo：去镁叶绿素；Z：D_1蛋白的酪氨酸残基；Q_A、Q_B：质体醌；OEC：放氧复合体

组成中心天线的CP_{47}和CP_{43}是指相对分子质量分别为4.7×10^4、4.3×10^4的并与叶绿素结合的聚光色素蛋白复合体，它们围绕P_{680}，比LHC Ⅱ更快地把吸收的光能传至PS Ⅱ反应中心，所以被称为中心天线或"近侧天线"。

PS Ⅱ反应中心的核心部分是相对分子质量分别为3.2×10^4及3.4×10^4的D_1、D_2蛋白，电子供体、P_{680}、Pheo、Q_A、Q_B等都结合在上面。

放氧复合体（oxygen-evolving complex，OEC）在PS Ⅱ靠近类囊体腔的一侧，参与水的裂解和氧的释放。

②PS Ⅱ上的电子传递　PS Ⅱ的聚光色素复合体LHC Ⅱ等受光激发后将接受的光能传到PS Ⅱ反应中心P_{680}，在反应中心发生光化学反应，并将激发出的e^-传到原初电子受体Pheo，再传给靠近基质一边的结合态的质体醌（Q_A），从而推动了PS Ⅱ的最初电子传递。

P_{680}失去e^-后，变成一个强的氧化剂，它向位于膜内侧的电子传递体Z争夺电子而引起水的分解，并将产生的O_2和H^+释放在内腔。另一方面，Q_A的e^-经Q_B传给PQ，PQ接受$2e^-$和来自基质的$2H^+$形成还原的PQH_2。

③水的光解与氧的释放　水的光解（water photolysis）是希尔在1937年发现的。他将离体的叶绿体加到具有氢受体（A）的溶液中，照光后引起水的光解氧的释放。

$$2H_2O + 2A \longrightarrow 2AH_2 + O_2$$

这一反应也被称为希尔反应（Hill reaction）。希尔是第一个用离体叶绿体做实验，把光合作用的研究深入到细胞水平的科学家。

氧气的释放是植物光合作用特有的反应，也是光合作用中最重要的反应之一。每释放1个O_2需要从2个H_2O中移去4个e^-，同时形成4个H^+。目前已知，水的光解反应是在PS Ⅱ的放氧复合体（oxygen-evolving complex，OEC）上进行的。OEC是由相对分子质量为1.6×10^4、2.3×10^4和3.3×10^4的多肽及含有4个Mn的锰簇（Mn cluster）组成的复合体，这3条肽链结合Ca^{2+}和Cl^-，同时稳定和保护锰簇，共同参与O_2的释放。

法国的乔利尔特（P. Joliot）在20世纪60年代发明了能灵敏测定微量氧变化的极谱电极，用它测定小球藻的光合放氧反应。他将小球藻预先保持在暗中，然后给以一系列的瞬间闪光照射(如每次闪光 5~10 μs,间隔 300 ms)。发现第一次闪光后没有 O_2 的释放,第二次释放少量 O_2,第三次 O_2 的释放达到高峰,且每 4 次闪光出现 1 次放氧峰(图 3-10)。用高等植物叶绿体实验可得到同样的结果。

科克(B. Kok,1970)等人根据这一事实提出了关于 H_2O 裂解放 O_2 的"四量子机理假说":①PSⅡ的反应中心与 H_2O 之间存在一个正电荷的储存处(S);②每次闪光,S 交给 PSⅡ反应中心 1 个 e^-;③当 S 失去 $4e^-$ 带有 4 个正电荷时能裂解 2 个 H_2O 释放 1 个 O_2。

按照氧化程度(即带正电荷的多少)从低到高的顺序,将不同状态的 S 分别称为 S_0、S_1、S_2、S_3 和 S_4。即 S_0 不带电荷,S_1 带 1 个正电荷,依此类推,S_4 带 4 个正电荷。每一次闪光将 S 状态向前推进一步,直至 S_4。然后 S_4 从 2 个 H_2O 中获取 4 个 e^-,并回到 S_0。此模型被称为水氧化钟(water oxidizing clock)或 Kok 钟(Kok clock)。

对于假说中 S 的不同状态,人们认为它很可能代表了锰聚合体的不同氧化态。每个锰簇含有 4 个 Mn,Mn 可以有 Mn^{2+}、Mn^{3+} 和 Mn^{4+} 3 种不同状态,因而使锰簇具有不同的氧化态。

这个模型还认为,S_0 和 S_1 是稳定状态,S_2 和 S_3 在暗中退回到 S_1,S_4 不稳定。这样在叶绿体暗适应过程后,有 3/4 的 M 处于 S_1,其余 1/4 处于 S_0,因此最大的放 O_2 量在第三次闪光时出现。

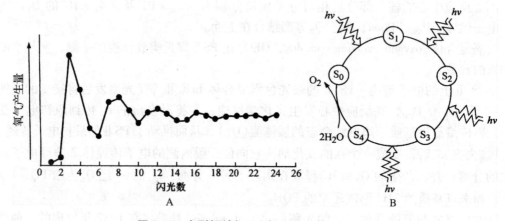

图 3-10 水裂解放氧(引自 Malkin 等,2000)

(2)质体醌

质体醌也叫质醌,是介于 PSⅡ复合体与 Cyt b_6f 复合体间的双电子、双质子传递体。质体醌为脂溶性分子,能在类囊体膜中自由移动。质体醌在膜中含量很高,约为叶绿素分子数的 5%~10%,故有 PQ 库(PQ pool)之称。其中与 PSⅡ D_1 蛋白结合的质体醌定名为 Q_B,与 D_2 蛋白结合的质体醌定名为 Q_A。Q_A 是单电子体传递体,每次反应只接受一个电子生成半醌(semiquinone),它的电子再传递至 Q_B,Q_B 是双电子传递体,Q_B 可两次从 Q_A 接受电子以及从周围介质中接受 2 个 H^+ 而还原成氢醌(hydroquinone)QH_2,生成的 QH_2 可以与质体醌库的氧化态 PQ 交换,生成还原态 PQH_2(图 3-11)。

氧化态的质体醌可在类囊体膜的外侧接收由 PSⅡ(也可是 PSⅠ)传来的电子,同时与 H^+ 结合;还原态的质体醌(PQH_2)在膜的内侧把电子传给 Cyt b_6f,同时把 H^+ 释放至类囊

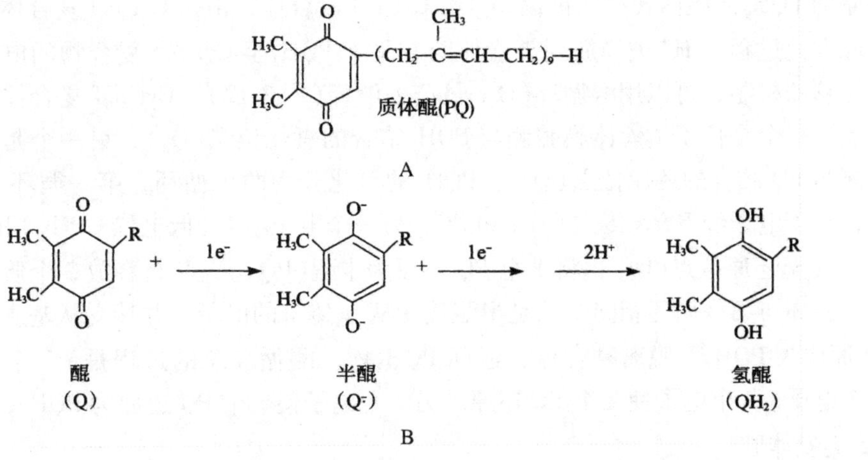

图 3-11 质体醌的结构和在电子传递中的还原反应

A. 质体醌（PQ），有一个醌的头和一个长的非极性的侧链，非极性的侧链使质体醌定位于膜中

B. （质）醌的还原反应，完全氧化态时为醌，接收一个电子时为半醌，完全还原时为氢醌。R 为侧链

体腔，这对类囊体膜内外建立质子梯度起着重要的作用。

（3）Cyt b_6f 复合体

Cyt b_6f 复合体主要催化 PQH_2 的氧化和 PC 的还原，并把质子从类囊体膜外基质中跨膜转移到膜内腔中。

Cyt b_6f 复合体是连接 PSⅡ 与 PSⅠ 两个光系统的中间电子载体系统，它含有 1 个 Cyt f、2 个 Cyt b_6、1 个 Rieske 铁-硫蛋白（RFeS）和 2 个醌氧化还原位点。

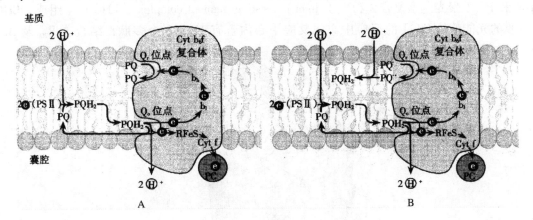

图 3-12 Cyt b_6f 复合体的电子传递和质子跨膜转移的 Q 循环模型（引自 Buchanan 等，2000）

A. 第一次循环：PQH_2 在类囊体囊腔侧的质体醌氧化位点（Q_o）放出 2 个电子，一个经 RFeS 和 Cyt f 传递到 PC，另一个电子经 Cyt b_6 的两个 b 型血红素（b_1 和 b_h）传递到类囊体基质侧的质体醌还原位点（Qr），将 1 个质体醌分子还原为半醌型质体醌分子 PQ·

B. 第二次循环：电子传递与第一次循环相同，只是这次的电子传递将 PQ· 还原成 PQ··，PQ·· 在从基质侧接受 2 个 H^+ 后离开复合体进入质体醌库

还原的 PQH_2 向膜内转移，传递 $2e^-$ 给 Cyt b_6f 复合体，由于 Cyt b_6f 复合体只能传递电子，因此在此过程中 H^+ 被释放到类囊体腔。关于 PQH_2 至 Cyt b_6f 复合物的电子传递与质子跨膜转移的机制，可以用醌循环（Q cycle）去解释（图 3-12）。Cyt b_6f 复合体有两个与醌结合位点：一个是位于类囊体膜腔侧与 PQH_2 结合的氧化位点（Q_o），另一个是位于类囊体膜基质侧与 PQ 结合的还原位点（Qr）。PQH_2 的氧化分为两个循环，第一循环 PQH_2 放出 2 个电子，一个电子经 RFeS 传到 Cyt f 和 PC，另一个电子经 b_1（低电位 Cyt b_6）和 b_h（高电位 Cyt b_6），传至还原位点（Qr），将 1 个 PQ 还原为半醌（$PQ^·$），并且释放 2 个质子到类囊体腔；第二循环与第一循环相同，只是半醌接受从 b_h 传来的电子，并接受从基质传来的 2 个 H^+，还原成为 PQH_2，脱离复合体，返回 PQH_2 库。醌循环总的过程是：2 个 PQH_2 氧化，传递 4 个电子，2 个电子使 2 个 PC 还原，另 2 个电子使 1 个 PQ 还原为 PQH_2，同时释放 4 个 H^+ 到类囊体腔。

（4）质体蓝素

质体蓝素也称质蓝素，是位于类囊体膜内侧表面的含铜的蛋白质，氧化时呈蓝色。它是介于 Cyt b_6f 复合体与 PS Ⅰ 之间的电子传递成员，依靠蛋白质中铜离子的氧化还原变化来传递电子。推测 PC 通过在类囊体腔内扩散移动来传递电子，还原的 Cyt b_6f 将 e^- 经位于膜内侧表面的 PC 传至位于膜内侧的 PS Ⅰ 反应中心 P_{700}。

（5）PS Ⅰ 复合体

PS Ⅰ 的生理功能是吸收光能，进行光化学反应，产生强的还原剂，用于还原 $NADP^+$，实现 PC 到 $NADP^+$ 的电子传递。

①PS Ⅰ 复合体的组成 PS Ⅰ 复合体的结构如图 3-13 所示。高等植物的 PS Ⅰ 由反应中心和 PS Ⅰ 聚光色素复合体（PS Ⅰ light harvesting pigment complex，LHC Ⅰ）等组成。LHC Ⅰ 吸收的光能传给 PS Ⅰ 的反应中心。反应中心内含有 11~13 个多肽，结合着 P_{700} 及 A_0、

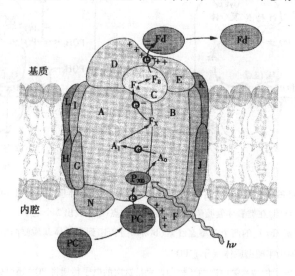

图 3-13 光系统Ⅰ复合体结构示意图（引自 Buchanan 等，2000）

图中的 A、B、C、D 等英文字母分别为组成 PS Ⅰ 的亚基，其中 A 和 B 是 PS Ⅰ 的两个主要的大亚基

A_1、F_X、F_A、F_B等电子传递体，其中 A_0 为叶绿素 a 分子；A_1 为叶醌；F_X、F_A、F_B 是 PS Ⅰ 中 3 个铁硫蛋白，都具有 4Fe-4S 中心结构，它们主要依铁离子的氧化还原来传递电子。

$$2Fd_{还原} + NADP^+ + H^+ \xrightarrow{FNR} 2Fd_{氧化} + NADPH$$

②PS Ⅰ 上的电子传递　与 PS Ⅱ 类同，P_{700} 受光激发后，把 e^- 传给 A_0，经 A_1、F_X、F_A 和 F_B，再把 e^- 交给位于膜外侧的铁氧还蛋白（ferrdoxin，Fd）与铁氧还蛋白-$NADP^+$ 还原酶（ferrdoxin-$NADP^+$ reductase，FNR），最后由 FNR 使 $NADP^+$ 还原，形成 NADPH。

(6) 铁氧还蛋白和铁氧还蛋白-$NADP^+$ 还原酶

Fd 和 FNR 都是存在类囊体膜表面的蛋白质。Fd 是通过它的 2Fe-2S 活性中心中的铁离子的氧化还原传递电子的。FNR 中含 1 分子的黄素腺嘌呤二核苷酸（FAD），依靠核黄素的氧化还原来传递 H^+。因为其与 Fd 结合在一起，所以称 Fd-$NADP^+$ 还原酶。FNR 是光合电子传递链的末端氧化酶，接收 Fd 传来的电子和基质中的 H^+，还原 $NADP^+$ 为 NADPH。

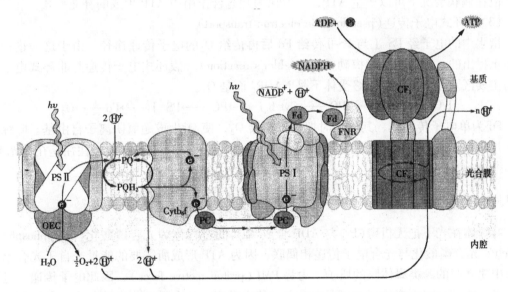

图 3-14　光合链上蛋白复合体在光合膜上的分布及其电子传递过程

图中显示 4 种膜上的蛋白：PS Ⅱ、PS Ⅰ、细胞色素 b_6f 复合体、ATP 合酶。电子从水传递到 $NADP^+$，同时伴随形成跨膜的质子梯度。质子电化学势梯度被用于 ATP 合成

由此可见，类囊体膜上的电子和 H^+ 传递是一个非常复杂的过程，需要上述所介绍的多个传递体的协同作用才能够顺利完成。电子传递产生的 NADPH 在形成后留在基质中，用于光合时碳的还原。在电子传递的同时，H^+ 从基质运向膜内腔，产生了膜内外的 H^+ 电化学势梯度。在电化学势梯度作用下，H^+ 经 ATP 酶流出时偶联 ATP 的产生，形成的 ATP 留在基质中，用于各种代谢反应。光合膜上的电子与 H^+ 传递如图 3-14 所示。

3.3.2.3　光合电子传递的类型

根据电子传递到 Fd 后的去向，将光合电子传递分为 3 种类型。

(1) 非环式电子传递（noncyclic electron transport）

非环式电子传递指水中的电子经 PS Ⅱ 与 PS Ⅰ 一直传到 $NADP^+$ 的电子传递途径。

$$H_2O \longrightarrow PS\ II \longrightarrow PQ \longrightarrow Cyt\ b_6f \longrightarrow PC \longrightarrow PS\ I \longrightarrow Fd \longrightarrow FNR \longrightarrow NADP^+$$

按非环式电子传递，每传递4个e^-，分解2个H_2O，释放1个O_2，还原2个$NADP^+$。同时转运8个H^+进入类囊体腔，其中4个H^+来自于2分子H_2O光解，另外4个H^+是还原的PQH_2传递$2e^-$给Cyt b_6f复合体的过程中释放的。这一过程需要吸收8个光量子，量子产额为1/8。

(2) 环式电子传递 (cyclic electron transport)

通常指PS I中电子由Fd经PQ、Cyt b_6f复合体、PC等传递体返回到PS I而构成的循环电子传递途径。

$$PS\ I \longrightarrow Fd \longrightarrow (NADPH \longrightarrow PQ) \longrightarrow Cyt\ b_6f \longrightarrow PC \longrightarrow PS\ I$$

环式电子传递途径可能不止一条，电子可由Fd直接传给Cyt b_6f，也可以由FNR传递给PQ，还可以经NADPH再传给PQ。环式电子传递过程没有氧气的释放和$NADP^+$的还原，但在偶联情况下可以产生ATP，一般认为是光合作用中ATP生成的补充形式。

(3) 假环式电子传递 (pseudocyclic electron transport)

指水中的电子经PS I与PS II传给Fd后再传给O_2的电子传递途径，由于这一途径是Mehler提出的，因此也称为梅勒反应 (Mehler's reaction)。假环式电子传递与非环式电子传递的主要区别在于电子的最终受体不是$NADP^+$而是O_2。

$$H_2O \longrightarrow PS\ II \longrightarrow PQ \longrightarrow Cyt\ b_6f \longrightarrow PC \longrightarrow PS\ I \longrightarrow Fd \longrightarrow O_2$$

Fd为单电子传递体，其氧化时把电子交给O_2，使O_2生成超氧阴离子自由基。叶绿体中有超氧化物歧化酶 (superoxide dismutase, SOD)，能消除O_2^-。这一途径往往是在强光下，$NADP^+$供应不足时发生。

3.3.3 光合磷酸化

叶绿体在光下把无机磷 (Pi) 与ADP合成ATP的过程称为光合磷酸化 (photophosphorylation)。光合磷酸化与光合电子传递相偶联，因为ATP形成所需要的能量来自于光合电子传递中建立起的跨类囊体膜的质子动力势PMF (proton motive force)，因此电子传递一旦停止，光合磷酸化就不能进行。根据光合电子传递类型，光合磷酸化也被分为3种类型，即非环式光合磷酸化 (noncyclic photophosphorylation)、环式光合磷酸化 (cyclic photophosphorylation) 和假环式光合磷酸化 (pseudocyclic photophosphorylation)。

3.3.3.1 ATP合酶

类囊体膜上的ATP合酶在ATP形成中起到重要的作用。ATP合酶又称为偶联因子 (coupling factor)。叶绿体的ATP合酶与线粒体膜上的ATP合酶结构相似，由两个蛋白复合体构成：一个是突出于膜表面的亲水性的CF_1复合体；另一个是埋置于膜内的疏水性的CF_0复合体。酶的催化部位在CF_1上，CF_1结合在CF_0上。

1997年，John Walker等发现了ATP合酶的分子结构，认为该酶由9种亚基组成，相对分子质量为5.5×10^5左右。CF_1含有α、β、γ、δ和ε共5种亚基，亚基数比为3:3:1:1:1。α亚基和β亚基交替排列。β亚基是与核苷酸结合并催化ATP合成的部位，在进行催化时发生构象的变化。γ亚基位于α亚基和β亚基组成的六角形的头部的中央，它的转动，会带动β亚基的变构，对催化反应起重要作用。δ亚基位于CF_1处的柄部，连接CF_1

与 CF_0。ε 亚基有防止流经 CF_0 的质子泄露的作用。

CF_0 含有 a、b、b′和 c 4 种亚基，a:b:b′:c = 1:1:1:14，它们形成埋入膜内的质子通道。b 和 b′可能是柄的一部分；14 个亚基 c 组成质子转移的通道；亚基 a 可能与建立质子通道有关。

当 H^+ 穿过 CF_0 通道时，可以推动 CF_1 上的 3 个 α、β 亚基与 γ 亚基轴心的相对旋转变构，同时生成磷酸酐键，即把 ADP 和 Pi 合成 ATP。ATP 合酶的结构如图 3-15 所示。

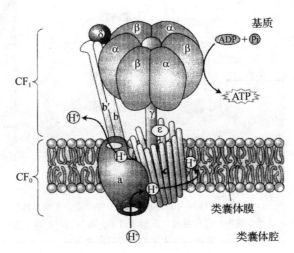

图 3-15 ATP 合酶结构示意（引自 Taiz 和 Zeiger，2006）

3.3.3.2 光合磷酸化机制

叶绿体中光合作用生成 ATP 的过程和线粒体中呼吸作用生成 ATP 的过程有许多类似的地方，因此在光合磷酸化机制的问题上常借用线粒体氧化磷酸化的研究结果。目前在解释 ATP 合成机制方面比较公认的学说是化学渗透学说和 ATP 合酶的变构学说。

（1）化学渗透假说

化学渗透学说（chemiosmotic hypothesis）是英国的米切尔（P. Mitchell）1961 年提出的，他因此获得 1978 年诺贝尔奖。该学说认为，光合链上除了 PQ 既可以传递电子又可传递质子外，其他的传递体只能传递电子。因此，还原态 PQH_2 在将电子向下传递的同时，把基质中的质子转运至类囊体膜内，使类囊体膜内 H^+ 浓度升高，基质中 H^+ 浓度降低。此外，水在类囊体膜内侧分解也释放出 H^+，使膜内 H^+ 浓度进一步增高，于是类囊体膜内外产生电势差（ΔE）和质子浓度差（ΔpH），两者合称为质子动力势 PMF，一般 PMF 的大小主要决定于 ΔpH。PMF 是光合磷酸化的的原动力，H^+ 沿着浓度梯度返回膜外时，在 ATP 合酶催化下，ADP 和 Pi 合成 ATP。

化学渗透学说强调膜结构的完整性和电子传递组分在膜上分布的非对称性，以下证据证实了这一学说的正确性：

①光合电子传递伴随着质子转移 当对叶绿体悬浮液照光时，立即会引起叶绿体的外部溶液质子浓度急剧下降；闭光后则外部溶液的质子浓度又恢复到原来的水平。

②光下跨膜 ΔpH 的产生 当对叶绿体悬液照光时，如不加入 ATP 形成底物，光照可

以诱导叶绿体吸收质子，可使跨膜 ΔpH 达到 4 个 pH 单位。

③酸-碱磷酸化实验　在暗中把叶绿体的类囊体放进 pH 值为 4 的溶液中平衡，让类囊体腔的 pH 值下降至 4，然后加进 pH 值为 8 和含有 ADP、Pi 及镁盐的缓冲液，这样人工造成的瞬间跨膜 ΔpH 可导致 ATP 的形成（图 3-16）。酸-碱磷酸化实验给化学渗透假说以最重要的证据支持。

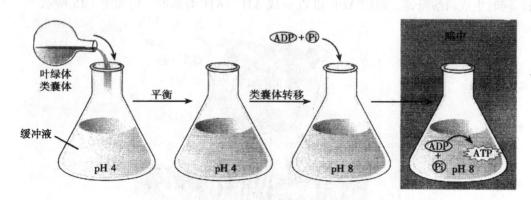

图 3-16　酸-碱磷酸化实验示意

将悬浮在 pH 值为 8 溶液的叶绿体类囊体放入 pH 值为 4 的酸性介质中平衡，然后将类囊体转移到含有 ADP 和 Pi 的 pH 值为 8 的缓冲液中，即使在光缺乏的条件下，由于这种处理产生的类囊体内外的质子梯度也可为 ATP 的合成提供动力

（2）结合转化机制

ATP 合酶的结合转化机制（binding change mechanism），又称为 ATP 合酶的变构学说，是美国生物化学家 Boyer 提出来的。该模型的主要内容包括以下几个方面：①ATP 合酶利用质子动力势 PMF 产生构象的变化，改变与底物的亲和力，催化 ADP 与 Pi 形成 ATP。②CF_1 上有 3 个 β 亚基，每个 β 亚基具有 1 个催化位点。在特定的时间，3 个催化位点的构象不同，因而与核苷酸的亲和力不同。松弛状态（loose，L 构象）有利于 ADP 和 Pi 结合；紧张状态（tight，T 构象）可使结合的 ADP 和 Pi 合成 ATP；开放状态（open，O 构象）使合成的 ATP 容易被释放，3 种构象状态依次发生松弛——紧张——开放的顺序变化。③质子通过 CF_0 时，引起 c 亚基构成的环旋转，从而带动 γ 亚基旋转，由于 γ 亚基的端部是高度不对称的，它的旋转引起 β 亚基 3 个催化位点构象的周期性变化（L、T、O），不断进行 ATP 的合成（图 3-17）。

英国科学家 Walker 通过 X 光衍射获得高分辨率的牛心线粒体 ATP 合酶晶体的三维结构，证明在 ATP 合酶合成 ATP 的催化循环中 3 个 β 亚基的确有不同构象，从而有力地支持了该假说。Boyer 和 Walker 由于该学说的提出共同获得了 1997 年诺贝尔化学奖。

目前认为，可将化学渗透学说和结合转化机制这两种学说结合起来解释光合磷酸化的机理，即光合磷酸化的驱动力是质子动力势，在质子动力作用下 ATP 合酶的亚基在旋转变构的过程中合成 ATP。

（3）光合磷酸化的抑制

由以上内容可以看出，光合磷酸化完成必须同时具备 3 个条件，即类囊体膜上进行的

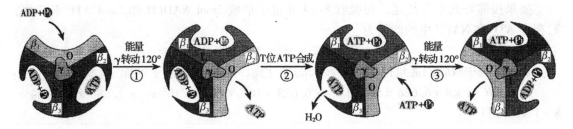

图 3-17　ATP 合酶合成 ATP 的结合转化机制(引自 Buchanan 等, 2000; 引自 Lodish, 2004)
①ADP 和 Pi 最初结合到一个处于 O 的位点上，由质子流通过 CF_0 质子通道所释放出的能量导致了 γ 亚基转动 120°，并带动 3 个 β 亚基的变构：T 状态转变为 O 状态，ATP 被释放出去；O 状态转变成 L 状态，使 ADP 和 Pi 松弛结合；L 状态转成 T 状态。②T 状态下，ADP 和 Pi 合成 ATP 时有 H_2O 的产生；ATP 释放后转成 O 状态，ADP 和 Pi 可进入。③在质子流推动下，γ 亚基又转动 120°，3 个 β 亚基又一次发生变构：O 状态变动 L 状态，ADP 和 Pi 松弛结合；L 状态转成了 T 状态，促进 ADP 和 Pi 合成 ATP；T 状态转变为 O 状态，ATP 被释放出去时，ADP 和 Pi 再次结合到处于 O 状态的 β 亚基上，进行新一轮的 ATP 合成

电子传递，类囊体膜内外的质子梯度，有活性的 ATP 合酶。某些化学试剂能从上述某一方面破坏光合磷酸化，因此被称为光合磷酸化的抑制剂。

①电子传递抑制剂　指可以抑制光合电子传递的试剂，一些除草剂即是通过这一原理来杀死杂草的。如 DCMU(商品名为敌草隆，diuron)抑制从 PS Ⅱ 上 Q 到 PQ 的电子传递；溴百里香醌(DBMIB)抑制 PQ 到 Cyt b_6f 的电子传递；百草枯(paraquat)作用于 PS Ⅰ，阻断电子流向铁氧还蛋白。

② 解偶联剂　指解除磷酸化反应与电子传递之间偶联的试剂。常见的有二硝基酚(DNP)、尼日利亚菌素、NH_4^+ 等，它们可以增加类囊体膜对质子的透性，消除跨膜的 H^+ 梯度，此时虽然电子传递仍然可以进行，但磷酸化作用不再进行。

③能量传递抑制剂　指直接作用于 ATP 合酶，从而抑制磷酸化作用的试剂。如寡霉素作用于 CF_0，对氯汞基苯(PCMB)作用于 CF_1，它们都抑制 ATP 合酶活性从而阻断光合磷酸化。

通过电子传递和光合磷酸化，光能经由电能转变为活跃的化学能储存在 ATP 和 NADPH 中。通常 ATP 和 NADPH 只能暂时储存但不能积累，ATP 含有高能磷酸键，水解时释放出较多能量，NADPH 再氧化时也会放出能量，而且 NADPH 的 H^+ 还可以进一步还原 CO_2。由于光反应产生的 ATP 和 NADPH 用于碳反应中 CO_2 的同化，因此把这两种物质合称为同化力(assimilatory power)，这样光反应和暗反应就联系起来了。

3.3.4　光反应中的光能转化效率

光能转化效率是指光合产物中所储存的化学能占光合作用所吸收的有效辐射能的百分率。光反应中，植物把光能转变成化学能贮藏在 ATP 和 NADPH 中。那么，光反应中光能转化效率到底能达到多少呢？

每形成 1mol ATP 需要约 50kJ 能量，每形成 1mol NADPH 便有 2mol e^- 从 0.82V(H_2O/O_2 氧化还原电位)上升到 -0.32V(NADPH 电位)。这一过程的自由能变化为：

$$\Delta G = -nF\Delta E = -2 \times 96.5 \times (-1.14) = 220(kJ)$$

如果按非环式电子传递,每吸收8mol光量子形成2mol NADPH 和 3mol ATP 来考虑,贮存在ATP和NADP中的能量为:

$$E_1 = 220 \times 2 + 50 \times 3 = 590 (kJ)$$

在光反应中吸收的能量按680nm波长的光计算,则8mol光量子的能量(E_2)为:

$$E_2 = hNC/\lambda \times 8 = 6.626 \times 10^{-34} J \cdot s \times 6.023 \times 10^{23} \times (3.0 \times 10^8 m \cdot s^{-1}/680 \times 10^{-9} m) \times 8 = 1410 (kJ)$$

$$能量转化率 = E_1/E_2 = 590/1410 \approx 0.42 = 42\%$$

由此可见,光反应中光能转化效率还是较高的。

叶绿体基因工程

叶绿体是普遍存在于陆地植物、藻类和部分原生生物中执行光合作用功能的半自主性细胞器,含有自身的DNA和蛋白质合成体系。叶绿体基因工程与核转化相比具有明显的优点:基因拷贝数多,便于目的蛋白的大量生产;遗传性状稳定,不会通过花粉传播污染环境,生物安全性高;可进行外源基因的定点整合,避免位置效应和基因沉默等。

当今最为常用且稳定的叶绿体转化方法主要有两种,即基因枪法和聚乙二醇法(PEG法)。基因枪法程序简单,外源基因表达水平高;聚乙二醇介导的转化方法多应用于早期和最近的研究中。

叶绿体转化过程一般分以下4步进行:①将外源DNA通过适当的转化方法导入叶绿体中;②将外源DNA整合到基因组中;③筛选成功转化的叶绿体的细胞;④稳定叶绿体转化株的繁殖。

叶绿体基因工程主要应用在以下几个方面:

①提高光合效率 由于Rubisco酶是植物光合作用的关键酶之一,许多研究者正在试图通过改善Rubisco酶特性来将植物的光合作用效率提高,最近在水稻的定点整合试验中取得了成功。

②改良作物特性 为了改良植物特性,许多研究者进行了一系列的尝试,多种重要的作物特性通过叶绿体基因组转化被设计改良,如除草剂抗性、昆虫抗性、耐盐性和耐旱性。

③生产药物 到目前为止,已有超过100个基因在叶绿体基因组中稳定整合并表达,包括生物材料、生物制药蛋白、抗体、抗生素、疫苗抗原和具有重要农学特性的基因等。

④改造植物代谢途径 叶绿体基因工程是代替传统的核转基因表达体系并应用于新陈代谢工程的一种方法,这主要是因为叶绿体基因工程可以使转基因容量大大增加,而且能够通过连接多个目的基因到操纵子上达到一系列转基因的累积效应。

叶绿体基因工程作为分子水平上的一种技术手段,为转基因植物的研究开辟了一个新的方向,为外源基因在高等植物中表达提供了一个良好的平台。随着对叶绿体基因工程的进一步探索与完善,叶绿体作为一种新型高效的生物反应系统必将为生物工程领域带来新的希望。

3.4 碳同化

植物利用光反应中形成的 NADPH 和 ATP 将 CO_2 转化成稳定的碳水化合物的过程,称为 CO_2 同化(CO_2 assimilation)或碳同化。高等植物碳同化途径分为 3 类:C_3 途径(C_3 pathway)、C_4 途径(C_4 pathway)和景天科酸代谢(Crassulacean acid metabolism,CAM)途径。

3.4.1 C_3 途径

早在 19 世纪末,人们就已经知道光合作用的产物是糖和淀粉,但对于 CO_2 是如何被转化成糖类的具体步骤还不清楚。首先,植物体内原本就有很多种含碳化合物,用一般的化学方法是难以测定哪些是光合作用当时制造的,哪些是原来就有的;其次,光合中间产物量很少,转化极快,难以捕捉。1946 年,美国加州大学放射化学实验室的卡尔文(M. Calvin)和本森(A. Benson)等人采用了放射性同位素示踪和双向纸层析技术解决了上述难题。他们选用易于在均一条件下培养,还可在试验所要求的时间内被快速杀死的小球藻等单细胞的藻类作材料,用 CO_2 饲喂,在照光后的数秒至几十分钟杀死材料以终止化学反应,以标记物出现的先后顺序来确定 CO_2 同化的每一步骤。经过 10 多年周密的研究,卡尔文等人终于探明了从 CO_2 到蔗糖的一系列反应步骤,提出一个光合碳同化的循环途径,这条途径被称为卡尔文循环或卡尔文—本森循环。由于这条途径中 CO_2 固定后形成的最初产物为三碳化合物,所以也称作 C_3 途径或 C_3 光合碳还原循环(C_3 photosynthetic carbon reduction cycle,C_3 PCR 循环),并把只具有 C_3 途径的植物称为 C_3 植物(C_3 plant),大多数植物都属于 C_3 植物。后来卡尔文获得了 1961 年诺贝尔化学奖。

3.4.1.1 C_3 途径的反应过程

C_3 途径是光合碳代谢中最基本的循环,整个循环如图 3-18 所示,由 1,5-二磷酸核酮糖(ribulose-1,5-bisphosphate,RuBP)开始至 RuBP 再生结束,共有 13 步反应,均在叶绿体的基质中进行。整个过程分为羧化、还原、再生 3 个阶段。

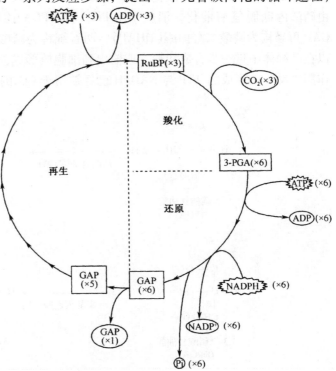

图 3-18 卡尔文循环过程中的羧化、还原和再生 3 个阶段示意(引自 Buchanan et al., 2000)

(1) 羧化阶段(carboxylation phase)

指进入叶绿体的 CO_2 与受体 1,5-二磷酸核酮糖(RuBP)结合,并水解产生 PGA 的反应过程。

$$\text{1,5-二磷酸核酮糖(RuBP)} + CO_2 + H_2O \xrightarrow[Mg^{2+}]{\text{RuBP羧化酶}} 2 \text{ 3-磷酸甘油酸(PGA)}$$

催化这一反应的是 RuBP 羧化酶/加氧酶(ribulose bisphosphate carboxylase/oxygenase, Rubisco),该酶具有双重功能,它既能催化 RuBP 与 CO_2 起羧化反应,又能催化 RuBP 与 O_2 起加氧反应。在 RuBP 羧化酶的催化下,RuBP 与 1 分子 CO_2 反应形成不稳定的中间化合物,然后该化合物水解形成 2 分子 3-磷酸甘油酸(3-phosphoglyceric acid,PGA)。PGA 是该途径最先形成的稳定化合物。

(2) 还原阶段(reduction phase)

指利用同化力将 3-磷酸甘油酸还原为 3-磷酸甘油醛的反应过程。首先 PGA 在磷酸甘油酸激酶的作用下发生磷酸化反应,消耗 ATP,生成 1,3-二磷酸甘油酸(DPGA);然后再由磷酸丙糖脱氢酶催化,消耗 NADPH,将 DPGA 还原为 3-磷酸甘油醛(GAP/PGAld)。GAP 可异构为磷酸二羟丙酮(DHAP),两者统称为磷酸丙糖(triose phosphate,TP)。TP 可以在叶绿体中进一步合成淀粉,或输出到细胞质形成蔗糖(详见第 5 章内容)。至此,光合作用光反应中形成的 ATP 与 NADPH 已经被用于 CO_2 的同化。

$$\text{3-磷酸甘油酸(PGA)} + ATP \xrightarrow[\text{磷酸甘油酸激酶}]{Mg^{2+}} \text{1,3-二磷酸甘油酸(DPGA)} + ADP$$

$$\text{1,3-二磷酸甘油酸(DPGA)} + NADPH + H^+ \xrightarrow{\text{磷酸丙糖脱氢酶}} \text{3-磷酸甘油醛(GAP)} + NADP^+ + Pi$$

(3) 再生阶段(regeneration phase)

指由 3-磷酸甘油醛重新形成核酮糖-1,5-二磷酸的过程。这里包括形成磷酸化的 3、

4、5、6 和 7 碳糖的一系列反应。最后由核酮糖-5-磷酸激酶（Ru5PK）催化，消耗 1 分子 ATP，再形成 RuBP。C_3 途径的基本过程如图 3-19 所示。

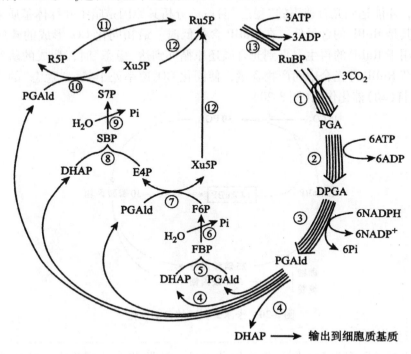

图 3-19　卡尔文循环（引自 Bowyer 和 Leegood，1997）

每条线代表每摩尔代谢物的转变。DHAP，磷酸二羟丙酮；FBP，1,6-二磷酸果糖；F6P，6-磷酸果糖；E4P，4-磷酸赤藓糖；Xu5P，5-磷酸木酮糖；SBP，1,7-二磷酸景天庚酮糖；S7P，7-磷酸景天庚酮糖；R5P，5-磷酸核糖；Ru5P，5-磷酸核酮糖；RuBP，1,5-二磷酸核酮糖

循环中的酶如下：①Rubisco；②3-磷酸甘油酸激酶；③3-磷酸甘油醛脱氢酶；④磷酸丙糖异构酶；⑤二磷酸果糖醛缩酶；⑥1,6-二磷酸果糖酶；⑦转酮酶；⑧二磷酸果糖醛缩酶；⑨1,7-二磷酸景天庚酮糖酶；⑩转酮酶；⑪磷酸核糖异构酶；⑫5-磷酸核酮糖差向异构酶；⑬5-磷酸核酮糖激酶

C_3 途径的总反应式可写成：

$$3CO_2 + 5H_2O + 9ATP + 6NADPH \longrightarrow GAP + 9ADP + 8Pi + 6NADP^+ + 3H^+$$

在卡尔文循环中，每同化 3 分子 CO_2，消耗 9 分子 ATP 和 6 分子 NADPH，形成 1 分子磷酸丙糖，将活跃的化学能转化成稳定的化学能储存在碳水化合物中。

以同化 3 个 CO_2 形成 1 个磷酸丙糖为例，在标准状态下每形成 1mol GAP 储能 1460 kJ，每水解 1mol ATP 放能 32 kJ，每氧化 1mol NADPH 放能 220 kJ，则 C_3 途径的能量转化效率为 91%［1460/(32×9+220×6)］，这是一个很高的值。然而在生理状态下，各种化合物的活度低于 1.0，与上述的标准状态有差异。另外，要维持 C_3 途径的正常运转，其本身也要消耗能量，因而一般认为 C_3 途径中能量的转化效率在 80% 左右。

3.4.1.2　C_3 途径的调节

C_3 途径之所以能够高效有序地进行是因为其有着特定的调控机制，这种机制主要是通过中间产物数量、酶的浓度和活性以及光合产物输出状况来调控 C_3 途径的运转。

(1) 自（动）催化作用

人们在测定光合速率时发现，暗中的叶片移至光下，最初固定 CO_2 速率很低，需经过一段时间后，才能达到光合速率的"稳态"阶段。分析其原因是暗中叶绿体基质中的光合中间产物，尤其是 RuBP 的含量低。在 RuBP 含量低时，最初同化 CO_2 形成的磷酸丙糖不向外输出，而用于 RuBP 的再生，直到光合碳还原循环到达"稳态"时，形成的磷酸丙糖再输出。这种调节 RuBP 等光合中间产物含量，使同化 CO_2 速率处于某一"稳态"的机制，就称为 C_3 途径的自（动）催化作用（图 3-20）。

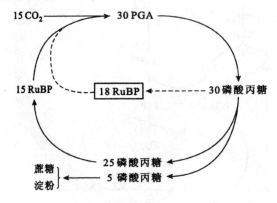

图 3-20 卡尔文循环的自动催化

(2) 光调节作用

光除了通过光反应为 CO_2 同化提供同化力外，还调节着碳同化中一些酶的活性。如 Rubisco、GAPDH（磷酸甘油醛脱氢酶）、FBPase（二磷酸果糖酯酶），SBPase（二磷酸景天庚酮糖酯酶），Ru5PK（磷酸核酮糖激酶）都是光调节酶。光下这些酶活性提高，暗中活性降低或丧失。

①Rubisco 的活性调节　Rubisco 有活化与钝化两种形态，钝化型酶可被 CO_2 和 Mg^{2+} 激活。这种激活依赖于与酶活性中心有关的赖氨酸（Lys）的 ε-NH_2 基反应。首先钝化型酶的 ε-NH_2 与 CO_2（起活化的 CO_2 而不是底物 CO_2）作用，形成氨基甲酰化合物（E-NH·COO^-），它与 Mg^{2+} 作用形成活化型的酶（E-NH·COO·Mg^{2+}，也称三元复合体 ECM），然后底物 RuBP 和 CO_2 再依次结合到活化型酶上进行羧化反应（图 3-21）。

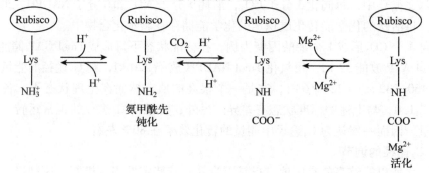

图 3-21 Rubisco 的活化

Rubisco 可以被 CO_2 和 Mg^{2+} 活化。活化过程伴随质子释放。在光照的叶绿体中，提高基质中 Mg^{2+} 浓度及 pH 值，可以加速 Rubisco 释放质子而促进其活化光驱动的电子传递使 H^+ 向类囊体腔转移，Mg^{2+} 则从类囊体腔转移至基质，引起叶绿体基质的 pH 值从 7 上升到 8，Mg^{2+} 浓度增加。较高的 pH 值与 Mg^{2+} 浓度使 Rubisco 光合酶活化。

②其他主要光调节酶的活性调节　磷酸甘油醛脱氢酶、二磷酸果糖酯酶、二磷酸景天庚酮糖酯酶、磷酸核酮糖激酶是通过 Fd-Td（铁氧还蛋白—硫氧还蛋白）系统调节。这些酶中含有二硫键（—S—S—），当被还原为 2 个巯基（—SH）时表现活性。光驱动的电子传递能使基质中 Fd 还原，进而使 Td（硫氧还蛋白，thioredoxin）还原，被还原的 Td 又使二磷酸果糖酯酶和磷酸核酮糖激酶等酶的相邻半胱氨酸上的二硫键打开变成 2 个巯基，酶被活化。在暗中则相反，巯基氧化形成二硫键，酶失活。调节过程如图 3-22 所示。

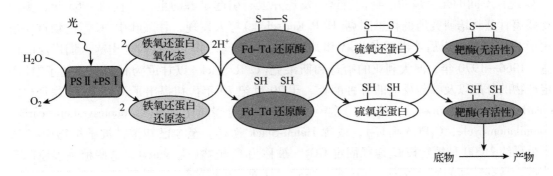

图 3-22　铁氧还蛋白—硫氧还蛋白系统对光合酶的调节机制（引自 Taiz 和 Zeiger，1998）
光合作用中电子经光系统 PS Ⅱ 和 PS Ⅰ 传递给铁氧还蛋白，还原的铁氧还蛋白可以在铁氧还蛋白—硫氧还蛋白还原酶的作用下还原硫氧还蛋白。还原的硫氧还蛋白能把很多靶酶中的二硫键还原为巯基，从而来调控它们的催化活性。

（3）光合产物输出速率的调节

根据质量作用定律，产物浓度的增加会减慢化学反应的速度。磷酸丙糖是能运出叶绿体的光合产物，而蔗糖是光合产物运出细胞的运输形式。磷酸丙糖通过叶绿体膜上的 Pi 运转器运出叶绿体，同时将细胞质中等量的 Pi 运入叶绿体。磷酸丙糖在细胞质中被用于合成蔗糖，同时释放 Pi。如果蔗糖的外运受阻，或利用减慢，则其合成速度降低，随之 Pi 的释放减少，而使磷酸丙糖外运受阻。这样，磷酸丙糖在叶绿体中积累，从而影响 C_3 光合碳还原环的正常运转。另外，叶绿体的 Pi 浓度的降低也会抑制光合磷酸化，使 ATP 不能正常合成，这又会抑制 Rubisco 活化酶活性和需要利用 ATP 的反应（图 3-23）。

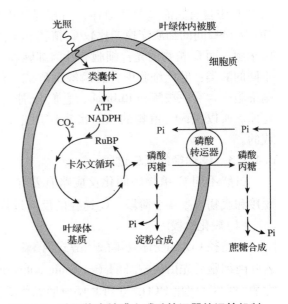

图 3-23　叶绿体内被膜上磷酸转运器的运转机制
（引自武维华，2008）

3.4.2 C_4途径

Rubisco 酶具有羧化酶和氧化酶双重特性,而其氧化活性在很大程度上制约了植物光合碳同化的效率。为了最大限度地降低 Rubisco 酶的氧化活性及其导致的光呼吸造成的碳损失,植物进化出了一些重要的 CO_2 富集机制,如 C_4 途径和 CAM 途径,用以补偿低 CO_2 对光合作用的限制。

3.4.2.1 C_4途径的发现

自 C_3 途径被发现以后,人们曾认为光合碳代谢途径已经基本探明,即高等植物中 CO_2 固定与还原都是按 C_3 途径进行的。但 1954 年,哈奇(M. D. Hatch)等人发现甘蔗叶片中有与 C_3 途径不同的光合最初产物,但这一发现并没有引起足够的重视。直到 1965 年,美国夏威夷甘蔗栽培研究所的科思谢克(H. P. Kortschak)等人发现,甘蔗叶中 ^{14}C 标记物首先出现于 C_4 二羧酸,以后才出现在 PGA 和其他 C_3 途径中间产物上,这时才引起人们广泛的注意。1966—1970 年,澳大利亚的哈奇和斯莱克(C. R. Slack)以甘蔗为材料,探明了 ^{14}C 固定产物的分配以及参与反应的各种酶类,于 20 世纪 70 年代初提出了 C_4-双羧酸途径(C_4-dicarboxylic acid pathway),简称 C_4 途径,也称 C_4 光合碳同化循环(C_4 photosynthetic carbon assimilation cycle,C_4PCA 循环),或称 Hatch-Slack 途径。至今已知道,被子植物中有 20 多个科约 2 000 种植物按 C_4 途径固定 CO_2,被称为 C_4 植物(C_4 plant)。这些植物多原产于热带,具有较高的光合效率,如玉米、高粱、甘蔗、马齿苋等。

3.4.2.2 C_4植物叶片结构特点

C_4 植物和 C_3 植物叶片解剖构造不同。C_4 植物的栅栏组织与海绵组织分化不明显;维管束分布密集,每条维管束都被发育良好的维管束鞘细胞(bundle sheath cell,BSC)包围;BSC 外面又紧密连接着 1~2 层叶肉细胞(mesophyll cell,MC),形成"花环"结构。C_4 植物的 BSC 中含有大而多的叶绿体,与相邻叶肉细胞间胞间连丝丰富,这些结构特点有利于 MC 与 BSC 间的物质交换。比较 C_3 植物和 C_4 植物可以发现,C_3 植物的光合细胞主要是叶肉细胞,而 C_4 植物的光合细胞有叶肉细胞和维管束鞘细胞两类,且这两类光合细胞中含有不同的酶类:叶肉细胞中含有磷酸烯醇式丙酮酸羧化酶(PEPC),负责固定 CO_2;维管束鞘细胞中含有脱羧酶和 Rubisco,它们分别催化 C_4 途径的不同步骤,共同完成 CO_2 的固定还原。所以说,C_4 植物的 CO_2 富集作用是在维管束鞘细胞与叶肉细胞的协同作用下完成的。

3.4.2.3 C_4途径的反应过程

虽然不同 C_4 植物碳同化反应略有差异,但 C_4 途径基本上可分为羧化、还原或转氨、脱羧和底物再生 4 个阶段。C_4 途径的反应过程如图 3-24 所示。

(1)羧化阶段

C_4 途径 CO_2 的受体是磷酸烯醇式丙酮酸(ohosphoenol pyruvate,PEP)。空气中的 CO_2 进入叶肉细胞后先由碳酸酐酶(carbonic anhydrase,CA)催化转化为 HCO_3^-,然后由 PEP 羧化酶(PEPC)催化 HCO_3^- 与 PEP 反应形成草酰乙酸(oxaloacetic acid,OAA)。

$$\underset{\text{PEP}}{\begin{array}{c}CH_2\\\|\\CO\textcircled{P}\\|\\COOH\end{array}} + HCO_3^- \xrightarrow[Mg^{2+}]{\text{PEP羧化酶}} \underset{\text{OAA}}{\begin{array}{c}COOH\\|\\CH_2\\|\\CO\\|\\COOH\end{array}} + Pi$$

PEPC 是胞质酶，主要分布在叶肉细胞的细胞质中，与 C_3 途径中的 Rubisco 不同，PEPC 无加氧酶活性，因而羧化反应不被氧抑制。

(2) 还原或转氨阶段

OAA 被还原成苹果酸或经转氨作用形成天冬氨酸。

① 还原反应 由 NADP-苹果酸脱氢酶（NADP-malate dehydrogenase）催化，将 OAA 还原为苹果酸（malate，Mal），该反应在叶肉细胞的叶绿体中进行。

$$\underset{\text{OAA}}{\begin{array}{c}COOH\\|\\CH_2\\|\\CO\\|\\COOH\end{array}} \xrightleftharpoons[\text{NADP-苹果酸脱氢酶}]{NADPH \quad NADP^+} \underset{\text{Mal}}{\begin{array}{c}COOH\\|\\CH_2\\|\\CHOH\\|\\COOH\end{array}}$$

② 转氨作用 由天冬氨酸转氨酶（aspartate amino transferase）催化，OAA 接受谷氨酸的 NH_2 基，形成天冬氨酸（aspartic acid，Asp），该反应在细胞质中进行。

$$\underset{\text{OAA}}{\begin{array}{c}COOH\\|\\CH_2\\|\\CO\\|\\COOH\end{array}} \xrightarrow[\text{天冬氨酸转氨酶}]{\text{谷氨酸} \quad \alpha\text{-酮戊二酸}} \underset{\text{Asp}}{\begin{array}{c}COOH\\|\\CH_2\\|\\CHNH_2\\|\\COOH\end{array}}$$

(3) 脱羧阶段

叶肉细胞中生成的苹果酸或天冬氨酸经胞间连丝移动到维管束鞘细胞，在那里脱羧，形成丙酮酸（pyruvate，Pyr）或其他 3C 化合物，同时释放出 CO_2，释放出的 CO_2 进入 BSC 叶绿体参与卡尔文循环。C_4 二羧酸脱羧释放 CO_2，使 BSC 内 CO_2 浓度可比空气中高出 20 倍左右，C_4 植物这种富集 CO_2 的效应，能抑制光呼吸，使 CO_2 同化速率提高。

(4) 底物再生阶段

C_4 二羧酸脱羧后形成的丙酮酸返回叶肉细胞，由叶绿体中的丙酮酸磷酸二激酶（pyruvate phosphate dikinase，PPDK）催化，重新形成 CO_2 受体 PEP。由于 PEP 再生要消耗 2 个 ATP，这使得 C_4 植物同化 1 个 CO_2 需消耗 5 个 ATP 与 2 个 NADPH。

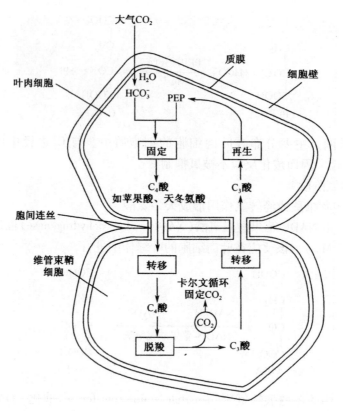

图 3-24 在两种类型细胞中进行的 C_4 循环（引自 Taiz 和 Zeiger, 1998）

通常根据不同植物形成四碳酸的种类、催化脱羧反应的酶以及脱羧反应发生的部位，可将 C_4 途径分为 3 种类型，分别是 NADP-苹果酸酶（NADP-ME）型、NAD-苹果酸酶（NAD-ME）型和 PEP 羧激酶（PCK）型（图 3-25、表 3-2）。

C_4 植物起源于热带，比 C_3 植物更适应强光、高温及干燥的气候条件。其一，在这种条件下，叶片气孔的开度变小，进入叶肉的 CO_2 也随之减少，C_3 途径往往受到 CO_2 浓度的限制。但 C_4 植物的叶肉细胞中的 PEPC 对底物 HCO_3^- 的亲和力极高，是 Rubisco 的几十倍（PEPC 对 CO_2 的米氏常数（K_m）值是 7μmol，Rubisco 的 K_m 值是 450μmol），因此细胞中的 HCO_3^- 浓度一般不成为 PEPC 固定 CO_2 的限制因素；其二，四碳二羧酸从叶肉细胞进入到 BSC 内脱羧释放出 CO_2，使 BSC 中 CO_2 浓度比空气中高 20 倍左右，这种"CO_2 泵"富集 CO_2 的机制促进 Rubisco 的羧化反应，降低了光呼吸；其三，C_4 植物的光呼吸酶主要集中在维管束鞘细胞中，光呼吸就局限在维管束鞘细胞内，即使光呼吸释放出 CO_2，也很快被叶肉细胞再次利用，不易"漏出"；其四，鞘细胞中的光合产物可就近运入维管束，从而避免了光合产物累积对光合作用可能产生的抑制作用。以上这些原因都使 C_4 植物可以具有较高的光合速率。

但是 C_4 植物同化 CO_2 消耗的能量比 C_3 植物多，也可以说这个"CO_2 泵"是要由 ATP 来开动的，故在光强及温度较低的情况下，其光合效率还低于 C_3 植物。只是在高温、强光、干旱和低 CO_2 条件下，C_4 植物才显示出高的光合效率来。可见 C_4 途径是植物光合碳同化对热带环境的一种适应方式。

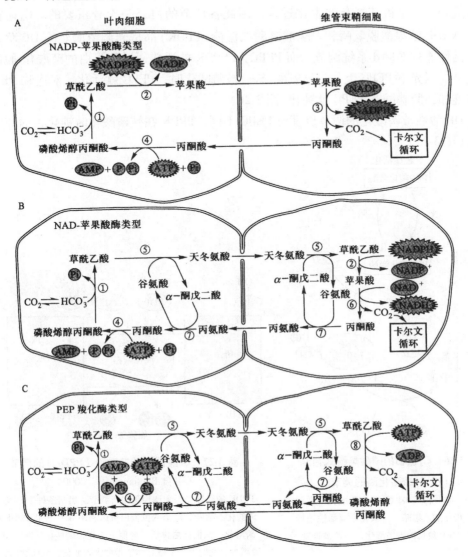

图 3-25　C₄光合碳同化的 3 种类型（引自 Buchanan et al.，2000）
①PEP 羧化酶　②NADP⁺-苹果酸脱氢酶　③NADP⁺-苹果酸酶　④丙酮酸磷酸双激酶
⑤天冬氨酸氨基转移酶　⑥NAD⁺-苹果酸酶　⑦丙氨酸氨基转移酶　⑧PEP 羧激酶

表 3-2　C₄途径的 3 种类型

类型	进入到维管束鞘细胞的 C₄酸	脱羧酶及脱酸部位	返回叶肉细胞的 C₃酸	代表植物
NADP-ME	苹果酸	NADP-苹果酸酶（叶绿体）	丙酮酸	玉米、甘蔗、高粱、谷子等
NAD-ME	天冬氨酸	NAD-苹果酸酶（线粒体）	丙氨酸	马齿苋、狗尾草、粟等
PCK	天冬氨酸	PEP 羧激酶（细胞质）	丙氨酸或 PEP	羊草、非洲鼠尾黍、大黍等

3.4.2.4 C₄途径的调节

C₄途径是一个极其复杂的生化过程，因此各环节的协调是十分重要的。C₄途径中的 PEPC、NADP-苹果酸脱氢酶和丙酮酸磷酸二激酶（PPDK）都是光调节酶。NADP-苹果酸脱氢酶的活性通过 Fd-Td 系统调节，而 PEPC 和 PPDK 的活性通过酶蛋白的磷酸化-脱磷酸反应来调节。当光下 PEPC 上某一丝氨酸（Ser）被磷酸化时，PEPC 就活化，对底物 PEP 的亲和力就增加，脱磷酸时 PEPC 就钝化（图 3-26）。

PPDK 活性被磷酸化的调节机理与 PEPC 不同。PPDK 在被磷酸化时钝化，而在脱磷酸时活化（图 3-27）。

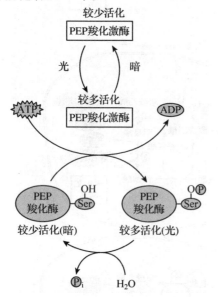

图 3-26 C₄植物的磷酸烯醇式丙酮（PEP）酸羧化酶的调节

光下，羧化激酶被激活，它磷酸化并激活 PEP 羧化酶。黑暗中，羧化激酶活性被抑制，PEP 羧化酶去磷酸化，活性被抑制

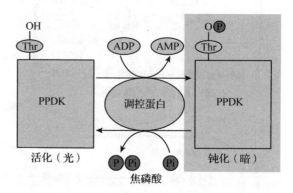

图 3-27 磷酸丙酮酸二激酶（PPDK）的调节

（引自 Buchanan 等，2000）

PPDK 的活性受一个调控蛋白所调节。黑暗条件下，光合磷酸化不活跃，这个调控蛋白可以利用 ADP 催化 PPDK 的磷酸化，从而使之失活。光照下，光合磷酸化活跃，ADP 减少，此时 PPDK 被此调节蛋白去磷酸化，从而被活化

3.4.3 景天酸代谢途径

景天酸代谢（CAM）最早是在景天科植物中发现的，目前已知在近 30 个科，1 万多种的植物中有 CAM 途径。CAM 植物起源于热带，往往分布于干旱的环境中，多为肉质植物（succulent plant），具有大的薄壁细胞，内有叶绿体和大液泡，因此其从形态和结构上对高温干旱有很强的适应能力。

3.4.3.1 CAM 的反应过程

CAM 植物含有 PEPC 和 Rubisco 两种羧化酶，夜间固定 CO_2 产生有机酸，白天有机酸脱羧释放 CO_2，用于光合作用。CAM 碳同化的历程如下：

夜晚：气孔打开，CO_2进入叶肉细胞转化形成HCO_3^-，在磷酸烯醇式丙酮酸羧化酶催化下，HCO_3^-与PEP反应生成OAA，OAA进一步被还原形成苹果酸储存于液泡中。

白天：气孔关闭，苹果酸从液泡转移至细胞质，氧化脱羧，释放出CO_2，生成丙酮酸。释放的CO_2进入叶绿体被Rubisco固定，经过C_3途径形成碳水化合物。此时，由于气孔关闭，CO_2不易逃出，细胞质中CO_2浓度升高，限制了Rubisco的加氧活性，也有一个CO_2的富集效应。典型CAM植物代谢的过程如图3-28所示。

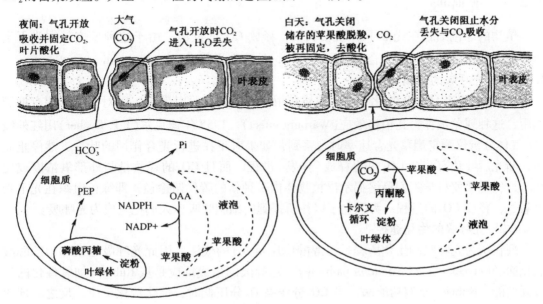

图3-28　CAM途径示意（引自Taiz和Zeiger，2006）
夜间吸收并固定CO_2，白天脱羧，CO_2被再固定

3.4.3.2　CAM的调节

（1）昼夜节律调节

CAM的昼夜调节主要是通过PEPC的活性调节来实现。PEPC是CAM代谢过程中的关键酶，其活性受光照和黑暗的调节。在夜间，PEPC被磷酸化而活化，对PEP亲和力较高；而在白天，PEPC去磷酸化，对PEP的亲和力较低。PEPC活性还受一些效应剂的调节，如苹果酸（Mal）为PEPC的负效应物，6-磷酸葡萄糖为正效应物。在夜间，PEPC被磷酸化活化，且正效应物6-磷酸葡萄糖增加，因而PEPC对Mal的抑制作用不敏感，与PEP亲和力较高，有利于催化羧化反应；在白天，PEPC去磷酸化，对Mal的抑制作用变得比较敏感，对PEP的亲和力下降，催化羧化反应的能力降低。

（2）环境因素调节

在季节性环境变化的影响下，部分CAM植物往往会改变CAM途径而成为诱导或兼性植物。如冰叶日中花（*Msemebryanthemum crystallinum*），在长期或季节干旱的条件下，可以保持CAM特点，但在一段时间的充足供水条件下，则从CAM途径转变为C_3途径。

比较CAM植物与C_4植物可以发现，二者固定与还原CO_2的途径基本相同，而二者的差别在于：C_4植物是在同一时间、不同的空间（叶肉细胞和维管束鞘细胞）完成CO_2固定、和还原两个过程；而 CAM 植物则是在不同时间(夜晚和白天)、同一空间完成上述两个过程的。

综上所述，植物的碳同化具有多样性，但通常认为，C_3 途径还是光合碳代谢最基本最普遍的途径，只有这种途径才具备合成淀粉等产物的能力，C_4 和 CAM 途径可以看作对 C_3 途径的补充。

3.4.4 光呼吸

植物的绿色细胞在光照下有吸收氧气，释放 CO_2 的反应，由于这种反应仅在光下发生，需叶绿体参与，并与光合作用同时发生，故称作光呼吸(photorespiration)。

3.4.4.1 光呼吸的发现

20 世纪 20 年代，生物化学家瓦伯格在用小球藻做实验时发现，O_2 对光合作用有抑制作用，这种现象被称为瓦伯格效应(Warburg effect)。1955 年德克尔(J. P. Decher)用红外线 CO_2 气体分析仪测定烟草光合速率时观察到：如果对正在进行光合作用的叶片突然停止光照，断光后叶片有一个 CO_2 快速释放(猝发)过程，而且 CO_2 的释放量与外部氧浓度成比例。这些现象使科学家们最终揭示出植物体内一种新的碳代谢途径，即绿色组织在光下吸收氧气，释放 CO_2 的过程。为区别于以往所提到的细胞呼吸，人们把它成为光呼吸。

3.4.4.2 光呼吸的生化途径

现在认为光呼吸的生化历程是乙醇酸(glycolate)的代谢，因此光呼吸也被称为乙醇酸氧化途径(glycolate acid oxidation pathway)。乙醇酸的生成反应是从 Rubisco 加氧催化的反应开始的。Rubisco 是双功能酶，当 CO_2 分压高 O_2 分压低时，催化羧化反应；反之，催化加氧反应，生成乙醇酸，其过程如下。

$$\begin{array}{c} CH_2O\,\text{\textcircled{P}} \\ | \\ C=O \\ | \\ HCOH \\ | \\ HCOH \\ | \\ CH_2O\,\text{\textcircled{P}} \end{array} + O_2 \xrightarrow{\text{Rubisco}} \begin{array}{c} CH_2O\,\text{\textcircled{P}} \\ | \\ COOH \end{array} + \begin{array}{c} CH_2O\,\text{\textcircled{P}} \\ | \\ HCOH \\ | \\ COOH \end{array}$$

1，5-二磷酸核酮糖　　　　2-磷酸乙醇酸　3-磷酸甘油酸

$$\begin{array}{c} CH_2O\,\text{\textcircled{P}} \\ | \\ COOH \end{array} + H_2O \xrightarrow{\text{磷酸酶}} \begin{array}{c} CH_2OH \\ | \\ COOH \end{array} + H_3PO_4$$

2-磷酸乙醇酸　　　　　　乙醇酸　　磷酸

因为光呼吸底物乙醇酸和其氧化产物乙醛酸，以及后者经转氨作用形成的甘氨酸皆为 C_2 化合物，因此光呼吸途径又被称为 C_2 光呼吸碳氧化循环(C_2 photorespiration carbon oxidation cycle, PCOC 循环)，简称 C_2 循环。

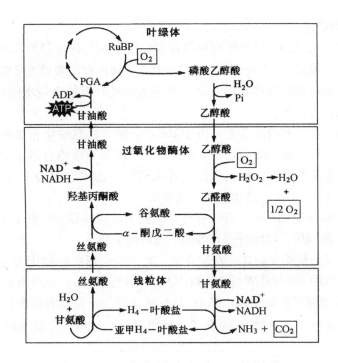

图 3-29　光呼吸代谢途径（整个途径在 3 种细胞器中进行）
（引自潘瑞炽，2012）

通常认为，乙醇酸的代谢要经过 3 种细胞器：叶绿体、过氧化体和线粒体。整个生化过程如图 3-29 所示。叶绿体中生成的乙醇酸转入过氧化体，由乙醇酸氧化酶催化氧化成乙醛酸，这个过程中生成的 H_2O_2 在过氧化氢酶的催化下分解成 H_2O 和 O_2。乙醛酸经转氨作用转变为甘氨酸，甘氨酸在进入线粒体后发生氧化脱羧和羟甲基转移反应转变为丝氨酸，丝氨酸再转回过氧化体，并发生转氨作用，转变为羟基丙酮酸，后者还原为甘油酸，转入叶绿体后，在甘油酸激酶催化下生成的 3-磷酸甘油酸又进入 C_3 途径，整个过程构成一个循环。其中耗氧反应部位有两处，一是叶绿体中的 Rubisco 加氧反应；二是过氧化体中的乙醇酸氧化反应。脱羧反应则在线粒体中进行，2 个甘氨酸形成 1 个丝氨酸时脱下 1 分子 CO_2。

光呼吸需在光下进行，而一般的呼吸作用，光下与暗中都能进行，所以相对光呼吸而言，一般的呼吸作用被称作"暗呼吸"（dark respiration）。两者主要区别见表 3-3。

表 3-3　光呼吸与暗呼吸的区别

	光呼吸	暗呼吸
底物	乙醇酸	糖、脂肪、蛋白质
代谢途径	乙醇酸代谢途径	糖酵解、三羧酸循环、戊糖磷酸途径
发生部位	叶绿体、线粒体和过氧化物体	细胞质和线粒体
反应条件	光下	光下或暗中
对 O_2 及 CO_2 浓度的反应	在 O_2 浓度 1%～100% 范围内，光呼吸随 O_2 浓度提高而增强。O_2 及 CO_2 相互竞争 Rubisco 及 RuBP	O_2 及 CO_2 浓度的变化对"暗呼吸"无明显影响；O_2 及 CO_2 之间亦无竞争现象

3.4.4.3 光呼吸的意义

从碳素角度看，C_3植物通过光呼吸可以将光合作用固定碳的25%以CO_2形式放出；从能量角度看，这一过程是一个"耗能"的过程，因此从某种程度来说光呼吸是一种浪费。对此有关学者一直在探讨光呼吸存在的意义。目前关于光呼吸的生理功能尚不是十分清楚，以下几种观点人们较为赞同。

①回收碳素和消除乙醇酸的毒害　由于Rubisco同时具有羧化和加氧功能，在有氧的条件下，通过加氧反应生成乙醇酸是不可避免的。乙醇酸对细胞有毒害作用，光呼吸则能消除乙醇酸，使细胞免遭毒害；而且通过光呼吸可回收乙醇酸中3/4的碳（2个乙醇酸转化1个PGA，释放1个CO_2），避免过多的碳损失。

②维持C_3光合碳还原循环的运转　在叶片气孔关闭或外界CO_2浓度低时，光呼吸释放的CO_2能被C_3途径再利用，以维持光合碳还原循环的运转。

③防止强光对光合机构的破坏　在强光下，光反应中形成的同化力会超过CO_2同化的需要，从而使叶绿体中NADPH/NADP、ATP/ADP的比值增高。同时由光激发的高能电子会传递给O_2，形成的超氧阴离子自由基O_2^-会对光合膜、光合器有伤害作用，而光呼吸却可消耗同化力与高能电子，降低O_2^-的形成，从而保护叶绿体，免除或减少强光对光合机构的破坏。

④氮代谢的补充　光呼吸代谢中涉及多种氨基酸的转变，这可能对绿色细胞的氮代谢有利。

3.4.5　C_3、C_4、CAM植物的特性比较

C_3植物、C_4植物和CAM植物的光合作用与生理生态特性有较大的差异（表3-4）。从生物进化的观点看，C_4植物和CAM植物是从C_3植物进化而来的。在陆生植物出现的初期，大气中O_2较少，光呼吸受到抑制，故C_3途径能有效地发挥作用。随着O_2浓度逐渐增高，CO_2浓度逐渐降低，一些在高温、干燥气候下生长的植物逐渐进化为C_3-C_4中间型、C_4或CAM植物。事实上，即使在同一科属内甚至在同一植物中可以具有不同的光合碳同化途径。例如，禾本科的毛颖草在低温多雨地区为C_3植物，而在高温少雨地区为C_4植物；玉米幼苗叶片具有C_3特征，至第五叶才具有完全的C_4特征；C_4植物衰老时，会出现C_3植物的特征；也有一些肉质植物在水分胁迫条件下由C_4途径转变为CAM途径；CAM植物则有专性和兼性之分。由此可以看出，不同碳代谢类型之间的划分不是绝对的，它们在一定条件下可互相转化，这也反映了植物光合碳代谢途径的多样性、复杂性以及在进化过程中植物表现出的对生态环境的适应性。

表3-4　C_3植物、C_4植物、C_3-C_4中间植物和CAM植物的结构、光合等生理特性

特征	C_3植物	C_4植物	C_3-C_4中间植物	CAM植物
叶结构	BSC不发达，不含叶绿体，其周围叶肉细胞排列疏松，无"花环"结构	BSC发达，含叶绿体，其周围叶肉细胞排列紧密，有"花环"结构	BSC含叶绿体，但BSC的壁较C_4植物的薄，叶肉细胞分化为栅栏、海绵组织	BSC不发达，不含叶绿体，含较多线粒体，叶肉细胞的液泡大，无"花环"结构

(续)

特征	C_3 植物	C_4 植物	C_3-C_4 中间植物	CAM 植物
叶绿素 a/b	2.8 ± 0.4	3.9 ± 0.6	2.8~3.9	2.5~3.0
CO_2 补偿点/($\mu L \cdot L^{-1}$)	40~70	5~10	5~40	光下：0~200 暗中：<5
碳同化途径	只有 C_3 途径	C_4 途径和 C_3 途径	C_3 途径和有限的 C_4 途径	CAM 途径和 C_3 途径
CO_2 固定酶	Rubisco(叶肉细胞中)	PEPC(叶肉细胞中) Rubisco(BSC 中)	PEPC，Rubisco(叶肉细胞和 BSC 中)	PEPC，Rubisco(叶肉细胞中)
CO_2 最初受体	RuBP	PEP	RuBP，PEP(少量)	光下：RuBP 暗中：PEP
CO_2 固定的最初产物	PGA	OAA	PGA，OAA	光下：PGA 暗中：OAA
PEPC 活性/($\mu mol \cdot mg^{-1} chl \cdot min^{-1}$)	0.3~0.35	16~18	<16	19.2
净光合速率(CO_2 计)/($\mu mol \cdot m^{-2} \cdot s^{-1}$)	10~25	25~50	中等	0.6~2.5
光呼吸	高，易测出	低，难测出	中，可测出	低，难测出
同化物分配	慢	快	中等	不等
蒸腾系数/($g H_2O \cdot g^{-1}$ DW)	450~950	250~350	中等	光下：150~600 暗中：18~100

3.5 影响光合作用的因素

光合作用是植物体非常重要的生理过程，它受到多种因素的影响，因此，了解各种环境因子对光合作用的调控，以及植物对环境的适应在生产实践中具有非常重要的意义。

3.5.1 光合作用的表示方法和度量

判定光合代谢强弱最经常用到的指标是光合速率(photosythetic rate)。光合速率通常是指单位时间、单位叶面积的 CO_2 吸收量或 O_2 的释放量，常用单位有 $\mu mol\ CO_2 \cdot m^{-2} \cdot s^{-1}$、$\mu mol\ O_2 \cdot dm^{-2} \cdot h^{-1}$；也可用单位时间、单位叶面积上的干物质积累量来表示，常用的指标有 $mg \cdot dm^{-2} \cdot h^{-1}$。

通常测定光合速率时由于没有把呼吸作用(光、暗呼吸)考虑在内，因而所测结果实际上是表观光合速率(apparent photosynthetic rate)或净光合速率(net photosynthetic rate，Pn)，真正的光合速率(true photosynthetic rate)或总光合速率(gross photosynthetic rate)应该是净光合速率加上呼吸速率所得到的数值。

在衡量一段时间内光合产物的净累积量时，还通常用光合生产率(photosynthetic production rate)也称净同化率(net assimilation rate，NAR)来表示，常用指标为 $g \cdot dm^{-2} \cdot d^{-1}$。

由于这一指标的测定是在较长的时间内(如一昼夜或一周),这期间存在着非同化器官的消耗和整株植物的夜间消耗,因此测定值一般低于短期测定得到的光合值。

3.5.2 影响光合作用的环境因子

光合作用主要受到光照、CO_2、水分、温度、矿质营养等环境因子的影响,将下面分别加以介绍。

3.5.2.1 光照

光对于光合作用的重要意义主要表现在以下几个方面:光是光合作用的能量来源;光是形成叶绿素、叶绿体的必要条件;光影响着气孔开闭;光调节着碳同化中很多重要的酶活性,因此光直接制约着光合速率的高低,而且光强、光质、光照时间都对光合作用有深刻的影响。

(1) 光照强度

光照强度对光合作用的影响是非常显著的。通常在一定的范围内,随着光照强度的增加,光合速率会增加,但当光强超过一定的数值后,光却会对光合起到抑制作用。

①光强—光合曲线 图3-30是光强—光合速率关系的模式图。从图中可以看出,光强为零时,植物在进行暗呼吸,释放 CO_2。以后随着光强的增高,光合速率相应提高,当到达某一光强时,叶片的光合速率等于呼吸速率,即 CO_2 吸收量等于 CO_2 释放量,即净光合速率为零,这时的光强称为光补偿点(light compensation point)。通常喜光植物的光补偿点高于耐阴植物的光补偿点,两者大致分别在 $10\sim20\mu mol\cdot m^{-2}\cdot s^{-1}$;$1\sim5\mu mol\cdot m^{-2}\cdot s^{-1}$。在光补偿点以上一定的光强范围内,光合速率随光强的增强而呈比例地增加,说明此时制约光合速率的主要因素是光强,用比例阶段的斜率可计算表观光合量子产额;当超过一定光强,光合速率增加就会转慢;当达到某一光强时,光合速率就不再增加,到达饱和阶段。开始达到光合速率最大值时的光强称为光饱和点(light saturation point),饱和阶段中 CO_2 扩散和固定速率可能是光合作用的主要限制因素。据研究,多数植物的光饱和点在 $500\sim1\,000\mu mol\cdot m^{-2}\cdot s^{-1}$。一般情况下,草本植物的光饱和点高于木本植物;喜光植物的光饱和点高于耐阴植物;C_4 植物的光饱和点高于 C_3 植物。因此,在高温高光强下,C_3 植物常常会出现光饱和现象,而 C_4 植物仍然可以保持较高的光合速率(图3-31)。

植物的光补偿点和光饱和点可以随外界条件的变化而发生改变。当温度升高时,光补偿点升高;而当 CO_2 浓度增高时,光补偿点降低,光饱和点则升高。由于植物无法长期生长在光补偿点以下,因此在封闭的温室中,应适当降低室温,通风换气,或增施 CO_2 才能保证光合作用的顺利进行。

②光合作用的光抑制 光能是植物光合作用必需的,然而当光合机构接受的光能超过它所能利用的量时,光会引起光合速率的降低,这个现象就称为光合作用的光抑制(photoinhibition of photosynthesis)。

很多植物,如水稻、小麦、大豆及毛竹等在晴天中午的时候都会出现光抑制现象,表现出光合速率暂时降低或叶片变黄,光合活性丧失等。而当强光与低温、干旱等其他环境胁迫同时存在时,光抑制现象尤为明显。由于光抑制会显著地降低作物的产量(大田可达15%以上),因此了解光抑制产生的原因显得尤为重要。

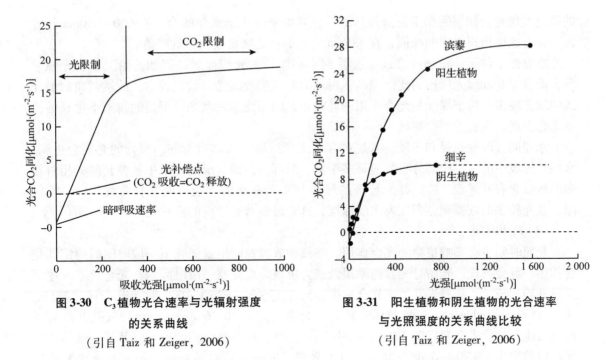

图 3-30　C_3 植物光合速率与光辐射强度的关系曲线

（引自 Taiz 和 Zeiger，2006）

图 3-31　阳生植物和阴生植物的光合速率与光照强度的关系曲线比较

（引自 Taiz 和 Zeiger，2006）

经研究认为光抑制主要发生在 PS Ⅱ。正常情况下，光反应与暗反应协调进行，光反应中形成的同化力在暗反应中被及时用掉，但当光照过强时，常常会出现由于暗反应能力不足而引起的同化力过剩。此时，一方面因 $NADP^+$ 不足使电子传递给 O_2，形成超氧阴离子自由基（O_2^-）；另一方面 PS Ⅱ 受体侧还原型 Q_A 的积累促使三线态 P_{680}（P_{680}^T）的形成，而 P_{680}^T 可以与氧作用（$P_{680}^T + O_2 \longrightarrow P_{680} + {}^1O_2$）形成单线态氧（${}^1O_2$）；除此之外，由于 PS Ⅱ 供体侧放氧复合体不能很快把电子传递给反应中心，从而延长了氧化型 P_{680}（P_{680}^+）的存在时间。O_2^-、${}^1O_2$ 和 P_{680}^+ 都是强氧化剂，如不及时消除，它们都可以氧化破坏附近的叶绿素和 D_1 蛋白，从而使光合器官损伤，光合活性下降。

植物在长期的进化过程中，形成了多种保护和修复机制，用以避免或减少光抑制的破坏。a. 通过叶片运动，叶绿体运动或叶表面覆盖蜡质层、着生毛等来减少对光的吸收；b. 加强非光合的耗能代谢过程，如增强光呼吸、Mehler 反应等；c. 通过增加光合电子传递和光合关键酶的含量及活性，提高光合能力等来增加对光能的利用；d. 加强热耗散过程，如通过叶黄素循环耗散多余的能量；e. 增加活性氧的清除系统，如提高超氧物歧化酶（SOD）、过氧化物酶（POD）、过氧化氢酶（CAT）、谷胱甘肽还原酶等的活性；f. 加强 PS Ⅱ 的修复循环；g. LHCII 的磷酸化和脱磷酸化引起的激发能在两个光系统间的再分配等。

由此看出，植物可以通过多种方式来降低伤害和完成自身的修复，但如果植物连续在强光和高温下生长，那么光抑制对光合器的损伤就难以修复了。因此，在生产中，应采取各种措施，尽量避免强光下多种胁迫的同时发生，这对减轻或避免光抑制损失是非常重要的。

（2）光质

前文已讲过，在太阳辐射中只有可见光部分才能被叶绿体利用进行光合作用。进一步的研究发现光合作用的作用光谱与叶绿体色素的吸收光谱大体吻合，在600~680nm红光区，光合速率出现一大的峰值，在435nm左右的蓝光区出现一小的峰值。

在自然条件下，植物或多或少会受到不同波长的光线照射。例如，阴天不仅光强减弱，而且蓝光和绿光所占的比例增高；树木的叶片吸收红光和蓝光较多，故透过树冠的光线中绿光较多。由于绿光是光合作用的低效光，因而使本来就光照不足的树冠下生长的植物光合很弱，生长受到抑制。

水层同样改变光强和光质。水层越深，光照越弱；如水质不好，深处的光强会更弱。水层对光波中的红、橙部分吸收显著多于蓝、绿部分，深水层的光线中短波长的光相对较多。所以含有叶绿素、吸收红光较多的绿藻分布于海水的表层；而含有藻红蛋白、吸收绿、蓝光较多的红藻则分布在海水的深层，这是海藻对光适应的一种表现。

(3) 光照时间

光照时间也会影响植物的光合作用。将植物放置在暗中或弱光下一段时间后测定其光合作用，就会发现：开始时光合速率很低或为负值，要光照一段时间后，光合速率才逐渐上升并趋与稳定。从照光开始至光合速率达到稳定水平的这段时间，称为光合滞后期(lag phase of photosynthesis)。一般整体叶片的光合滞后期约30~60min，光诱导气孔开启需要时间可能是叶片光合滞后期产生的主要原因。此外，光对酶活性的诱导以及光合碳循环中间产物的增生也需要一个准备过程。由于光照时间的长短对植物叶片的光合速率影响很大，因此在测定光合速率时要让叶片充分预照光。

3.5.2.2 二氧化碳

CO_2是光合作用的原料。大气中CO_2经叶片表面的气孔进入细胞间隙，再进入叶肉细胞叶绿体。在CO_2扩散的途径中，受到叶片表面的水气界面层阻力、气孔阻力、细胞间隙阻力和进入叶肉细胞及叶绿体的阻力(图3-32)。其中主要是气孔阻力，气孔的开度直接影响CO_2的进入量，进而控制着光合作用。

与光强—光合曲线相似，CO_2—光合曲线也有比例阶段与饱和阶段(图3-33)。光下CO_2浓度为零时叶片只有呼吸，释放CO_2。在比例阶段，光合速率随CO_2浓度增高而增加，当光合速率与呼吸速率相等时，环境中的CO_2浓度即为CO_2补偿点(CO_2 compensation point，图3-33中C点)；当达到某一浓度(S)时，光合速率便达最大值(P_m)，开始达到光合最大速率时的CO_2浓度被称为CO_2饱和点(CO_2 saturation point)。在CO_2浓度较低时，CO_2浓度是光合作用的限制因素，直线的斜率(CE)受Rubisco活性及量的限制，因而CE被称为羧化效率(carboxylation efficiency)。CE大，即在较低的CO_2浓度时就

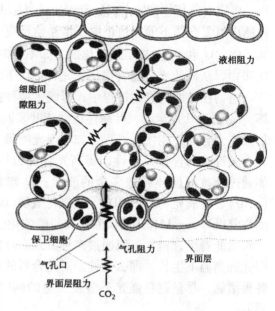

图3-32 大气CO_2扩散进入叶绿体的阻力
(引自Taiz和Zeiger，2006)

有较高的光合速率，也就是说 Rubisco 的羧化效率高。在饱和阶段，CO_2 已不是光合作用的限制因素，而 CO_2 受体 RuBP 的量成为影响光合的主要因素。由于 RuBP 的再生受同化力供应的影响，所以饱和阶段的光合速率反映了光反应活性，即光合电子传递和光合磷酸化活性，因而 P_m 被称为光合能力。

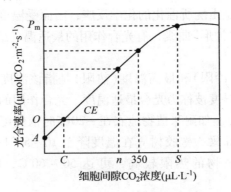

图 3-33　叶片光合速率对细胞间隙 CO_2 浓度响应示意（引自王忠，2008）

曲线上 4 个点对应浓度分别为 CO_2 补偿点（C），空气浓度下细胞间隙的 CO_2 浓度（n），与空气浓度相同的细胞间隙 CO_2 浓度（$350\mu L \cdot L^{-1}$ 左右）和 CO_2 饱和点（S）。P_m 为最大光合速率；CE 为比例阶段曲线斜率，代表羧化效率；OA 光下叶片向无 CO_2 气体中的释放速率，可代表光呼吸速率。

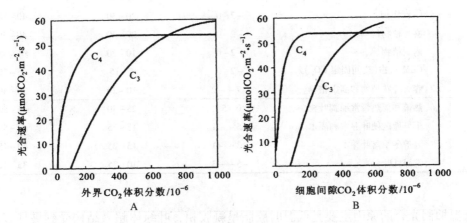

图 3-34　C_3 植物与 C_4 植物的 CO_2—光合曲线比较（引自 Taiz 和 Zeiger，2002）

A. 光合速率与外界 CO_2 浓度　B. 光合速率与细胞间隙 CO_2 浓度

C_4 植物为 *Tidestromia oblogifolia*　C_3 植物为 *Larrea divaricata*

比较 C_3 植物与 C_4 植物的 CO_2—光合曲线（图 3-34）可以看出，C_4 植物的 CO_2 饱和点比 C_3 植物低，在大气 CO_2 浓度下就能达到饱和；而 C_3 植物 CO_2 饱和点不明显，光合速率在较高 CO_2 浓度下还会随浓度上升而提高。C_4 植物的 CO_2 补偿点也比 C_3 植物低，而且在低 CO_2 浓度下光合速率的增加比 C_3 快。C_4 植物 CO_2 饱和点和补偿点低是因为 C_4 植物 PEPC 的 K_m 低，对 CO_2 亲和力高，有富集 CO_2 机制。

空气中的 CO_2 浓度较低，约为 $350\mu L \cdot L^{-1}$，而一般 C_3 植物的 CO_2 饱和点为 $1\,000\sim 1\,500\mu L \cdot L^{-1}$ 左右，是空气中 CO_2 浓度的 3~5 倍，因此大气中的 CO_2 浓度一般都不能满足

植物光合作用的需求。所以在温度适宜、无风、光照较强的晴朗天气里，植物往往处于 CO_2 "饥饿"状态，因此，加强通风或设法增施 CO_2 能显著提高作物的光合速率，这对 C_3 植物尤为明显。

3.5.2.3 温度

光合过程中的暗反应是由酶所催化的化学反应，因而受温度影响。在一定范围内，随温度变化，光合速率表现"钟形"曲线，有光合作用的最适温、最高温和最低温，即温度三基点。

光合作用的最低温度（冷限）和最高温度（热限）是指该温度下表观光合速率为零，而能使光合速率达到最高的温度被称为光合最适温度。光合作用的温度三基点因植物种类不同而有很大的差异（表3-5）。如耐寒植物地衣在 $-20C°$ 时依然可以进行光合作用；而起源于热带的植物，如玉米、高粱、橡胶树等在温度降至 $10 \sim 5℃$ 时，光合作用已受到抑制。从光合最适温来看，C_4 植物的热限较高，可达 $50 \sim 60℃$，而 C_3 植物较低，一般在 $40 \sim 50℃$。

表3-5 在自然的二氧化碳浓度和光饱和条件下，不同植物光合作用的温度三基点（℃）（引自 W. Larcher，1980）

植物类群		最低温度（冷限）	最适温度	最高温度（热限）
草本植物	热带 C_4 植物	5~7	35~40	50~60
	C_3 农作物	-2~0	20~30	40~50
	喜光植物（温带）	-2~0	20~30	40~50
	耐阴植物	-2~0	10~20	约为40
	CAM 植物（夜间固定 CO_2）	-2~0	5~15	25~30
	春天开花植物和高山植物	-7~-2	10~20	30~40
木本植物	热带和亚热带常绿阔叶树	0~5	25~30	45~50
	干旱地区硬叶乔木和灌木	-5~-1	15~35	42~55
	温带冬季落叶乔木	-3~-1	15~25	40~45
	常绿针叶乔木	-5~-3	10~25	35~42

低温抑制光合的原因主要是低温时膜脂呈凝胶相，叶绿体超微结构受到破坏以及酶的钝化等。而高温对光合作用的抑制，一是由于膜脂与酶蛋白的热变性，使光合器官损伤；二是由于高温刺激了光、暗呼吸，使表观光合速率迅速下降。

温度对光合作用的影响与植物的遗传和生长环境有关。如 C_3 和 C_4 植物对温度变化的反应不同（图3-35）。在大气 CO_2 浓度下，随着温度升高，C_3 植物的光合速率变化比较平缓，而 C_4 植物光合速率升高较快。这是因为在温度升高时，虽然光合速率升高，但同时 O_2/CO_2 加大，C_3 植物的光呼吸加强而抵消了温度升高对光合的促进；C_4 植物光呼吸弱，所以表现出光合上升更为明显。

昼夜温差对光合净同化率有很大的影响。白天温度高，日光充足，有利于光合作用的进行；夜间温度较低，降低了呼吸消耗，因此，在一定温度范围内，昼夜温差大有利于光合积累。

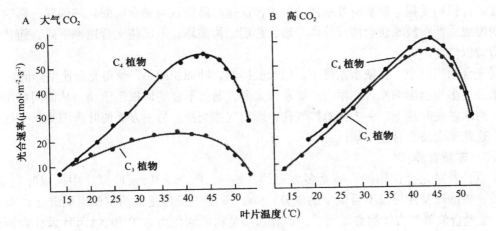

图 3-35 在正常大气 CO_2 浓度(A)和高 CO_2 浓度(B)下,光合速率与温度变化的关系
(引自 Taiz and Zeiger, 2006)

3.5.2.4 水分

水同样是光合作用的原料之一,因此没有水不能进行光合作用。但是用于光合作用的水不到蒸腾失水的1%,因此缺水影响光合作用主要是间接的原因。

水分亏缺会造成光合速率下降。经研究发现,在水分轻度亏缺时,复水后还能使光合能力恢复,但如果水分亏缺严重,光合速率就难以恢复至原有程度了(图3-36)。

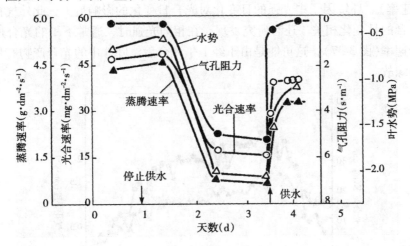

图 3-36 向日葵在严重水分亏缺时以及在复水过程中叶水势、光合速率、气孔阻力、蒸腾速率变化
(引自 Boyer. J. S., 1971)

水分亏缺造成光合下降的主要原因有:

①气孔关闭 土壤缺水时,会使叶片水势下降,引起气孔关闭,造成 CO_2 进入减少,引起光合速率下降。不同植物气孔关闭时的叶片水势值有较大差异,如水稻为 $-0.3 \sim -0.2$ MPa;玉米为 $-0.4 \sim -0.3$ MPa;而大豆和向日葵则在 $-1.2 \sim -0.6$ MPa 之间。

②光合产物输出变慢 水分亏缺会使光合产物输出变慢,同时叶片中淀粉水解加强,使糖类积累,通过反馈调节引起光合速率下降。

③光合机构受损　缺水时叶绿体的电子传递速率降低且与光合磷酸化解偶联，影响同化力的形成。严重缺水还会使叶绿体变形，片层结构破坏，不仅使光合速率下降，而且光合能力难以恢复。

④光合面积减小　在缺水条件下，生长受抑制，叶面积减小，使得光合速率降低。

水分过多也会影响光合作用。土壤水分太多，通气不良妨碍根系活动，从而间接影响光合；雨水淋在叶片上，一方面遮挡气孔，影响气体交换，另一方面使叶肉细胞处于低渗状态，这些都会使光合速率降低。

3.5.2.5 矿质营养

矿质营养对光合作用的影响是多方面的。如 N、P、S、Mg 是叶绿体中构成叶绿素、蛋白质、核酸以及片层膜不可缺少的成分；Cu、Fe 是电子传递体的重要组成成分；Mn^{2+} 和 Cl^- 是光合放氧复合体的必需因子；磷酸基团是构成同化力 ATP 和 NADPH 及光合碳还原循环中许多中间产物的成分；Mg^{2+} 是 Rubisco、FBPase 等酶的活化剂；K^+ 和 Ca^{2+} 可以调节气孔开闭；K 和 P 能促进光合产物的转化与运输等。由此可以看出很多矿质营养可以直接或间接地影响光合，因此，在农业上合理施肥可以起到增产的作用。

3.5.2.6 光合速率的日变化

一天当中，由于光强、温度、水分、CO_2 浓度等环境因子不断地变化，使植物光合速率也发生明显的日变化。一般在温暖、水分供应充足的条件下，光合速率日变化呈单峰曲线，即日出后光合速率逐渐提高，中午前达到高峰，以后逐渐降低，日落后光合速率趋于负值（呼吸速率）。环境因子中光强的日变化对光合日变化的影响最大，此外气孔导度的日变化也与光合的日变化相关。还有研究发现，在相同光强时，通常下午的光合速率要低于上午的光合速率（图 3-37），这可能是由于经上午光合后，叶片中的光合产物有积累而发生反馈抑制的缘故。

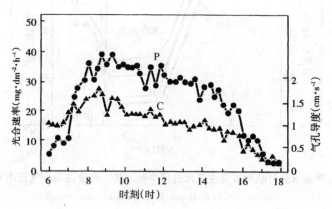

图 3-37　水稻光合速率的日变化（引自石原邦和齐藤邦行，1987）
光合速率（P）和气孔导度（C）平行变化

当光照强烈、气温过高时，光合速率日变化呈双峰曲线，大峰在上午，小峰在下午，中午前后，光合速率下降，呈现"午睡"现象（midday depression of photo-synthesis）（图 3-38）。引起光合"午睡"的主要因素是大气干旱和土壤干旱。在干热的中午，叶片蒸腾失水加剧，如此时土壤水分也亏缺，那么植株的失水大于吸水，就会引起萎蔫与气孔导度降低，进而使 CO_2 吸收减少。另外，中午及午后的强光、高温、低 CO_2 浓度等条件都会使光呼吸激增，光抑制产生，这些也都会使光合速率在中午或午后降低。

光合"午睡"是植物遇干旱时的普遍发生现象，也是植物对环境缺水的一种适应方式。但是"午睡"造成的损失可达光合生产的30%，甚至更多，所以在生产上应适时灌溉，或选用抗旱品种，增强光合能力，以缓和"午睡"程度。

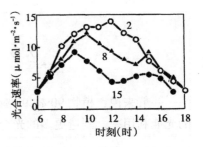

图 3-38 桑叶的光合日变化
（引自 Tazaki，1980）
图中数字为降雨后的天数

3.5.3 影响光合作用的内部因素

除了外界环境因子对光合的影响之外，一些内部因素也影响到植物的光合，如植物的种类、器官、叶龄及发育期等。

（1）植物的种类

比较光合能力，一般 C_4 植物 > C_3 植物 > CAM 植物。从前面的内容可知，这主要是由于 C_4 植物叶片具有"花环"结构，且 PEP 羧化酶对 CO_2 的高度亲和力，因而促进了羧化反应，同时抑制了加氧反应，使其具有较高的光合能力；而 CAM 植物在夜间固定 CO_2，白天光合多少取决于夜间固定 CO_2 的量，因此光合速率较低。

（2）叶龄

叶片从幼嫩到成熟再到衰老，光合能力发生有规律的变化。通常新形成的嫩叶光合能力低，这是因为幼叶的叶绿体片层结构发育不完全、光合色素含量少、与光合有关酶含量少且活性低、呼吸作用旺盛等原因。随着叶片的生长，光合速率不断提高，当叶片伸展至叶面积最大和叶厚度最大时，光合速率达最大值，这时的叶片称为功能叶。随后叶片逐渐衰老，叶绿体解体，光合色素含量下降，酶活性降低，光合速率逐渐下降（图 3-39）。

（3）叶片结构

叶片结构如叶厚度、栅栏组织与海绵组织的比例、叶绿体和类囊体的数目等都对光合速率有影响。通常靠近叶腹面的栅栏组织细胞细长，排列紧密，叶绿体密度大，叶绿素含量高，致使叶的腹面呈深绿色，且其中叶绿素 a/b 比值高，光合活性也高，而靠近背面的海绵组织中情况则相反，因此如果叶片中栅栏组织发达，其光合效率会较高。

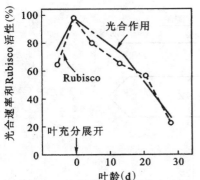

图 3-39 光合速率、Rubisco 活性与鸭茅（*Dactylis glomerata*）叶龄的关系
（引自李合生，2012）

（4）不同生育期

植物不同生育期的光合速率，一般都以营养生长中期为最强，到生长末期就下降。如水稻，分蘖盛期的光合速率最高，以后逐渐下降，特别在抽穗期以后下降较快。因此，在农业生产上，通过栽培措施以延长生育后期的叶片寿命和光合功能，使生育后期光合下降缓和一些，更有利于种子饱满充实。

3.6 光合作用与农林生产

一般来说，植物90%~95%的干物质是来自于叶片的光合作用，因此，如何提高作物的光能利用率，制造更多的光合产物，是生产中需要解决的一个重要问题。

3.6.1 植物的光能利用率

据气象学研究，到达地球外层的太阳辐射平均能量为 $1.353kJ \cdot m^{-2} \cdot s^{-1}$。但由于大气中水汽、灰尘、$CO_2$、$O_3$ 等吸收，使到达地面的辐射能即使在夏日晴天中午也不会超过 $1kJ \cdot m^{-2} \cdot s^{-1}$，并且只有其中的可见光部分的400~700nm能被植物用于光合作用。对光合作用有效的可见光称为光合有效辐射（photosynthetically active radiation, PAR）。考虑到植物在自然条件下的情况及一些难以避免的损失，通常认为最终转变为储存在碳水化合物中的光能最多只有5%（图3-40）。

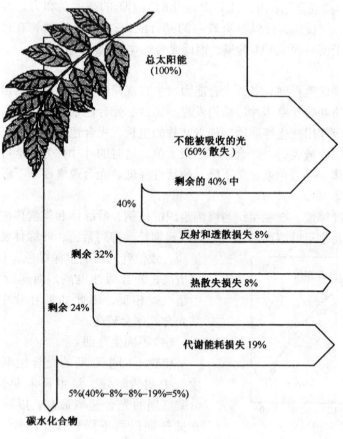

图3-40 叶片吸收转化太阳能的能力

（引自 Taiz 和 Zeiger，2006）

通常把植物光合作用所积累的有机物中所含的化学能占光能投入量的百分比作为光能利用率(efficiency for solar energy utilization, E_u)。植物的最大光能利用率究竟能够达到多少？或者说，作物产量究竟还有多大潜力？这是一个值得探讨的问题。现在以年产量为 $15t \cdot hm^{-2}$ 粮田为例，计算光能利用率。已知年太阳辐射能为 $5.0 \times 10^{10} kJ \cdot hm^{-1}$，假定经济系数为 0.5，那么每公顷年产生物产量为 $30t(3 \times 10^7 g$，忽略含水率)，按 1g 糖类含能量 17.2kJ 计算，则光能利用率为：

$$E_u = 3 \times 10^7 g \times 17.2 kJ \cdot g^{-1}/5.0 \times 10^{10} kJ \times 100\% \approx 1.03\%$$

按上述例子，光能利用率仅为 1.03%，如果光能利用率能达到了 4% 时，每公顷土地上年产粮食可达 58t。然而，目前高产田的年光能利用率在 1%~2% 之间，而一般低产田块的年光能利用率只有 0.5% 左右。

实际生产中光能利用率较低的原因有 3 个：一是漏光损失，作物生长初期植株小，叶面积不足，日光的大部分直射于地面而损失。二是环境条件不适，作物在生长期间，经常会遇到不适于作物生长与进行光合的逆境，如干旱、水涝、低温、高温、阴雨、强光、缺 CO_2、缺肥、盐渍、病虫草害等。在逆境条件下，作物的光合生产率要低得多，这会使光能利用率大为降低。三是光饱和浪费，夏季太阳有效辐射可以达到 $1~800 \sim 2~000~\mu mol \cdot m^{-2} \cdot s^{-1}$，但大多数植物的光饱和点为 $540 \sim 900~\mu mol \cdot m^{-2} \cdot s^{-1}$，有 50%~70% 的太阳辐射能被浪费掉。

3.6.2 提高植物光能利用率的途径

从上述的分析可以看出，植物实际光能利用率与理论光能利用率之间有较大的差距，因此如何提高光能利用率，从而达到提高产量的目的就成为生产中的关键。作物的产量主要来自于光合产量(photosynthetic yield)。除此之外，还与作物消耗及经济系数(作物经济产量与生物产量的比值)有关。

经济产量 =(光合产量 - 消耗)× 经济系数
光合产量 = 光合速率 × 光合面积 × 光照时间

由此可以看出，如果能够采取适当措施，最大限度地提高净光合速率，增加光合面积，延长光照时间，就能提高作物产量。

(1) 提高净光合效率

光合速率受作物本身的光合特性与外界光、温、水、气、矿质等因素影响，那么，控制这些内外因素也就能提高净同化率。

选择株型紧凑、叶片厚而挺的高光效品种；夏季采用遮阳网防止光抑制现象的出现或强光对植物的伤害；早春时采用塑料薄膜育苗或大棚栽培，提高温度，促进棚内作物的光合作用与生长；合理浇水、施肥促进光合面积的迅速扩展，提高光合机构的活性。

除以上措施外，由于 CO_2 往往是光合作用的限制因子，因此增加空气中 CO_2 浓度将会使光合速率大大提高。提高大田 CO_2 浓度可以采取以下措施：增施有机肥；实行秸秆还田，促进微生物分解有机物释放 CO_2；深施碳酸氢铵(含有 50% CO_2)等措施。在大棚和玻璃温室内，可通过采用 CO_2 发生器(燃烧石油)；石灰石加废酸的化学反应；直接施放 CO_2 气体等方法进行 CO_2 施肥，达到促进光合作用，抑制光呼吸，提高净光合效率的目的。

(2) 增加光合面积

光合面积主要是指叶面积,它是对产量影响最大,同时又是最容易控制的一个因子。通过合理密植或改变株型等措施,可增大光合面积。

①合理密植　是使作物群体具有最适的光合面积,最高的光能利用率,并获得最高收获量的种植密度。种植过稀不利于获得高产,因为虽然个体发育好,但群体叶面积不足,光能利用率低。反之,种植过密同样不利于作物的生长,一是下层叶子受到光照少,处在光补偿点以下,成为消费器官;二是通风不良,造成冠层内 CO_2 浓度过低而影响光合速率;三是密度过大,还易造成病害与倒伏,使产量大减。通常用叶面积系数(leaf area index,LAI)来表示作物密植程度。叶面积系数是指作物的总叶面积和土地面积的比值。在一定范围内,作物 LAI 越大,光合积累量就越多,产量便越高。但 LAI 太大造成田间郁闭,群体呼吸消耗加大,反而使干物质积累量减少。

②改变株型　近年来国内外培育出的高产作物新品种通常具有相似的形态特征,矮秆、叶挺而厚。这些品种耐肥、抗倒伏,而且易于增加密植程度,提高叶面积系数,因而能提高光能利用率。

(3) 延长光合时间

延长光合时间就是最大限度地利用光辐射时间,提高光能利用率。经常采取的措施包括:提高复种指数、延长生育期和补充人工光照。

①提高复种指数　复种指数(multiple crop index)就是全年内农作物的收获面积对耕地面积之比。提高复种指数就相当于增加收获面积,延长单位土地面积上作物的光合时间。农业上通过长期实践总结出来的轮种、间种和套种等种植方式可以显著提高复种指数,有效地减少从播种到苗期的漏光损失。

②延长生育期　在不影响耕作制度的前提下,适当延长生育期能提高产量。如通过提前育苗移栽、覆膜栽培等,促进早发快长,较早达到较大的叶面积指数;中后期加强田间管理防止叶片早衰,这样就能有效延长生育时间,增加作物产量。

③补充人工光照　在小面积的栽培试验中,如果要加速作物繁殖时,还可采用生物灯或日光灯作人工光源来延长照光时间。

作物生产是以获取经济产量为目标的,要提高经济产量,还要使光合产物尽可能多的向经济器官中运转,并转化为人类需要的经济价值较高的收获物质。这要涉及到光合产物的转化、运输与分配。

光抑制

光合作用的光抑制,就是光合机构吸收的光能超过光合作用所能利用的量时,光引起的光合活性降低的现象。强光是导致植物光能过剩的直接原因,其他的叠加胁迫条件,如高温、低温、干旱、盐渍、营养缺乏等环境胁迫都会引起 CO_2 同化能力的下降,导致植物光合机构吸收的光能超过光合作用所需,从而加剧光能过剩。

光抑制的最明显特征是光合效率的降低。根据光抑制条件解除后光合功能恢复的快慢不同,Osmond(1994)将光抑制分为动态光抑制和缓慢光抑制两种类型:前者主要同一些能量耗散过程有关，是植物应对胁迫所表现出的一种保护性反应，在光胁迫条件去除后，光合功能恢复迅速；后者主要同光合机构的破坏相联系，主要和PS Ⅱ反应中心 D_1 蛋白的净损失有关，表现为光胁迫条件去除后，光合功能恢复缓慢。

自从1956年荷兰学者 Kok 第一次使用"光抑制"(Photoinhibition)这个术语后，光抑制机理方面的研究逐渐增多。然而，由于光抑制的复杂性，它的确切机理现在还不是很清楚。当前对于光抑制的研究主要集中在光合机构的光破坏、热耗散、植物对光破坏的防御方式等几个方面。

1. 光合机构的光破坏

大量研究表明，光合机构的光破坏主要发生在光系统Ⅱ(PS Ⅱ)。目前认为这种光破坏可分别由PS Ⅱ受体侧和供体侧诱导发生。受体侧，由于 CO_2 同化受阻，质醌库完全还原，稳定的还原型 Q_A^- 很快积累。Q_A^- 的积累可以促进三线态的 P_{680} 的形成，而三线态的 P_{680} 可与 O_2 作用形成单线态氧 $^1O_2$。单线态氧 $^1O_2$ 是强氧化剂，它可以破坏 D_1 蛋白中的氨基酸和附近的蛋白及色素分子；供体侧，当水氧化受阻时，由于放氧复合体不能很快地将电子传递给反应中心，增加了 P_{680}^+ 的寿命。P_{680}^+ 也是强氧化剂，它不仅能氧化破坏类胡萝卜素和叶绿素等色素，而且也能氧化破坏 Dl 蛋白。

总之，强光照射PS Ⅱ反应中心复合物在不同条件下会引起 P_{680}、Pheo、类胡萝卜素、叶绿素和氨基酸的破坏，最终导致 D_1 蛋白和 D_2 蛋白的降解，而这种破坏机制主要归因于由光能过剩所诱导的电荷分离能力的丧失。

相比于PS Ⅱ，人们对PS Ⅰ光抑制注意的比较少。但近年来的研究表明，在低温条件下PS Ⅰ对光更敏感，比PS Ⅱ更易发生光抑制。低温弱光下引起PS Ⅰ反应中心伤害的可能是PS Ⅰ产生的过氧化物和(或)单线态氧。在强光条件下，PS Ⅰ的受体侧处于充分还原状态，此时 P_{700}^+/A_0 或者 P_{700}^+/A_1 的电荷重组就会产生三线态 P_{700}，三线态 P_{700} 能与氧分子反应生成有毒害性的单线态氧 $^1O_2$，对PS Ⅰ造成伤害。但大量的研究显示，强光下光抑制的发生对PS Ⅱ的影响往往大于对PS Ⅰ，这也可能是发生在PS Ⅰ部位的光抑制未能引起足够重视的原因之一。

2. 过剩光能的耗散

在光抑制早期研究中，光抑制几乎成了光破坏，特别是PS Ⅱ反应中心的核心组分 D_1 蛋白降解、损失的同义词。然而娄成后等发现晴天中午田间小麦叶片发生抑制时，并没有明显的 D_1 蛋白的净损失，因此认为在光是唯一胁迫因素的条件下，光抑制不是光合机构破坏的结果，而是一些保护性的耗能过程加强运转的反映。

在植物众多耗能机制中热耗散被认为是最灵活有效的一种手段。热耗散的耗能机制包括叶黄素循环、跨类囊体膜的质子梯度、PS Ⅱ反应中心可逆失活、LHCII 磷酸化引起的状态转化等。一般情况下，植物光合机构吸收的光能可用于荧光发射、光化学能转换和非光辐射(热耗散)等形式，而且它们之间存在相互竞争的关系，因此热耗散的程度可以用叶绿素荧光参数来衡量。

①依赖叶黄素循环的热耗散 叶黄素循环由三种类胡萝卜素的相互转化过程构成。当光能过剩时，含有双环氧的紫黄质(violaxanthin)在去环氧酶的催化下，经过具有单环氧的中间产物花药黄质(antheraxanthin)，变成无环氧的玉米黄质(zeaxanthin)；而当光能有限

时,相反的过程发生,从而形成一个循环,即叶黄素循环。玉米黄质的作用方式可能有两种:直接的,与单线激发态的叶绿素相作用,使激发能转变成热而耗散掉;间接的,减小膜的流动性,使PSⅡ的捕光色素蛋白复合体聚合,从而将激发能以热的形式耗散掉。

依赖叶黄素循环的热耗散的特征,是光合量子效率、光系统Ⅱ的光化学效率(常以可变荧光与最大荧光的比值Fv/Fm表示)和初始荧光F_0的降低。这是因为热耗散导致传递给光化学反应中心的光能减少。

②依赖PSⅡ反应中心可逆失活的热耗散 一些研究表明,植物中存在着结构和功能都不同的两种形式的PSⅡ反应中心,有人认为它们是活化的和失活的PSⅡ反应中心。活化的PSⅡ中心与较大的天线(捕光色素蛋白复合体)相联系,位于基粒片层,能够把电子传递到质醌,而失活的PSⅡ中心则与较小的天线相联系,位于间质片层,不能把电子传递到质醌。有人认为在长时间的强光下,因遭受光抑制而丧失功能的PSⅡ中心的增加,它们可以耗散过剩的能量,从而保护那些有功能的中心免遭破坏。

③依赖PSⅡ循环电子流的热耗散 即PSⅡ反应中心的P_{680}受光激发发生电荷分离后,电子经过Cyt b559等又回到P_{680},通过这一无效循环把过剩的光能变成热散失,从而保护反应中心免受强光破坏。

④依赖跨类囊体膜质子梯度的热耗散 光合机构受到光照射后,伴随电子在膜上的定向传递,叶绿体内类囊体膜两侧形成一个质子浓度差。这时类囊体体腔内偏酸性,而叶绿体间质偏碱性,这个ΔpH是ATP形成的不可缺少的条件。同时,它也是叶绿体能量代谢的一个重要调节因子。当光合机构接受的光能超过光合作用所能使用的量时,依赖ΔpH的能量耗散过程会以热的形式将过剩的能量耗散掉,从而避免光合机构遭受光破坏。

3. 光合机构对光破坏的防御方式

高等植物生活在光强经常发生大幅度变化的环境中,在漫长的进化过程中,它们既形成了一些适应弱光的办法,也形成了多种防止或减轻强光破坏的方法,构成一个防御系统。除了上述的多种热耗散过程之外,还有以下一些方式方法。

①减少光吸收 许多植物可以通过叶片运动、叶绿体运动和叶片表面生长毛或累积盐等减少光吸收。

②减少向PSⅡ的光能分配 光合作用是一个需要两个光系统协调运转的复杂过程。光合机构的有效运转有赖于光能在两个光系统间的均衡分配。状态转换就是使光能在两个光系统间均衡分配,从而维护光合机构高效运转的一种调节方式。在红光下,PSⅡ吸收的光能多于PSⅠ,光合机构向"状态Ⅱ"转变,使PSⅠ的光吸收增加,从而使两个光系统均衡地吸收光能;在远红光下,PSⅠ吸收的光能多于PSⅡ,光合机构向状态"Ⅰ"转变,使PSⅡ的光吸收增加,结果也使两个光系统的光吸收趋向均衡。这种状态转换同两个光系统的捕光色素蛋白复合体的磷酸化和去磷酸化有关(图3-41)。

当PSⅡ被光能优先激发时,PQ被还原,PQ的还原使LHCII激酶活化,引起LHCII磷酸化,LHCII磷酸化后,会从PSⅡ分布的基粒类囊体的垛叠区向PSⅠ分布的基质类囊体移动,因此扩大了PSⅠ的捕光面积,使吸收的光能更多地向PSⅠ分配;反之,当PSⅠ被光能优先激发,PQ被氧化,PQ的氧化使LHCII磷酸酶活化,引起LHCII去磷酸化,当LHCII去磷酸化后,则从基质类囊体向基粒类能体垛叠区转移,其结果是扩大了PSⅡ的

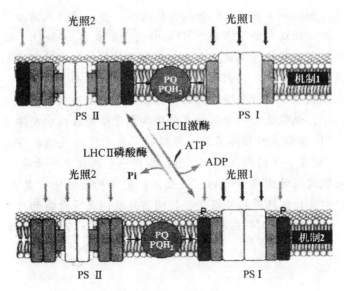

图3-41 植物状态转换图(引自Jojn, 2003)

捕光面积,使吸收的光能更多地向PSⅡ分配。

③提高光合能力 当植物从低光强环境转入高光强环境一段时间后,叶片中光合电子传递链组分和光合关键酶Rubisco等含量增加,叶片的光合能力提高,光能过剩的程度降低,从而适应了高光强环境。

④加强耗能代谢 由于光呼吸可以消耗较多的能量,推测它可能是一种耗散过剩光能以保护光合机构免遭强光破坏的途径。有室内的离体实验表明,在无CO_2的条件下光呼吸能保护光合机构免于强光的破坏,但是当CO_2的浓度达到CO_2补偿点时,光呼吸的这种保护作用便消失。因此,有人提出疑问:在大气CO_2浓度下,光呼吸是否有保护光合机构免受强光破坏的作用呢?娄成后等在强光下用低氧条件抑制光呼吸,发现棉花叶片光抑制程度加重,光合量子效率和PSⅡ的光化学效率以及饱和光合速率大幅度降低,表明在大气CO_2浓度下光呼吸的存在也有减轻光抑制的作用。

但也有研究者认为光呼吸在保护光合器官免遭光破坏方面并没有显著的作用。Brestic等发现,干旱处理叶片及对照在CO_2补偿点时,将大O_2浓度由21%降低到2%,都未对PSⅡ最大光化学效率(Fv/Fm)产生影响,因而认为光呼吸耗散掉的激发能只占总激发能的一小部分,而通过PSⅡ天线的热耗散才是过量激发能的主要分配去向。尽管关于光呼吸的保护作用一直存在争议,但有一点是双方所共同认可的,即在水分或强光胁迫条件下如果光呼吸足够大的话,它可以起到耗散过剩光能并保护光合器官的作用。

⑤清除活性氧 即使是在最适条件下,植物体中的一些代谢过程也会产生活性氧。例如,在假环式电子传递(Mehler反应)过程中,还原的铁氧还蛋白把电子传给O_2时产生O_2^-,O_2^-在代谢过程中又会产生H_2O_2。在正常情况下,由于抗氧化系统的有效运转,这些活性氧被及时清除,光合机构不会遭到破坏。因此,光氧化破坏仅在植物遭受严重的环境胁迫时才发生。

植物的抗氧化系统由一些酶和非酶的小分子抗氧化剂两部分组成。O_2^-和H_2O_2分别由超氧物歧化酶（SOD）和抗坏血酸过氧化物酶催化清除。整个活性氧清除系统还包括脱氢抗坏血酸还原酶和谷胱甘肽还原酶。O_2^-在SOD的作用下形成H_2O_2和O_2，H_2O_2在抗坏血酸过氧化物酶催化下与抗坏血酸相作用变成H_2O。小分子抗氧化剂有抗坏血酸、谷胱甘肽、生育酚、类酮以及类胡萝卜素等，它们都可以和活性氧相作用而将其清除。有研究发现晴天大豆叶片中参与活性氧清除的重要酶系统的活力在中午前后明显升高，而阴天这些酶活力的日变化幅度则很小，说明这些酶在保护光合机构免于强光破坏中发挥重要作用。

⑥修复D_1蛋白 D_1蛋白是叶绿体基因组编码的蛋白中周转最快的蛋白，D_1蛋白的快速周转是PSⅡ反应中心复合体的内在特征。有人提出一个包括多个步骤的D_1蛋白破坏和修复的大致过程：光能过剩时反应中心的可逆失活；失活的反应中心复合体中D_1蛋白被破坏；失活的反应中心复合体从基粒片层迁移到间质片层，在蛋白酶的作用下去除并降解已遭破坏的D_1蛋白；新合成的D_1蛋白插入复合体，再返回基粒片层，重新被激活行使正常功能。

本章小结

光合作用是地球上最重要的化学反应，它在能量转换、有机物制造和大气平衡等方面具有重大的作用。

叶绿体是进行光合作用的细胞器。类囊体膜是光反应的主要场所，基质是碳（暗）反应的场所。高等植物的叶绿体的色素有以下2类：①叶绿素，主要包括叶绿素a和叶绿素b；②类胡萝卜素，包括胡萝卜素和叶黄素。不同的色素在光合作用中行使不同的功能。大部分的叶绿素a、全部的叶绿素b和全部的类胡萝卜素是聚光色素，起到吸收和专递光能的作用，极少数的叶绿素a作为反应中心色素，直接完成光能到电能的转换。

叶绿素的生物合成是以谷氨酸或α-酮戊二酸为原料，在一系列酶的催化下完成。光照、温度、氧气、矿质元素等影响叶绿素的合成。

按照需光与否，光合作用包括光反应和碳（暗）反应两个反应序列。整个光合作用大致可分为3大阶段：①原初反应；②电子传递和光合磷酸化；③碳同化。

原初反应包括光能的吸收、传递和转换，反应在PSⅠ与PSⅡ上进行。聚光色素吸收光能后，通过诱导共振方式传递到反应中心，反应中心的特殊叶绿素a吸收光能后发生氧化还原反应，实现电荷分离，将光能直接转变为化学能。产生的高能电子用于驱动光合膜上的电子传递。

原初反应产生的电子，经过一系列电子和质子传递体组成的光合链进行传递，最终使$NADP^+$还原形成NADPH。水作为最终的电子供体在提供电子的同时被氧化释放出氧。电子传递过程中由于PQ的穿梭作用，将基质中的H^+转移到类囊体腔，形成质子动力势。ATP合酶利用质子动力势促进ADP和Pi形成ATP，这就是光合磷酸化。光反应中形成的ATP和NADPH合称为同化力，用于CO_2的同化。

碳同化的途径有3条，即C_3途径（卡尔文循环）、C_4途径和景天酸代谢（CAM）。卡尔文循环是碳同化的主要形式，通过羧化阶段、还原阶段和更新阶段合成蔗糖、淀粉等多种有机物。C_3途径中固定CO_2的酶是Rubisco，它具有羧化与加氧双重功能，CO_2和O_2互为加氧反应和羧化反应的抑制剂。

C_4途径需两种细胞参与，即叶肉细胞和维管束鞘细胞。在叶肉细胞的细胞质中，由PEPC催化羧化反应，形成四碳二羧酸，四碳二羧酸运至维管束鞘细胞脱羧，释放的CO_2进入C_3途径同化。

CAM途径晚上植物气孔打开，在叶肉细胞质中由PEPC固定CO_2，形成苹果酸，储存在液泡中；白天气孔关闭，苹果酸脱羧，释放的CO_2由Rubisco羧化，进入C_3途径。

C_4植物比C_3植物具有较强的光合作用，主要原因是C_4植物叶肉细胞中的PEPC对CO_2的亲和力高，且C_4途径的脱羧使BSC中CO_2浓度提高，这就促进了Rubsco的羧化反应，抑制了Rubisco的加氧反应。另外，BSC中即使有光呼吸的CO_2释放，也易于被再固定。因此C_4植物的光呼吸低，光合速率高。

光呼吸的底物是乙醇酸，乙醇酸是Rubisco催化RuBP加氧反应形成的。整个光呼吸途径需要叶绿体、过氧化物酶体和线粒体3种细胞的参与，在叶绿体中合成乙醇酸，在过氧化物酶体中氧化乙醇酸，在线粒体中释放CO_2。光呼吸的生理功能是消耗多余能量，对光合器官起保护作用；同时还可收回75%的碳，避免损失过多。

光合作用受到许多内外因素的影响。内因主要包括植物种类、叶龄、不同生育期等；外因主要包括光照、CO_2、温度和矿质元素等。

植物的光能利用率理论上约为5%左右，而实践中作物的光能利用率仅为1%~2%。要提高作物的光能利用率，主要通过延长光合时间、增加光合面积和提高光合效率等途径。

复习思考题

一、名词解释

光合作用　光反应　暗(碳)反应　聚光色素　反应中心　量子产额　红降现象　爱默生增益效应　量子需要量　光合膜　光合色素　吸收光谱　荧光　磷光　黄化现象　原初反应　反应中心色素　聚光色素　光合链　光合磷酸化　同化力　碳同化　C_3途径　C_4途径　景天酸代谢途径　光呼吸　光合速率　表观光合速率　净光合速率　光补偿点　光饱和点　光抑制　CO_2补偿点　CO_2饱和点　光能利用率　叶面积系数　复种指数

二、思考题

1. 简述光合作用的重要意义。
2. 光合作用的光反应和碳反应是在哪里进行的？为什么把类囊体膜称为光合膜？
3. 如何证明光合电子传递需要有两个光系统的参与？
4. 请分析叶片发黄的可能原因有哪些？
5. 光合作用中的氧是如何产生的？
6. 在光合作用的电子传递中，PQ有什么重要的生理作用？
7. 光合作用中同化力是如何产生和消耗的？
8. C_3途径可以分为哪3个阶段？各阶段的作用是什么？

9. 试比较 C_3 植物、C_4 植物和 CAM 植物在碳代谢途径上有何异同？
10. 说明 Rubisco 的特点及其在光合碳循环中作用。
11. 简述光呼吸的主要生化历程及生理功能。
12. 试述光、温、气、水及矿质元素对光合作用的影响。
13. 绘出植物典型的光合—光强曲线并对各阶段加以说明。
14. 产生光合作用"午睡"现象的原因有哪些？
15. 影响光能利用率的因素有哪些？如何提高光能利用率？

参考文献

崔柳青，李一帆，潘卫东. 2012. 叶绿体基因工程研究进展[J]. 生物技术通报(6)：1-6.
李合生. 2012. 现代植物生理学[M]. 2 版. 北京：高等教育出版社.
刘卫群. 2009. 生物化学[M]. 北京：中国农业出版社.
娄成后，王学臣. 2001. 作物产量形成的生理学基础[M]. 北京：中国农业出版社.
潘瑞炽. 2012. 植物生理学[M]. 7 版. 北京：高等教育出版社.
王三根. 2008. 植物生理生化[M]. 北京：中国农业出版社.
王新鼎. 1998. 植物生理与分子生物学[M]. 2 版. 高等植物的韧皮部运输//余叔文，汤章城 北京：科学出版社, 401~420.
王忠. 2008. 植物生理学[M]. 2 版. 北京：中国农业出版社.
武维华. 2008. 植物生理学[M]. 2 版. 北京：科学出版社.
张继澍. 2006. 植物生理学[M]. 北京：高等教育出版社.

第 4 章

植物的呼吸作用

知识导图

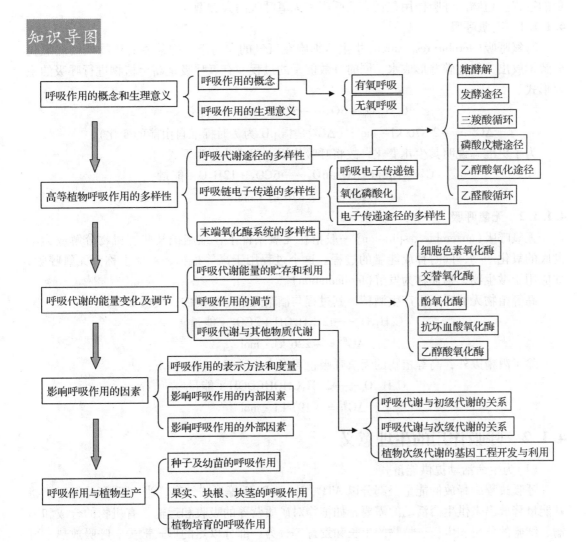

植物的一个重要特征就是新陈代谢(metabolism)，它包括许多物质与能量的同化(assimilation)与异化(disassimilation)过程。呼吸作用是将植物体内的物质不断分解的过程，是新陈代谢的异化作用方面。呼吸释放的能量供给植物各种生理活动的需要，呼吸的中间代谢产物在植物体各主要物质之间的转变起着枢纽作用。因此，了解植物呼吸作用的规律，对于调控其生长发育，指导农业生产有着重要的理论和现实意义。

4.1 呼吸作用的概念及生理意义

4.1.1 呼吸作用的概念

呼吸作用(respiration)是指生物体内的有机物质，通过氧化还原而产生 CO_2 同时释放能量的过程。植物的呼吸作用包括有氧呼吸和无氧呼吸两大类型。

4.1.1.1 有氧呼吸

有氧呼吸(aerobic respiration)指生活细胞在氧气的参与下，把某些有机物质彻底氧化分解，放出二氧化碳并形成水，同时释放能量的过程。有氧呼吸是高等植物进行呼吸的主要形式。

$$C_6H_{12}O_6 + 6O_2 \longrightarrow 6CO_2 + 6H_2O + 能量$$

$$\Delta G^{\theta'} = -2\,870 \text{ kJ} \cdot \text{mol}^{-1} \quad (\Delta G^{\theta'} 是指 pH 为 7 时标准自由能的变化)$$

为了更准确说明其生化变化，故将呼吸作用方程式改写为下式：

$$C_6H_{12}O_6 + 6H_2O + 6O_2 \longrightarrow 6CO_2 + 12H_2O + 能量$$

$$\Delta G^{\theta'} = -2\,870 \text{ kJ} \cdot \text{mol}^{-1}$$

4.1.1.2 无氧呼吸

无氧呼吸(anaerobic respiration)一般指在无氧条件下，细胞把某些有机物分解成为不彻底的氧化产物，同时释放能量的过程。这个过程用于高等植物，习惯上称为无氧呼吸，如应用于微生物，则惯称为发酵(fermentation)。

高等植物无氧呼吸可产生酒精，其过程与酒精发酵是相同的，反应如下：

$$C_6H_{12}O_6 \longrightarrow 2C_2H_5OH + 2CO_2 + 能量$$

$$\Delta G^{\theta'} = -226 \text{ kJ} \cdot \text{mol}^{-1}$$

除了酒精以外，高等植物的无氧呼吸也可以产生乳酸，反应如下：

$$C_6H_{12}O_6 \longrightarrow 2CH_3CHOHCOOH + 能量$$

$$\Delta G^{\theta'} = -197 \text{ kJ} \cdot \text{mol}^{-1}$$

4.1.2 呼吸作用的生理意义

(1) 为生命活动提供能量

呼吸过程中释放的能量一部分以 ATP、NAD(P)H 等形式储存，当 ATP 等分解时，将其能量释放出来供生命活动的需要，如植物对矿质营养的吸收和运输、有机物的合成和运输、细胞的分裂和生长、植物的生长和发育等；另一部分以热的形式散失。呼吸放热，可提高植物体温,有利于植物的幼苗生长、开花传粉、受精等。

(2) 为重要有机物质提供合成原料

呼吸过程中产生一系列中间产物,其中有一些中间产物化学性质十分活跃,如丙酮酸、α-酮戊二酸、苹果酸、磷酸甘油醛等,可作为合成糖类、脂肪、氨基酸、蛋白质、酶、核酸、色素、激素及维生素等各种细胞结构物质、生理活性物质及次级代谢物的原料。

(3) 为代谢活动提供还原力

在呼吸过程中形成的 NADH、NAD(P)H、UQH_2 等可为脂肪、蛋白质生物合成、硝酸盐还原等过程提供还原力。

(4) 增强植物抗病免疫能力

植物受伤或受到病菌侵害时呼吸速率升高,加速木质化和木栓化,促进伤口愈合,以减少病菌的侵害。呼吸作用加强还可促进具有杀菌作用的绿原酸、咖啡酸等物质的合成,以增强植物的免疫力。

4.2 高等植物呼吸作用的多样性

4.2.1 呼吸代谢途径的多样性

高等植物呼吸代谢过程中糖的分解途径有：糖酵解、酒精发酵或乳酸发酵、三羧酸循环、磷酸戊糖途径、乙醛酸循环和乙醇酸氧化途径(图4-1)。

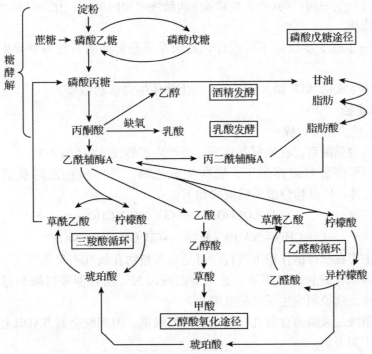

图 4-1　植物体内主要呼吸代谢途径相互关系示意(引自李合生,2013)

植物体内的这些化学途径并不是同等运行的，随着植物种类、发育时期、生理状态和环境条件的不同而有很大的差异。各途径间既分工又合作，构成不同的代谢类型，执行不同的生理功能。在正常情况下以及在幼嫩的部位，生长旺盛的组织中均是三羧酸循环途径占主要地位；在缺氧条件下，植物体内积累丙酮酸进行无氧呼吸；而在衰老、感病、受旱、受伤的组织中，则戊糖磷酸途径加强；富含脂肪的油料种子在吸水萌发过程中，则会通过乙醛酸循环将脂肪酸转变为糖；水稻根系在淹水条件下则有乙醇酸氧化途径运行。

4.2.1.1 糖酵解

己糖在无氧状态或有氧状态下均能分解成丙酮酸的过程，称为糖酵解（glycolysis）。糖酵解亦称为EMP途径（EMP pathway），以纪念对这方面工作贡献较大的三位德国生物化学家Embden，Meyerhof和Parnas。糖酵解普遍存在于动物、植物和微生物的细胞中，是在细胞质中进行的。植物中虽然糖酵解部分反应可以在质体或叶绿体中进行，但不能完成全过程。糖酵解过程中的氧化分解没有分子氧参与，它所需的氧是来自组织内的含氧物质，即水分子和被氧化的糖分子，因此糖酵解也称为分子内呼吸（intromolecular respiration）。

（1）糖酵解的化学过程

糖酵解的过程先是己糖的活化，即将果糖活化为果糖-1，6-二磷酸；然后己糖磷酸裂解为2分子丙糖磷酸，丙糖磷酸之间可以相互转化；最后丙糖磷酸形成丙酮酸，并伴随ATP和$NADH+H^+$的生成（图4-2）。

以葡萄糖为呼吸底物，糖酵解的反应式如下：

$$C_6H_{12}O_6 + 2NAD^+ + 2ADP + 2Pi \longrightarrow 2CH_3COCOOH + 2NADH + 2H^+ + 2ATP + 2H_2O$$

（2）糖酵解的生理意义

①糖酵解普遍存在于动物、植物和微生物中，是有氧呼吸和无氧呼吸的共同途径。

②糖酵解的一些中间产物（如丙糖磷酸）和最终产物丙酮酸，化学性质十分活跃，可以转化成不同的物质。

③糖酵解除了有3步反应不可逆外，其余反应是可逆的，它为糖异生作用提供基本途径。

④糖酵解中生成的ATP和NADH，可供生物体生命活动需要。

4.2.1.2 发酵途径

（1）发酵途径的化学过程

糖酵解形成丙酮酸后，在缺氧条件下，会产生乙醇或乳酸（图4-2）。

丙酮酸在丙酮酸脱羧酶作用下，脱羧生成乙醛，进一步在乙醛脱氢酶作用下，被NADH还原为乙醇，即酒精发酵。反应式如下：

$$CH_3COCOOH \longrightarrow CO_2 + CH_3CHO$$

$$CH_3CHO + NADH + H^+ \longrightarrow CH_3CH_2OH + NAD^+$$

酒精发酵主要在酵母菌作用下进行，可是高等植物在氧气不足条件下，也会进行酒精发酵。例如，体积大的甘薯、苹果、香蕉等贮藏过久，稻谷催芽时堆积过厚又不及时翻动，便会有酒味，这说明发生了酒精发酵。

在缺少丙酮酸脱羧酶而含有乳酸脱氢酶的组织里，丙酮酸会被NADH还原为乳酸。乳酸发酵的反应式如下：

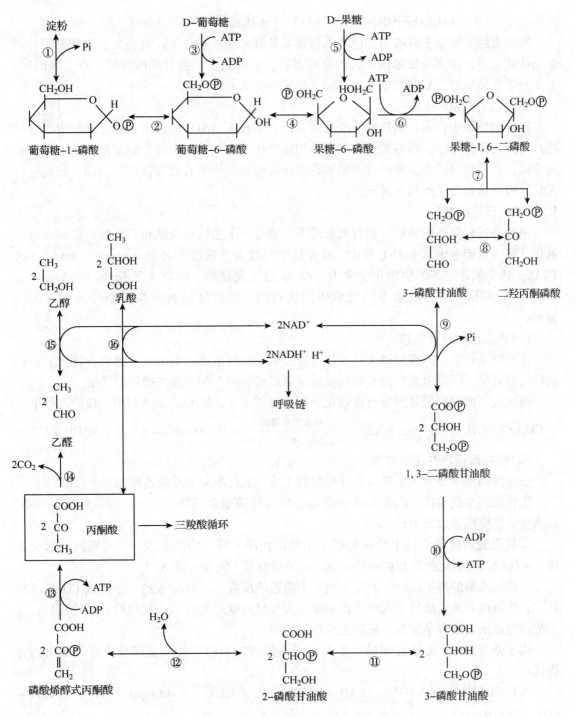

图 4-2 糖酵解途径的反应过程(引自潘瑞炽等, 2004)

参加上述反应的各种酶: ①淀粉磷酸化酶; ②磷酸葡萄糖变位酶; ③己糖激酶; ④磷酸葡萄糖异构酶; ⑤磷酸果糖激酶; ⑥磷酸果糖激酶; ⑦醛缩酶; ⑧磷酸丙糖异构酶; ⑨磷酸甘油醛脱氢酶; ⑩磷酸甘油酸激酶; ⑪磷酸甘油酸变位酶; ⑫烯醇酶; ⑬丙酮酸激酶; ⑭丙酮酸脱羧酶; ⑮乙醇脱氢酶; ⑯乳酸脱氢酶

$$CH_3COCOOH + NADH + H^+ \longrightarrow CH_3CHOHCOOH + NAD^+$$

乳酸发酵多发生于乳酸菌，但高等植物在低氧或缺氧条件下，也会发生乳酸发酵，例如马铃薯块茎、甜菜块根等体积大的延存器官，贮藏久了，会有乳酸发酵，产生乳酸味。玉米种子在缺氧时，初期发生乳酸发酵，后来转变为酒精发酵。

(2) 发酵途径的意义

在发酵作用中，通过酒精发酵或乳酸发酵，实现了 NAD^+ 的再生，使糖酵解得以继续进行。但发酵作用中，葡萄糖分子没有被彻底氧化分解，只有少部分能量被释放，能量利用率低，有机物损耗大，其产物酒精和乳酸还对细胞原生质有毒害作用。因此，长期进行无氧呼吸的植物会受到伤害甚至死亡。

4.2.1.3 三羧酸循环

糖酵解进行到丙酮酸后，在有氧条件下，通过一个包括三羧酸和二羧酸的循环而逐步氧化分解，直到形成水和 CO_2 为止，故称这个过程为三羧酸循环(tricarboxylic acid cycle，TCA)，这个循环是英国生物化学家 H. Krebs 首先发现的，所以又名 Krebs 环(Krebs cycle)。三羧酸循环是在细胞中的线粒体内进行的，线粒体具有三羧酸循环各反应的全部酶。

(1) 丙酮酸的氧化脱羧

在有氧条件下，丙酮酸进入线粒体，通过氧化脱羧生成乙酰CoA，然后再进入三羧酸循环彻底分解。因而丙酮酸的氧化脱羧反应是连接糖酵解和三羧酸循环的桥梁。

丙酮酸在丙酮酸脱氢酶复合体催化下氧化脱羧生成乙酰CoA和NADH，反应式如下：

$$CH_3COCOOH + CoA-SH + NAD^+ \xrightarrow[\text{硫辛酸、Mg}^{2+}\text{、FAD}]{\text{硫胺素焦磷酸}} CH_3CO\sim SCoA + CO_2 + NADH + H^+$$

(2) 三羧酸循环的化学过程

三羧酸循环可分为3个阶段：柠檬酸的生成、氧化脱羧和草酰乙酸的再生(图4-3)。

①柠檬酸生成阶段　乙酰CoA和草酰乙酸在柠檬酸合成酶催化下，形成柠檬酰CoA，加水生成柠檬酸并放出 HS—CoA。

②氧化脱羧阶段　这个阶段包括4个反应，即异柠檬酸的形成、异柠檬酸的氧化脱羧、α-酮戊二酸氧化脱羧和琥珀酸生成，此阶段释放 CO_2 并合成ATP。

③草酰乙酸的再生阶段　通过上述2个阶段的反应，乙酰CoA的两个碳以 CO_2 形式释放了，四碳的草酰乙酸转变成四碳琥珀酸。为保证后续的乙酰CoA能继续被氧化脱羧，琥珀酸经过延胡索酸和苹果酸，最后生成草酰乙酸。

由于糖酵解中1分子葡萄糖产生2分子丙酮酸，所以三羧酸循环反应可写成下列方程式：

$$2CH_3COCOOH + 8NAD^+ + 2FAD + 2ADP + 2Pi + 4H_2O \longrightarrow 6CO_2 + 2ATP + 8NADH + 8H^+ + 2FADH_2$$

(3) 三羧酸循环的生理意义

①三羧酸循环形成大量ATP，为植物生命活动提供能量。

②乙酰辅酶A不仅是糖代谢的中间产物，同时也是脂肪酸和某些氨基酸的代谢产物，因此三羧酸循环是糖类、脂质和蛋白质三大类有机物质氧化代谢的共同途径。

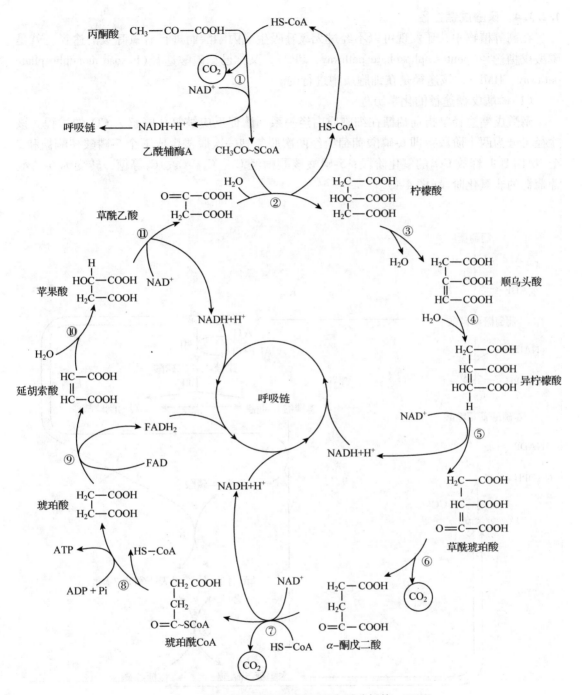

图 4-3 三羧酸循环的反应过程(引自潘瑞炽等,2007)

除①、②、⑦、⑧反应外,其他反应均是可逆的。参与上述反应的各种酶:①丙酮酸脱氢酶(多酶复合体);②柠檬酸合成酶(亦称缩合酶);③、④顺乌头酸酶;⑤异柠檬酸脱氢酶;⑥脱羧酶;⑦α-酮戊二酸脱氢酶(多酶复合体);⑧琥珀酸硫激酶;⑨琥珀酸脱氢酶;⑩延胡索酸酶;⑪苹果酸脱氢酶

4.2.1.4 磷酸戊糖途径

在高等植物中,还发现可以不经过无氧呼吸生成丙酮酸而进行有氧呼吸的途径,就是磷酸戊糖途径(pentose phosphate pathway,PPP),又称己糖磷酸途径(hexose monophosphate pathway,HMP),该途径是在细胞质中进行的。

(1) 磷酸戊糖途径的化学历程

磷酸戊糖途径是指葡萄糖在细胞质内经一系列酶促反应被氧化降解为 CO_2 的过程。该途径可分为两个阶段:即 6-磷酸葡萄糖经两次脱氢和一次脱羧生成 1 个 5-磷酸核酮糖和 2 个 NADPH 并释放 CO_2 的氧化阶段;5-磷酸核酮糖经 C_3、C_4、C_5、C_7 等糖,转变为 6-磷酸葡萄糖的非氧化阶段(图 4-4)。

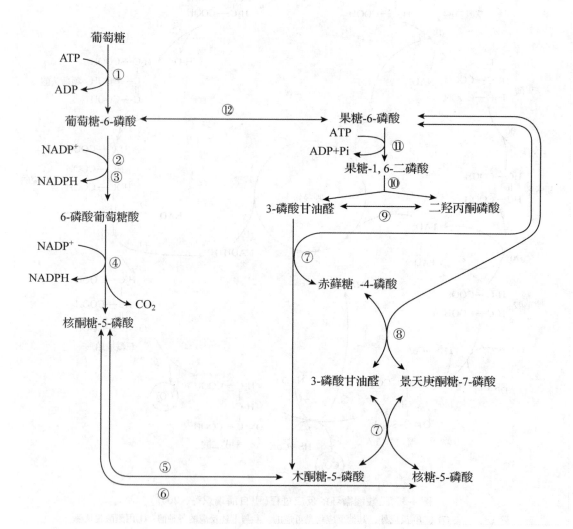

图 4-4　磷酸戊糖途径的反应过程(引自潘瑞炽等,2004)

参与上述反应的各种酶:①己糖激酶;②葡萄糖-6-磷酸脱氢酶;③葡糖酸-6-磷酸内酯酶;④葡糖酸磷酸脱氢酶;
⑤核酮糖磷酸异构酶;⑥核糖磷酸异构酶;⑦转酮醇酶;⑧转醛醇酶;⑨丙糖磷酸异构酶;⑩醛缩酶;
⑪磷酸果糖激酶;⑫己糖磷酸异构酶

磷酸戊糖途径总的反应是：

$$6G6P + 12NADP^+ + 7H_2O \longrightarrow 5G6P + 6CO_2 + 12NADPH + 12H^+ + Pi$$

（2）磷酸戊糖途径的生理意义

①磷酸戊糖途径产生大量 NADPH，为细胞各种合成反应提供主要的还原力。

②磷酸戊糖途径的中间产物为许多重要化合物合成提供原料。

③磷酸戊糖途径己糖重组阶段的一系列中间产物及酶，与光合作用中卡尔文循环的大多数中间产物和酶相同，所以戊糖磷酸途径可与光合作用联系起来。

4.2.1.5 乙醛酸循环

油料种子在发芽过程中，细胞中出现许多乙醛酸体，将贮藏脂肪水解为甘油和脂肪酸。脂肪酸经 β-氧化分解为乙酰 CoA，在乙醛酸体内生成琥珀酸、乙醛酸、苹果酸和草酰乙酸的酶促反应过程，称为乙醛酸循环（glyoxlic acid cycle，GAC），素有"脂肪呼吸"之称。该途径中产生的琥珀酸可转化为糖。淀粉种子萌发时不发生乙醛酸循环。可见，乙醛酸循环是富含脂肪的油料种子所特有的一种呼吸代谢途径。

4.2.1.6 乙醇酸氧化途径

乙醇酸氧化途径（glycolic acid oxidate pathway，GAP）是水稻根系特有的糖降解途径。它的主要特征是具有关键酶—乙醇酸氧化酶（glycolate oxidase）。水稻一直生活在供氧不足的淹水条件下，当根际土壤存在某些还原性物质时，水稻根中的部分乙酰 CoA 不进入 TCA 循环，而是形成乙酸，然后，乙酸在乙醇酸氧化酶及多种酶类催化下依次形成乙醇酸、乙醛酸、草酸、甲酸及 CO_2，并且每次氧化均形成 H_2O_2，而 H_2O_2 又在过氧化氢酶（catalase，CAT）催化下分解释放氧，可氧化水稻根系周围的各种还原性物质（如 H_2S、Fe^{2+} 等），从而抑制土壤中还原性物质对水稻根的毒害，以保证根系旺盛的生理机能，使水稻能在还原条件下的水田中正常生长发育。

4.2.2 呼吸链电子传递的多样性

糖分解过程中释放出的能量，只有一小部分经过底物水平的磷酸化作用转化到 ATP 中，绝大部分能量仍存在于 NADH、NADPH、$FADH_2$ 中，需要经过线粒体内膜上的电子传递才能释放，释放的能量一部分以热能形式散失，另一部分则通过氧化磷酸化作用储存在 ATP 中，以满足生命活动需要。

4.2.2.1 呼吸电子传递链

呼吸链电子传递链（electron transport chain）简称呼吸链（respiratory chain），就是呼吸代谢中间产物的电子和质子，沿着一系列有顺序的电子传递体组成的电子传递途径，传递到分子氧的总过程。植物线粒体的电子传递链位于线粒体的内膜上，由 5 种蛋白复合体（protein complex）组成（图4-5）。

①复合体 I

复合体 I 也称 NADH 脱氢酶（NADH dehydrogenase），由结合紧密的辅因子 FMN（黄素单核苷酸）和几个 Fe-S 中心组成，其作用是将线粒体基质中 $NADH + H^+$ 的 4 个质子泵到膜间间隙，同时经过 Fe-S 中心将电子传给泛醌（UQ 或 Q）转化为 UQH_2。

②复合体Ⅱ

复合体Ⅱ又叫琥珀酸脱氢酶(succinate dehydrogenase),由 FAD(黄素腺嘌呤二核苷酸)和 3 个 Fe-S 中心组成。它的功能是催化琥珀酸氧化为延胡索酸,并把 H^+ 转移到 UQ 生成 UQH_2。此复合体不泵出质子。

③复合体Ⅲ

复合体Ⅲ又称细胞色素 bc_1 复合体(cytochrome bc_1 complex),由 2 个 Cytb($Cytb_{565}$ 和 $Cytb_{560}$)、1 个 Fe-S 中心和 1 个 $Cytc_1$ 组成。它的功能是催化 UQ 生成 UQH_2,UQH_2 把电子最后传到 Cytc,Cytc 是小蛋白体,在复合体Ⅲ和Ⅳ之间传递电子。此复合体泵出 4 个质子到膜间间隙。

④复合体Ⅳ

复合体Ⅳ又称细胞色素 c 氧化酶(cytochrome c oxidase),含 2 个铜中心(Cu_A 和 Cu_B),Cyta 和 $Cyta_3$。复合体Ⅳ是末端氧化酶,把 Cytc 的电子传给 O_2,激发 O_2 并与基质中的 H^+ 结合形成 H_2O,每传递一对电子可将 2 个质子泵出基质。

⑤复合体Ⅴ

复合体Ⅴ又称 ATP 合酶(ATP synthase),由 F_0 和 F_1 两部分组成,所以亦称为 F_0F_1-ATP 合酶,它能催化 ADP 和 Pi 转变为 ATP。

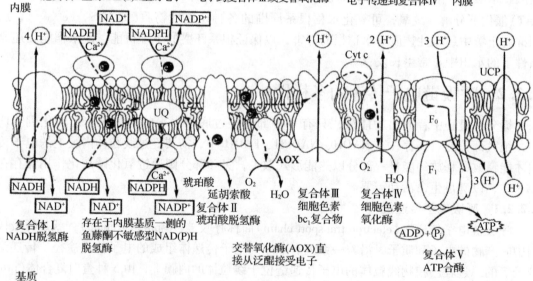

图 4-5 线粒体内膜上分布的 5 个复合体(引自 Taiz 和 Zeiger, 2010)

4.2.2.2 氧化磷酸化

在生物氧化过程中,电子经过线粒体的电子传递链传递到 O_2,伴随 ATP 合酶催化,使 ADP 和磷酸合成 ATP 的过程,称为氧化磷酸化作用(oxidative phosphorylation)。

关于氧化和磷酸化的偶联机理,目前被人们普遍接受的是 P. Mitchell 提出的化学渗透假说(chemiosmotic hypothesis)。线粒体基质的 NADH 传递电子给 O_2 的同时,也 3 次把基质的 H^+ 释放到膜间间隙。由于内膜不让泵出的 H^+ 自由地返回基质。因此膜外侧 H^+ 高于膜内侧而形成跨膜 pH 梯度(ΔpH),同时也产生跨膜电位梯度(ΔE),这两种梯度便建立起跨膜质子的电化学势梯度($\Delta \mu H^+$),于是使膜间间隙的 H^+ 通过并激活 F_0F_1-ATP 合酶(即复合体V),驱动 ADP 和 Pi 结合形成 ATP(图 4-5)。

磷/氧比(ADP/O ratio)是线粒体氧化磷酸化活力的一个重要指标,它是指氧化磷酸化中每消耗 1 mol O_2 时合成的 ATP 摩尔数。线粒体的电子传递有 3 个储存能量的位置,即复合体 Ⅰ、Ⅲ、Ⅳ。氧化磷酸化生成 ADP 的数目依赖于电子供体的性质。根据离体测定,内(基质)NADH 的 ADP/O 比是 2.4~2.7,琥珀酸和外 NADH 的 ADP/O 比是 1.6~1.8。

4.2.2.3 电子传递途径的多样性

(1)细胞色素系统途径

线粒体基质中 NADH 和 $FADH_2$ 氧化时产生的电子,经过一系列电子传递体传递,最终经细胞色素氧化酶交给氧,形成水。它是细胞色素呼吸电子传递链的主路。NADH 电子传递途径通过了酶复合体 Ⅰ、Ⅲ、Ⅳ,该途径受鱼藤酮、抗霉素 A 和氰化物抑制。$FADH_2$ 电子传递途径绕过了酶复合体 Ⅰ,该途径不受鱼藤酮抑制,受抗霉素 A 和氰化物抑制。

(2)内 NAD(P)H 支路

植物细胞线粒体内膜内侧还存在一种对鱼藤酮不敏感的 NAD(P)H 脱氢酶,氧化从"苹果酸穿梭"产生的 NAD(P)H。该电子传递途径绕过了酶复合体 Ⅰ,电子从 UQ 处进入电子传递链,该途径被看做酶复合体 Ⅰ 超负荷运转时分流电子的一条支路。

(3)外 NAD(P)H 支路

这是另一条细胞色素呼吸电子传递链的支路。NAD(P)H 脱氢酶位于线粒体内膜外侧,为植物细胞线粒体所特有。该酶活性依赖 Ca^{2+},本身无泵 H^+ 跨膜功能,催化来源于细胞质 NAD(P)H 的氧化,电子由 UQ 处进入电子传递链。该途径绕过了酶复合体 Ⅰ,不受鱼藤酮抑制,受抗霉素 A 和氰化物抑制。

(4)交替途径

交替途径(alternative pathway,AP)是植物细胞线粒体中存在的一条对氰化物不敏感的电子传递途径,故又称抗氰支路(cyanide-resistant shunt)。这是一条细胞色素呼吸链之外的电子传递途径。电子自 NADH 脱下来后,经 FMN→Fe→S 传递到 UQ,然后从 UQ 传递给一种黄素蛋白,再经交替氧化酶传递给分子氧。电子传递途径通过了酶复合体 Ⅰ,绕过了酶复合体 Ⅱ、Ⅳ,电子传递释放出的能量,主要以热能形式散失。该途径被鱼藤酮抑制,不受抗霉素 A 和氰化物抑制。

4.2.3 末端氧化酶系统的多样性

末端氧化酶(terminal oxidase)是把底物的电子通过电子传递系统最后传递给分子氧并形成 H_2O 或 H_2O_2 的酶类。由于这类酶所起的作用是在生物氧化的末端,故称为末端氧化酶。这类酶有的存在于线粒体内,本身就是电子传递链的成员,如细胞色素氧化酶和交替氧化酶;有的存在于细胞质或其他细胞器中,如抗坏血酸氧化酶、多酚氧化酶、乙醇酸氧化酶等(图 4-6)。

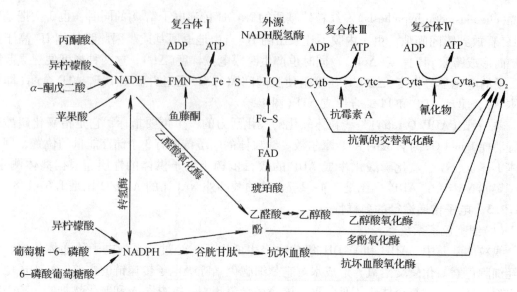

图 4-6 植物体内多种呼吸电子传递途径和末端氧化酶示意(引自薛应龙，1987)

(1) 细胞色素氧化酶

细胞色素氧化酶(即复合体Ⅳ)是植物体内最主要的末端氧化酶，承担细胞内约 80% 的耗 O_2 量。它在幼嫩组织中较活跃，在某些成熟组织中活性比较小。该酶与氧的亲和力最高，易受氰化物、CO 和氮叠化物的抑制。

(2) 交替氧化酶

交替途径的末端氧化酶是交替氧化酶(alternative oxidase)，在氰化物存在下，某些植物呼吸不受抑制，所以也把这种呼吸称为抗氰呼吸(cyanide-resistant respiration)。该酶被水杨基氧肟酸(salicylhy droxamic acid，SHAM)抑制。

在高等植物中，抗氰呼吸是广泛存在的，如睡莲科和天南星科海芋属的花粉，玉米、豌豆和绿豆的种子，马铃薯的块茎，木薯和胡萝卜的块根及桦树的菌根等。抗氰呼吸对植物体的生理意义如下：一是放热增温，如天南星科植物等在早春开花时，抗氰呼吸的放热使花蕊内的温度比环境温度高 1~20℃，这种延续较长时间的放热保证了花序的发育及授粉、受精作用的进行；二是作为能量溢流机制，即当呼吸链被糖酵解及柠檬酸循环产生的氢过量还原时，抗氰呼吸能溢流呼吸链中的过多电子；三是增强抗逆性，植物遇到逆境(缺磷、冷害、渗透调节等)时，会抑制线粒体的呼吸，交替途径从电子传递链送出电子，会阻制 UQ 库电位过度产出，减少胁迫对植物的不利影响。

(3) 酚氧化酶

酚氧化酶(phenol oxidase)是含铜的酶。在正常情况下，酚氧化酶和底物在细胞质中是分隔开的。当细胞受轻微破坏或组织衰老时，酚氧化酶就释放出来和底物(酚)接触，发生反应，将酚氧化成棕褐色的醌。醌对微生物有毒，可防止植物感染，与抗病有一定的关系。植物体内比较重要的酚氧化酶有单酚氧化酶(monophenol oxidase，亦称酪氨酸酶，tyrosinase)和多酚氧化酶(polyphenol oxidase，亦称儿茶酚氧化酶，catechol oxidase)。

酚氧化酶在植物体内普遍存在。马铃薯块茎、苹果果实以及茶叶、烟叶的氧化酶主要是多酚氧化酶。

(4) 抗坏血酸氧化酶

抗坏血酸氧化酶(ascorbic acid oxidase)也是一种含铜的氧化酶。它可以催化抗坏血酸的氧化。抗坏血酸氧化酶在植物中普遍存在，其中以蔬菜和果实(特别是葫芦科果实)中较多。这种酶与植物的受精过程有密切关系，并且有利于胚珠的发育。

(5) 乙醇酸氧化酶

乙醇酸氧化酶(glycolate oxidase)是一种黄素蛋白，不含金属，存在于过氧化物酶体中，是光呼吸的末端氧化酶，催化乙醇酸氧化为乙醛酸，并产生 H_2O_2，与甘氨酸生成有关。该酶与 O_2 的亲和力极低，不受氰化物和 CO 的抑制。

由上可知，植物呼吸代谢具有多样性，它表现在呼吸途径的多样性(EMP、TCA 和 PPP 等)、呼吸链电子传递系统的多样性(电子传递主路、几条支路和交替途径)、末端氧化酶的多样性(细胞色素 C 氧化酶、交替氧化酶、酚氧化酶、抗坏血酸氧化酶和乙醇酸氧化酶)。这些多样性，是植物在长期进化过程中对不断变化的环境的适应表现。汤佩松1965 年曾提出"呼吸代谢(对生理功能)的控制和被控制(酶活性)"的观点，他认为，植物代谢的多条途径和类型不是一成不变的，它是通过基因调节酶活性来控制的，代谢的改变又调节着生理功能；反过来，功能的改变又在一定程度上调节着代谢；并且在一定范围内，这个代谢的控制与被控制过程，受到生长发育和不同环境条件的影响。

4.3 呼吸代谢的能量变化及调节

4.3.1 呼吸代谢能量的储存和利用

4.3.1.1 呼吸代谢能量的储存

呼吸作用放出的能量，一部分以热的形式散失于环境中，其余部分则以高能键的形式储存起来。植物体内的高能键主要是高能磷酸键，其次是硫酯键。

高能磷酸键中以三磷酸腺苷(adenosine triphosphate, ATP)中的高能磷酸键最重要。生成 ATP 的方式有两种：一是氧化磷酸化，占大部分；二是底物水平磷酸化作用(substrate-level phosphorylation)，仅占一小部分。氧化磷酸化是在线粒体内膜上的呼吸链中进行，需要 O_2 参加。底物水平磷酸化是在胞质溶胶和线粒体基质中进行的，没有 O_2 参加，只需要代谢物脱氢(或脱水)，其分子内部所含的能量重新分布，即可生成高能键，接着高能磷酸基转移到 ADP 上，生成 ATP。

硫酯键可通过底物氧化脱羧生成，并可转化成高能磷酸键生成 ATP。像 TCA 循环中，α-酮戊二酸氧化脱羧生成的琥珀酰 CoA 中，具有高能硫酯键，然后在琥珀酰 CoA 硫激酶作用下，硫酯键断裂释放能量，由鸟苷二磷酸(GDP)接受，再通过鸟苷三磷酸(GTP)传递给 ADP 生成 ATP。

4.3.1.2 呼吸代谢能量的利用

从呼吸作用的能量利用效率来看，真核细胞中 1 mol 葡萄糖在 pH 值为 7 的标准条件下经 EMP-TCA 循环 – 呼吸链彻底氧化，标准自由能变化为 2 870 kJ，而 1mol ATP 水解时，其末端高能磷酸键(~P)可释放能量为 30.5 kJ，36 mol ATP 释放的能量为 30.5 kJ × 36 = 1 098 kJ，因此，高等植物和真菌中葡萄糖经 EMP-TCA 循环 – 呼吸链进行有氧呼吸时，能量利用效率为 1 098/2 870 × 100% = 38.26%，其余的 61.74% 则以热的形式散失了。

对原核生物来说，EMP 中形成的 2 mol NADH 可直接经氧化磷酸化生成 6 mol ATP，因此，1mol 葡萄糖的彻底氧化共生成 38 mol ATP，其能量利用效率为 (30.5 × 38/2 870) × 100% = 40.39%，比真核细胞要高一些。

4.3.2　呼吸作用的调节

呼吸作用调节是植物物质与能量代谢的枢纽，与植物生长发育关系密切。一般生长发育旺盛的组织或器官，呼吸作用较强；停止生长或进入休眠状态的器官呼吸作用较弱。植物呼吸作用的调节，主要是对参与呼吸代谢过程的酶进行调节。

4.3.2.1　糖酵解的调节

糖酵解的调节酶是磷酸果糖激酶和丙酮酸激酶。在有氧条件下酒精发酵会受到抑制，这种现象被称为"巴斯德效应"(Pasteur effect)。对这种效应的解释，正好说明糖酵解的调节机理(图 4-7)。

当植物组织从氮气转移到空气中时，三羧酸循环和生物氧化顺利进行，产生较多的 ATP 和柠檬酸，降低 ADP 和 Pi 的水平。ATP 和柠檬酸是负效应物，抑制磷酸果糖激酶和丙酮酸激酶的活性，糖类分解就慢，糖酵解速度也缓慢。由于丙酮酸激酶活性下降，所以积累较多磷酸烯醇式丙酮酸；加之烯醇酶和磷酸甘油酸变位酶催化的反应是可逆的，故增加 2-磷酸甘油酸和 3-磷酸甘油酸的水平，于是抑制磷酸果糖激酶的活性。

当组织从有氧条件下转放到无氧条件下，代谢调控作用刚好相反，氧化代谢受抑制，柠檬酸和 ATP 合成减少，积累较多 ADP 和 Pi，Pi 作为磷酸果糖激酶的正效应物，而 ADP 则作为底物参与丙酮酸激酶的反应，所以促进磷酸果糖激酶和丙酮酸激酶的活性，糖酵解的速度加快。

由此可见，通过氧调节细胞内柠檬酸、ATP、ADP 和 Pi 的水平，从而调节

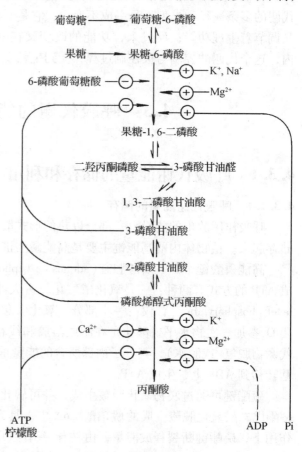

图 4-7　糖酵解的调节
⊕ 正效应物(positive effector)；⊖ 负效应物(negative effector)；
ADP 作为底物参与，以虚线表示

控制糖酵解的速度，使之保持在恰当的水平上。当氧气缺乏时，糖酵解旺盛，释放较多CO_2；氧气渐增时，糖酵解较慢，CO_2释放量减少。氧分子的体积分数在3%~4%时为基点，过高或过低都会使呼吸速率提高。人们利用这个效应，在贮藏苹果等时，调节外界氧浓度使有氧呼吸减至最低限度，但不刺激糖酵解，果实中的糖类等分解得最慢，有利于贮藏。

4.3.2.2 丙酮酸有氧分解的调节

催化丙酮酸氧化脱羧的丙酮酸脱氢酶是丙酮酸有氧分解的最重要的关键酶（图4-8），其活性受CoA和NAD^+的促进，而受乙酰-CoA和NADH的抑制。当ATP浓度高时该酶会被磷酸化而失活，而丙酮酸浓度高时，则会降低该酶的磷酸化程度，提高酶活性，从而加速TCA循环的进行。柠檬酸多时，会减慢TCA循环的运转。在TCA循环中，NADH和ATP对异柠檬酸脱氢酶、苹果酸脱氢酶等的活性均有抑制作用，而NAD^+、ADP有激活作用。琥珀酰CoA对α-酮戊二酸脱氢酶有抑制作用，AMP对其有促进作用。α-酮戊二酸脱氢酶对异柠檬酸脱氢酶的抑制和草酰乙酸对苹果酸脱氢酶的抑制则属于终点产物的反馈调节（图4-8）。

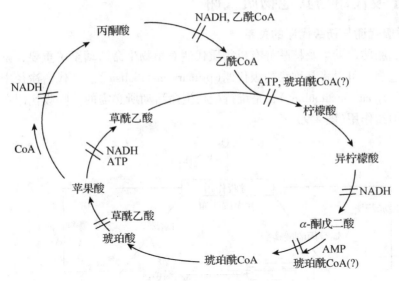

图4-8　三羧酸循环的调节部位和效应物
⊕正效应物　⊖负效应物

4.3.2.3 磷酸戊糖途径的调节

6-磷酸葡萄糖脱氢酶是PPP的关键酶，受NADPH的抑制。当NADPH被氧化利用，生成较多的$NADP^+$时，会促进PPP进行。NADPH也抑制6-磷酸葡萄糖酸脱氢酶的活性。植物受旱、受伤、衰老及种子成熟过程中PPP都明显加强，在总呼吸中所占比例也加大。

4.3.2.4 电子传递途径的调节

植物体内呼吸代谢中两条主要电子传递途径，即细胞色素途径（CP）与交替途径（AP），这两者之间可通过协调方式适应环境变化和发育进程的需要。例如，乌杜百合开花产热时剧烈增加的AP伴随着CP几乎完全丧失，这可以满足细胞代谢活动的要求，有利于传粉、受精。实验证明,天南星科佛焰花序开花时,AP 的诱导物是内源水杨酸(salicylic acid,SA),外源 SA 也可诱导 AP 的运行,同时诱导交替氧化酶基因的提前表达。当植物缺磷时,底物脱下的氢原子会经 UQ 进入 AP,CP 受阻,磷酸化作用受到抑制,这也是一种适应表现。

4.3.2.5 能荷调节

所谓"能荷"(energy charge,EC)指的是细胞中腺苷酸系统地能量状态。能荷是对 ATP-ADP-AMP 系统中可利用高能磷酸键的度量。能荷可用下式表示:

$$能荷 = \frac{[ATP] + 1/2[ADP]}{[ATP] + [ADP] + [AMP]}$$

生活细胞中的能荷一般稳定为 0.75~0.95,当能荷变小时,ADP、Pi 相对增多时,会相应地启动、活化 ATP 的合成反应,呼吸代谢受到促进;反之,当能荷变大时,ATP 相对增多,则 ATP 合成反应减慢,ATP 利用反应就会加强,植物呼吸代谢就会相应受到抑制。前述 EMP、TCA 循环及 PPP 中有多种酶受到 ADP 或 ATP 的促进或抑制。

4.3.3 呼吸代谢与其他物质代谢

4.3.3.1 呼吸代谢与初级代谢的关系

蛋白质、脂肪、糖类及核酸等有机物质代谢对植物生命活动至关重要,是细胞中共有的物质代谢过程,可以将其称为初级代谢(primary metabolism)。其代谢途径中的物质称为初级代谢物(primary metabolites),是维持植物生命活动所必需的。呼吸代谢在植物的初级代谢中起着枢纽作用(图 4-9)。

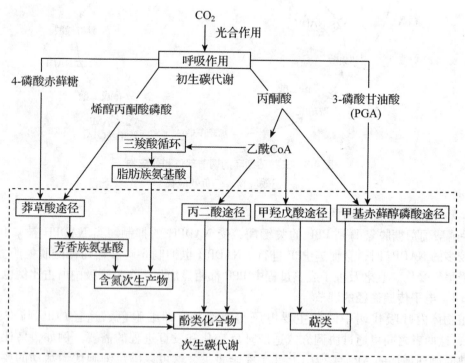

图 4-9 呼吸代谢与植物初级及次级代谢关系模式图(引自 Gershenzon,2002)

(1) 呼吸代谢与蛋白质代谢

呼吸代谢中的有机酮酸通过加氨作用，形成谷氨酸和天冬氨酸，再在转氨酶催化下通过转氨作用及其他转化作用形成多种多样的氨基酸，进而合成各种蛋白质。其中，色氨酸可以合成植物激素 3-吲哚乙酸，甲硫氨酸可以合成乙烯。

(2) 呼吸代谢与脂肪代谢

脂肪降解过程中所形成的甘油可经脱氢氧化形成磷酸丙糖，再经糖酵解转变成蔗糖或经丙酮酸进入 TCA 循环——呼吸链彻底氧化生成 H_2O 和 CO_2；脂肪降解的另一产物脂肪酸则经 β-氧化方式反复形成乙酰 CoA，再参与乙醛酸循环、TCA 循环及葡萄糖异生途径（gluconeogenic pathway）转变成糖类。脂肪的合成还与 PPP 密切相关，PPP 途径的中间产物 5-磷酸核酮糖是合成核酸，包括 RNA 和 DNA 的原料。

4.3.3.2 呼吸代谢与次级代谢的关系

植物还能把上述一些初级代谢产物经过一系列酶促反应转化成为结构更复杂、特殊的物质，这一过程为次级代谢（secondary metabolism）。其代谢途径产生的物质，称为次级代谢物（secondary metabolites）（图 4-9）。

植物次级代谢物种类繁多，根据其化学结构和性质，可分为 3 大类：萜类（terpene）、酚类（phenol）和含氮次级化合物（nitro-containing secondary compounds），每一大类的已知化合物都有数千种甚至数万种。它们具有种、属、器官、组织和生长发育时期的特异性。有些次级代谢物为植物所共有，且为植物生长发育所必需（如莽草酸途径产生的色氨酸，酪氨酸和苯丙氨酸）；有些次级代谢物则在植物生命过程中没有明显的或直接的生理生化作用，或者说迄今人们对绝大多数次级代谢物在植物生长发育过程中是否起作用、起哪些作用尚不清楚。呼吸作用过程中的许多中间产物都可作为植物合成次级代谢物的原料。

4.3.3.3 植物次级代谢的基因工程开发与利用

随着分子生物学的迅速发展，参与植物次级代谢的许多关键酶基因已被克隆。在苯丙烷类生物合成途径中的关键酶——苯丙氨酸解氨酶（PAL）常常为多个成员组成的基因家族所编码。查耳酮合成酶（CHS）是将苯丙烷类代谢途径引向黄酮类合成的一个酶，在矮牵牛中已发现 4 个 CHS 基因，其中 CHSA 和 CHSJ 仅在花中表达。异黄酮合成的关键酶即异黄酮还原酶（IFR）基因也已克隆，该基因转录也受病原微生物诱导。此外，迄今已克隆了数种植物萜类合成酶和萜类环化酶基因。目前已克隆了参与生物碱合成的酶基因有东莨菪胺 6-β-羟化酶、托品酮还原酶及小檗碱桥酶基因。一般次级代谢途径中关键酶基因的表达，往往具有组织特异性，而且受到环境因素的调控。由于植物次级代谢与植物生长发育和人类生活关系密切，利用细胞工程和基因工程调控植物的次级代谢，对于改良作物、花卉及香料品质，提高其抗逆性以及药用植物的开发，都有十分重要的意义。

(1) 花卉育种

花色素（苷）的种类不同，花的颜色不同。花色素（苷）含量不同，花的颜色深浅不同。利用基因工程技术增加或减少某种（些）花色素（苷）含量，或改变某种（些）花色素（苷）的比例，可改变花朵的颜色。陈章良等利用反义 RNA 技术将查耳酮合酶基因转入矮牵牛中，植株上花的颜色由原来的紫色变为粉红色并夹有杂色或全白的花。

(2) 农作物性状改良

作物体内植保素含量与其抗病性强弱关系密切。利用基因工程技术增加植保素含量,可在一定程度上增强植物的抗病性。1,2-二苯乙烯合成酶是催化植保素白藜芦醇合成的关键酶,烟草等植物中含有白藜芦醇合成所需要的底物,但缺乏1,2-二苯丙乙烯合成酶,将编码1,2-二苯乙烯合成酶的基因转入烟草,获得的转基因烟草植株增强了对灰葡萄孢的抗性。

(3) 药用植物的细胞工程和基因工程

利用植物大规模培养生产具有药用价值的次生代谢物(人参皂苷、紫草素)已进入小规模实验阶段。其中紫草细胞发酵罐培养规模达 100 L,紫草素含量达细胞干重的 10%。东莨菪胺 6-β-中试酶催化东莨菪胺转化为东莨菪碱,将该酶基因转入颠茄,转基因颠茄毛发状根中东莨菪碱含量较非转基因颠茄提高了 5 倍。

4.4 影响呼吸作用的因素

4.4.1 呼吸作用的表示方法和度量

呼吸作用的强弱和性质,一般可以用呼吸速率和呼吸商两种生理指标来表示。

4.4.1.1 呼吸速率

呼吸速率(respiratory rate)又称呼吸强度,是最常用的生理指标。植物的呼吸速率可以用植物的单位鲜重、干重或原生质(以含氮量)在一定时间内所放出二氧化碳的体积,或所吸收氧的体积来表示。常用单位有:$\mu mol CO_2 \cdot g^{-1} \cdot h^{-1}$,$\mu mol O_2 \cdot g^{-1} \cdot h^{-1}$ 等。

4.4.1.2 呼吸商

呼吸商(respiratory quotient,RQ),又称呼吸系数(respiratory coefficient),是同一植物组织在一定时间内所释放的 CO_2 与所吸收的 O_2 的量(体积或摩尔数)的比值。它是表示呼吸底物的性质及氧气供应状态的一种指标。

$$RQ = \frac{释放的 CO_2 的物质的量}{吸收 O_2 的物质的量}$$

呼吸底物不同,RQ 不同。当呼吸底物是糖类(如葡萄糖)而又完全氧化时 RQ = 1。当呼吸底物是富含氢的物质如脂肪、蛋白质时则 RQ < 1。当呼吸底物是一些比糖类含氧多的物质,如已局部氧化的有机酸时 RQ > 1。

环境的氧供应对 RQ 影响很大。如糖在无氧时发生酒精发酵,只有 CO_2 产生,无 O_2 的吸收,则 RQ 远大于 1。如不完全氧化吸收的氧保留在中间产物中,放出的 CO_2 量相对减少,RQ 会小于 1。

事实上植物体内呼吸底物是多种多样的,糖类、蛋白质、脂肪或有机酸等都可以被呼吸利用。一般来说呼吸通常先利用糖类,其他物质较后才被利用。

4.4.2 影响呼吸作用的内部因素

不同植物具有不同的呼吸速率。一般来说,凡是生长快的植物呼吸速率就快,生长慢的植物呼吸速率也慢。例如，细菌和真菌繁殖较快，其呼吸速率比高等植物快；在高等植物中，小麦的呼吸速率又比仙人掌快得多。

同一植株不同器官呼吸速率有所不同。生长旺盛、幼嫩的器官（根尖、茎尖、嫩根、嫩叶）呼吸速率较生长缓慢、年老的器官（老根、老茎、老叶）快。死细胞少的器官（草本茎）较死细胞多的器官（木质茎）呼吸强。生殖器官比营养器官呼吸速率高，花的呼吸速率比叶片快3~4倍。在花中，雌雄蕊的呼吸比花瓣及萼片都强得多。雌蕊又比雄蕊强，而雄蕊中又以花粉的呼吸为最强烈。

同一器官不同组织的呼吸速率不同。若按组织的单位鲜重计算，形成层的呼吸速率最快，韧皮部次之，木质部则较慢。

同一器官在不同的生长发育时期中呼吸速率也表现不同。以叶片来说，幼嫩时呼吸较快，成长后就下降；到衰老时，呼吸又上升；到衰老后期，蛋白质分解，呼吸极其微弱。果实（如苹果、香蕉、杧果）的呼吸速率在不同年龄中，也有同样的变化。嫩果呼吸最强，后随年龄增加而降低，但在后期会突然增高，呈现呼吸跃变。

4.4.3 影响呼吸作用的外部因素

(1) 温度

温度之所以影响呼吸速率，主要是因为它能影响呼吸酶的活性。在最低温度与最适温度之间，呼吸速率总是随温度的增高而加快。超过最适温度，呼吸速率则会随温度的增高而下降。

最适温度是指呼吸保持稳态的最高呼吸强度时的温度，一般为25~35℃（温带植物）。最低温度因植物种类、同一植物不同生理状态有很大差异。一般在0℃时呼吸就进行很慢。冬小麦在-7~0℃仍可进行呼吸。有些多年生越冬植物在-25℃仍呼吸，但在夏天温度低于-5~-4℃时就不能忍受低温而停止呼吸。呼吸作用最高温度一般为35~45℃。最高温度在短时间内可使呼吸速率较最适温度时高，但随着高温时间的延长，呼吸速率则迅速下降。

应当指出，一个温度是不是最适于呼吸，必须考虑到作用时间因素，也就是要能较长时间维持最快呼吸速率的温度，才算是最适温度，那些使呼吸速率短时期上升以后即急剧下降的温度，不能算是最适温度（图4-10）。

温度升高10℃所引起的呼吸速率增加的倍数，称为温度系数（temperature coefficient, Q_{10}）。

$$Q_{10} = \frac{(T+10)℃时的呼吸速率}{T℃时的呼吸速率}$$

大部分植物器官，0~25℃温度范围内 Q_{10} 为2~2.5，但温度进一步增加至30~35℃，呼吸速率虽仍增加，但 Q_{10} 开始下降。在个体发育过程中，器官的 Q_{10} 是与该器官发育所需的自然温度相符合的。

(2) 氧气

氧是植物正常呼吸的重要因子，是生物氧化不可缺少的。氧不足直接影响呼吸速率和呼吸性质。

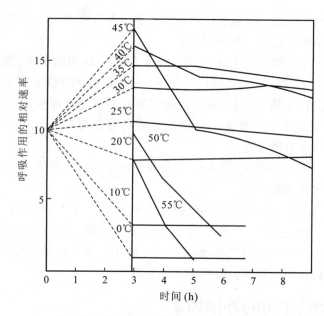

图 4-10　温度对豌豆幼苗呼吸速率的影响

当氧浓度低于 20% 时呼吸速率开始下降，有氧呼吸降低，而无氧呼吸则增高，产生酒精中毒，正常合成代谢缺乏原料和能量。根系缺氧会抑制根系生长，影响对矿质营养和水分的吸收。

在低氧浓度时逐渐增加氧含量，无氧呼吸会随之减弱，直至消失；无氧呼吸停止进行时的组织周围空气中最低氧含量称为无氧呼吸的消失点。如水稻和小麦的消失点约为 18%，苹果果实的消失点约为 10%。在组织内部，由于细胞色素氧化酶对 O_2 的亲和力极高，当内部氧浓度为大气氧浓度的 0.05% 时，有氧呼吸仍可进行。

随着氧浓度的增高，有氧呼吸也增加，此时呼吸速率也增加，但氧浓度增加到一定程度时对呼吸作用就没有促进作用。此氧浓度称为呼吸作用的氧饱和点。在常温下许多植物在大气氧浓度(21%)下即表现饱和。一般温度升高，氧饱和点也提高。氧浓度过高，对植物有害，这可能与活性氧代谢形成自由基有关。

(3) 二氧化碳

环境中 CO_2 浓度增高时脱羧反应减慢，呼吸作用受抑制。当 CO_2 浓度高于 5% 时呼吸作用受明显抑制，达 10% 时可使植物死亡。

(4) 水分

植物的呼吸速率一般是随着植物组织含水量的增加而升高。干种子呼吸很微弱，当其吸水后呼吸迅速增加。当受干旱接近萎蔫时呼吸速率有所增加，而在萎蔫时间较长时呼吸速率则会下降。

(5) 机械损伤

机械损伤明显促进组织的呼吸作用。机械损伤破坏氧化酶与呼吸底物间的分隔，如酚在组织受伤时会与氧化酶接触而迅速被氧化，使一些细胞脱分化为分生组织或愈伤组织，需更多的中间产物以形成新的细胞，呼吸作用明显增强。

(6) 病原菌侵染

植物组织感病后呼吸增加。宿主受体细胞的线粒体增多；线粒体被激活，电子传递系统的某些酶活性增强；氧化酶活性增强，如多酚氧化酶、抗坏血酸氧化酶的活性增强；抗氰呼吸增强，PPP 加强。

4.5 呼吸作用与植物生产

4.5.1 种子的呼吸作用

4.5.1.1 种子形成与呼吸

种子形成过程中呼吸速率是逐步升高的，到了灌浆期呼吸速率达到高峰。就水稻而论，一般晚稻灌浆最快的时期是在开花后 15~20 d，此时呼吸速率达到高峰，其后灌浆速度降低，呼吸速率也相对减弱。显然，每粒成熟种子的最大呼吸速率是与贮藏物质最迅速的积累时期相吻合的。在种子内贮藏物质出现高峰之后，呼吸速率便逐渐下降，其主要原因是由于细胞内干物质含量增加，含水量降低，线粒体结构受到破坏，部分嵴的结构消失造成的。在种子成熟过程中，呼吸途径也发生变化。水稻在开花初期，籽粒呼吸途径是以 EMP-TCA 途径为主，随谷粒的成熟，PPP 途径加强。

4.5.1.2 种子的安全贮藏与呼吸作用

种子是有生命的有机体，在贮藏期间，仍不断进行呼吸，呼吸的强弱及在种子内部发生的物质变化，将直接影响种子的生活力和贮藏寿命长短。呼吸速率高，会引起种子胚乳或子叶的贮藏物大量消耗。因此，种子贮藏过程中，必须采取措施，降低呼吸强度，确保安全贮藏。

种子的呼吸受种子含水量、环境温度及气体成分的影响，其中控制种子含水量最为重要。充分干燥的种子，代谢缺乏介质，呼吸十分微弱，但当种子吸湿变潮时，呼吸速率就增强，水分越多，呼吸速率也就越强，当种子含水量超过一定界限后，如小麦达到 14.5%，棉花、花生达到 10%，其呼吸速率就会骤然升高，容易使种子发热霉变。一般把这种可以引起发热霉变的种子含水量，称为贮藏保管种子的"临界水分"，而把适合周年长期保管的种子含水量称为"安全含水量"，如小麦安全含水量为 12.5%，稻谷为 13.0%，大豆为 11%。种子在进仓库前，必须充分晒干，使其含水量低于安全含水量。

4.5.2 果实、块根、块茎的呼吸作用

4.5.2.1 果实成熟与呼吸

当果实成熟到一定时期，其呼吸速率突然增高，最后又突然下降，这种现象称之为呼吸跃变(respiratory climacteric)。呼吸跃变标志着果实开始进入衰老阶段。按果实成熟过程中呼吸作用的变化情况大体可分两类，一类是呼吸跃变型，如苹果、梨、香蕉、番茄等；另一类是非呼吸跃变型，如柑橘、柠檬、橙及菠萝等。后一类果实在一定条件下，如用乙烯处理也可能出现呼吸跃变现象。

4.5.2.2 果实的贮藏与呼吸作用

果实贮藏就是要延缓或阻止呼吸跃变现象的出现，延缓或阻止果实走向衰老。一般原则是贮藏环境要保持适当的低温和氧浓度及高湿。温、湿条件因果实或蔬菜种类而异（香蕉贮藏的最适温度是 11~14℃，苹果是 4℃）。氧浓度最好保持略高于无氧呼吸消失点。这样能最大限度地降低呼吸强度，减少物质消耗，同时防止无氧呼吸发生，延缓呼吸跃变现象的出现，延长贮藏时间。另外，果实贮藏前或贮藏过程中，应避免果实损伤，减少微生物侵染。还可以利用呼吸抑制剂或乙烯合成抑制剂等处理，以延缓呼吸变现象的出现，延长贮藏时间。

4.5.2.3 块根、块茎的贮藏与呼吸作用

块根、块茎在贮藏期间是处于休眠状态，而不是像果实那样处于成熟之中。甘薯块根在收获后贮藏前有一个呼吸明显升高的现象，俗称"发汗"，但不像果实呼吸跃变那样典型。李合生（1985）研究了在 13~15℃ 条件下贮藏的甘薯块根的呼吸作用变化情况，发现贮藏 360 d 的块根组织的抗氰呼吸强度比刚收获未贮藏的块根增大了 3 倍以上，抗氰呼吸占总呼吸的比例也有了明显的增加。马铃薯块茎在植株上成熟时，其呼吸速率即不断下降，收获后并继续下降到一个最低值而进入贮藏期间的休眠阶段。块根和块茎的贮藏原理和果实相似。主要是控制温度和气体成分。甘薯块根在贮藏期间的呼吸速率高于马铃薯块茎，但小于果实。甘薯块根在贮藏期间产生的呼吸热，如超过 15℃，会引起发芽和病害，如冬季低于 9℃ 会受寒害，因而甘薯块根安全贮藏温度为 10~14℃，马铃薯是 2~3℃。在安全贮藏温度范围内，适当提高贮藏环境湿度，有利于保鲜；适当提高二氧化碳浓度可降低呼吸，有利于安全贮藏。利用块根、块茎自体呼吸降低室内 O_2 浓度，增加 CO_2 浓度，即所谓"自体保藏法"，也有很好的贮藏效果，如甘薯块根的地窖贮藏。

4.5.3 植物培育的呼吸作用

在植物生产中，人们设法通过各种措施使呼吸作用朝着有利于植物生长发育良好的方向进行。为使种子萌发顺利进行，在生产实践中常采用浸种催芽等措施。例如，早稻浸种催芽时，因气温较低，需用温水淋种以增加温度，保证呼吸所需的温度条件，又要时常翻动，保证通气，提供所需的 O_2。作物在生长过程中常需中耕松土，改善土壤通气条件；对于地下水位较高田块，常需挖深沟（暗埋管）降低地下水位。水稻生长中期的搁田、晒田也是同样道理，否则土壤缺氧且 CO_2 及还原性有毒物质（H_2S 等）积累，会抑制根系呼吸，破坏根细胞的原生质，直至腐烂死亡。

本章小结

呼吸作用是植物体内代谢的中心。呼吸作用按照其需氧状况，可分为有氧呼吸和无氧呼吸两大类型。有氧呼吸是高等植物进行呼吸的主要形式，在无氧条件下，植物可进行短暂的无氧呼吸。呼吸作用为植物提供了大部分生命活动的能量，同时，它的中间产物又是合成多种重要有机物的原料。

呼吸代谢的多样性可以从呼吸作用中底物分解途径的多样性、呼吸链电子传递途径的

多样性和末端氧化系统的多样性3个方面得到体现。呼吸代谢的多样性是植物长期进化中形成的一种对多变环境的适应性表现。植物呼吸代谢各条途径都可通过中间产物、辅酶、无机离子及能荷加以反馈调节。

呼吸代谢与植物体内次生代谢物的合成及转化有密切关系。植物呼吸代谢受着内、外多种因素的影响。呼吸作用影响植物生命活动的全局，因而与农作物栽培，育种和种子、果蔬、块根、块茎的贮藏都有着密切的关系。可根据人类的需要和呼吸作用自身的规律采取有效措施，加以调节、利用。

复习思考题

一、名词解释

呼吸作用 有氧呼吸 无氧呼吸 糖酵解 三羧酸循环 戊糖磷酸途径 乙醛酸循环 呼吸链 氧化磷酸化 ADP/O比 抗氰呼吸 末端氧化酶 巴斯德效应 呼吸速率 呼吸商 温度系数 能荷 呼吸跃变

二、问答题

1. 植物呼吸代谢多条路线有何生物学意义？
2. 抗氰呼吸的生理意义有哪些？
3. 呼吸作用的反馈调节表现在哪些方面？
4. 呼吸作用与谷物种子、果蔬贮藏有何关系？
5. 呼吸作用与作物栽培关系如何？

参考文献

蒋德安，朱诚，杨玲. 2011. 植物生理学[M]. 2版. 北京：高等教育出版社.
李合生. 2012. 现代植物生理学[M]. 3版. 北京：高等教育出版社.
潘瑞炽，王小菁，李娘辉. 2012. 植物生理学[M]. 7版. 北京：高等教育出版社.
汤佩松. 1965. 代谢途径的改变和控制及其与其他生理功能间的相互调节——高等植物呼吸"多条路线"观点[J]. 生物科学动态(3)：1-3.

第 5 章

植物体内同化物运输与分配

知识导图

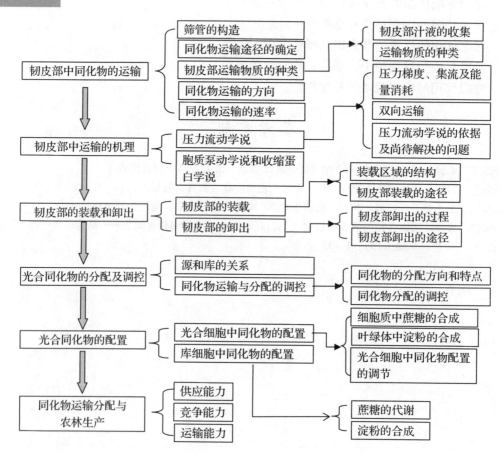

植物是由多个既彼此分工，又相互协调的器官组成的复杂有机体，植物的正常生长需要各种器官之间的协调统一。叶片是进行光合作用的主要场所，其他器官、组织所需要的有机物由叶片供应，因此，有机物质从制造场所到消耗及贮藏场所之间必然有一个畅通的运输途径。此外，有机物的运输分配还是决定产量高低和品质好坏的一个重要的因素，因为作物的经济产量不仅取决于光合效率的高低，而且还取决于光合产物向经济器官运输与分配的数量和比例。因此，无论从理论研究方面还是生产实践方面来看，有机物运输与分配的研究都具有重要意义。

5.1 韧皮部中同化物的运输

高等植物体内同化物运输有短距离运输和长距离运输之分。短距离运输(short-distance transport)是指同化物进入输导组织之前在细胞内及细胞间隙的运输，距离在微米与毫米之间；长距离运输(long-distance transport)指器官之间的运输，距离从几厘米到上百米。短距离运输的内容在本书的相关章节中有所涉及，这里重点介绍同化物的长距离运输。植物体中维管束是物质长距离运输的重要通道。维管束主要由木质部和韧皮部构成，木质部负责水分和矿质元素从根向地上部运输，韧皮部负责将光合产物向根及其他部分运输。

5.1.1 筛管的构造

筛管的结构是韧皮部运输机制的基础。成熟的筛管分子缺少一般活细胞所具有的一些结构和成分。如在发育过程中失去了细胞核、液泡膜、微丝、微管、高尔基体和核糖体，但保留有质膜、线粒体、质体和光面内质网，细胞壁非木质化。因此，筛管分子不同于木质部的管状分子，木质部的管状分子在成熟时已经死亡，没有质膜，有木质化的次生壁，这些区别对于韧皮部的运输机制是很关键的(图5-1)。

筛管分子的细胞壁的一些部位具有小孔，这些区域称为筛域，具有筛孔的横壁称为筛板。大多数被子植物筛管的内壁还有韧皮蛋白(phloem protein, p-protein)，呈管状，纤维状等，它的功能是把受伤筛管分子的筛孔堵塞住使韧皮部汁液不外流。

筛管的质膜和胞壁之间有胼胝质(callose)，是一种β-1,3-葡聚糖，当筛管分子受伤或遇外界胁迫时，它把筛孔堵住，一旦外界胁迫等解除，筛孔的胼胝质就消失，筛管恢复运输功能。胼胝质可被苯胺蓝染色而被观察到。

每个筛管节与1~2个伴胞相连，由于伴胞在起源和功能上与筛管关系密切，因此，常把它们称为筛管分子—伴胞复合体(sieve element-companion cell complex)。伴胞有细胞核、细胞质、核糖体和线粒体等。伴胞与筛管之间有许多胞间连丝，把光合产物和ATP供给筛管分子，它也可以进行重要代谢功能(如蛋白质合成)，但在筛管分子分化时就会减弱或消失。

5.1.2 同化物运输途径的确定

下列的实验证明同化物主要是通过韧皮部运输的。

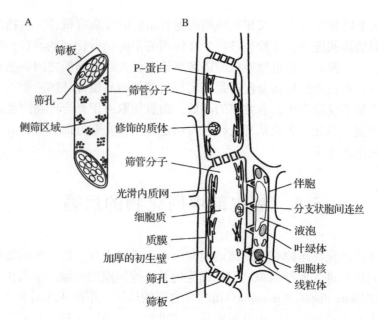

图 5-1 成熟筛管分子和伴胞的结构
A. 外观示意 B. 纵切示意

(1) 环割试验

同化物在韧皮部进行运输的推测可追溯到早期植物学家所做的树皮环割试验(girdling experiment)。环割是将树干(枝)上的一圈树皮(韧皮部)剥去而保留树干(木质部)的一种处理方法。被环割的树或枝条通常可以在相当长时间内正常生活(木质部是畅通的),而且在环割部位上方的树皮会逐渐膨大起来(图 5-2)。据此推测光合作用生产的同化物主要是在韧皮部中进行运输,由于在环割处同化物运输受阻无法下运,导致积累产生膨大。通常如果环割不宽(如 0.3~0.5 cm),切口能重新愈合。如果环割较宽,环割下方又没有枝条,时间一久,根系就会死亡,这就是所谓的"树怕剥皮"。

除了传统的环割方法外,还可以采用蒸汽环割和化学环割。所谓化学环割,是指用三氯乙酸等蛋白质沉淀剂处理杀死韧皮部细胞,阻断同化物的运输。

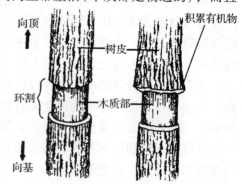

图 5-2 环割试验

环割处理在实践中有多种应用。例如,对果树的旺长枝进行适度环割,使环割上方的枝条累积糖分,提高 C/N 比,可以促进花芽分化,提高座果率。

(2) 放射性同位素示踪方法

放射性同位素示踪的方法可以更加精确地证明同化物是在韧皮部进行运输的。在叶面或切除叶片的叶柄直接饲喂带有放射性同位素的蔗糖,也可以用含有放射性碳同位素的 CO_2 饲喂特定叶片,利用植物光合作用固定 CO_2,将放射性同位素引入植物体内。比较常用的是饲喂 $^{14}CO_2$ 的方法,经植物叶光合作用 ^{14}C 被转化到光合同化物中,然后通过放射性

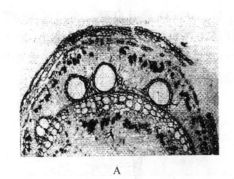
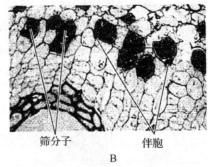

图 5-3　茎组织的放射性自显影图(引自 Taiz 和 Zeiger，1998)

用 $^{14}CO_2$ 饲喂叶片，^{14}C 经光合作用被结合到糖分子中，被标记的糖分子运输到植物的其他部分。黑色颗粒显示标记糖的位置。标记糖几乎完全限于韧皮部的筛管分子当中

测定仪和放射性自显影等方法对同化物的运输进行监测(图 5-3)。

(3) 激光共聚焦显微镜

目前，人们也利用激光共聚焦显微镜(laser scanning confocal microscope)活体观察同化物运输。具体做法是在叶片主脉的上下部各开一个小孔，在上端加入一种荧光染料，激光共聚焦显微镜的目镜对准下端孔，一定时间后可以清楚地看到荧光在筛管中由上向下运输。

5.1.3　韧皮部运输物质的种类

韧皮部汁液化学组成和含量因植物的种类、发育阶段和生理生态环境等因素的变化而表现出很大的变异，因此适当的方法对于弄清运输物质的种类是非常重要的。

5.1.3.1　韧皮部汁液的收集

收集韧皮部汁液的方法有多种，下面介绍其中的两种。

(1) 损伤—溢泌法

损伤—溢泌法是一种收集韧皮部汁液的方法。此法是在韧皮部上切一个 1 mm 深的刀口，然后用毛细管收集韧皮部汁液。该法仅适用于韧皮部和木质部相对独立的植物，如木本植物、棉花、麻类等。许多植物在切口处常出现胼胝质的堵塞现象，若用金属离子螯合剂 EDTA(乙二胺四乙酸)或 EGTA(乙二醇双氨乙基醚四乙酸)溶液处理切口，可以避免这种堵塞现象，这是因为胼胝质合成酶的活化需要 Ca^{2+}，而 EDTA 能与 Ca^{2+} 螯合，阻止胼胝质的形成。

损伤—溢泌法的缺点是所收集到的汁液并不是真正纯的被运输的物质成分。被损伤的薄壁细胞、甚至筛管分子中所含的非运输物质都会造成污染。另外，损伤使筛管分子的膨压突然降低，从而引起其水势下降，筛管分子周围的水分会顺着水势梯度进入其中，造成韧皮部汁液的稀释。

(2) 蚜虫吻刺(针)法

理想的收集韧皮部汁液的方法是将一个纤细的注射针头刺入单个的筛管分子中来收集韧皮部汁液，而蚜虫的口针满足了这一条件。蚜虫的口器可以分泌果胶酶帮助其吻针刺入

韧皮部筛管分子,当蚜虫的吻针刺入筛管分子后,用 CO_2 将其麻醉,再用激光切除母体而留下吻针。由于筛管正压力的存在,韧皮部汁液可以持续不断地从吻针流出(图 5-4)。有报道,在柳树上用此法可以连续收集韧皮部汁液($4\mu L \cdot h^{-1}$)达 4 d 之久。蚜虫吻针技术不会造成污染和筛管的封闭,因此在韧皮部运输的研究中有重要的意义。

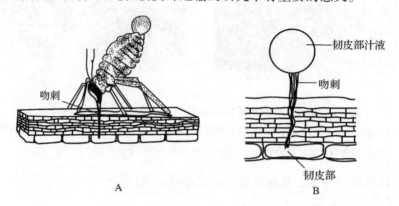

图 5-4 用蚜虫吻刺法吸取筛管汁液
A. 蚜虫吻刺插至韧皮部吸取汁液(引自 Zimmermann,1961)
B. 去掉蚜虫后留下吻刺,溢出韧皮部汁液,供收集和分析用(引自 Botha 等,1975)

5.1.3.2 运输物质的种类

通过分析蚜虫吻针法收集的汁液并结合同位素示踪技术发现:典型的韧皮部汁液样品中干物质含量占 10%~25%,其中多数是糖,并且蔗糖是韧皮部运输物的主要形式。筛管中蔗糖的浓度可以达到 $0.3 \sim 0.9 \text{ mol} \cdot L^{-1}$。以蔗糖作为主要运输形式有以下优点:①蔗糖是非还原糖,具有很高的稳定性,其糖苷键水解需要很高的能量;②蔗糖的溶解度很高;③蔗糖的运输速率很高。

少数科的植物韧皮部汁液中除蔗糖外,还含有棉子糖、水苏糖、毛蕊花糖等,有的还含有糖醇,如甘露醇、山梨醇等。在筛管中运输的糖多以非还原形式存在,这可能是因为非还原糖与还原糖相比在化学性质上较不活泼,因此在运输过程中不易发生反应。

除了糖外,筛管中还有含氮化合物,主要形式为氨基酸(谷氨酸和天冬氨酸)和酰胺(谷氨酰胺和天冬酰胺)。当叶片衰老时,韧皮部中含氮化合物的水平非常高。另外,有些植物韧皮部汁液样品中还含有植物内源激素,如生长素、赤霉素、细胞分裂素和脱落酸等。磷酸核苷酸和蛋白质也存在于韧皮部汁液中,如进行蛋白质磷酸化的蛋白激酶、参与二硫化物还原的硫氧还蛋白、参与蛋白质周转的遍在蛋白(ubiquitin)等。除此之外,韧皮部汁液中还有钾、磷、氯等无机离子(表 5-1)。

表 5-1 韧皮部汁液成分(引自 Taiz 和 Zeiger,1998。)

组分	质量浓度($\text{mg} \cdot \text{mL}^{-1}$)	组分	质量浓度($\text{mg} \cdot \text{mL}^{-1}$)
糖类	80.00~106.00	氯化物	0.36~0.55
氨基酸	5.20	磷酸	0.35~0.55
有机酸	2.00~3.20	钾	2.30~4.40
蛋白质	1.45~2.20	镁	0.11~0.12

5.1.4 同化物运输的方向

叶片通过光合作用合成的同化物在韧皮中既可以向上运输到幼嫩部位,如幼叶或果实,也可以向下运输到根部或地下贮藏器官,同位素示踪技术可以证实这一点。用 $^{14}CO_2$ 及 $KH_2^{32}PO_4$ 分别施于天竺葵茎的两端不同的叶片上,并将中间茎部的一段树皮与木质部分开,隔以蜡纸(图5-5)。经过 12~19 h 的光合作用后,测定各段 ^{14}C 和 ^{32}P 的放射性,结果发现韧皮部中皆含有相当数量的 ^{14}C 和 ^{32}P(表5-3)。

表 5-2 天竺葵茎中含 ^{14}C 的糖和 ^{32}P 双向运输

韧皮部切段	放射性	
	每分钟 ^{14}C 计数/100mg 树皮	每分钟 ^{32}P 计数/100mg 树皮
S_A	44 800	186
S_1	3 480	103
S_2	3 030	116
S_B	2 380	105

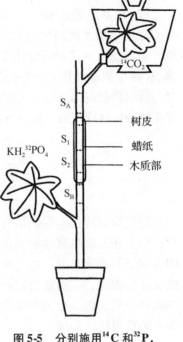

图 5-5 分别施用 ^{14}C 和 ^{32}P,观察有机物双向运输的装置
(引自陈绍龄等,1951)

由此可见,韧皮部内的物质可同时作双向运输,其运输方向取决于库的位置。另外,由于木质部中也有少量放射性同位素存在,说明同化物也可以横向运输,但正常状态下其量甚微,只有当纵向运输受阻时,横向运输才加强。

5.1.5 同化物运输的速率

通常可以用两种方法表示同化物的运输快慢:即运输速度(velocity)和质量运输速率(mass transfer rate)。

(1) 运输速率

运输速率是指单位时间内被运输物质移动的距离,常用 $m \cdot h^{-1}$ 或 $mm \cdot s^{-1}$ 来表示。利用同位素示踪技术,测得不同植物同化物运输速度差异较大,几种植物体内同化物运输的速度见表5-3。

同一植物在不同的发育阶段,运输速度也不同,如南瓜在幼苗阶段为 $0.72\ cm \cdot h^{-1}$,衰老时为 $0.30~0.50\ cm \cdot h^{-1}$。被运输的物质不同,运输速度也有差异,如丙氨酸、丝氨酸、天冬氨酸的运输较快,而甘氨酸、谷酰胺、天冬酰胺则较慢。运输速度还受环境条件的影响,白天温度高,运输速度快;夜间温度低,运输速度慢等。

表 5-3 一些植物体内通过韧皮部的同化物的运输速度

植物种类	速度($m \cdot h^{-1}$)	植物种类	速度($m \cdot h^{-1}$)	植物种类	速度($m \cdot h^{-1}$)
大豆	0.17	棉花	0.35~0.40	蓖麻	0.84~1.50
柳	0.25~1.00	甜菜	0.50~1.35	小麦	0.87~1.09
南瓜	0.38~0.88	菜豆	0.60~0.80	甘蔗	3.00~3.60

(2) 质量运输速率

除了植物体内同化物运输的速度之外，人们往往还对韧皮部中运输的物质的量感兴趣，由此提出了质量运输速率（集运速率）的概念。质量运输速率是指单位时间单位筛管截面积（韧皮部截面积）上通过的物质的量，常用 $g \cdot cm^{-2} \cdot h^{-1}$ 或 $g \cdot mm^{-2} \cdot s^{-1}$ 表示。由于参与运输的韧皮部或筛管的横截面积在不同种植物和各个植株间变化较大，因此，质量运输速率能较好体现出被运输物质的量。大多数植物的质量运输速率为 $1 \sim 13\ g \cdot cm^{-2} \cdot h^{-1}$。

5.2 韧皮部运输的机理

同化物韧皮部运输的研究已经历了70多年，提出的学说很多，但总体来看有两类观点：即主动运输机制和被动运输运输机制。有关主动运输的学说认为，同化物在韧皮部中的运输是需要能量的，而能量来自细胞的代谢活动。有关被动运输的学说认为，同化物在韧皮部运输时，不需要直接向它们提供能量，而是靠扩散、系统两端压力势差或溶质界面的流动等来实现。目前在众多的学说中人们普遍认为"压力流学说"是最能解释同化物韧皮部运输现象的一种理论。

5.2.1 压力流动学说

压力流动学说（pressure flow hypothesis）的雏形是德国科学家明希（Ernst Münch）于1926—1930年提出的。现在有关韧皮部运输的很多知识都是在检验这一学说的过程中获得的。该学说的主要观点是：有机物在筛管中随着液体的流动而移动，这种液流的移动是由输导系统两端渗透产生的压力梯度推动的（图5-6）。

5.2.1.1 压力梯度、集流及能量消耗

压力流动学说认为系统两端压力差的建立过程如下：在源（能制造并输出同化物的组织、器官或部位。如绿色植物的功能叶、种子萌发期间的胚乳或子叶等）端韧皮部进行溶质的装载，溶质进入筛管分子后细胞渗透势下降，同时水势也下降，于是木质部的水沿着水势梯度进入筛管分子，筛管分子的膨压上升；而运输系统的库（消耗或贮藏同化物的组织、器官或部位，如植物的幼叶、根、茎、花和果实等）端，由于韧皮部的卸出，库内筛管分子的溶质减少，细胞渗透势提高，同时细胞水势也提高，这时韧皮部的水势高于木质部，因此，水分沿水势梯度从筛管分子回到木质部，引起筛管分子膨压的降低。这样就在源端和库端形成膨压差。由于源端和库端之间的膨压差，筛管中的汁液以集流的形式沿压力梯度从源向库运动。在这一过程中，并没有直接消耗能量。

5.2.1.2 双向运输

根据压力流动学说，在同一个筛管分子中不可能发生双向运输（bidirectional transport）。因为溶质在筛管中是随集流而运动的，而集流在一个筛管中只能有一个方向。虽然早期有实验说明物质可以在韧皮部进行双向运输，但是溶质在韧皮部的双向运输可能是在不同的维管束或不同的筛管分子中进行的。

对于筛管分子中物质运输方向的观察一般是通过在筛管中装入示踪物（如荧光染料），

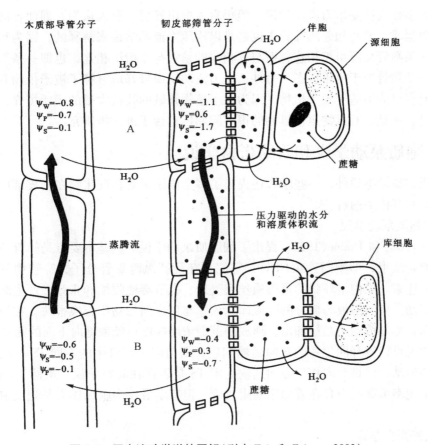

图 5-6　压力流动学说的图解(引自 Taiz 和 Zeiger, 2002)

在源端, 同化物被主动地装载进入筛管分子—伴胞复合体, 水分渗透进入韧皮细胞, 建立高的膨压(A)。在库端, 当同化物被卸出时, 水分离开韧皮细胞, 以及产生较低的压力(B)。水和溶解于水的溶质通过集流从高压力区域(源)传递到低压力区域(库)

然后根据示踪物的运动方向来确定筛管集流的方向。常常可以观察到示踪物在茎的不同维管束中沿不同方向的运动; 在叶柄的同一维管束中也可以观察到邻近的不同筛管分子中示踪物沿不同方向的运动, 特别是叶片处于库—源转变过程的时候。但是目前还没有确切的观察证据表明在同一个筛管分子中存在双向的物质运输。

5.2.1.3　压力流动学说的依据及尚待解决的问题

根据压力流动学说模型可预测韧皮部的运输应具有如下特点: ①筛管间的筛孔必须是开放的。最近利用共聚焦显微镜技术对蚕豆(*Vicia faba*)中筛管分子在活体状态下荧光分子的运输过程进行了观察, 结果表明筛管孔道在活体中是开放的。②筛管运输本身并不需要消耗大量能量。试验表明, 可以忍受短期低温的植物, 如甜菜, 使其叶柄的一段处于1℃的低温, 这时组织的呼吸被抑制了90%, 而韧皮部的运输在受到暂短的抑制后可以逐步恢复到正常水平, 这表明韧皮部运输本身并不是一个消耗大量能量的过程。③在源端和库端存在足够的压力差。根据目前所得到的源库端膨压的测定值, 可以发现源端总是具有比库端更高的膨压值。

尽管大多数人接受压力流动学说,但仍有人提出异议。有人认为,即使在同一筛管中不存在双向运输,但在相邻的筛管中也是难以用压力流动学说来解释的,因为很难想象在同一端,一条筛管与源组织相连,而与其相邻的筛管与库组织相连,也即一条筛管处于正压状态,一条筛管处于负压状态。另外,压力流动学说较好地解释了被子植物有机物的运输机制,但有可能不适于裸子植物,因为裸子植物筛域的孔被大量的膜所填充,这将阻止集流的通过。可见,有机物运输机制的很多问题还有待于进一步研究。

5.2.2 胞质泵动学说和收缩蛋白学说

除了压力流动学说外,一些学者还提出了多个假说来解释同化物在韧皮部中的运输机制,下面介绍其中的两种。

(1)细胞质泵动学说

Canny(1962)和 Thaine(1964)提出了细胞质泵动学说。其基本要点是筛管分子内存在着纵向的原生质束,即胞间连束(TS),它们贯穿筛孔纵跨筛管分子,筛管中可以有多个这样的胞间连束。束内呈环状的蛋白质丝反复地、有节奏地收缩和张弛,产生蠕动,引起糖分随之流动。束间溶液为糖分的贮藏库,该库与束之间的物质交换很快。在源端蔗糖不断被装入而在库端蔗糖不断被卸出,形成的蔗糖浓度梯度可使蔗糖向下面的筛管扩散。

这一学说可以解释同化物的双向运输问题,因为同一筛管中的不同 TS 可以同时进行相反方向的运动,使糖分向相反方向运输。但 TS 是否存在尚有争议,虽然 Thaine 等后来在电镜下发现南瓜筛孔中存在着原生质束或管,但有学者认为胞纵连束是光反射所产生的一种赝象。

(2)收缩蛋白学说

Fensom 和 William 于 20 世纪 70 年代提出了收缩蛋白学说,该学说与细胞质泵动学说有相似之处。其基本要点是:在筛管腔内有一种由直径很小的管状微纤丝(microfibril)构成的网状结构。微纤丝由 P-蛋白构成,成束贯穿于筛孔,一端固定,另一端游离于筛管细胞质内,能像运动的鞭毛一样震动,从而推动筛管内溶液集体流动。

我国著名学者阎隆飞在 20 世纪 60 年代就已发现,在烟草和南瓜的维管束中有靠 ATP 提供能量收缩的韧皮蛋白(P-蛋白)。但一些实验对 P 蛋白是否有收缩性表示怀疑,该理论本身在很多方面尚有待完善和充实。

5.3 韧皮部的装载及卸出

在源端,光合作用产生的同化产物不断地通过装载进入到韧皮部;在库端,同化物不断地从韧皮部中卸出到接受细胞。这一装载和卸出过程是韧皮部运输的动力来源,同时对光合作用、果实及籽粒的产量有着重要的影响。

5.3.1 韧皮部的装载

韧皮部装载(phloem loading)包括光合产物从叶肉细胞的叶绿体运送到筛管分子—伴胞

复合体的整个过程。其主要包括以下3个步骤：第一步，光合作用产物从叶绿体外运到细胞质。通常在白天，光合作用生产的磷酸丙糖从叶绿体外运到细胞质，然后转化为蔗糖；在夜里，叶绿体中的淀粉水解为葡萄糖，之后被运送到细胞质并转化为蔗糖；第二步，蔗糖从叶肉细胞运输到叶片小叶脉的筛管分子—伴胞复合体附近，这个过程往往只涉及几个细胞的距离；第三步，筛管分子装载（sieve element loading），即蔗糖进入筛管分子—伴胞复合体的过程。

5.3.1.1 装载区域的结构

韧皮部装载的模式与装载区域的结构密切相关。由于筛管分子在分化的过程中，丢失了许多重要的细胞功能，这些功能可能由伴胞来承担，因此伴胞的类型，与周围细胞的胞间连丝的密度等都对有机物的装载产生重要的影响。在源端成熟叶片的小叶脉中，至少具有普通伴胞、转移细胞和中间细胞3种类型的伴胞。

①普通伴胞　普通伴胞（ordinary companion cell）有叶绿体，叶绿体中的类囊体发育良好，细胞壁内表面光滑。除了与筛管分子之间有大量的胞间连丝外，普通伴胞与周围其他细胞之间很少有胞间连丝。因此，其他细胞中的物质必须经过质外体途径进入伴胞，再进入筛管。

②转移细胞　转移细胞（transfer cell）与筛管分子之间也有大量的胞间连丝，这一点与普通伴胞相似。但它具有一个显著的特征，即细胞壁形成许多指状内突，这种内突使转移细胞与质外体空间的接触面积扩大，增加了细胞跨膜运输的能力。

③中间细胞　中间细胞（intermediary cell）有大量胞间连丝与周围细胞（特别是与维管束鞘细胞）相连，有许多小液泡，类囊体发育不良。

总的来看，普通伴胞和转移细胞适于通过质外体将糖从叶肉细胞转运进筛管伴胞复合体，而中间细胞适于通过胞间连丝将糖从叶肉细胞运至筛管。

5.3.1.2 韧皮部装载的途径

如图5-7所示，可以看出韧皮部的装载途径有以下两种：质外体装载（apoplastic loading）和共质体装载（symplastic loading），不同植物可能采用不同的途径。

（1）质外体装载

质外体装载是指糖从叶肉细胞运出后，进入质外体空间，最后跨越质膜进入筛管分子—伴胞复合体的过程。蔗糖是质外体装载的主要物质。

在输出蔗糖的叶片中筛管—伴胞复合体中的蔗糖浓度要高于叶肉细胞中的蔗糖浓度，但是蔗糖运输方向是从叶肉到筛管—伴胞复合体，同时蔗糖又是不带电荷的分子，因此蔗糖的短距离运输是一个逆化学势梯度过程，从理论上讲这个过程是一个消耗能量的过程。

一般认为，蔗糖主动进入筛管分子—伴胞复合体的机制是蔗糖—质子共运输（图5-8）。在H^+-ATP酶的作用下，质子被泵出细胞，建立起细胞内外的质子梯度。质外体中的质子有向细胞内扩散的趋势，在细胞膜上的特殊载体可以利用质子的顺电化学梯度的扩散将细胞外的溶质蔗糖与质子共同转运至细胞内，这种运输方式称为蔗糖—质子同向共运输（sucros-proton symport）或共运输（cotranspot）。负责这样运输的载体称为蔗糖—质子共运输载体（sucros-proton symporter）。

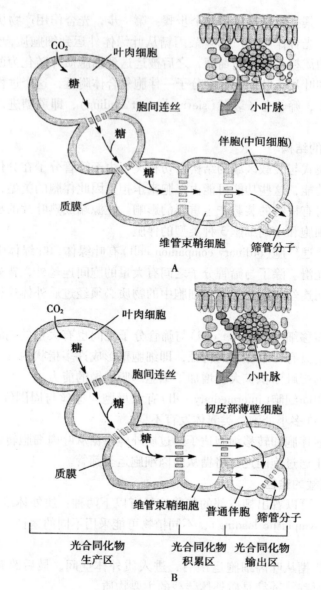

图 5-7 源叶中韧皮部装载途径示意(引自 Taiz 和 Zeiger，2006)
A. 经中间细胞的共质体装载　B. 经普通伴胞的质外体装载
整个途径大体由 3 个区域组成：光合同化物生产区、光合同化物累积区和光合同化物输出区

（2）共质体装载

对于共质体装载途径来说，首要条件是参与此途径的细胞间都具有大量的胞间连丝；胞间连丝把细胞质联系成为一个连续的整体，同化物可能通过胞间连丝进入筛管。在进行共质体装载的植物中，筛管中糖的主要形式是寡聚糖(棉籽糖、水苏糖、毛蕊花糖等)和蔗糖。

在质外体装载途径中，如果被运输的糖从叶肉细胞运出并通过质外体进入筛管分子—伴胞复合体都是通过膜上的特异性载体，那么可以理解糖的运输应该是具有选择性的。但是对于共质体途径的装载就比较难以理解，由于胞间连丝只是细胞间非特异的运输通道

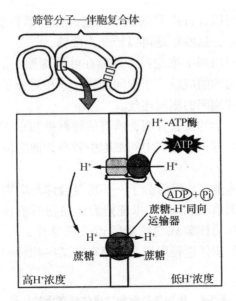

图 5-8　蔗糖—质子同向运输示意(引自 Taiz & Zeiger, 2002)

(对小分子来说)，很难解释胞间连丝如何对被运输糖进行选择。另外，筛管分子—伴胞复合体通常具有较高的膨压和糖浓度，而向其运输同化物的细胞却具有较低的膨压和糖浓度，细胞是如何维持糖从低浓度区域通过胞间连丝向高浓度区域的逆浓度梯度运输，这也是一个难以解释的问题。因此在共质体的韧皮部装载途径中应该还存在一个利用特异性膜载体以外的控制机制。

Robert Turgeon 提出一个非运输糖在伴胞和筛管分子中转变为运输糖的模型——聚合物陷阱模型(polymer-trapping model)(图 5-9)。

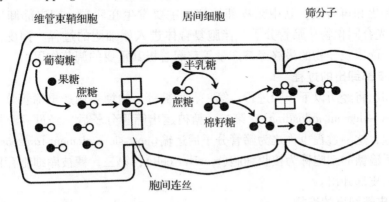

图 5-9　聚合物陷阱模型(引自 Taiz & Zeiger, 1998)

聚合物陷阱模型可解释通过胞间连丝的共质体装载的选择性和逆浓度梯度运输的问题。该模型认为：叶肉细胞光合作用中产生的蔗糖和肌醇半乳糖苷通过胞间连丝从维管束鞘细胞扩散进入中间细胞后，蔗糖因用于合成棉籽糖和水苏糖而被消耗掉，浓度降低，因而可以从维管束鞘细胞顺浓度梯度运输到中间细胞。而合成的棉籽糖和水苏糖由于具有较大的相对分子质量而无法通过胞间连丝回到维管束鞘细胞。相反中间细胞和筛管分子间的胞间连丝的通透性较大，可以允许中间细胞中合成的棉籽糖和水苏糖扩散进入筛管分子，并且在进一步的运输途径中，这些糖还可以转变为蔗糖。

根据聚合物陷阱模型得出如下推论：①蔗糖在叶肉细胞中的浓度应该高于中间细胞；②棉籽糖和水苏糖合成所需的酶应该位于中间细胞；③相对分子质量大于蔗糖的分子不能通过维管束鞘细胞和中间细胞间的胞间连丝。

大量生物化学的和免疫学的实验证明，所有的棉籽糖和水苏糖合成所需的酶是定位在中间细胞的，且棉籽糖和水苏糖浓度在中间细胞中较高，而在周围的叶肉细胞中几乎检测不到。

韧皮部装载途径与伴胞类型、筛管分子—伴胞复合体与周围薄壁细胞间胞间连丝的数目、糖的运输种类有密切关系（表5-4）。以蔗糖为运输物的植物大多数经质外体装载，如甜菜、豆科植物等；而经共质体装载的植物除运输蔗糖外，还运输棉籽糖、水苏糖等寡糖。当然，质外体途径和共质体途径可能共同存在于某些物种中，它们协同作用，共同完成同化物的装载。

表5-4 质外体装载和共质体装载大的比较

因素	质外体装载	共质体装载
伴胞类型	普通伴胞、转移细胞	中间细胞
筛管分子—伴胞复合体与周围细胞间胞间连丝的数目	无或很少	多
被装载糖的种类	蔗糖	寡聚糖和蔗糖

5.3.2 韧皮部的卸出

光合同化物一旦装载进入筛管，就会沿整个韧皮部运输途径不断地和周围细胞进行物质交换，即卸出和再装载，其中韧皮部的卸出主要发生在库端。韧皮部卸出（phloem unloading）是指光合同化物从筛管分子—伴胞复合体进入库细胞的过程。韧皮部卸出对同化物的运输、分配以及作物的最终经济产量等都起着极其重要的调节作用。

5.3.2.1 韧皮部卸出的过程

韧皮部卸出将经历以下步骤进行：第一，蔗糖等运输糖被输送出筛管分子，称为筛管分子卸出（sieve-element unloading）；第二，糖被运出筛管分子后，经过一个短距离运输被运输到库细胞，这一过程也称之为筛管分子后运输（post-sieve element-transport）。通常库组织中接收被运输糖的细胞称为接收细胞（receiver cell）；第三，糖被库细胞存储或代谢。这个全过程即韧皮部卸出。

5.3.2.2 韧皮部卸出的途径

由于卸出可以发生在成熟韧皮部的任何地方，并且不同库的结构和功能变化非常大，因此同化物的卸出比其装载要复杂。韧皮部卸出有两种途径：共质体途径和质外体途径。

（1）共质体卸出

一些植物如甜菜、烟草的幼叶细胞间有大量胞间连丝，使用抑制糖质外体吸收的抑制剂和缺氧条件都不能抑制这些组织糖的卸出，因此，它们的韧皮部卸出可能采用共质体途径。经共质体卸出时，糖类通过胞间连丝进入接受细胞，不需要跨越质膜。糖从筛管分子到接受细胞是顺着浓度梯度的扩散移动,因此共质体途径的韧皮部卸出本身不需要能量,不直接依赖于细胞的代谢,是一个被动运输的过程。糖进入接收细胞后,被呼吸利用或转化为其他生长所需的物质和贮藏物,使得接收细胞中的糖浓度降低。因而通常认为,筛管分子与库细胞之间糖的浓度梯度的维持是直接依赖于细胞代谢的。

(2)质外体卸出

质外体卸出有两种途径。一种是甘蔗、甜菜等的贮藏薄壁细胞与库细胞之间没有胞间连丝。当蔗糖送到质外体后,就被水解为葡萄糖和果糖,它们被库细胞吸收后,又再结合为蔗糖,贮存在液泡内(图5-10)。在库组织中存在许多单糖的载体,这似乎和上述假设是吻合的。另一种是在大豆、玉米等种子中,其母体组织和胚性组织之间也没有胞间连丝,蔗糖必须通过质外体,直接进入库细胞。

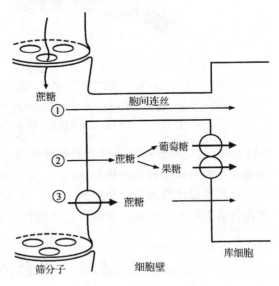

图 5-10 蔗糖卸出到库组织的可能途径之一
(引自 Hopkins, 1999)

在有些植物的贮藏细胞中,蔗糖被运入液泡储存起来,蔗糖跨液泡的运输是通过蔗糖—质子反向运输机制进行的:液泡膜上的 H^+-ATP 酶将质子运入液泡形成跨液泡膜的质子梯度,然后液泡膜上的反向运输载体利用跨液泡膜的质子梯度把蔗糖输送到液泡内。

从上述的转运过程可以看出,经质外体途径卸出时,糖至少需要进行两次跨膜的运输。在输出过程中,糖要通过筛管分子—伴胞(SE-CC)复合体的质膜进入质外体;在接受细胞中,糖需要从质外体跨膜吸收;若进入液泡,则还要通过液泡膜。经研究发现,膜上的载体参加糖的运输,而且应该至少有一步跨膜的运输是耗能的主动过程。

知识窗

研究库端卸出机制的技术——空种皮技术

空种皮技术是目前研究同化物在库端卸出机制的较好手段,已成功应用于豆科植物和玉米种子发育过程中同化物卸出的研究。在这类植物中,胚囊组织和周围细胞之间没有胞间连丝的连接。在胚囊发育过程中,哺育组织向胚囊运输的营养物质只能通过质外体途径。因此,可以通过适当的方法将胚珠的胚囊部分除去而留下一个"空胚珠"。由于胚囊从种子中除去,这样就可以对糖从种皮进入质外体的过程进行研究而不会受到胚囊的干扰;同样也可以分别对胚囊吸收糖的过程进行研究。

为阻止筛管分子中形成胼胝质,出现堵塞现象,可以在"空胚珠"中加入含有 EDTA 的 4% 琼脂或缓冲液。在短时间的恢复之后向库器官的同化物卸出仍然继续进行,在正常情况下被发育着的胚吸收的同化物将扩散到琼脂或缓冲液里,这个过程可以持续数小时(图

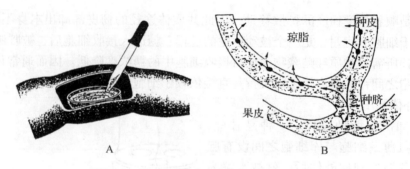

图 5-11 空种皮技术（引自 Hopkins，1995）

A. 用解剖刀将部分豆荚壳切除，开一"窗口"，切除正在生长种子的一半（远种脐端），将另一半种子内的胚性组织去除，仅留下种皮组织和母体相连部分，制成空种皮杯。在空种皮杯中放入 4% 琼脂，收集空种皮中的分泌物　B. 同化物在空种皮杯中卸出的途径

5-11）。这样，就可以通过对琼脂或缓冲液的置换和分析、改变 pH 值以及加入其他溶液或抑制剂等对卸出过程进行研究。

应用空胚珠技术进行的研究表明，在豆科植物中，蔗糖向胚囊的卸出对缺氧、低温、代谢抑制剂敏感，因此，蔗糖可能是通过需要能量的膜载体卸出到质外体的。

5.4　光合同化物的分配

新形成的同化物在各器官之间的分布称之为分配（partitioning）。同化物的分配与植物体的生长和经济产量的高低有着非常密切的关系。影响同化物分配的因素是十分复杂的，因而了解分配的规律及其控制因素，将对农林业生产具有重要的指导意义。

5.4.1　源和库的关系

1928 年，Mason 和 Maskill 首先提出"源"和"库"的概念，原意指制造光合产物和接纳光合产物的组织和器官。后来这一概念被 Evans 等发展用于作物产量形成的分析。近 20 年来，将源库理论应用于作物栽培，指导生产实践，受到普遍关注。

（1）源和库的概念

源（source）是指生产同化物以及向其他器官提供营养的器官，例如，绿色植物的成熟叶片、种子萌发时的子叶或胚乳组织；而库（sink）是指消耗或积累同化物的接纳器官，如幼叶、根、花、果实和种子等。

根据同化产物输入后的去向，库可分为使用库和贮藏库两种。在分生组织中，大部分输入的同化产物用于生长，如大麦须根中大约有 40% 输入蔗糖用于呼吸，55% 用于结构生长，这种库可称为使用库。贮藏库是指绝大部分输入的同化产物以不同形式贮藏起来，如水稻种子中的淀粉、甘蔗茎中的蔗糖。

"源"和"库"是相对的概念。在植物的任何生长发育阶段都有一定的器官作为供应同化物的源而又有另一些器官作为接纳同化物的库。但是在不同的发育阶段，作为源和库的器官则可能是不同的。例如，在种子萌发的阶段，种子的胚乳或子叶是供应同化物的源而胚芽和胚根则是消耗同化物的库；在植物的营养生长阶段，植物的成熟叶是生产供应同化物的源而植物的根、分生组织等则是接纳同化物的库。

对于植物的特定器官在发育的过程中其源或库的地位也会发生改变，例如，正在伸展过程中的幼叶，其光合作用所生产的同化物尚不能满足其生长的需求而需要输入同化物，因此，是代谢的库；当叶片伸展到其最终大小的一半之后，其输入的同化物逐渐减少，直至最后成为完全伸展的成熟叶，其同化物的输入完全停止转而成为输出同化物的源。因此，植物的源和库可以在发育过程中发生相互转化。

（2）源和库的单位

虽然同化物运输的基本方向是由源到库，但是在植物体内通常有多个源器官和库器官，同化物在源库器官间的运输存在时间和空间上的调节和分工。因此，通常把在同化物供求上有对应关系的源和库及其连接二者的输导系统合称为源—库单位（source-sink unit）。源和库在营养供求关系上是相互依赖的。

（3）源和库的关系

① 源对库的影响　源是制造同化物的器官，是库的供应者，因而源对库的影响显而易见。当源的同化产物较少时基本不输出，只有当同化物的形成超过自身的需要时才能输出。源器官同化物形成和输出的能力，称为源强（source strength）。影响源强的主要因素有：一是光合速率；二是磷酸丙糖从叶绿体向细胞质的输出速率；三是叶肉细胞蔗糖的合成速率。其中，光合速率是衡量源强最直接的指标。许多试验证明，减少叶片或降低光合速率，均会引起库器官的减少或退化。而若在作物生育后期加强田间管理，防止叶片早衰，使源叶充分发挥作用，将对作物产量的提高有利。

② 库对源的影响　库是接纳同化物的部位，但库并非只是被动的接纳物质，而是对源也有影响。一般把库器官接纳和转化同化物的能力，称为库强（sink strength）。

$$库强度 = 库容量 \times 库活力$$

库活力（sink activity）是指单位重量的库组织吸收同化物的速率；而库容量（sink size）是指组织的总重量。改变库活力或库容量，都会对源产生影响。例如，小麦籽粒的干物质约40%来源于旗叶，如果把正在灌浆的麦穗剪掉，则旗叶的光合速率急剧下降。其原因是同化物输出受阻，结果同化物多以淀粉形式积累于叶片中，因而抑制光合作用的继续进行，这是光合作用产物输出速率的调节。

5.4.2　同化产物运输与分配的调控

叶片光合作用形成的同化物在向外运输时并不是平均分配到各个器官，而是有所侧重。植物的一些内在因素和外界环境条件会影响到同化物的运输和分配方向。

5.4.2.1　同化产物的分配方向和特点

有机物的分配方向取决于源库的相对位置，并且总是由源向库，无论库位于源的上方还是下方，都是如此。

尽管在植物的不同的生长发育阶段中，同化物的分配差异较大，但归纳起来，同化物的分配主要有以下几个特点：

（1）就近供应，同侧运输

就近性(proximity)原则是源库运输的重要影响因素。植物的上部叶片通常主要向茎端生长点以及幼叶运送同化物,下部叶片主要提供根系所需的同化物,中部叶片则既向上也向下进行运输,且向同侧分配较多。例如,大豆和蚕豆开花结荚时,叶片的同化产物主要供给本节的花荚,很少运到相邻的节去;果树的果实所获得的同化产物,大多数来自果实附近的叶片;作物叶片同化产物一般只供应同一侧的相邻叶片,很少横向供应到对侧的叶片。

(2) 向生长中心运输

植物在不同的生长阶段有不同的生长中心。例如,稻、麦分蘖期生长中心是新生叶、分蘖及根;孕穗期至抽穗期,生长中心转向穗及茎;而在乳熟期,穗子几乎是唯一的生长中心。这些生长中心,既是矿质元素的输入中心,也是光合产物的分配中心。植物的同化物通常主要向生长中心运输,或者说生长中心是主要的库。在营养生长期,根端和茎端的生长点是主要的库,成熟叶片是主要的源,因此,同化物的运输方向是从成熟叶片到根端和茎端的生长点。当植物体由营养生长转变为生殖生长后,果实逐步成为主要的库,而同化物运输的方向也从向根和茎运输转变为主要向果实运输。

(3) 功能叶之间无同化物供应关系

就不同叶龄来说,幼叶产生的光合产物较少,不仅不向外运输,而且需要输入同化物供自身生长用,表现为库。一旦叶片长成,合成大量的光合产物,就向外运输,即转变为源,而且此后不再接受外来的同化物。例如,给功能叶遮黑处理,也不会输入同化物。也就是说,已成为源的叶片之间没有同化物的分配关系,直到最后衰老死亡。

(4) 同化物的再分配和再利用

植物体除了已经构成植物骨架(如细胞壁)的成分外,其他的各种细胞内含物都有可能转移到其他器官或组织中去被再度利用。物质的再利用和再分配发生得非常普遍。例如,水稻等在抽穗前贮藏在茎和叶鞘中的同化物在抽穗时会转移到穗中;大多数植物当叶片衰老时,大量的糖以及氮、磷、钾等都要运出,重新分配到就近新生器官。在生殖生长期,营养体细胞内的内含物向生殖体转移的现象尤为明显。许多植物的花在受精后,花瓣细胞中的内含物就大量转移,然后花瓣迅速凋谢,这种再度利用是植物体的营养物质在器官间进行调运的一种表现。

除了在生长过程中同化物可以再分配和再利用,研究发现,收割后作物储藏期间茎叶中的有机物仍然可以继续转移。这一特点在生产上被充分加以利用。例如,北方农民为了减少秋霜危害,在霜冻到达前,把玉米连杆带穗堆成一堆,让茎叶不致冻死,使茎叶中的有机物继续向籽粒中转移,即所谓"蹲棵",这种方法可增产 5%~10%。

由此可以看出,同化物在植物体内的再分配和再利用是植物生长发育的重要过程,是植物在长期进化过程中形成的充分利用现有资源协调各器官生长的优良习性。因此,探讨细胞内含物再分配的模式,找出控制的有效途径,不论在理论还是生产实践上都具有非常重要的意义。

5.4.2.2 同化产物分配的调控

影响与调节同化物运输分配的因素十分复杂,总的来说可以分为内在因素和外在因素两大方面。内在因素中糖代谢状况、植物激素起着重要作用;外在环境因素中营养、光照、水分等对同化物运输与分配有着重要影响。

(1) 代谢调控

①蔗糖代谢调节　蔗糖是有机物运输的主要形式。叶片内的蔗糖浓度通常存在一阈值，蔗糖浓度高于此阈值，其输出速率明显加快，低于此阈值，输出速率明显降低。例如，通过提高光强或增施 CO_2 的方法来提高叶片内蔗糖的浓度，短期内可以加速同化物从功能叶的输出速率。

②能量代谢的调节　同化物的主动运输需要消耗能量。用敌草隆（DCMU）和二硝基苯酚（DNP）抑制 ATP 的形成，会对同化物运输产生抑制作用。ATP 对光合产物运输的作用可能有两个方面：一是作为运输的直接动力；二是通过提高膜透性起作用。

(2) 激素调控

植物激素对光合产物的运输与分配有着重要影响。一般情况下，除乙烯外，其他激素均能促进同化物的运输与分配。例如，用生长素处理未受精的胚珠或棉花未受精的柱头，发现有吸引光合产物向这些器官分配的效应；用 GA 预先处理天竺葵叶圆片，可提高叶组织对 ^{32}P 的吸收速度；在大豆、水稻中的研究结果表明，ABA 与种子发育过程中同化物积累有关。

植物激素对有机物运输的促进作用可能是通过以下几个途径实现的：①生长素与质膜上的受体结合，产生膜的去极化作用，降低膜电势，并可能使离子通道打开，有利于离子及光合产物的运输；②植物激素能改变膜的理化性质，提高膜透性。例如，生长素、赤霉素、细胞分裂素均有提高膜透性的功能；③植物激素能促进 RNA 和蛋白质的合成，合成某些与同化物运输有关的酶，如赤霉素诱导 α-淀粉酶的合成。但关于植物激素促进同化物运输的机制还有待于进一步研究。

(3) 环境因素调控

①矿质元素　对有机物质运输影响较大的矿质元素是 N、P、K 和 B 等。N 的供应水平必须适量，N 素过低，容易引起功能叶片早衰；而 N 过多，会导致植物营养生长过于旺盛，光合产物多用于生长，而籽粒成熟时同化物向籽粒的再分配减少。P 可以促进光合作用和蔗糖的合成，同时又是 ATP 的重要组分，因此能促进同化物的运输。K 对有机物质运输与分配的影响表现在可以促进运入库中的蔗糖转化为淀粉，有利维持韧皮部两端的压力势差，进而促进碳水化合物的运输。B 对同化物的运输具有明显的促进作用。首先，B 能促进蔗糖的合成，提高主要运输物蔗糖所占比例；其次，B 能以硼酸的形式与游离态的糖结合，形成带负电的复合体，容易透过质膜。

②光照　通常情况下，在光下同化物的运输速率高于夜间。产生此种现象的原因可能是光下代谢源中可用来输出的蔗糖含量较高，而且 ATP 供应充分，运输速率加快；反之，暗中蔗糖浓度降低，运输速率变慢。

③温度　通常 20~30℃ 时同化物的运输量最大，温度过高或过低都会影响同化物的运输。温度低时，呼吸作用减弱，导致能量降低；筛管内液流黏度增加；胼胝质增加，堵塞筛孔；由此阻碍运输的进行。温度太高时，呼吸作用增强，糖分被大量消耗，叶部可供运出的同化物量减少；同时温度过高，原生质中的酶也可能被钝化，筛孔可能被胼胝质堵塞。温度也影响同化物的分配方向。例如，当土温高于气温时，光合产物向根部运输的比例增大；当气温高于土温时，光合产物向地上部分运输比例大。昼夜温差对同化物分配有很大影响，在一定范围内，昼夜温差大有利于同化物向籽粒分配。

④水分　水分是光合作用的原料,又是有机物质的运输介质,所以水分不足对有机物质的运输与分配会产生重要的影响。首先,水分不足将会引起气孔关闭,造成光合速率降低,可向外运输的蔗糖浓度降低,结果从源叶输出的同化物质减少;其次,在缺水条件下,筛管内集流运动的速度降低。试验表明,干旱时小麦旗叶输出同化物减少了40%,其中分配到穗的同化物不减少,分配到植株基部与根系的同化物数量则明显下降。因而,在干旱条件下,基部叶片和根系更易于衰老甚至死亡。

除了上述所提到的因素外,CO_2、病原体和寄生植物等也可影响同化物的运输和分配,改变植物的源库关系。

5.5　光合同化物的配置

通常把同化产物的代谢转化去向与调节称为配置(allocation)。植物光合作用形成的同化产物有三种去向:其一,用于自身的需要,为细胞生长、代谢提供能量或为细胞合成其他化合物提供碳架;其二,合成贮藏化合物(如淀粉)贮藏起来;其三,形成运输化合物,通常为蔗糖输送到各种库组织。三种途径间存在着相互的竞争,并受到一些因素调控。阐明光合细胞和库细胞中同化物的配置途径及其控制因素,对于控制同化物的转化与分配具有重要的意义。

5.5.1　光合细胞中同化物的配置

光合细胞中淀粉和蔗糖是光合作用的主要终产物,磷酸丙糖是重要的中间产物,因此下面主要介绍这三种物质的代谢及转化。C_3途径产生的磷酸丙糖的配置主要有3个方向:①继续参与卡尔文循环的运转;②留在叶绿体内,并在一系列酶作用下合成淀粉;③通过位于叶绿体被膜上的磷酸丙糖转运器(triose phosphate translocator,TPT)进入细胞质,再在一系列酶作用下合成蔗糖,而合成的蔗糖或者临时贮藏于液泡内,或者输出光合细胞,经韧皮部装载通过长距离运输运向库细胞。可见磷酸丙糖的配置决定了光合细胞中淀粉和蔗糖的代谢转化。

5.5.1.1　细胞质中蔗糖的合成

蔗糖是高等植物碳水化合物运输和贮藏的主要形式,在植物生长发育和同化物分配中起着非常重要的作用。

(1)蔗糖的合成过程

光合细胞中蔗糖的合成是在细胞质内进行的。光合中间产物磷酸丙糖通过叶绿体被膜上的磷酸丙糖转运器进入细胞质。在细胞质中,磷酸二羟丙酮(DHAP)在磷酸丙糖异构酶作用下转化为磷酸甘油醛(GAP),然后DHAP和GAP在醛缩酶催化下形成果糖-1,6-二磷酸(F1,6BP)。F1,6BP的C1位上的磷酸由果糖-1,6-二磷酸酯酶(FBPase)水解形成F6P。这一步反应是不可逆的,也是调节蔗糖合成的第一步反应。

$$F1,6BP + H_2O \xrightarrow{FBP_{ase}} F6P + Pi$$

F6P在磷酸葡萄糖异构酶和磷酸葡萄糖变位酶作用下,形成G6P和G1P。然后由G1P

和 UTP 合成 UDPG(蔗糖合成时的葡萄糖供体)和 PPi,反应是由 UDPG 焦磷酸化酶(UDP glucose pyrophosphory lase UGP)催化。这一步反应虽然是可逆的,但由于焦磷酸可被用于驱动位于液泡膜上的质子泵,以促使该反应向有利于蔗糖合成的方向进行。

$$G1P + UTP \xrightleftharpoons{UGP} UDPG + PPi$$

UDPG 和 F6P 结合形成蔗糖-6-磷酸(S6P),催化该反应的酶是蔗糖磷酸合成酶(sucrose phosphate synthase,SPS),它是蔗糖合成途径中另一个重要的调节酶。

$$UDPG + F6P \xrightleftharpoons{SPS} S6P + UDP$$

蔗糖合成的最后一步反应是 S6P 由蔗糖磷酸酯酶(sucrose phosphate phosphatase)水解形成蔗糖。

$$S6P + H_2O \xrightleftharpoons{SPP} 蔗糖 + Pi$$

蔗糖合成中至少有两个酶具有调节作用。一个是果糖1,6-二磷酸酯酶(FBPase),它催化蔗糖合成的第一步反应,即催化 F1,6BP 水解形成 F6P。研究发现,果糖-2,6-二磷酸(F2,6BP)是 FBPase 的强抑制剂,在调节该酶和蔗糖合成中起关键性的作用。另一个调节酶是蔗糖磷酸合成酶(SPS),SPS 催化 UDPG 与 F6P 结合形成磷酸蔗糖。SPS 含量低,在叶片中的含量只占总可溶性蛋白的0.1%以下,同时该酶稳定性差,离体酶易失活。SPS 受 G6P 和 Pi 的异构调节,G6P 提高 SPS 活性,而 Pi 则抑制该酶的活性。蔗糖的合成途径如图5-12所示。

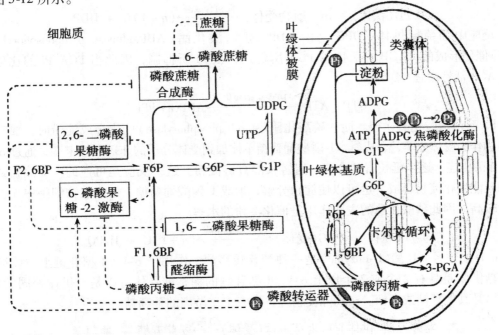

图5-12 淀粉和蔗糖相互转化的调控(引自王忠,2008)

F2,6BP:2,6-二磷酸果糖;F6P:6-磷酸果糖;G6P:6-磷酸葡萄糖;G1P:1-磷酸葡萄糖;
F1,6BP:1,6-二磷酸果糖;3-PGA:3-磷酸甘油酸

当3-磷酸甘油酸含量丰富时,淀粉的合成被激活。无机磷酸根离子浓度高时抑制淀粉的合成。
淀粉和蔗糖的合成被严格控制,并且和光合作用速率步调一致

(2)光合细胞内蔗糖的去向

蔗糖在细胞质内合成以后的去向主要决定于库器官或组织对蔗糖的需求大小,当需求大时,细胞质内形成的蔗糖优先向这些器官或组织输出;当对蔗糖需求降低时,细胞质内形成的蔗糖则进入液泡作为临时性贮藏。实验表明,蔗糖进入液泡是一种主动过程,因为呼吸抑制剂 CCCP(解偶联剂)抑制该过程,而 ATP 则促进其进行。许多结果表明,蔗糖进入液泡是由位于液泡膜上的蔗糖载体介导的逆蔗糖浓度梯度过程。

5.5.1.2 叶绿体中淀粉的合成

在光合细胞中,淀粉是在叶绿体中合成的,合成淀粉的前体物来自于卡尔文循环的中间产物磷酸丙糖。淀粉有两种类型:直链淀粉和支链淀粉(图5-13)。直链淀粉是由许多 α-葡萄糖缩合去水,以1,4-糖苷键连成的直链,通常由200个以上葡萄糖单位组成;支链淀粉也是由许多 α-葡萄糖缩合去水,但除了1,4-糖苷键连成的直链外,还有以1,6-糖苷键连成的分枝。通常由1 000个以上葡萄糖单位组成,两种类型的淀粉是由不同的酶催化形成的。

(1)淀粉的合成过程

①直链淀粉的合成

a. 淀粉合成酶途径。淀粉合成酶(starch synthetase)以 ADPG 或 UDPG 中的葡萄糖为供体,转移到葡聚糖引物的非还原端,反应一次加长一个葡萄糖单位,反应重复下去,可使淀粉链不断延长。

$$ADPG(供体) + nG(引物受体) \xrightarrow{淀粉合成酶} (n+1)G + UDP$$

反应中葡萄糖供体 ADPG 是由 ADPG 焦磷酸化酶(ADP glucose pyrophosphorylase,AGP)催化形成的。AGP 的活性被 PGA 所促进,被 Pi 所抑制,因此当 PGA/Pi 的比值高时,AGP 活性增强(图5-12)。

$$G1P + ATP \xrightarrow{ADPG 焦磷酸化酶} ADPG + PPi$$

b. 淀粉磷酸化酶途径。淀粉磷酸化酶(starch phosphorylase)催化合成淀粉时,要有一种引物作为受体分子,合成时,1-磷酸葡萄糖单体加到受体分子的非还原性末端,通过 α-1,4 糖苷键相连,逐步延长直到合成一定链长的直链淀粉。这一反应是可逆的,即淀粉磷酸化酶既能催化淀粉合成,也可以使淀粉分解,形成1-磷酸葡萄糖。由于植物细胞中无机磷浓度较高,因此磷酸化酶的主要作用是催化淀粉的水解。

$$G1P(供体) + nG(受体) \xrightarrow{淀粉磷酸化酶} (n+1)G + H_3PO_4$$

c. D 酶途径。D 酶(D-enzyme)是一种糖苷转移酶,作用于 α-1,4 糖苷键上。该途径中的糖供体是具有2个或2个以上 α-1,4 糖苷键的糖,糖受体可以是与供体相同的糖,也可以是其他寡糖或多糖。产物除淀粉外,还有1个游离的葡萄糖。

$$麦芽三糖(供体) + 麦芽三糖(受体) \xrightarrow{D酶} 麦芽五糖 + 葡萄糖$$

虽然上述3种酶都可以催化淀粉的形成,但植物细胞中淀粉的合成主要是由淀粉合成酶催化的。

②支链淀粉的合成 以上3种淀粉合成途径都形成 α-1,4 糖苷键,产生直链淀粉,而具有 α-1,6 糖苷键的支链淀粉是由分支酶(branching enzyme)催化形成的。分支酶原称

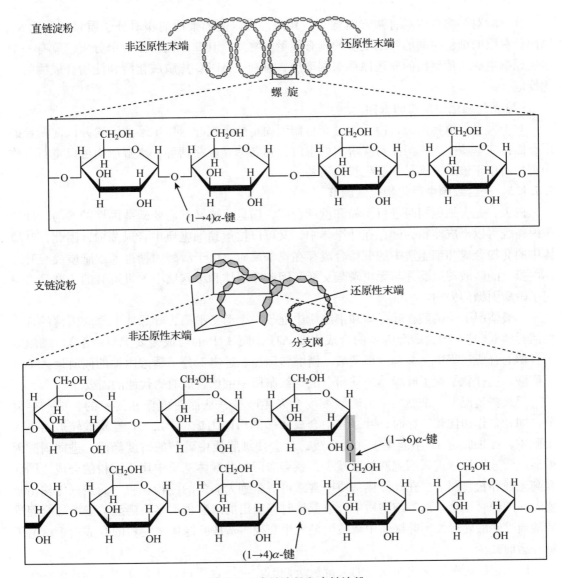

图 5-13 直链淀粉和支链淀粉

Q 酶,是在马铃薯中发现的,它要求的糖供体和糖受体是含有 3 个以上的 α-1,4 糖苷键的糖,或直链、支链淀粉,它催化从直链淀粉的非还原端拆开一个低聚糖片段(A),并将其转移到毗邻的直链片段(B)的某残基上,以 α-1,6 糖苷键与之相连,即形成一个分支(图 5-14)。

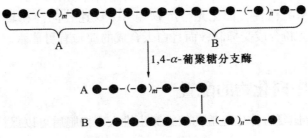

图 5-14 支链淀粉的形成

分支酶对淀粉合成具有两方面意义：其一，可以使葡聚糖的相对分子质量不断增大，以便让有限的细胞空间能容纳更多的具有能量的物质；其二，淀粉多一个分支，就有一个非还原端生成，葡聚糖的非还原性末端增加，有利于 ADPG 焦磷酸化酶和淀粉合成酶的催化反应。

（2）光合细胞中淀粉的去向

对于大多数植物来说，白天通过光合作用固定的碳在叶绿体中形成淀粉并以淀粉粒的形态储存在基质中，夜间淀粉降解，如水解为葡萄糖和麦芽糖等，水解产物可以重新合称为蔗糖而用于输出或满足细胞生长的需要。

5.5.1.3　光合细胞中同化物配置调节

白天，光合细胞同时进行淀粉和蔗糖合成，而且合成又都需要磷酸丙糖的参与，即磷酸丙糖既可以形成淀粉，储存在叶绿体中，又可以被运到细胞质中合成蔗糖，因此，叶绿体中的淀粉合成和细胞质中的蔗糖合成存在竞争反应。由于磷酸丙糖进入细胞质要经叶绿体内膜上的磷酸转运器并与无机磷酸交换，因此叶绿体和细胞质中无机磷酸的浓度最终决定了磷酸丙糖的去向。

一般情况下，磷酸在叶绿体和细胞质中处于一个动态平衡，叶绿体中磷酸丙糖的合成要消耗磷酸（这是因为磷酸丙糖的合成需要 ATP，而 ATP 的合成需要无机磷酸），细胞质中蔗糖的合成过程中又会释放出磷酸。磷酸转运器在运出 1 分子磷酸丙糖的同时运入 1 分子磷酸，这样就平衡了叶绿体中淀粉合成与细胞质中蔗糖合成对磷代谢的需要。

但某些情况下，细胞质中的磷酸浓度会发生改变，从而对蔗糖和淀粉的合成产生调节。如光合作用比较旺盛时，叶绿体中合成较多的磷酸丙糖（TP），TP 经磷酸转运器进入细胞质，如果此时 TP 不能用于蔗糖合成，就会使细胞质中磷酸的浓度降低，进而磷酸丙糖通过磷酸转运器进入细胞质的量减少，就会滞留在叶绿体基质中用于淀粉的合成，因此在高光强和长日照下，在叶绿体基质中常常可观察到大而多的淀粉颗粒。而当蔗糖输出旺盛时，蔗糖合成会增加，细胞质中合成蔗糖时释放出的磷酸也增多。磷酸浓度增加会促进磷酸通过磷酸转运器与叶绿体中磷酸丙糖发生交换，造成叶绿体中淀粉的合成由于磷酸丙糖外运而减少。

同化物的配置还受代谢反应的关键酶所调节。蔗糖合成过程中的关键酶是 FBPase（1,6-二磷酸酯酶）和 SPS（蔗糖磷酸合成酶），淀粉合成中的关键酶是 AGP（ADPG 焦磷酸化酶），这些酶的活性受底物浓度的控制。G6P 是 SPS（蔗糖磷酸合成酶）的主要活化剂。在蔗糖输出增加时，由叶绿体通过磷酸转运器运入细胞质的磷酸丙糖就增加，磷酸丙糖合成的 G6P 会刺激 SPS 的活性，增加蔗糖的合成。

PGA 是 AGP 的主要活化剂，而磷酸是 AGP 的主要抑制剂。当白天光照很强时，PGA/Pi 比值升高，激活 AGP 活性，催化光合产物经 ADPG 途径向淀粉转化；在夜间或阴天，PGA/Pi 比值降低，淀粉合成受抑制，而且白天合成的淀粉有可能水解为麦芽糖和葡萄糖，再度合成蔗糖。

5.5.2　库细胞中同化物的配置

在筛管分子—伴胞复合体中运输的糖经卸出进入库细胞后可以保持原样或转化成其他

的化合物，一般在贮藏的库细胞中以某种形式贮藏起来，而在生长的库细胞中则被用于生长或其他分子的合成。

5.5.2.1 蔗糖的代谢

由于大多数植物的运输糖为蔗糖，因此卸出到库细胞的糖也多为蔗糖。蔗糖在库细胞内代谢对源端的光合作用及同化物的运输和分配都具有重要的调节作用。

(1) 蔗糖的降解

催化蔗糖降解代谢的酶有两类，一类是转化酶(invertase)；另一类是蔗糖合成酶(sucrose synthase，SS)。

① 转化酶　催化蔗糖的水解反应：

$$蔗糖 + H_2O \rightarrow 葡萄糖 + 果糖$$

根据催化反应所需的最适 pH 值，可将转化酶进一步分成两种，一种称为酸性转化酶，另一种称为碱性或中性转化酶。酸性转化酶催化反应的最适 pH 值范围为 4~5.5，主要分布在细胞酸性环境如液泡和细胞壁中。该酶对底物蔗糖的亲和力较高，其 K_m 为 2~6mmol·L^{-1}，它的催化活性会受其产物果糖的抑制。另外，酸性转化酶还能被一些可溶性蛋白质所活化。碱性或中性转化酶最适 pH 值范围为 7~8，主要分布在细胞质部分，对蔗糖的亲和力相对较低，其 K_m 为 10~30mmol·L^{-1}。其生理作用主要有三方面：一是在以蔗糖为最终贮藏物的库器官内起作用；二是在一些缺少酸性转化酶的库组织中催化蔗糖水解，同时提供能量；三是对控制库细胞内己糖水平起重要作用。

② 蔗糖合成酶　催化下列可逆反应：

$$UDPG + 果糖 \longleftrightarrow 蔗糖 + UDP$$

该反应的平衡常数为 1.3~2。该酶在分解方向的 K_m(蔗糖)相对较高(30~150mmol·L^{-1})，所以细胞中高的蔗糖浓度有利于反应向分解方向进行。

蔗糖合成酶位于细胞质内，活性表现出明显的日变化，即进入光期后，酶的活性开始增加，约在光照 6h 后达到最大活性；进入暗期，酶的活性下降。此外，该酶催化蔗糖分解的活性会被果糖抑制，Mg^{2+} 能促进蔗糖的合成，而抑制蔗糖的分解。

③ 降解途径　蔗糖进入库细胞后由哪一种酶催化降解，取决于植物的种类和库的特性。蔗糖降解的途径如图 5-15 所示。

蔗糖降解的产物葡萄糖和果糖必须先经过磷酸化才能参与进一步的代谢。己糖磷酸化是由激酶催化的。a. 己糖激酶。如组织或细胞中蔗糖的降解是由转化酶催化的，产物是葡萄糖和果糖，在这类组织和细胞中通常含有较多的己糖激酶，它的底物既可以是葡萄糖也可以是果糖，但最适底物是葡萄糖；b. 果糖激酶。如果组织或细胞中蔗糖的降解是由蔗糖合成酶催化的，产物是果糖，则在这类组织和细胞中含有较多的果糖激酶，催化果糖的磷酸化。

磷酸化形成的 G6P 主要有 3 种转化方式：一是进入戊糖磷酸途径；二是由磷酸葡萄糖异构酶催化转变为 F6P；三是由磷酸葡萄糖变位酶催化转变为 G1P。产生的 F6P 或者进入糖酵解途径，或者用于合成蔗糖；而 G1P 可作为由 ADPG 焦磷酸化酶或 UDPG 焦磷酸化酶所催化反应的底物。

(2) 蔗糖的合成

以蔗糖为最终贮藏物的植物和器官，如甘蔗、甜菜块根等能进行蔗糖的合成反应。在

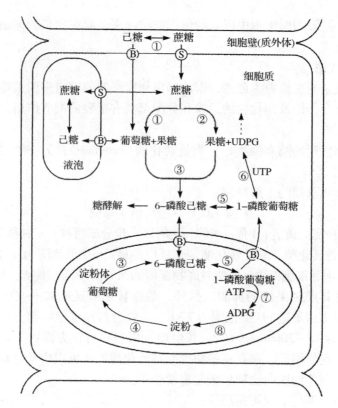

图 5-15　植物库细胞中的蔗糖代谢和利用途径(引自王忠，2008)
S. 蔗糖载体；B. 己糖或磷酸己糖运转器。①转化酶；②蔗糖合成酶；③己糖激酶；④淀粉酶；
⑤磷酸己糖变位酶；⑥UDPG焦磷酸化酶；⑦ADPG焦磷酸化酶；⑧淀粉合成酶

这些植物的库器官中具有催化蔗糖合成的酶类，如蔗糖磷酸合成酶、6-磷酸蔗糖磷酸酯酶等。这些酶的催化特性、调节机理与源器官中的类似。

另外，韧皮部运输的碳水化合物都可以通过不同的途径成为库器官蔗糖合成的原料（底物）。运输的蔗糖可通过"降解—再合成"(breakdown resynthesis)的方式合成蔗糖，即蔗糖经过韧皮部卸出而进入库细胞，在转化酶或蔗糖合成酶作用下，转化为（磷酸）己糖，然后，再在催化蔗糖合成酶的作用下合成蔗糖。

5.5.2.2　淀粉的合成

淀粉是许多农作物收获器官的主要贮藏性多糖。库细胞中淀粉的合成途径与光合细胞相似，但合成部位和淀粉合成的前体物有所不同。在光合细胞中，淀粉是在叶绿体基质中合成的，合成淀粉的前体物来自于卡尔文循环的中间产物磷酸丙糖；而库细胞的淀粉是在淀粉体中形成的，合成淀粉的前体物来自蔗糖降解后的转化（图 5-16）。

一般而言，库细胞细胞质中形成的 G1P 或丙糖磷酸要通过位于淀粉体膜上的己糖载体或磷酸转运器才能进入淀粉体，然后再在 AGP 等酶的作用下形成 ADPG，ADPG 则在淀粉合成酶催化下和葡聚糖引物反应合成直链淀粉(amylose)，直链淀粉又可在分支酶作用下最终形成支链淀粉(amylopectin)。也有人认为，合成淀粉所需的葡萄糖供体 ADPG 是在细胞质中合成的，然后通过淀粉体膜上的 ADPG 载体进入淀粉体。目前已在细胞质中检测到

AGP 的存在，也已在淀粉体膜上分离到 ADPG 载体的存在。

合成 ADPG 后，在淀粉合成酶催化下，将 ADPG 分子中的葡萄糖加到引物分子上。淀粉合成酶有两种形式：一种位于淀粉体的可溶部分，称可溶性淀粉合成酶（soluble starch synthase，SSS）；另一种是和淀粉粒结合的，称颗粒束缚态淀粉合成酶（granule bound starch synthase，GBSS）。由淀粉合成酶催化形成的淀粉都是以 α-1,4-糖苷键连接的线性分子，它可进一步在淀粉分支酶作用下形成以 α-1,6-糖苷键连接的支链淀粉（图 5-17）。

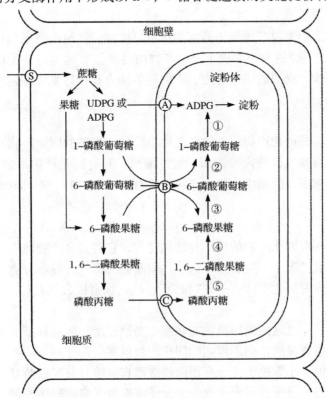

图 5-16　植物细胞中淀粉合成途径示意（引自王忠，2008）

A. 腺苷酸转运器；B. 己糖或磷酸己糖转运器；C. 磷酸丙糖转运器；S. 蔗糖载体。①ADPG 焦磷酸化酶；②磷酸葡萄糖变位酶；③己糖异构酶；④果糖-1,6-二磷酸酯酶；⑤醛缩酶

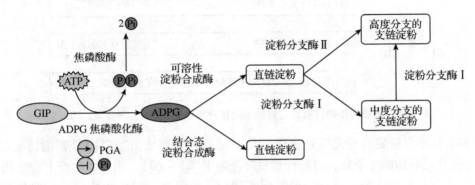

图 5-17　直链淀粉和支链淀粉的合成（引自王忠，2008）

3-磷酸甘油酸和无机磷酸调节淀粉合成的过程。另外，图中还显示两种分支酶催化的反应。据推断，这两种酶必须共同作用，才能合成出支链淀粉。3-PGA：3-磷酸甘油酸，Pi：无机磷酸

有关淀粉合成的调节,目前主要集中在对催化 ADPG 合成的关键性酶 AGP 的研究上。所有的证据表明,PGA 是 AGP 的主要活化剂,而 Pi 是主要的抑制剂。进一步研究表明,调节 AGP 活性的并不是 PGA 或 Pi 的绝对量,而是 PGA/Pi 的比值。

5.6 同化物运输分配与农林生产

农林业生产中人们要收获的经济器官的产量是生物产量与经济系数的乘积,而经济系数(经济产量/生物产量)的大小取决于光合产物向经济器官运输与分配的数量。同化物分配到哪里、分配多少,受源的供应能力、库的竞争能力和输导系统的运输能力 3 个因素的影响。

(1) 供应能力

供应能力是指源的同化产物能否输出及输出的量。当源的同化产物产生较少时,同化物会基本用来满足自身生长的需要,而不对外输出;只有同化产物形成超过自身需要时,才能输出,且生产越多,外运潜力越大。源似乎有一种"推力",把叶片光合制造的多余产物向外"推出"。

(2) 竞争能力

竞争能力是指库对同化产物的接纳和转化能力,它对光合产物向库器官的分配具有极其重要的作用。一般情况下,生长速度快、代谢旺盛的部位,对养分竞争的能力强,得到的同化产物则多。库对同化产物有一种"拉力",代谢强则拉力就大。

(3) 运输能力

运输能力与源、库之间的输导系统的联系、畅通程度和距离远近有关。源、库之间联系直接、畅通,且距离又近,则库得到的同化产物就多。

由于经济系数的大小取决于光合产物向经济器官运输与分配的数量,因此,凡是有利于光合产物向经济器官分配的因素,均能增大经济系数,提高经济产量。构成作物经济产量的物质来源有 3 个:①当时功能叶制造的光合产物输入;②某些经济器官自身合成;③其他器官储存物质的再利用。一般功能叶制造的光合产物是经济产量的主要来源。

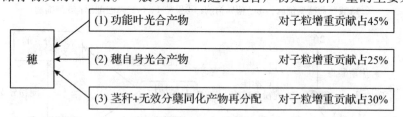

图 5-18 禾谷类作物籽粒发育过程中同化产物的利用(引自李合生,2012)

禾谷类作物籽粒发育与充实过程中同化产物的入库表现出"整株利用"的特征(图 5-18)。小麦开花后功能叶早衰,籽粒产量最终决定于(2)+(3)。因此,生产上应选用穗部持绿期长或有麦芒的良种,进行合理的肥水管理,确保花前同化产物向茎秆的分流和贮藏,花后促其向籽粒再分配。水稻开花后功能叶不早衰,籽粒量最终决定于(1)。生产上应通过科学的肥水管理，防止功能叶的早衰。

对具有多个源—库单位的双子叶植物而言，其果实发育与充实过程中同化产物的入库表现出"局部利用"的特点。例如，棉花铃的发育需要对位叶、苞叶、铃壳供应光合产物，同时铃壳同化产物再分配也有一定贡献。

根据源库关系，从作物品种特性角度分析，影响作物产量形成的因素有以下3种类型：

①源限制型 源限制型的品种其特点是源小而库大，源的供应能力是限制作物产量提高的主要因素。由于源的供应能力满足不了库的需要，因此结实率低，空壳率高。

②库限制型 库限制型品种的特点是库小源大，库的接纳能力小是限制产量提高的主要因素。源的供应能力超过库的要求，结实率高且饱满，但由于粒数少或库容小，所以产量不高。

③源库互作型 源库互作型的品种，产量由源库协同调节，可塑性大。只要栽培措施得当容易获得较高的产量。

综上所述，在生产实践中要想获得高产，不但要考虑到供应能力、竞争能力和运输能力，还要注意选育源库互作型品种，协调源与库之间的关系，从而有效地提高作物的产量。

知识窗

蔗糖分子的信号调节

蔗糖是绿色植物光合作用碳同化的主要末端产物，也是大多数高等植物体内光合产物运输与分配的主要形式。蔗糖在植株体中从"源"到"库"的定向运输和分配方式对植物体的整个生长和发育进程起非常关键的调节作用。

过去通常认为，蔗糖的上述调节功能是通过其作为植物生长和发育所必需的碳源、能源或渗透调节剂的生理功能来实现的。因为与植物的激素信号相比，蔗糖需要更高的浓度即在mM浓度范围内才能表现出效应。但是，最近的研究结果却表明，蔗糖本身可能还具有直接的信号分子的功能，即蔗糖在植物相邻细胞间和不同组织器官间的转运和分配、或其在胞内外的浓度变化可能引发相应的蔗糖特异性信号，而且蔗糖有可能主要通过此类尚不清楚的蔗糖特异性信号传导途径来实现其众多的生理调节功能。

在以马铃薯试管苗单节茎段为材料，探讨蔗糖的信号分子作用的研究中发现，在诱导结薯的过程中，蔗糖可在转录水平上诱导 StSUT1 基因（蔗糖转运载体）和SuSy4基因（蔗糖合成酶）的表达；利用质膜钙离子吸收抑制剂、钙调素活性抑制剂、钙离子载体、胞外钙离子螯合剂协同处理干扰钙信使系统，发现抑制胞外钙离子吸收、抑制胞内钙调素活性、调节胞内外钙离子浓度均可阻断高浓度蔗糖的诱导结薯作用，并抑制蔗糖对 StSUT1 和SuSy4基因的诱导表达作用，说明钙信使系统直接参与了蔗糖诱导马铃薯块茎形成及相关基因表达的信号传导。因此，蔗糖对基因表达的调控也可能是影响同化物运输分配的一个重要方面。

本章小结

  光合同化物从源叶到库的运输由若干个相互有关的生化过程和结构所控制,是一个高度完整的系统。高等植物中同化物是通过韧皮部筛管分子—伴胞复合体运输的,可以双向进行,且蔗糖是有机物运输的主要形式。关于有机物韧皮部运输的机制有多种学说,目前压力流动学说被广泛认可。

  光合产物从叶肉细胞的叶绿体运送到筛管分子—伴胞复合体的整个过程称为韧皮部的装载。韧皮部转载有两种途径:质外体途径和共质体途径。质外体途径中蔗糖逆着浓度梯度进入筛管分子是通过蔗糖—质子共运输实现的;而聚合物陷阱模型则解释通过胞间连丝的共质体装载的选择性和逆浓度梯度运输的问题。

  光合同化物从筛管分子—伴胞复合体进入库细胞的过程称为韧皮部卸出。韧皮部卸出也有共质体和质外体两种途径,在不同的植物和不同的组织中,可能采取不同的方式。同化物进入库组织是依赖代谢提供能量的。

  光合同化物有规律地向各器官输送的模式称为分配。同化物的分配主要有以下4个特点:①就近供应,同侧运输;②向生长中心运输;③功能叶之间无同化物供应关系;④同化物的再分配和再利用。归纳起来,光合同化物的分配方向取决于库的强度。

  外界环境因素如营养、光照、温度和水分对同化物的运输与分配产生调控作用。同时,植物自身的代谢及内源激素水平也会对同化物的运输和分配产生影响。另有观点认为,蔗糖对基因表达的调控也可能是影响同化物运输分配的一个重要方面。

  同化产物的代谢转化去向与调节称为配置。植物光合作用形成的同化产物有3种去向:一是用于自身的需要;二是合成贮藏化合物如淀粉贮藏起来;三是形成运输化合物。

  光合细胞细胞质中形成的蔗糖可以向外输出或进入液泡临时贮藏;光合细胞叶绿体中白天通过光合作用形成的淀粉以淀粉粒的形态储存在基质中,夜间淀粉降解。库细胞中的蔗糖可以在转化酶或蔗糖合成酶作用下降解,转化为己糖,也可以通过不同的途径合成;库细胞中的淀粉是在淀粉体中形成的,合成淀粉的前体物来自蔗糖降解后的转化。

  同化物分配到哪里、分配多少,受源的供应能力、库的竞争能力和输导系统的运输能力3个因素的影响,凡是有利于光合产物向经济器官分配的因素均能提高产量。

复习思考题

一、名词解释

  源 库 源库单位 压力流动学说 韧皮部装载 聚合物—陷阱模型 韧皮部卸出 配置 分配 质量运输速率

二、问答题

  1. 如何证明高等植物植物的同化物长距离运输是通过韧皮部的?
  2. 韧皮部中有机物运输的主要形式是什么?如何收集韧皮部汁液进行分析?
  3. 简述压力流动学说的主要内容和实验证据。

4. 试述韧皮部装载和卸出的过程和途径。
5. 试述同化物运输与分配的特点和规律。
6. 简述库细胞中淀粉合成的可能途径。

参考文献

李合生. 2012. 现代植物生理学[M]. 2版. 北京:高等教育出版社.

刘卫群. 2009. 生物化学[M]. 北京:中国农业出版社.

潘瑞炽. 2012. 植物生理学[M]. 7版. 北京:高等教育出版社.

王三根. 2008. 植物生理生化[M]. 北京:中国农业出版社.

王新鼎. 1998. 高等植物的韧皮部运输//余叔文,汤章城. 植物生理与分子生物学[M]. 2版. 北京:科学出版社,401-402.

王忠. 2008. 植物生理学[M]. 2版. 北京:中国农业出版社.

武维华. 2008. 植物生理学[M]. 2版. 北京:科学出版社.

杨彩菊. 2006. 蔗糖诱导马铃薯块茎形成的信号分子功能研究[D]. 昆明:云南师范大学. 张继澍. 2006. 植物生理学[M]. 北京:高等教育出版社.

第 6 章

植物细胞信号转导

知识导图

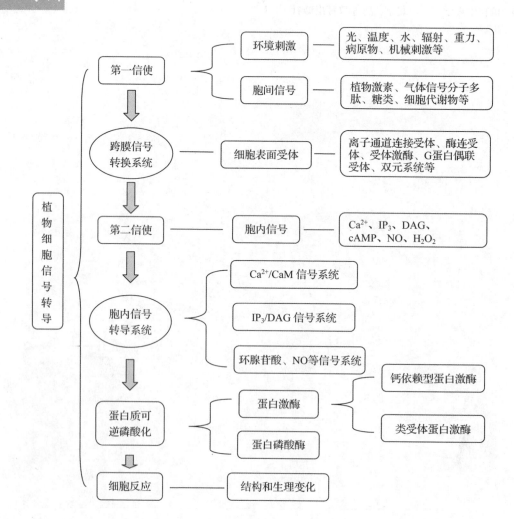

一切生物的生长发育都遵循一定的规律,这个规律一方面由该生物的遗传信息所控制,表现出特定的生长发育模式,另一方面又与该生物所处的环境有关联,导致同一种生物甚至同一个体在不同的环境中表现出不同的生命特征。"橘生于淮南则为橘,生于淮北则为枳"就是植物对不同环境的适应结果。植物又因为其自身的无法移动而与动物表现出很大的不同。动物可以通过神经和内分泌系统的调节以及主动寻找合适的生境来适应环境变化,而植物只能依赖特殊的以细胞为基础的反应机制来感受环境刺激,通过调节细胞的生理生化反应,最终整合为组织、器官和整体的形态结构变化来"原地不动"地适应环境。因此,植物对生存环境刺激的感受和环境刺激对植物生理、生长发育和形态建成的调控是植物生物学研究中的特殊而有趣的问题。

植物对环境的适应是以细胞为基础的。一个植物细胞不仅感受环境信号(温度、光照、水分、重力、机械刺激等),而且还要接受来自其他植物细胞传来的信号(激素、多肽、糖、代谢物、细胞壁压力等),同时还产生自身的信号并传递给其他植物细胞,这些信号在细胞之间传递并引发细胞相应的生理生化反应,这个过程就是细胞信号转导(signal transduction)。细胞信号转导是生物结构间交流信息的一种最基本、最原始和最重要的方式,是细胞偶联胞内和胞外的各种刺激信号,并引起特定生理效应的分子反应机制。该机制与动物细胞的信号转导在步骤上是相同的,都可以分为以下过程:①信号与受体结合;②信号跨膜转换;③信号在胞内传递、放大和整合;④诱发细胞各种应答反应。

6.1 环境刺激和胞间信号

信号(signal),又称为第一信使(first messenger)或初级信使(primary messenger),包括胞外环境信号和胞间信号(intercellular signal)。

6.1.1 环境刺激

对植物而言,胞外环境信号就是环境刺激,包括机械刺激、磁场、辐射、温度、风、光、CO_2、O_2、土壤性质、重力、病原因子、水分、营养元素等各种影响植物生长发育的重要外界环境因子(图6-1)。其中光、辐射等属于物理信号,而水分、营养元素等属于化学信号,化学信号通常称为配体(ligand)。

6.1.2 胞间信号

胞间信号是指植物体自身合成的、能从产生之处运到别处,并对其他细胞作为刺激信号的细胞间通讯分子,通常包括植物激素、气体信号分子NO

图6-1 影响植物生长发育的各种环境因子示意(引自 Buchanan et al., 2000)

以及多肽、糖类、细胞代谢物、甾体、细胞壁片段等。胞间信号可以因环境刺激而产生，主要是化学信号，但也存在电波传递的物理信号。

不论是胞外信号还是胞间信号，均含有一定的信息（information）。这种信息可以指导细胞发生离子跨膜流动，相应基因表达，相应酶活性的改变等，最终出现特定的细胞和生物体的生理反应。

6.2 受体与跨膜信号转换

6.2.1 受体

受体（receptor）是指能够特异地识别并结合信号、在细胞内放大和传递信号的物质。受体通常是由蛋白质、核酸、脂质等组成的生物大分子，但光受体则是由蛋白质和色素分子所组成。植物体内的典型受体是光信号受体和激素受体。受体具有特异性、高亲和力和可逆性的特征。

受体依据其存在的部位不同通常分为细胞表面受体（cell surface receptor）和细胞内受体（intracellular receptor）（图6-2）。细胞表面受体存在于细胞质膜上，大多数信号分子不能过膜，通过与细胞表面受体结合，经过跨膜信号转换，将胞外信号传至胞内。细胞内受体是指存在于细胞质中或亚细胞组分（细胞核、内质网、液泡膜等）上的受体。一些疏水性的小分子信号分子可以不经过跨膜信号转换，直接扩散进入细胞，与细胞内受体结合，发挥作用。细胞分裂素受体和蓝光受体向光素位于细胞表面，乙烯受体位于内质网，光敏素位于细胞质基质。

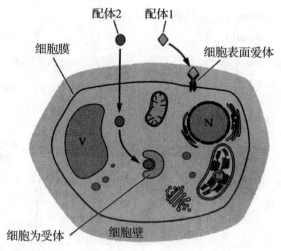

图 6-2　细胞表面受体和膜内受体（引自 Buchanan et al.，2000）

在植物感受各种外界刺激的信号转导过程中，受体的功能主要表现在两个方面：第一，识别并结合特异的信号物质，接受信息，告知细胞在环境中存在一种特殊信号或刺激因素；第二，把识别和接收的信号准确无误地放大并传递到细胞内部，启动一系列胞内信号级联反应，最后导致特定的细胞效应。要使胞外信号转换为胞内信号，受体的这两方面功能缺一不可。

6.2.2 跨膜信号转换

某些环境信号和胞间信号不能直接扩散进入细胞，只能与细胞表面的受体结合，通过受体转换成胞内信号，这个过程称为跨膜信号转换(transmembrane signal transduction)。植物体细胞通常通过离子通道连接受体、酶连受体、受体激酶、G蛋白偶联受体、双元系统等途径来进行跨膜信号转换(图6-3)。

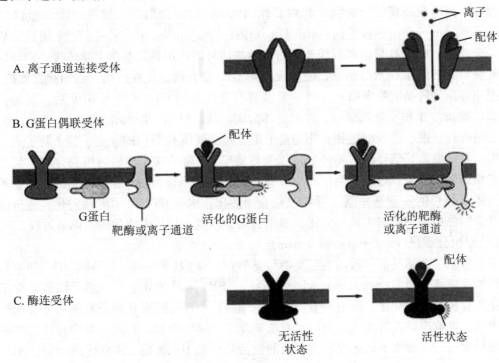

图6-3 细胞表面受体的3种类型(引自潘瑞炽等，2001)

(1) 离子通道连接受体(ion-channel-linked receptor)

离子通道受体是除了具备转运离子功能外，同时还具有能与配体特异结合的受体功能。这类特殊的离子通道需要通过受体和配体的结合才可打开通道运输离子。胞外的信息(配体)可以通过被运输的离子及离子浓度的变化而传递到膜内。在拟南芥、烟草和豌豆等植物中发现有与动物细胞同源的离子通道型谷氨酸受体(ionotropic Glutamate receptor, iGluR)，可能参与了植物的光信号转导过程。

(2) 酶连受体(enzyme-linked receptor)

酶连受体是除了具有受体的功能外还具有酶促活性的一种酶蛋白。胞外信息(配体)与受体区域结合，激活胞内结构域的酶活性，引发相应的酶促反应，从而将信号传递到胞内。其中具有激酶活性的酶连受体又被称为受体激酶(receptor kinase)，也称之为类受体蛋白激酶(receptor-like protein kinase, RLK)。如具有受体功能的蛋白酪氨酸激酶(protein tyrosine kinase, PTK),其胞外的受体部分可以接受外界信号,并激活胞内结构域的蛋白激酶活性,使细胞内酪氨酸残基磷酸化,借助于胞内信号转导机制,完成信号的跨膜转换。这类受体大多由胞外结构域、跨膜螺旋区和胞内蛋白激酶催化区3部分组成。

(3) G蛋白偶联受体(G protein-coupled receptor, GPCR)

G蛋白偶联受体是细胞跨膜信号转换的主要方式。G蛋白即GTP结合蛋白(GTP binding protein),可以与三磷酸鸟苷(GTP)结合并使之水解。20世纪70年代初首先在动物细胞中发现了G蛋白的存在,并证明了G蛋白在细胞信号转导,特别是跨膜信号转导中有重要作用。20世纪80年代开展了G蛋白在植物中的研究,证明了G蛋白在高等植物中的普遍存在,同样在跨膜信号转换中起重要作用。G蛋白分为两类:异三聚体G蛋白(heterotrimeric G-protein)和小G蛋白(small G-protein)。前者由α、β、γ三个亚基组成,后者只有一个亚基。所谓G蛋白偶联受体的跨膜转换信号的作用是某些膜上受体接受胞外信号后,能够与异三聚体G蛋白偶联,使α亚基与GTP结合而活化并游离,继而触发效应器,从而把胞外信号转换成胞内信号。当α亚基将与之结合的GTP水解为GDP后,就失去活化状态,重新与β和γ亚基结合,并与受体分离。现已证明,拟南芥、水稻、蚕豆、燕麦等植物的叶片、根、培养细胞和黄化幼苗中都有异三聚体G蛋白的存在,其参与了光、植物激素以及病原菌等信号的跨膜转导,以及在质膜K^+离子通道、植物细胞分裂、气孔运动和花粉管生长等生理过程的调控。小G蛋白的作用还不很清楚,但已知它的单个亚基与异三聚体G蛋白的α亚基相似,与GTP结合而活化,水解GTP为GDP后钝化,通过这种分子开关的作用参与细胞生长与分化、细胞骨架、膜囊泡与蛋白质运输的调节过程。

(4) 双组分系统(two-component system)

双组分系统由感受信号输入的感受器组氨酸蛋白激酶(Histidine kinase, HK)和调节信号输出的反应调节蛋白(response-regulator protein, RR)等两部分组成,感受器通常位于细胞质膜上以监测环境变化,反应调节蛋白位于细胞质中,传递来自感受器的信号和调节基因的表达,以响应外界的变化。该信号系统涉及许多原核生物、真菌、黏菌和植物的各种信号转导途径。在植物中,还存在更复杂的包括杂合的His激酶、磷酸传递中间体和反应调控因子的信号系统,称为多步骤双组分系统。最近的研究表明,双组分系统在对环境刺激和生长调节剂(如乙烯、细胞分裂素、光和渗透胁迫)的反应中起重要作用。

6.3 胞内信号转导系统

胞内信号是细胞感受胞外环境信号和胞间信号(即第一信使)后在细胞内产生的信号分子,通常称为第二信使(second messenger)或次级信使,它的产生标志着细胞外信息完成了向细胞内信息的转换。一般公认的第二信使有钙离子(Ca^{2+})、肌醇三磷酸(inositol 1,4,5-trisphosphate, IP_3)、二酰甘油(1,2-Diacylglycerol, DAG)、环腺苷酸(cAMP)、环鸟苷酸(cGMP)等。随着细胞信号转导研究的深入,人们发现NO、H_2O_2、花生四烯酸、环ADP核糖(cADPR)、IP_4、IP_5、IP_6等胞内成分在细胞特定的信号转导过程中也可充当第二信使。

胞内信号转导主要是通过 Ca^{2+}/CaM 信号系统和 IP_3/DAG 信号系统进行的,并最终引发细胞的生理效应。

6.3.1 Ca^{2+}/CaM 信号系统

Ca^{2+}/CaM 信号系统是植物细胞中重要的也是研究最多的胞内信号系统。该系统通过钙通道和钙泵等途径提高细胞质中 Ca^{2+} 浓度,打破细胞内的钙稳态(calcium homeostasis),从而将其他信号转换成钙信号,高浓度的 Ca^{2+} 进一步作用于下游调控元件(如 CaM 等钙结合蛋白),信号得以向下传递,被活化的 CaM(钙调蛋白)等调控元件对靶酶活性进行调节,最终产生相应的细胞生理效应,完成胞内信号的转导(图6-4)。20 世纪 60 年代末期美籍华人张槐耀关于 CaM 的发现,对于细胞内的钙信号系统的建立做出重要贡献。80 年代以来植物细胞中钙信号系统的存在及其信号转导功能先后被大量的实验所证实。

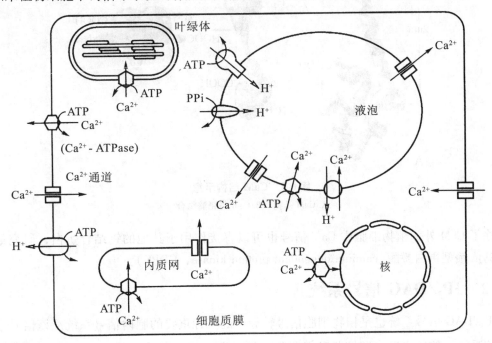

图 6-4 高等植物细胞内 Ca^{2+}/CaM 信号系统示意

钙稳态是指处于静息态的正常植物细胞基质中游离的 Ca^{2+} 浓度稳定保持在 $10^{-7} \sim 10^{-6}$ mol·L^{-1} 的状态。此时液泡的游离 Ca^{2+} 浓度约为 10^{-3} mol·L^{-1},内质网中 Ca^{2+} 浓度为 10^{-6} mol·L^{-1},细胞壁中的 Ca^{2+} 浓度也高达 $10^{-5} \sim 10^{-3}$ mol·L^{-1},这些部位的 Ca^{2+} 与细胞基质中 Ca^{2+} 存在很大的浓度梯度,成为输出和储存 Ca^{2+} 的钙库。细胞通过 Ca^{2+} 的跨膜运转来调节细胞的钙稳态,其中钙库膜上的 Ca^{2+} 通道负责控制 Ca^{2+} 由胞外钙库(细胞壁)内流和由胞内钙库(内质网、液泡)外流进入基质,打破钙稳态;而钙库膜上的钙泵或 Ca^{2+}/H^+ 反向运输器负责将基质中 Ca^{2+} 运回到钙库,恢复钙稳态。高浓度下的 Ca^{2+} 与各种钙结合蛋白结合,使之活化,传递钙信号,钙稳态下的低浓度 Ca^{2+} 与钙结合蛋白解离,使之钝化，终止钙信号。

CaM 是一种耐热、耐酸的小分子可溶性球蛋白，等电点为 4.0，相对分子质量约为 16.7kDa，是由 148 个氨基酸组成的单链多肽。CaM 与 Ca^{2+} 有很高的亲和力，每个 CaM 分子有 4 个 Ca^{2+} 结合位点，可以与 1~4 个 Ca^{2+} 结合。CaM 以两种方式起作用：第一，可以直接与靶酶结合，诱导靶酶构象变化，从而调节靶酶的活性；第二，与 Ca^{2+} 结合，形成活化态的 $Ca^{2+}\cdot CaM$ 复合体，然后再与靶酶结合，将靶酶激活。目前已知的靶酶有质膜上的 Ca^{2+}-ATP 酶、Ca^{2+} 通道、NAD 激酶、多种蛋白激酶等（图 6-5）。

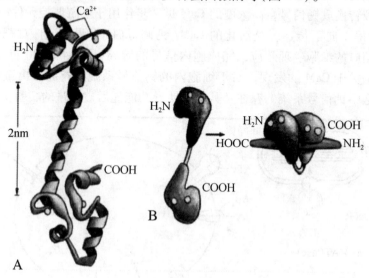

图 6-5　CaM 结构示意
A. CaM 结构　B. CaM 与靶酶结合

除了 CaM 外，植物细胞中 Ca^{2+} 信号也可以直接作用于其他的钙结合蛋白，研究最多的是钙依赖型蛋白激酶（calcium dependent protein kinase，CDPK）。

6.3.2　IP_3/DAG 信号系统

IP_3/DAG 信号系统也是植物细胞信号转导中的一种重要的胞内信号系统。该信号系统是在接受第一信使之后，调控肌醇磷脂的水解，产生 IP_3（三磷酸肌醇）和 DAG（二酯酰甘油 diacylglycerol）两种胞内第二信使，其中 IP_3 进一步影响钙通道而改变钙稳态，转变成钙信号，而 DAG 与蛋白激酶 C（protein kinase C，PKC）结合并使之激活，PKC 再使其他蛋白激酶磷酸化，最终各自引发相应的细胞生理效应。

肌醇磷脂（inositol phospholopid）是细胞膜的基本组成成分，主要分布于质膜内侧，总量约在膜磷脂总量的 10%。现已确定的肌醇磷脂主要有 3 种：磷脂酰肌醇（phosphatidylinositol，PI）、磷脂酰肌醇-4-磷酸（phosphatidylinositol-4-phosphate，PIP）和磷脂酰肌醇-4,5-二磷酸（phosphatidylinositol-4,5-bisphosphate，PIP_2）。PI 磷酸化转化为 PIP，再磷酸化转化为 PIP_2。PIP_2 在磷脂酶 C（PLC）的作用下可以水解产生三磷酸肌醇（IP_3）和二酯酰甘油（diacylglycerol，DAG）（图 6-6）。PLC 是 G 蛋白的下游靶效应器之一，活化的 α 亚基激活

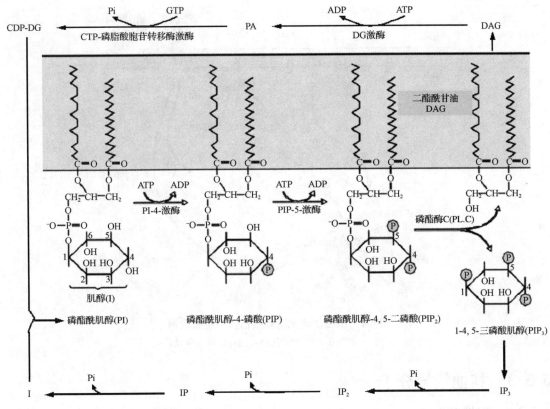

图 6-6　磷脂酰肌醇代谢循环过程（引自 Berridge, 1986。略有修改）

PLC，产生 IP_3 和 DAG，完成第一信使向第二信使的转换。PLC 也可被低浓度的 Ca^{2+} 激活，被高浓度的 Ca^{2+} 钝化。

IP_3 是水溶性的，可从质膜扩散进入基质，结合并打开胞内钙库膜上的 Ca^{2+} 通道，打破钙稳态，产生钙信号。这种 IP_3 促使钙库释放 Ca^{2+} 进而偶联钙信号系统而进行的信号转导被称为 IP_3/Ca^{2+} 信号传导途径。而 DAG 是脂质，仍留在质膜上，结合并激活 PCK，再依靠 PCK 完成信号转导，因此被称为 DAG/PKC 信号传导途径。由于胞外信号在细胞内可以沿这两个途径传递，故称为"双信使系统（double messenger system）"。

IP_3 和 DAG 完成信号传递后经过肌醇磷脂循环可以重新合成 PIP_2，实现 PIP_2 的更新合成。

已有大量证据表明，IP_3/Ca^{2+} 系统在干旱、ABA 引起的气孔关闭的信号转导过程中起着重要的调节作用，在鸭趾草保卫细胞中，ABA 处理诱导气孔关闭过程中，胞内游离的 Ca^{2+} 升高也是通过 IP_3 作用于胞内钙库释放 Ca^{2+} 实现。另一方面，在动物细胞肌醇磷脂信号系统中，产生的第二信使 DAG 可以通过 DAG/PKC 信号转导途径，激活蛋白激酶 C（PKC），对某些底物蛋白或酶进行磷酸化，实现信号的下游传递（图 6-7）。在植物细胞中是否存在 PKC 迄今为止尚无直接的证据，尽管有报告 DAG 可以促进保卫细胞质膜上的质子泵以及气孔开放的作用，但 DAG/PKC 途径是否在植物细胞中存在尚待进一步的证实。

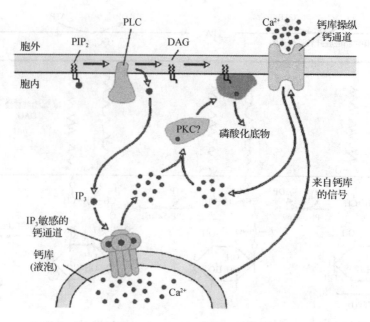

图 6-7　植物细胞肌醇磷脂信使系统模式图
（注：? 表明在植物细胞中 PKC 的存在尚有争议）

6.3.3　其他信号分子

6.3.3.1　环核苷酸

环核苷酸是在活细胞内最早发现的第二信使，包括 cAMP 和 cGMP，分别由 ATP 经腺苷酸环化酶、GTP 经鸟苷酸环化酶产生。

动物细胞中，外界刺激信号激活质膜上的受体通过 G 蛋白的介导促进或抑制膜内侧的腺苷酸环化酶，从而调节胞质内的 cAMP 水平，cAMP 作为第二信使激活其依赖的蛋白激酶（PKA）；PKA 被激活后其催化亚基和调节亚基相互分离，其中催化亚基可以引起相应的酶或蛋白质磷酸化，引起相应的细胞反应，或者催化亚基直接进入细胞核催化 cAMP 应答元件结合蛋白（cAMP response element binding protein，CREB）磷酸化（图 6-8），被磷酸化的 CREB 激活核基因序列中的转录调节因子 cAMP 应答元件（cAMP response element，CRE），导致被诱导基因的表达。

20 世纪 70 年代以来，人们一直着力于植物细胞内是否存 cAMP，以及其是否具有胞内第二信使功能的研究，但是进展缓慢。尽管目前仍无确切证据表明高等植物细胞中普遍存在 cAMP，但在一部分植物中已经检测到 cAMP 或其合成和降解系统相关成分（腺苷酸环化酶、磷酸二酯酶）的存在。对模式植物拟南芥基因序列的分析结果表明，植物细胞核基因组中含有 CRE 序列以及编码 CREB 的序列，并且 CRE 的启动子受 cAMP 结合蛋白的调控。乙烯受体 ETR1 基因序列中也包含一段可能受 cAMP 调控的 DNA 序列。在关于植物中 cAMP 生理功能的研究中，有报道 cAMP 可能参与了叶片气孔关闭的信号转导过程，并且在 ABA 和 Ca^{2+} 抑制气孔开放及质膜内向 K^+ 通道活性的过程中有 cAMP 的参与；花粉管的伸长生长也受 cAMP 的调控；腺苷酸环化酶可能参与了花粉与柱头间不亲和性的表现；以

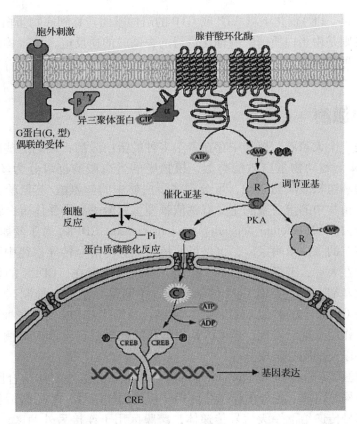

图 6-8 cAMP 信号系统传递模型（引自 Buchanan，2000。略有修改）

及根际微生物因子作用于根毛细胞后可以导致 cAMP 浓度的升高等。1944 年，Bowler 和蔡南海等研究完整叶绿体中多种光系统色素蛋白质及酶基因表达所必需的光信号传递过程，结果表明：Ca^{2+}-CaM 及 cGMP 两个信号系统在合成完整成熟叶绿体中协同作用。说明植物细胞中 cAMP、cGMP 作为植物细胞信号转导过程中的调节因子，可能主要是通过与其他信使的交互作用而表现其生理调节功能。

6.3.3.2 NO 信号分子

NO（一氧化氮）是一种广泛分布于生物体的气体活性分子，在人体及动物的血管松弛、神经转导及先天性免疫反应等一系列生理代谢过程具有关键性的信号作用。在植物体内，NO 是氮代谢的产物，作为信号分子参与到种子萌发、根叶生长、气孔开闭、抗病防御、逆境响应等生理过程。NO 可以通过调节植物体内的活性氧代谢来减轻氧化胁迫伤害，包括叶绿素降解、离子渗漏、膜脂过氧化以及 DNA 断裂等。在植物抗病过程中，NO、SA（水杨酸）和 H_2O_2 等信号分子可能通过相互交织来形成信号转导网络。

6.4 蛋白质可逆磷酸化与信号级联放大

蛋白质磷酸化和去磷酸化是生物体内的一种重要的翻译后修饰方式，前者是指在蛋白激酶(protein kinase, PK)催化下将 ATP 或 GTP 的磷酸基团转移到底物蛋白质的氨基酸残基上的过程；后者则是由蛋白质磷酸酶催化进行的去磷酸的逆反应，两者构成蛋白质的可逆磷酸化过程。这种蛋白质的可逆磷酸化能够传递和放大信号，是细胞内普遍存在的信号转导方式之一。

6.4.1 蛋白激酶

蛋白激酶是一个大家族。植物中存在着很多种的蛋白激酶，编码这些酶的基因约占基因总数 3%～4%。和动物蛋白激酶类似，植物中的蛋白激酶也可分为丝氨酸/苏氨酸激酶、酪氨酸激酶和组氨酸激酶三类，可分别将蛋白质中的丝氨酸/苏氨酸、酪氨酸和组氨酸残基磷酸化。植物中的蛋白激酶主要有钙依赖型蛋白激酶和类受体蛋白激酶。

钙依赖型蛋白激酶(calcium dependent protein kinase, CDPK)属于丝氨酸/苏氨酸蛋白激酶，是植物特有的蛋白激酶家族，也是目前植物细胞内信号转导途径中研究较为清楚的一种蛋白激酶，在大豆、玉米、胡萝卜、拟南芥等植物中存在。CDPK 的氨基端有一个激酶催化区域，羧基端有一个类似 CaM 的结构域，中间是一个自身抑制区。当钙离子信号产生后，Ca^{2+} 与 CDPK 上的类似 CaM 的结构域结合，解除 CDPK 的自身抑制，使 CDPK 激活，发挥磷酸化作用。现已发现，被 CDPK 磷酸化的靶蛋白有质膜 ATP 酶、离子通道、水孔蛋白、代谢酶以及细胞骨架成分等。

类受体蛋白激酶(receptor-like protein kinase, RLKs)由胞外配体结合区、跨膜区和胞质激酶区三个结构域组成。胞外配体结合区用于接受配体信号，然后激活胞质激酶区的磷酸化作用，将信号传递给下一级信号传递体，跨膜区用于连接另外两区，并与膜相结合，实现信号的跨膜传递。目前已在多种高等植物中分离出一系列受体蛋白激酶基因，如从拟南芥植株中分离到一种类似受体的蛋白激酶基因 RPK1，该基因编码的氨基酸序列包含蛋白激酶中的 11 个保守亚区，属丝氨酸/苏氨酸蛋白激酶类型，具备胞外配体结合区、跨膜区和胞质激酶区等全部受体蛋白激酶的特征区。此外，RPK1 激酶的胞外部分含有富亮氨酸重复序列(leucine-rich repeat sequence)，该序列参与蛋白质—蛋白质间的相互作用，与感受发育和环境胁迫信号有关，低温及脱落酸处理能快速诱导该基因的表达。

6.4.2 蛋白磷酸酶

蛋白磷酸酶(protein phosphotase, PP)与蛋白激酶在细胞信号转导中的作用相反，主要功能是使磷酸化的蛋白质去磷酸化，当糖原磷酸化酶在蛋白激酶作用下磷酸化而被"激活"时，则在蛋白磷酸酶的作用下脱磷酸化而"失活"，所以有人把蛋白激酶和蛋白磷酸酶对生物体内蛋白质磷酸化和去磷酸化作用称为生物体内的"阴阳反应"。正是这种相互对立的反应系统，才使得生物体内的酶、离子通道等成分，在接收上游传递来的信号时通过蛋白激酶适时激活，一旦完成信号接收或传递后及时失活，不至于造成生物体内出现持续性激活或失活的现象。与蛋白激酶相似，蛋白磷酸酶在植物细胞生命活动中也具有重要的作用，使得蛋白质的可逆磷酸化几乎存在于所有的信号转导途径，构成了细胞信号转导中的重要的信号级联放大作用。

6.4.3 信号级联放大

信号级联放大(signaling cascade)是指从细胞表面受体接收外部信号到最后作出综合性应答，该应答不仅是一个信号转导的过程而且更是一个将信号逐步放大的过程。如一个激素信号被受体结合，通过G蛋白跨膜，活化腺苷酸环化酶，产生大量cAMP，每个cAMP又可激活多个蛋白激酶，每个蛋白激酶又可使多个靶蛋白磷酸化，如此使最初的信号在级联反应的传递过程中被逐步放大。蛋白质的可逆磷酸化是信号级联放大反应的重要组成(图6-9)。

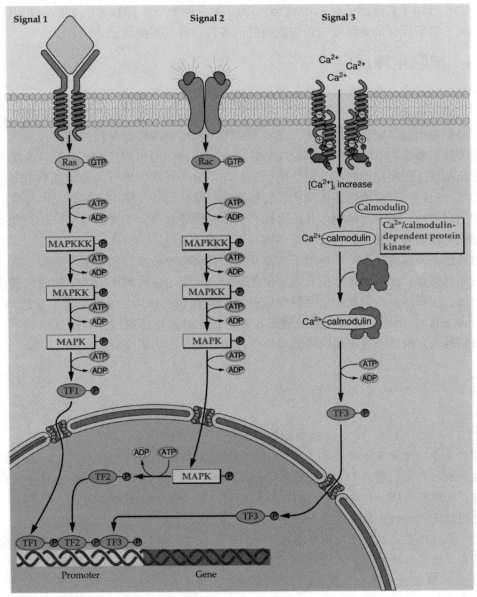

图6-9　信号传递过程中的级联放大作用(引自 Buchana et al., 2000)

促分裂原活化蛋白激酶（mitogen-activated protein kinase，MAPK）、MAPK 激酶（MAPK kinase，MAPKK）、MAPKK 激酶（MAPKK kinase，MAPKKK）三个激酶组成的一系列蛋白磷酸化反应就是一个细胞内典型而重要的级联放大的过程，在植物细胞中这个信号转导途径参与到生物胁迫、非生物胁迫、植物激素及细胞周期等生理过程。

级联反应除了具有将信号放大、使原始信号变得更强、更具激发作用、引起细胞的强烈反应外，还有其他一些作用：①转移信号的作用，即将原始信号转移到细胞的其他部位；②转化信号的作用，即将信号转化成能够激发细胞应答的分子，如级联中的酶的磷酸化；③分支信号的作用，即将信号分开为几种平行的信号，影响多种生化途径，引起更大的反应；④增加了其他因子调节的机会，即级联的每个步骤都有可能受到一些因子的调节，因此，级联反应的最终效应由细胞内外的各种条件共同决定。

6.4.4 细胞生理反应

细胞生理反应是细胞信号转导的最后一步，所有的外界刺激都能引起相应的细胞生理反应，不同的外界信号细胞的生理反应也不同，有些外界刺激可以引起细胞的跨膜离子流动，有些刺激引起细胞骨架的变化，还有些刺激引起细胞内代谢途径的调控或细胞内相应基因的表达。整合所有细胞的生理反应最终表现为植物体的生理反应。根据植物感受刺激到表现出相应生理反应的时间，植物的生理反应可分为长期生理效应和短期生理效应。如植物的气孔反应、含羞草的感振反应、转板藻的叶绿体运动、棚田效应等这些反应通常属于短期生理效应。而对于植物生长发育调控的信号转导来说，绝大部分都属于长期生理效应，如光对植物种子萌发调控、春化作用、光周期现象等。

另外，由于植物生存的环境因子非常复杂，在植物生长发育的某一个阶段，常常是多种刺激同时作用，此时植物体所表现的生理反应不仅仅是各种刺激所产生相应生理反应的简单叠加，由于细胞内的各个信号转导途径之间存在相互作用，又称信号系统之间的"交谈"（cross talk），形成了细胞内的信号转导网络，此时植物体通过整合感受这些不同的外界刺激信号后，最终表现出植物体适应外界环境的最佳的生理反应。

知识窗

植物细胞外信号分子 eATP

ATP 分子广泛分布于线粒体、叶绿体和细胞质基质中，参与细胞内物质和能量代谢过程。近年来的研究表明，ATP 不仅存在于细胞内部，而且广泛存在于动物和植物细胞外基质之中。细胞外 ATP（extracellular ATP，eATP）是目前公认的细胞外信号分子，参与调控多种环境刺激下植物的生长、发育和防御反应。在植物细胞信号转导过程中，eATP 具有双重功能，其作用主要取决于细胞外基质中 eATP 的浓度。eATP 含量过高或者过低都会导致细胞死亡，适度水平的 eATP 则有助于植物的生长和发育。细胞外三磷酸腺苷双磷酸酶（Apyrase）严格控制细胞外基质中 eATP 的水平，因此有助于调控植物在逆境条件下的生长和防御反应。

eATP 的研究源自动物细胞的研究。早在 1929 年就报道动物细胞外基质中存在游离的

ATP 分子，随后的研究结果显示细胞外 ATP 促进血管、肠道和子宫收缩，并加强乙酰胆碱对骨骼肌收缩的促进作用。1959 年又报道 eATP 可作为神经递质，后来的研究证实 ATP 和类似的核苷磷酸作为神经递质调节肠道、血管、输精管和膀胱的肌肉收缩，并且与其他神经递质(乙酰胆碱、一氧化氮等)一同参与调节中枢神经系统的生理活动。eATP 还促进血小板凝集，以及细胞增殖和发育、胚胎发育和伤口愈合过程中部分细胞的凋亡、调节免疫反应和心脏功能。

1999 年最早报道腺苷三磷酸双磷酸酶能促进植物细胞生长，当时发现该酶能够促进细胞内部无机磷含量提高，推断该酶促进 eATP 分解产生磷酸，后者被植物细胞吸收之后作为营养物质起作用。但是后来很多的实验结果表明，ATP 分解产生的磷酸不会对植物细胞代谢产生明显影响，外加磷酸盐也不能够代替 eATP 引起的生理效应，越来越多的证据表明，eATP 是作为细胞外信使分子调控细胞内生理功能的。

植物细胞 eATP 信号转导机制研究在很大程度上借鉴了动物细胞 eATP 的研究思路。动物细胞中的 eATP 通过两种方式起作用：一是参与细胞外蛋白质的磷酸化，调节细胞外功能蛋白的活性；二是通过与细胞膜上的受体结合，刺激下游细胞内信使分子产生，调节细胞内生理反应。虽然到目前为止还没有发现植物细胞中 eATP 参与细胞外蛋白磷酸化过程的直接证据，但是蛋白质组学分析的结果表明，拟南芥细胞外基质中确实存在一定数量的磷酸化蛋白，由于蛋白质磷酸化与 ATP 关系密切，所以 eATP 通过参与细胞外蛋白的磷酸化，进而调节细胞代谢的可能性是存在的。

目前研究提出了一个 eATP 信号转导的可能性机制，即在伤害刺激的条件下，eATP 水平升高，与质膜受体结合后激活钙通道，导致细胞内钙离子水平升高，通过钙调素激活细胞膜上的 NADPH 氧化酶，促进活性氧信号的产生，再由活性氧调控下游的基因表达。信号转导完成后，腺苷三磷酸双磷酸酶分解 eATP 使其恢复到正常水平，ATP 分解产生的腺苷分子也可以通过抑制活性氧的合成，切断信号传递，结束对生理反应的影响(图 6-10)。

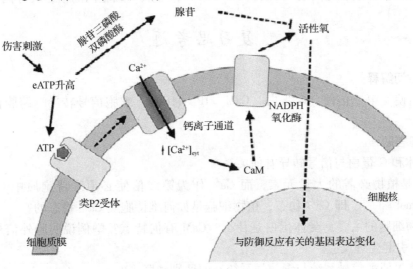

图 6-10　可能的 eATP 信号转导过程(引自 Song 等，2006)

本章小结

植物细胞信号转导主要包括：植物细胞感受、偶合各种胞内外刺激（初级信号），并将这些胞外信号转化为胞内信号（次级信号），通过细胞内信号系统调控细胞内的生理生化变化，包括细胞内部的基因表达变化、酶的活性和数量的变化等，最终引起植物细胞甚至植物体特定的生理反应。

植物细胞的信号转导过程可以简单概括为：刺激与感受——信号转导——反应三个重要的环节。细胞外的信号刺激主要包括胞外环境信号和胞间信号，胞外信号的感受通过细胞表面的受体和质膜内受体所感受。植物细胞表面的受体主要包括：离子通道连接受体、酶连受体和G蛋白偶联受体。胞外信号通过细胞膜转换为细胞内信号的过程称为跨膜信号转换，细胞表面受体尤其是G蛋白偶联受体起重要作用。胞外信号进入细胞后通常在胞内信使系统的参与下生成第二信使（Ca^{2+}、IP_3、DAG、cAMP、NO等），从而将胞外配体所含的信息转换为胞内第二信使信息。植物细胞的胞内信号系统主要是钙信号系统和肌醇磷脂信号系统，尤其是钙信号系统研究的较为透彻。尽管有研究表明环核苷酸系统参与了植物气孔运动的细胞信号转导过程，但DAG/PKC途径是否在植物细胞中存在尚待进一步的证实。

蛋白质可逆磷酸化是细胞信号传递过程中几乎所有信号传递途径的共同环节，也是中心环节，由蛋白激酶和蛋白磷酸酶完成。植物中的蛋白激酶主要包括类受体蛋白激酶和钙依赖蛋白激酶。CDPK（Ca^{2+}依赖蛋白激酶）是植物特有的蛋白激酶。

细胞反应是细胞信号转导的最后一步，依据感受刺激产生相应生理反应的时间，植物的生理反应可分为长期生理效应和短期生理效应。细胞内的各个信号转导途径之间具有相互作用，存在信号系统之间的"交谈"（cross talk），形成了细胞内的信号转导网络。

复习思考题

一、名词解释

第一信使　第二信使　G蛋白　CaM　IP_3　DAG　细胞信号转导　跨膜信号转换　受体

二、问答题

1. 受体和G蛋白与信号转导有何关系？
2. Ca是植物必需的大量元素，而Ca^{2+}作为第二信使必须维持胞质中Ca^{2+}浓度在$10^{-7} \sim 10^{-6} mol \cdot L^{-1}$，即$Ca^{2+}$稳态，植物细胞是如何维持胞质$Ca^{2+}$稳态的？
3. 植物细胞的主要钙受体蛋白是什么？CaM有何特点？举例说明胞外信号如何通过钙受体蛋白引起生理反应。
4. 磷脂酰肌醇信号系统与钙信号系统有何区别和联系？
5. Ca往往提高植物抗逆性（如抗旱性和抗盐性等），你认为Ca是如何起作用的？
6. 蛋白质的可逆磷酸化有什么意义？

参考文献

(美)泰兹,(美)奇格尔主编. 2009. 植物生理学[M]. 宋纯鹏,王学路,等译. 北京: 科学出版社.

Buchanan B B, Gruissem W, Jones R L. 2000. Biochemistry & Molecular Biology of Plants[M]. Rockville Maryland: The America Society of Plant Physiologists.

Song C J, Steinebrunner I, Wang X, Stout S C, Roux S J. 2006. Extracellular ATP induces the accumulation of superoxide via NADPH oxidases in *Arabidopsis*[J]. Plant Physiol, 140: 1222-1232. 陈晓亚,汤章城. 2007. 植物生理与分子生物学[M]. 3版. 北京: 高等教育出版社.

程艳丽,宋纯鹏. 2005. 植物细胞H_2O_2的信号转导途径[J]. 中国科学(C辑: 生命科学)(06): 480-489.

霍垲,陆巍,李霞,陈平波. 2014. 植物细胞外信号分子eATP研究进展[J]. 植物学报(05): 618-625.

李合生. 2002. 植物生理学[M]. 北京: 高等教育出版社.

潘瑞炽,王小菁,李娘辉. 2012. 植物生理学[M]. 7版. 北京: 高等教育出版社.

尚忠林. 2007. eATP—植物细胞外的信使分子[J]. 植物生理学通讯(04): 623-629.

孙大业. 1996. 植物细胞信号转导研究进展[J]. 植物生理学通讯(02): 81-91.

王鹏程,杜艳艳,宋纯鹏. 2009. 植物细胞一氧化氮信号转导研究进展[J]. 植物学报(05): 517-525.

王昕,种康. 2005. 植物小G蛋白功能的研究进展[J]. 植物学通报(01): 1-10.

武维华. 2008. 植物生理学[M]. 北京: 科学出版社.

杨洪强,梁小娥. 2001. 蛋白激酶与植物逆境信号传递途径[J]. 植物生理学通讯, 37(3): 185-191.

张春宝,赵丽梅,赵洪锟,等. 2011. 植物蛋白激酶研究进展[J]. 生物技术通报(10): 17-23.

张继澍. 1999. 植物生理学[M]. 西安: 世界图书出版公司.

第7章

植物生长物质

知识导图

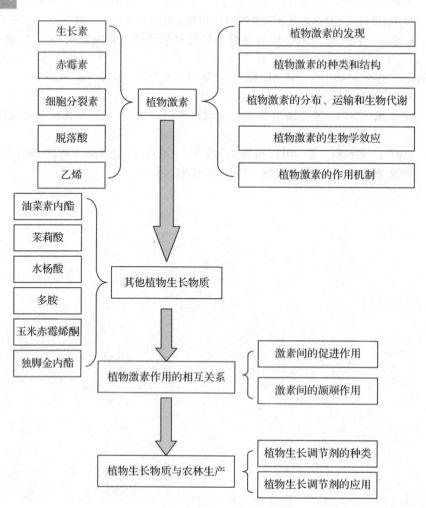

植物生长物质(plant growth substances)是指一些具有调节植物生长发育和生理功能的小分子化合物，包括内源性植物激素(plant hormones 或 phytohormone)和人工合成的植物生长调节剂(plant growth regulator)。

美国植物生长物质学会命名委员会认为，植物激素是植物体内合成的、在极低浓度条件下，对植物的生理过程产生显著调节作用的有机化合物。同时，判断某一个植物内源物质的重要性，应满足3个条件：①该物质在植物体内广泛分布；②缺少该物质，植物的生长发育受到抑制而不能完成；③该物质必须和相应的受体(receptor)结合才能起作用。依据上述标准，划分了5大类经典植物激素：生长素(auxins；1926，Went F)、赤霉素(gibberellins；1926，Kurosawa E)、细胞分裂素(cytokinins；1950s，Skoog F)、脱落酸(abscisic acid，ABA；1950s，Bennett-Clark T and Kefford N)以及乙烯(ethylene；1901，Neljubow D)。在过去的50年来，油菜素甾醇类化合物(brassinosteroids，BRs)、茉莉酸(jasmonates，JA)、水杨酸(salicylates，SA)、独脚金内酯(strigolactones，SL)等激素也相继被鉴定。

植物生长调节剂(plant growth regulator)是指人工合成的，在微量使用情况下，具有类似植物激素生理功能的一些化合物。包括植物生长促进剂(plant growth accelerator)、植物生长延缓剂(plant growth retardant)和植物生长抑制剂(plant growth inhibitor)。

本章主要介绍生长素、赤霉素、细胞分裂素、脱落酸和乙烯等植物激素的发现、种类和结构、代谢和运输、生物学效应及作用机制。然后简要介绍其他植物生长物质及其在农林生产方面的应用。

7.1 生长素

7.1.1 生长素的发现

生长素是最早被发现、研究最为详尽的植物激素。一代又一代的植物学家们不断地探究生长素的作用机制(图7-1)。最为著名的是1880年达尔文父子进行的一系列胚芽鞘向光性实验，发现胚芽鞘顶端被切除或遮挡时均不发生弯曲生长。1913年，Boysen-Jensen进一步研究发现，上述"刺激物"能够通过琼脂块但不能穿过固体物质。1919年，Paal发现切除胚芽鞘尖端，并将其不对称地放在切口处，即使在黑暗条件下，胚芽鞘也会弯曲。1926年，荷兰科学家Went证明促进生长的物质可以从胚芽鞘扩散到明胶，并创立了第一种生长素定量的测定方法——燕麦胚芽鞘弯曲法。Went的工作促进了人们对植物激素的研究。1934年，Kögl等从人尿、根霉中分离和纯化了生长素，并鉴定为吲哚-3-乙酸(indole-3-acetic acid，IAA)。1942年，Haagen-Smit等从玉米胚中提取到了IAA。随后诸多的实验证明IAA广泛存在于高等植物中。从此，IAA成为生长素的代名词。

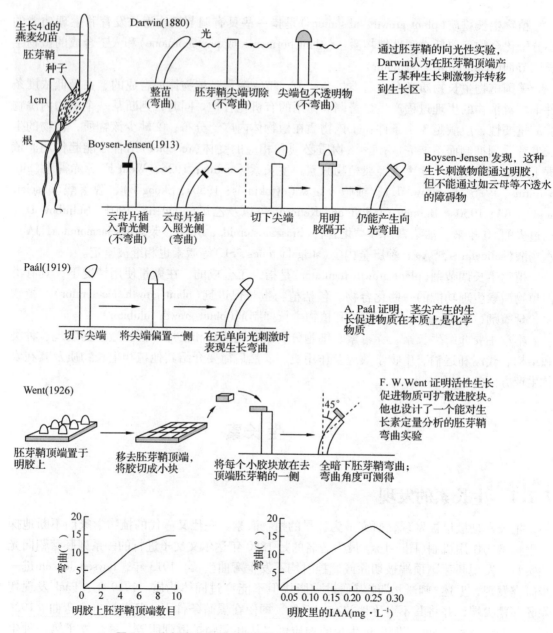

图 7-1　生长素发现的向光性实验（引自 Taiz and Zeiger，2006）

7.1.2　生长素的种类和结构

7.1.2.1　生长素的种类

除 IAA 外，在植物中还发现了一些吲哚类衍生物，如吲哚-3-丁酸（3-indolybutyric acid，IBA）、吲哚-3-乙腈（indole-3-acetonitrile）、吲哚丙酸（indole propionic acid，IPA）等均具有生长素活性。苯乙酸（phenylacetic acid，PAA）、4-氯-3-吲哚乙酸（4-chloro-IAA，4-Cl-IAA）等也具有和 IAA 类似的结构，属于内源性生长素类化合物。

7.1.2.2 生长素的结构

生长素类化合物应具有一个芳香环、一个羧基侧链、芳香环和羧基侧链间由一个芳香环或氧原子连接的结构特征(图7-2)。依据这些结构特征，一些人工合成的代表性植物生长激素如α-萘乙酸(naphthaleneacetic acid，NAA)、2,4-二氯苯氧乙酸(2,4-dichlorophenoxy acetic acid，2,4-D)等已经在农林生产中得到广泛应用。

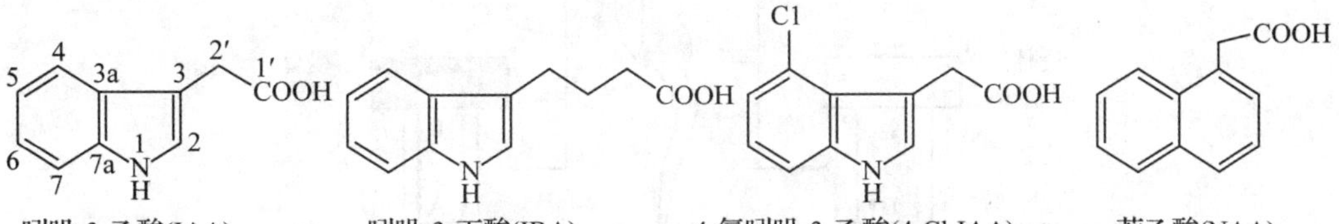

图7-2 生长素类化合物的结构特征

7.1.3 生长素的分布、运输和生物代谢

7.1.3.1 生长素的分布

生长素在植物体内的各种器官中均有分布，但集中分布在胚芽鞘、茎尖、根尖及发育中的种子和果实等生长旺盛的部位(图7-3)。植物内源性生长素的含量极少，通常为 $1 \sim 100\ ng \cdot g^{-1}\ FW$。

7.1.3.2 生长素的运输

生长素在植物中的运输包括极性运输和非极性运输两种方式。在 Went 建立胚芽鞘弯曲试验法不久，发现生长素主要从顶端向基部末端运输。这种生长素的单方向性运输称为极性运输(polar transport)。"供体—受体琼脂块"试验证明了生长素极性运输的特点，即无论胚芽鞘切段如何放置，生长素的运输只能由形态学上端向下端运输，而不受重力

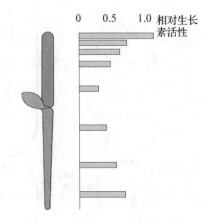

图7-3 燕麦幼苗中生长素的分布
（引自 Hopkins and Hüner，2008）

方向影响(图7-4)。生长素是目前已发现植物激素中唯一具有极性运输性质的生长激素。

IAA 极性运输是一个需要能量的生理过程，受到呼吸代谢的影响，其运输速度为 $2 \sim 30\ cm \cdot h^{-1}$。在质膜上，一些载体蛋白通过对生长素及其类似物的特异性识别，决定其运输方式。具有活性的生长素类物质进行极性运输，而无活性的生长素类物质则不表现出极性运输。

1977年，Goldsmith 提出了化学渗透极性扩散假说(图7-5)。该学说认为，质膜 H^+-ATP 酶通过水解 ATP 并将 H^+ 释放到细胞壁中，使得该环境保持酸性。IAA 的 $pKa = 4.75$，IAA 则以非解离型 IAAH 顺质子势梯度被动地进入细胞内。在细胞质中，$pH = 7$ 呈中性，IAA^- 型占主导地位，在化学势差的推动下，离子型 IAA^- 通过细胞基端的生长素阴离子外输载体以次级主动共转运方式运出细胞，到下一个细胞壁空间。

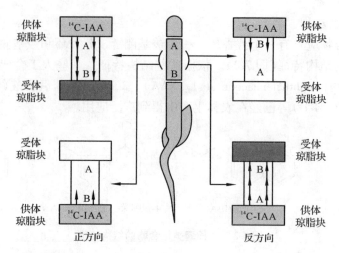

图7-4 燕麦胚芽鞘切段中生长素的极性运输(引自 Hopkins and Hüner,2008)

无论切段的放置方向如何,供体琼脂块中含有的^{14}C-IAA 只能从形态学上端(A)向形态学下端(B)运输

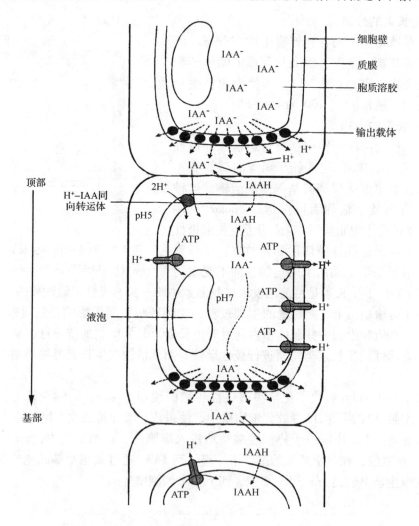

图7-5 生长素极性运输的化学渗透模型(引自 Taiz and Zeiger,2006)

近年来相关研究证明，生长素的运输载体有内运载体（influx carrier）和外输载体（efflux carrier），二者在细胞膜上呈现定向分布，协同参与极性运输过程。在拟南芥中发现了一种外输型生长素载体 PIN 蛋白，在细胞膜上出现不均匀分布，形态学下端多于上端，促进了生长素向下运输。因此，存在于细胞壁中的生长素通过扩散或在内运载体的协助下从细胞的顶端流入，随后在外输载体的协助下，从细胞基部外输到细胞壁中，如此重复就形成了生长素的极性运输。

生长素的极性运输受到某些化学物质的抑制，如 2，3，5-三碘苯甲酸（2，3，5-triiodobenzoic acid）和萘基邻氨甲酰苯甲酸（naphthyphthalamic acid，NPA）为生长素外输抑制剂，抑制生长素由细胞内向外的跨膜运输。1-萘氧乙酸（1-naphthyloxyacetic acid，NOA）则抑制生长素由细胞壁向细胞膜内的运输。

除了极性运输，生长素还随同其他有机物一起通过韧皮部向上或向下进行长距离的非极性运输。如萌发的玉米种子中生长素结合物通过韧皮部从胚乳运输到胚芽鞘顶端。玉米和拟南芥的研究表明，生长素在根系中具有向顶运输性质。

7.1.3.3 生长素的生物代谢

（1）生长素的生物合成

IAA 在结构上与色氨酸（tryptophan，Trp）及其前体物质吲哚-3-甘油磷酸（indole-3-glycerol phosphate，IGP）相似，因此，二者都可以作为生长素生物合成的前体。根据前体的不同，IAA 生物合成途径分为色氨酸途径和非色氨酸依赖型途径（图 7-6）。色氨酸途径是生长素生物合成的主要途径，包括吲哚-3-丙酮酸途径（indole-3-pyruvic acid，IPA）、色胺途径（tryptamine，TAM）、吲哚-3-乙腈途径（indole-3-acetonitrile，IAN）和吲哚-3-乙酰胺（indole-3-acetamide，IAM）4 条途径。

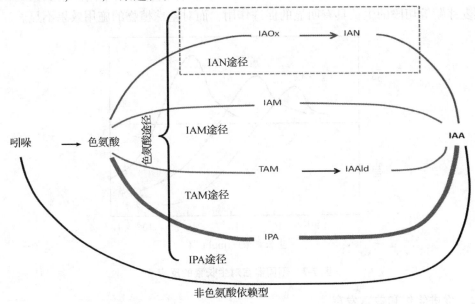

图 7-6 IAA 生物合成途径（引自 Williams，2013）

（2）生长素的结合

植物体内有两类性质不同的生长素：结合型生长素（bound auxin）和自由型生长素（free auxin）。结合型生长素通常与糖、氨基酸等化合物结合，没有活性，水解成自由生长素后具有生理活性。两者可进行可逆转变，处于平衡状态。如萌动的玉米种子中主要含有 IAA-肌醇、IAA-多糖等结合型生长素，通过水解为幼苗生长提供游离态生长素。菜豆种子在成熟过程中，游离态生长素大部分转变为结合型生长素而贮藏起来。

（3）生长素的降解

生长素的降解有酶氧化降解和光氧化降解两种方式。酶氧化降解又包括脱羧降解和不脱羧降解两种。由过氧化物酶催化的 IAA 降解途径属于脱羧降解。同位素示踪试验发现，IAA 可以直接氧化为羟吲哚-3-乙酸（oxindole-3-acetic acid，OxIAA），也可以先将 IAA-天冬氨酸结合物氧化为二氧吲哚-3-乙酰天冬氨酸后再转换为 OxIAA，这两条降解途径属于非脱羧降解。IAA 的水溶液如果暴露在光下，可在核黄素等植物色素的催化下发生光氧化降解。目前，已在番茄、豌豆和大豆等植物中检测到了 IAA 的光氧化产物。为了规避 IAA 的氧化降解，在农林生产中人们通常施用人工合成的生长素类物质，如 α-萘乙酸等。

7.1.4　生长素的生物学效应

生长素的生理效应包括细胞伸长、组织和器官发育、向性效应等方面。

7.1.4.1　促进细胞伸长生长

生长素对生长的效应有 3 个特点：①双重作用。生长素在较低浓度下促进生长，而高浓度时则抑制生长（图 7-7）。②植物器官对生长素的敏感性不同。如图 7-7 所示，对生长素的敏感性依次为：根 > 芽 > 茎。③对离体器官和整株植物效应不同。生长素对玉米芽鞘、燕麦芽鞘等切段的生长具有明显的促进作用，而对整株植物的施用效果不显著。

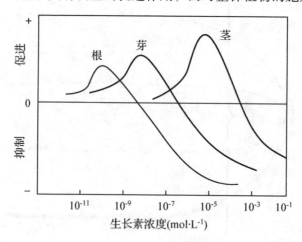

图 7-7　不同器官对生长素的反应

7.1.4.2　促进组织和器官发育

生长素不仅能够诱导植物维管束的分化，还可以有效促进侧根及插条不定根的形成。这主要是生长素刺激和维持了插条基部切口处细胞的持续分裂、生长与分化，诱导了根原基的形成，最后形成侧根和不定根。在农林生产上，生长素促进植物插枝生根的性质得到广泛应用。

生长素在花的发育及性别决定方面起重要作用。通常，生长素抑制植物花器官的发育。但对凤梨科植物的开花具有强烈的促进作用。生长素具有增加黄瓜雌花的效应。果实发育初期的生长素主要来源于胚乳，发育后期则来源于胚。生长素可以刺激未经授粉的茄科植物坐果产生单性结实现象。生产中利用这一原理来生产无籽果实。生长素也被用来控制果实的脱落，防止坐果过密、过小，从而增加产量。

此外，生长素还参与植物的向光性和向重力性生长以及引起顶端优势等生理过程。

7.1.5 生长素的作用机制

生长素诱导效应分为快速反应和长期效应两类（图7-8）。对生长素的作用机理先后提出了酸生长理论和基因激活学说。

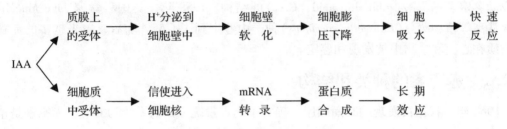

图7-8 生长素作用机制示意

7.1.5.1 酸生长理论

1970年，Rayle和Cleland认为：生长素通过激活质膜H^+-ATP酶活性后，水解ATP并将细胞内的H^+泵到细胞壁中，导致细胞壁基质酸化；在酸性环境中，细胞壁中对酸不稳定的键断裂，同时一些多糖水解酶被活化或增加，从而使细胞壁松弛，导致细胞吸水、体积增大而发生不可逆增长。但是该理论不能够解释细胞伸长的全部问题。如生长素诱导的生长动力学表明，在30~60 min内玉米胚芽鞘生长速率快速达到最大，随后的16h内生长速率保持稳定下降。酸生长反应可以解释最初的快速生长，而对于后期的慢反应阶段则无法解释。

7.1.5.2 基因激活学说

研究表明，生长素所诱导的细胞生长过程中不断有新的原生质成分和细胞壁物质合成，且该过程能持续数个小时，而酸生长理论只能解释生长素所引起的快速反应。因此，提出了生长素作用机制的基因激活学说。该学说认为，通常情况下，植物细胞内的大多数基因处于抑制状态，生长素通过与质膜上的受体（receptor）蛋白结合，激活细胞内第二信使，并将信号传导到细胞核内，活化抑制基因，启动转录和翻译程序，合成新的mRNA和蛋白质，最终促进细胞生长。

7.2 赤霉素

7.2.1 赤霉素的发现

很久以前，亚洲水稻种植户就发现一种使水稻植株徒长但不能结实的病害。在日本称为恶苗病(foolish seedling)。1926年，日本科学家Kurosawa首次发现赤霉菌(*Gibberella fujikuroi*)所分泌的某种物质是引起水稻徒长的原因。1935年，Yabuta和Sumuki从上述赤霉菌培养物的过滤液中分离到了能促进生长的物质，命名为赤霉素(gibberellin)。1938年，两人又分离出了两种具有生物活性的结晶，命名为"赤霉素A"和"赤霉素B"。20世纪50年代中期，英国、美国和日本东京大学的科学家分离到了GA_1、GA_2和GA_3三种赤霉素，并成功鉴定了赤霉酸(gibberllic acid，GA_3)的结构。1958年，英国科学家Jake MacMillan首次从高等植物菜豆(*Phaseolus coccineus*)种子中鉴定到了GA_1。随后，越来越多的赤霉素类物质在真菌和植物中被发现和鉴定。

7.2.2 赤霉素的种类和结构

1968年，根据被发现的时间顺序，确定了赤霉素统一命名系统为GA_n。赤霉素是植物激素中种类最多的一类激素。目前，已经有136种赤霉素类物质的结构得到鉴定，分别命名为$GA_1 \sim GA_{136}$。但是，植物中只有少数赤霉素具有生物活性。由于GA_3能够从赤霉菌培养液中大量提取，成为商品化和农林生产上主要的应用形式。

赤霉素是以赤霉烷(ent-gibberellane)为骨架的一类双萜化合物(图7-9)。有些赤霉素具有赤霉烷上所有的20个碳原子，称为20-C赤霉素。有些赤霉素第19位碳原子上的羧基与10位碳形成一个内酯桥，缺失一个碳原子，称为19-C赤霉素。

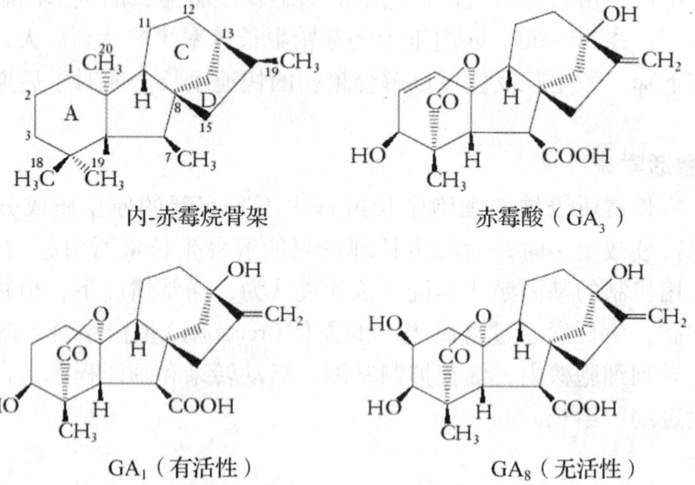

图7-9 几种赤霉素的化学结构(引自Hopkins and Hüner，2008)

7.2.3 赤霉素的分布、运输和生物代谢

7.2.3.1 赤霉素的分布

植物生长旺盛的部位,如幼叶、幼芽、茎尖、根尖等组织均有赤霉素分布。发育中的种子和果实中,赤霉素含量较高,成熟的种子和果实中则含量显著降低。

7.2.3.2 赤霉素的运输

赤霉素在植物体内的运输方式没有极性,根尖合成的赤霉素可沿导管向上运输,而嫩叶产生的赤霉素可沿筛管向下运输。

7.2.3.3 赤霉素的生物代谢

赤霉素的生物合成途径包括3个阶段,分别在质体、内质网和细胞质中进行(图7-10)。

① 由牻牛儿基牻牛儿基焦磷酸(Geranylgeranyl pyrophosphat,GGPP)到贝壳杉烯(ent-Kaurene) 该阶段在质体内进行,包括两步环化反应,中间产物为古巴焦磷酸(Copalyl pyrophosphate,CPP),由古巴焦磷酸合成酶和贝壳杉烯合成酶催化完成。

② 由贝壳杉烯到 GA_{12} 该阶段在内质网进行,贝壳杉烯经过一系列的氧化反应最终形成 GA_{12},中间产物包括贝壳杉烯醇、贝壳杉烯醛、贝壳杉烯酸及 GA_{12} 醛,由一种含有细胞色素P450的单加氧酶催化完成。

③ 由 GA_{12} 到转化形成其他GA 该阶段在细胞质中进行。根据 GA_{12} 醛第13位C上是否发生羟化反应,将该步骤分为两条途径,即 C_{13} 羟化途径和 C_{13} 非羟化途径。前者最终合成活性最高的 GA_1,后者合成活性最高的 GA_4。

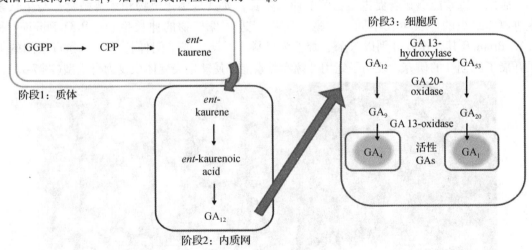

图7-10 赤霉素生物合成途径

GA_1 通过 2β—羟化反应生成无生物活性的 GA_8。GA_4 则通过羟基化作用转化成低活性的 GA_{34}。赤霉素的羧基或羟基分别与葡萄糖等单糖结合形成赤霉素结合物,来调节植物组织中的赤霉素水平。GA水平的调控对农业生产具有巨大影响。20世纪最重要的科学成就之一——"第一次绿色革命",GA合成途径缺失的半矮秆谷物品种被大面积推广,有效解决了高产和倒伏之间的矛盾(图7-11)。

图 7-11　杰出植物育种家和诺贝尔奖获得者——Norman Borlaug，1914—2009（S. Harrison 摄）

7.2.4　赤霉素的生物学效应

虽然赤霉素的发现源于水稻异常徒长的恶苗病，但是赤霉素在促进茎的伸长生长、种子萌发、性别决定、诱导开花坐果等方面具有广泛的生物学效应。

7.2.4.1　促进茎节伸长生长

施用赤霉素能够显著促进植物茎节伸长生长，尤其是矮化植物和莲座植物。与生长素促进离体组织的伸长生长不同，赤霉素可以促进整株植物的伸长生长。B. O. Phinney 和 P. W. Brian 及其合作者分别以玉米、豌豆为材料，对矮化或节间伸长基因与赤霉素间的关系开展了原创性的研究，证明了施用外源赤霉素能够使矮生突变体恢复为野生型（图 7-12）。

图 7-12　GA 处理对矮生豌豆和玉米的促进作用（引自 Hopkins and Hüner，2008）

1. 豌豆矮生突变体植株　2. GA 处理　3. 野生型玉米　4. GA 处理野生型玉米
5. 玉米矮生突变体　6. GA 矮生突变体

莲座型的油菜、甘蓝等也属于一类典型的生理矮化植物，必须经过低温、长日照等环境条件的诱导后抽薹才能开花结实。外源 GA 处理可以取代上述环境条件，刺激植株茎迅速伸长生长实现抽薹（图 7-13）。

图 7-13　GA 诱导莲座型植物茎伸长生长
A. GA 处理油菜　　B. GA 处理甘蓝

7.2.4.2　打破休眠促进种子萌发

赤霉素可能参与种子萌发过程的多个方面，包括激活胚的营养生长、弱化包埋胚的胚乳层、调节胚乳中营养物质平衡等。对于一些需光或低温诱导才能萌发的野生植物，赤霉素可以代替光照或低温打破休眠。同时，赤霉素还可以诱导 α-淀粉酶等水解酶的合成。利用此生理效应，能够加速啤酒制造时的糖转化效率。

7.2.4.3　影响花分化和性别决定

在一些双子叶植物中，用赤霉素处理后，会促进雄花发育。对于雌雄异株植物的雌株，经过赤霉素处理，能够诱导开雄花。研究表明，玉米经过赤霉素处理后，雄花发育则受到抑制。生长素和乙烯能够诱导雌花发育。因此，GA 可能通过与其他激素的相互作用，共同调节花的发育过程。

此外，赤霉素还能够促进苹果等植物坐果、葡萄等植物形成单性结实（图 7-14）。

图 7-14　赤霉素诱导的无籽葡萄
图左果实为对照，未处理；图右果实为果实发育期间用赤霉素处理

7.2.5 赤霉素的作用机制

7.2.5.1 赤霉素受体及相关作用元件

目前，在水稻、拟南芥及马铃薯等植物中，发现了参与 GA 信号转导途径的主要元件有 GID2(GA-insensitive drwaf2)/SLY1(sleep1)、PHOR1(photoperiod-responsive1)、DELLA 蛋白家族、SPY 蛋白家族、SHI(short internodes)蛋白等。DELLA 蛋白属于植物专有的 GRAS(GIBBERELLIN-INSENSITIVE、REPRESSOR of gail-3 and SCARECROW)蛋白家族。GRAS 蛋白具有高度的保守性，由天冬氨酸(D)、谷氨酸(E)、2 个亮氨酸(L)及丙氨酸(A)组成，所以也称为 DELLA 蛋白。其中，GID2/SLY1 在赤霉素诱导 DELLA 蛋白的降解途径中具有正向调控作用，而 SPY 则是 GA 信号转导途径中的负调控因子。

研究表明，GID1 是水稻 GA 信号转导的受体蛋白，与 GA 结合后将信号传递到 DELLA 蛋白，继而诱导下游基因的表达，产生一系列生理生化反应。同时，赤霉素与其他激素间的相互作用将最终决定 GA 在植物生长发育中的生理功能。

7.2.5.2 赤霉素诱导α-淀粉酶的作用机制

赤霉素诱导大麦种子糊粉层α-淀粉酶(α-amylase)合成的研究是揭示植物激素作用机制中最为清楚的例证。研究证实，没有胚的大麦种子不能产生α-淀粉酶，而经过外源 GA 处理后就能够产生α-淀粉酶。如果同时将胚和糊粉层去除后，再使用 GA 处理则不能产生α-淀粉酶。这就证明了糊粉层细胞是 GA 作用的靶细胞，GA 的受体位于糊粉层细胞膜的外部。

7.2.5.3 赤霉素调控 IAA 水平的作用机制

赤霉素通过以下 3 个方面增高生长素水平：① 抑制 IAA 氧化酶活性；② 提高蛋白酶活性；③ 促进束缚型 IAA 转化为游离型 IAA(图 7-15)。

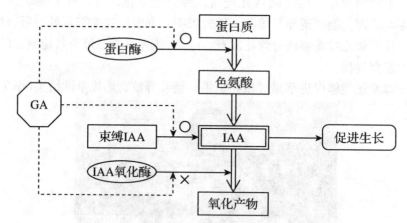

图 7-15 赤霉素(GA)调控生长素(IAA)的作用机制

○表示促进　×表示抑制

7.3 细胞分裂素

7.3.1 细胞分裂素的发现

20世纪40~50年代，美国威斯康星大学的F. Skoog及其合作者在寻找促进组织培养中细胞分裂的物质时，发现生长素存在时腺嘌呤具有促进细胞分裂的活性。1955年，C. O. Miller将鲱鱼精细胞DNA加入到烟草髓组织的培养基中，发现诱导细胞分裂的效果好于腺嘌呤，并将该活性物质命名为激动素（kinetin，KT）。1956年，Miller等分离纯化到了激动素结晶，并证明激动素的化学本质是一种腺嘌呤衍生物——6-呋喃氨基嘌呤（图7-16）。

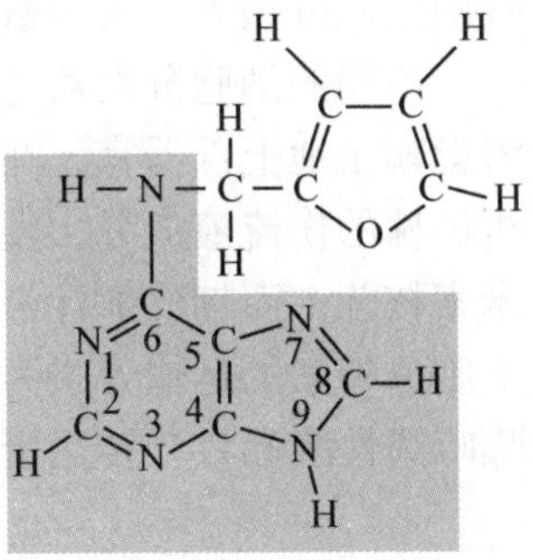

研究发现，虽然激动素仅存在于动物体内，但植物体内广泛分布着能促进细胞分裂的物质。D. S. Letham从未成熟的玉米胚乳中分离出了一种类似于激动素的小分子化合物，其化学结构为6-(4-羟基-3-甲基-反式-2-丁烯基氨基)嘌呤，并命名为玉米素（zeatin，ZT）。1965年，Skoog等提议将从植物中分离的、类似于激动素的化合物统称为细胞分裂素（cytokinin，CTK）。

图7-16 激动素的化学结构

7.3.2 细胞分裂素的种类和结构

7.3.2.1 细胞分裂素的种类

目前，在高等植物中已鉴定出了30多种细胞分裂素。植物中常见的细胞分裂素分为两类：游离态细胞分裂素和结合态细胞分裂素。前者包括玉米素（zeatin）、二氢玉米素（dihydrozeatin）、异戊烯基腺嘌呤（isopentenyladenine，iP）等；后者包括异戊烯基腺苷（isopentenyl adenosine，iPA）、甲硫基异戊烯基腺苷、甲硫基玉米素等。目前，在农业生产上应用最多的细胞分裂素是激动素和6-苄基腺嘌呤。

7.3.2.2 细胞分裂素的结构

天然细胞分裂素具有相似的化学结构，均为腺嘌呤的衍生物，是腺嘌呤N_6位或N_9位上的H被其他基团取代的产物（图7-17）。玉米素是植物中最早发现、最为丰富，生理活性显著高于激动素的一类天然细胞分裂素，具有顺式和反式两种构型。

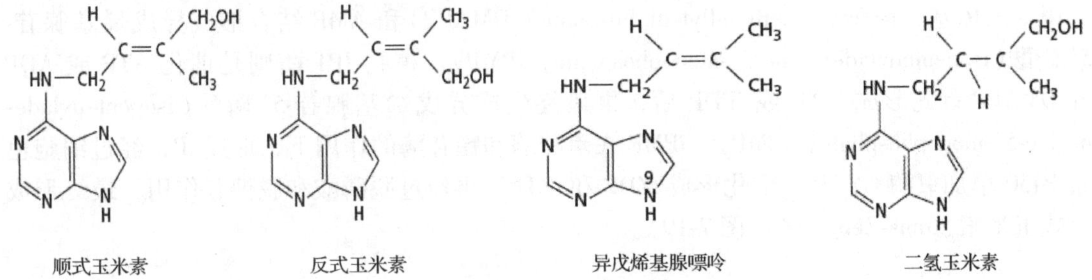

顺式玉米素　　　反式玉米素　　　异戊烯基腺嘌呤　　　二氢玉米素

图7-17 常见天然细胞分裂素的化学结构

7.3.3 细胞分裂素的分布、运输和生物代谢

7.3.3.1 细胞分裂素的分布和运输

植物细胞分裂素主要分布于根尖、茎尖、未成熟的种子和发育的果实等组织。根尖和茎尖中含量较高。植物组织中细胞分裂素的含量为 $1 \sim 1\,000\ \text{ng} \cdot \text{g}^{-1}\text{FW}$。从高等植物中发现的细胞分裂素，大多数是玉米素或玉米素核苷。

不同的细胞分裂素的产生和运输方式存在差异。在根尖合成的细胞分裂素沿木质部导管运输至地上部器官，在叶片合成的细胞分裂素则通过韧皮部向下运输(图 7-18)。经过分析植株的伤流液成分，发现木质部汁液中绝大部分为反式玉米素(trans-Zein, tZ)和反式玉米素核苷，而韧皮部汁液中则含有异戊烯基腺嘌呤(isopentenyl adenine, iP)和 tZ。因此，细胞分裂素的运输方式为非极性运输，运输形式主要是玉米素和玉米素核苷。研究发现，嘌呤透性酶和核苷转运蛋白可能参与了细胞分裂素的运输。

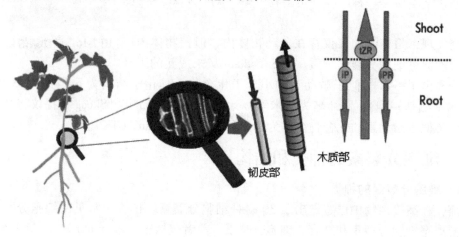

图 7-18　细胞分裂素的运输(引自 Lomin et al., 2012)
叶片受体(iPR)对 tZ 类型的细胞分裂素敏感；根部受体(tZR)对 iP 型的细胞分裂素敏感

7.3.3.2 细胞分裂素的生物代谢

目前发现的细胞分裂素的生物合成途径包括从头合成和 tRNA 合成两种途径。其中，前者是植物合成细胞分裂素的主要途径。

(1)细胞分裂素的从头合成

细菌异戊烯基转移酶(Isopentenyl-transferase, IPT)以腺苷单磷酸(AMP)为底物，催化二甲基丙烯基二磷酸(dimethylallyl diphosphate, DMAPP)和 AMP 结合形成异戊烯基腺苷-5′-磷酸(isopentenyladenosine-5′-monophosphate, iPMP)。植物 IPT 酶则是催化 ATP 或 ADP 和 DMAPP 首先形成 iPTP 或 iPDP 后，再最终生成异戊烯基腺苷-5′-磷酸(isopentenyladenosine-5′-monophosphate, iPMP)。iPMP 在磷酸酶和糖苷酶的作用下，形成 iP，经过细胞色素 P450 单加氧酶 CY735A 催化形成 tZDP 和 tZTP，再经过脱磷酸和脱糖苷作用，最终形成反式玉米素(trans-Zein, tZ)(图 7-19)。

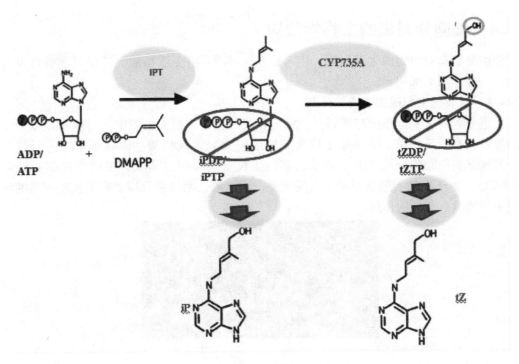

图 7-19 细胞分裂素的从头合成

(2) tRNA 水解形成细胞分裂素

根癌农杆菌中,一些游离的细胞分裂素在 tRNA 降解时形成细胞分裂素。

(3) 细胞分裂素的结合与分解

游离态的细胞分裂素可与葡萄糖、核苷酸及氨基酸等结合转化为葡萄糖苷和核苷等结合态形式储存起来。顺式玉米素(tZ)在顺反异构酶的催化下形成反式玉米素(tZR)。tZR 经葡萄糖苷酶水解可以产生游离态的 tZ。玉米种子萌发期所需要的细胞分裂素就是依赖于该途径完成的。玉米素、玉米素核苷及异戊二烯基腺嘌呤在细胞分裂素氧化酶(Cytokinin oxidase/dehydrogenase,CKX)的作用下,发生不可逆降解形成腺嘌呤及其衍生物(图 7-20)。细胞分裂素氧化酶是调节植物组织中细胞分裂素活性的主要方式。在玉米中首先鉴定到了编码 CKX 的基因,随后在拟南芥及水稻等植物中也克隆到了 CKX 基因。

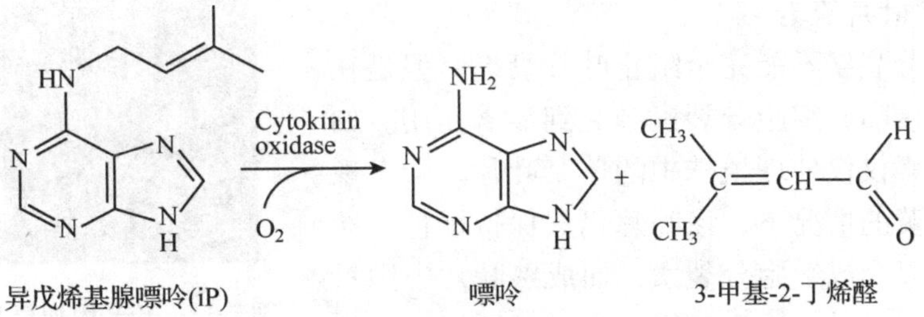

图 7-20 细胞分裂素氧化酶不可逆地催化降解细胞分裂素

7.3.4 细胞分裂素的生物学效应

细胞分裂素对植物的生理生化、代谢和发育过程具有重要影响,特别是在整株发育水平上的调控作用更加明显。

7.3.4.1 调节茎尖和根尖的细胞分裂

细胞分裂素主要分布于与细胞分裂密切相关的茎尖、根尖组织中,对植物顶端分生组织的发育具有调节作用。将来源于拟南芥的细胞分裂素氧化酶基因在烟草中进行过量表达,发现茎尖中细胞分裂素水平降低,茎的生长受到抑制;相反,根的生长却受到促进(图7-21)。由于根是细胞分裂素的主要来源,该结果表明细胞分裂素在调控根和茎的细胞分裂中可能具有相反的作用。

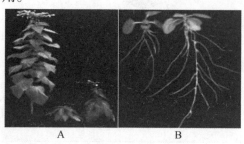

图7-21 细胞分裂素调控烟草茎和根的生长(引自 Werner et al., 2001)
A. 烟草植株过表达细胞分裂素氧化酶基因。图左是野生型植株,图右是细胞分裂素基因过表达植株。植株茎生长显著受到抑制 B. 细胞分裂素抑制烟草根的生长。图左野生型植株,图右是过表达 AtCKX1 基因植株

7.3.4.2 促进根和芽的生长分化

F. Skoog 和 C. O. Miller 发现,烟草愈伤组织中根和芽的分化受细胞分裂素和生长素的比例变化的调控。[CTK]/[IAA]的值高时,促进芽的形成;当[CTK]/[IAA]的值低时,促进根的形成。植物的形态建成在很大程度上受到顶端优势的调控。如玉米具有很强的顶端优势,只有一个主茎,很少产生侧枝。相反,灌木植物则具有很多侧芽。尽管顶端优势主要由生长素控制,但是利用细胞分裂素直接处理腋芽会刺激芽的细胞分裂和生长。

7.3.4.3 延缓叶片衰老

虽然细胞分裂素不能完全阻止叶片衰老,但是在完整植株上直接喷施细胞分裂素会起到显著作用。如果用细胞分裂素仅仅处理植株中的单个叶片,会发现在其他叶片变黄的情况下,该叶片仍然保持绿色。幼嫩叶片组织可以合成细胞分裂素,而成熟叶片中则只能由根系产生并通过运输后获得。为了验证细胞分裂素在调控叶片衰老中的作用,Gan 和 Amasino(1995)将合成细胞分裂素的 ipt(isopentenyl transferase)基因导入烟草,发现含有 IPT 基因的烟草叶片衰老过程明

图7-22 转基因烟草叶片衰老受到抑制(引自 Gan and Amasino, 1995)
转 ipt 基因的植株保持绿色和光合特性(图左),相同年龄的野生型烟草(图右)

显受到抑制（图 7-22）。该研究表明，细胞分裂素是叶片衰老的内在调控因子。

此外，同位素标记实验证明，细胞分裂素可以促进营养物质的定向移动和积累。

7.3.4.4 其他生物学效应

细胞分裂素能够促进黄瓜、萝卜等双子叶植物的叶片面积增大。用细胞分裂素可以替代光照打破需光种子的休眠。

7.3.5 细胞分裂素的作用机制

7.3.5.1 细胞分裂素受体

目前，在拟南芥中发现了 AHK_2、AHK_3 和 CRE_1（即 AHK_4）均为细胞分裂素的受体，这 3 种酶属于组氨酸激酶，在 N 末端结构域含有保守的组氨酸残基。同时缺失 *ahk2*、*ahk3*、*cre*1 三个基因的突变体对外源细胞分裂素几乎没有响应，植株生长缓慢，根和叶片的生长发育受到阻碍，花芽分化过程缺失。但是，该类型突变体植株仍然可以存活。该结果表明，细胞分裂素一方面在植物生长发育中具有重要作用，同时也暗示细胞分裂素也可能存在其他信号转导途径。

7.3.5.2 细胞分裂素的基因表达调控

作为植物 tRNA 的组成部分，细胞分裂素可能在翻译水平发挥其调节作用，最终控制特殊蛋白质合成。从菜豆中分离出的玉米素顺反异构酶，暗示了细胞分裂素和 tRNA 之间确实存在密切关系。

细胞分裂素结合在核糖体上，促进核糖体与 mRNA 的结合，调节基因的表达，加速新蛋白质的合成和细胞分裂。

7.4 脱落酸

7.4.1 脱落酸的发现

Bennet-Clark 与 Kefford（1953）报道了植物抽提液中除了含有 IAA 外，还含有一种抑制胚芽鞘切段生长的物质（抑制剂-β）。而且，该研究组从休眠马铃薯块茎的侧芽和外皮层中也分离到了大量的抑制剂-β。随后，其他研究人员，从木本植物中也发现了与芽和叶片休眠相关的抑制因子。1963 年，K. Ohkuma 和 F. T. Addicott 等从将要脱落的棉铃中分离出了一种称为脱落素Ⅱ（abscisinⅡ）的物质。1964 年，P. F. Waring 建议将这种与诱导休眠相关的内源性物质称为休眠素（dormin）。通过对抑制剂-β、脱落素Ⅱ和休眠素进行化学结构鉴定，证明它们是同一种物质。1967 年，在渥太华召开的国际植物生长物质会议上，将该物质正式命名为脱落酸（abscisic acid，ABA）。

7.4.2 脱落酸的结构

与生长素、赤霉素和细胞分裂素不同，ABA 是一种含有 15 个碳原子的倍半萜化合物。具有右旋型（S）和左旋型（R）两种旋光异构体及顺反式两种异构体（图 7-23）。

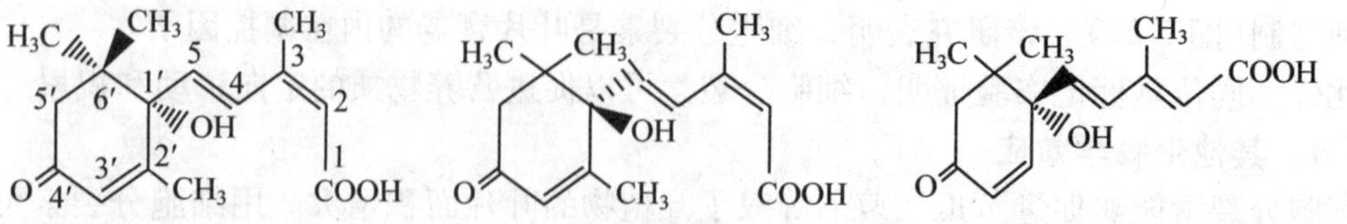

右旋-顺式-ABA　　　　　左旋-顺式-ABA　　　　右旋-2-反式-ABA
天然活性形式　　　　　气孔关闭时无活性　　无活性，可以转化成活性的顺式形式

图 7-23　脱落酸的化学结构

7.4.3　脱落酸的分布、运输和生物代谢

7.4.3.1　脱落酸的分布与运输

脱落酸广泛存在于被子植物、裸子植物和蕨类植物等维管植物中。苔藓类和藻类植物中含有一种化学性质与脱落酸相近的半月苔酸(unlaric acid)物质。此外，在某些苔藓和藻类中也发现有 ABA 存在。从根尖到顶芽等组织和器官中均有脱落酸分布，将要脱落或进入休眠状态的器官和组织中较多。逆境条件下，ABA 含量会在数小时内迅速增加。比如，在正常水分条件下向日葵植株木质部汁液中 ABA 的浓度为 $1.0 \sim 15$ nmol·L^{-1}，水分胁迫下 ABA 的浓度则会上升到 3 000 nmol·L^{-1}。

ABA 主要通过木质部和韧皮部以游离态的形式进行运输。通常，大量的 ABA 主要存在于韧皮部汁液中。通过对 ABA 进行放射性标记，发现叶片产生的 ABA 既可以向上运输到茎，也可以向下运输到根。利用环割实验破坏茎的韧皮部，便会阻止根部 ABA 的积累，表明叶部 ABA 主要通过韧皮部运输。根部合成的 ABA 通过木质部运输到地上部。

7.4.3.2　脱落酸的生物代谢

（1）脱落酸的生物合成

ABA 的生物合成主要在叶绿体及其他质体中进行，主要有两条合成途径：以甲瓦龙酸为前体物质的直接合成途径和由紫黄质氧化分解的间接合成途径（图 7-24）。关于高等植物 ABA 合成的直接途径，尚不清楚。因此，目前认为间接途径是高等植物合成 ABA 的主要方式。

玉米黄质(Zeaxanthin)在玉米黄质环氧酶的催化下依次生成环氧玉米黄质、全反式紫黄质，然后降解生成黄质醛，最终形成 ABA。研究发现，除了紫黄质，新黄质、叶黄素等其他类胡萝卜素也可转变为黄质醛，参与合成 ABA。

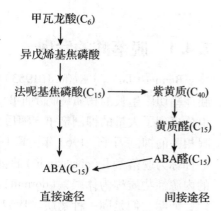

图 7-24　ABA 的生物合成途径

（2）脱落酸的结合和失活

游离态 ABA 通过与一些单糖分子结合，形成 ABA-葡萄糖酯等结合物后失去活性。ABA 代谢失活的主要途径是 ABA 的氧化分解，产物分别为红花菜豆酸(phaseic acid, PA)和二氢红花菜豆酸(dihydrophaseic acid, DPA)，而且转化的速度也非常快，在几十个小时内就能够完成（图 7-25）。PA 活性极低，而 DPA 及其葡萄糖苷没有生理活性。

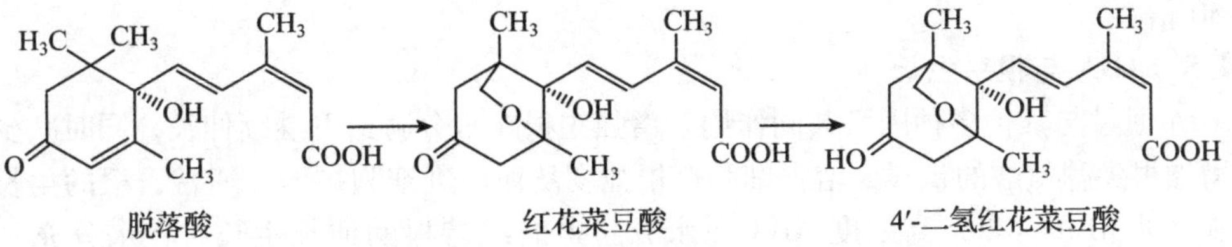

脱落酸 → 红花菜豆酸 → 4′-二氢红花菜豆酸

图 7-25 ABA 的氧化降解

7.4.4 脱落酸的生物学效应

7.4.4.1 ABA 与种子发育

增加发育种子的耐脱水性是 ABA 的一个重要功能。在种子发育的中后期，ABA 促进晚期胚胎富含蛋白（late embryogenesis abundant proteins，LEA）和种子贮藏蛋白的大量积累。

7.4.4.2 ABA 与种子休眠

种子休眠包括种皮型休眠和胚休眠。ABA 是种皮中抑制胚萌发的主要抑制剂之一。ABA/GA 的比值是决定胚休眠破除或维持的关键指标之一。Koornneef 等（1982）筛选分离的第一个 ABA 缺失突变体充分证明了种子中 ABA/GA 比值的重要性。在大多数植物中，种子中 ABA 产生最多的时期，恰恰正是 IAA 和 GA 水平的低谷期。同时，通过胎萌（vivipary）的遗传研究，进一步证实 ABA 还具有阻止种子在成熟前过早萌发的作用。

7.4.4.3 ABA 与气孔运动

ABA 的生物合成或重新分布是引起气孔关闭的有效方式。干旱条件下，叶片中 ABA 的积累在调节减少水分蒸腾散失方面具有重要作用。萎蔫型突变体由于缺少合成 ABA 的能力，导致气孔不能关闭，呈现永久性萎蔫。ABA 促使气孔关闭的原因在于使保卫细胞中的 K^+ 外渗，造成保卫细胞的水势高于周围细胞的水势，导致保卫细胞失水收缩（图 7-26）。

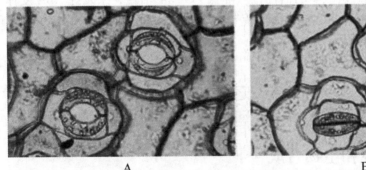

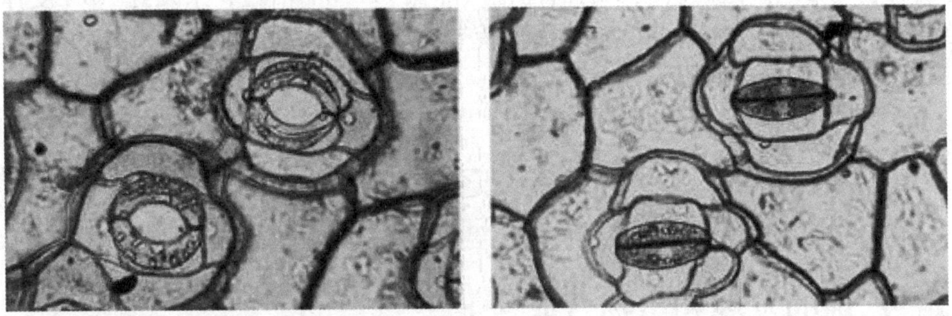

图 7-26 ABA 与气孔运动
A. 正常的蚕豆表皮细胞 B. 脱落酸处理后细胞气孔关闭

7.4.4.4 ABA 与植物抗逆性

由于 ABA 在植物的抗低温、抗盐及抗旱方面的作用，因此，被称为胁迫激素（stress hormone）。ABA 是对环境刺激反应最明显的激素，干旱条件下叶片中 ABA 的浓度会迅速上升 50 倍。

7.4.4.5 ABA 与根系生长

ABA 通过与其他多种因素共同作用，增强主根在水分胁迫下继续伸长，同时减少根变粗，增加根尖脯氨酸的积累，增强细胞壁松弛度从而促进细胞扩增。通常，根的生长需要较低水平的 ABA 含量，高浓度 ABA 在水分胁迫时维持根的伸长生长，在水分充足条件下，根的伸长反而会受到抑制。

7.4.5 脱落酸的作用机理

ABA 主要通过信号转导途径诱导相关基因的表达及改变细胞膜系统结构特性来调控离子的跨膜运输。多年来，ABA 受体的鉴定一直是植物生物学研究的焦点和难点之一。研究表明，ABA 通过与细胞内和细胞外两类受体识别并特异性结合，随后激活下游信号通路，最终产生一系列生理反应过程。自 2006 年以来，研究人员相继报道了 ABAR/CHLH、GCR2、GTG1/2 及 PYR/RCAR 等 ABA 的受体，为深入解析植物中 ABA 信号转导通路奠定了基础。

Shen 等（2006）在拟南芥中鉴定了一种介导种子发育、幼苗生长和叶片气孔行为的 ABA 的受体——ABAR。该基因编码位于质体内的参与催化叶绿素合成和质体—核信号转导的镁离子螯合酶（Mg-chelatase，CHLH）H 亚基。但是，随后一些研究认为，ABAR/CHLH 不是 ABA 的受体。此外，作为 ABA 的受体 GCR2、GTG1/2 也受到了研究人员的质疑。直到 2009 年 5 月，美国科学杂志发表了两篇关于转化的 ABA 的报道，证实了 PYR/RCAR（PYRABACTIN RESISTANCE，PYR/REGULATORY COMPONENT OF ABA RECEPTOR，RCAR）蛋白是 ABA 的受体。在拟南芥中，PYR/RCAR 家族中有 14 个成员，都能与 ABA 结合，至少有 13 个能对 ABA 的信号进行正调控。不同的家族成员的基因有不同表达模式，大多在种子和保卫细胞中高度表达，而只有少数被 ABA 下调。ABA + PYR/RCAR 复合物则可通过阻碍磷酸酶的活性位点降低 PP2C 的活性，来发挥 ABA 受体功能。越来越多的证据表明，G 蛋白在 ABA 信号传导中起关键作用。G 蛋白可作为 ABA 受体，但其与 ABA 结合的证据尚不充分。

7.5 乙 烯

7.5.1 乙烯的发现和生物合成

7.5.1.1 乙烯的发现

在农业和园艺生产实践中，人们经常发现一个令人奇怪的复杂植物学现象。比如，很早以前就知道熏烟能够促进果实成熟。中国的一些寺庙中，曾经利用烧香产生的烟雾催熟梨。在 1864 年，人们发现煤气街灯释放的气体会促进附近树叶脱落。1901 年，俄罗斯圣彼得堡植物所的 D. Neljubow 发现，用于实验室照明的气灯影响了豌豆幼苗的生长，并证实作为煤气中的主要成分——乙烯是引起暗培养幼苗产生三重反应的主要因子。1910 年，

H. Cousins 发现橘子产生的气体会催熟储存在一起的香蕉。1934 年，R. Gane 通过采集成熟苹果中的气体，并提纯到了少量乙烯，证实了乙烯的催熟作用。1959 年，S. Burg 和 K. Thimann 将气相色谱技术应用于乙烯的鉴定和定量分析中，极大地促进了乙烯生物合成及其生理作用的研究。1965 年，在 S. Burg 提议下，乙烯才被公认为是植物的天然激素。

7.5.1.2 乙烯的生物合成

乙烯(ethylene，ETH)是植物激素中分子结构最简单的一种不饱和烃类化合物。植物体各个组织和器官均能合成乙烯。通常，乙烯的合成与植物组织和器官的发育时期密切相关。脱落的叶片、成熟果实中的乙烯的生物合成会显著增加。植物遇到机械损伤、高温、干旱、低温和病虫害侵染等不利逆境时，乙烯也会大量合成。

1964 年，M. Lieberman 和 L. W. Mapson 发现蛋氨酸(methionnine，MET)是乙烯合成的前体。1979 年，D. Adams 和 S. Yang 发现 1-氨基环丙烷-1-羧酸(1-aminocyclopropane-1-carboxylic acid，ACC)是乙烯的直接前体。进一步研究发现，乙烯的合成与蛋氨酸循环(Yang cycle，也称为杨氏循环)密切相关。

乙烯的生物合成包括 3 个步骤(图 7-27)：首先，MET 在 S-腺苷蛋氨酸合成酶的催化下生成 S-腺苷蛋氨酸(S-adenosylmethionine，AdoMet)。此步反应需要 ATP 参与。其 AdoMet 在 ACC 合成酶(ACC synthase，ACS)催化下发生裂解，形成 5′-甲硫腺苷(5′-methylthioribose，MTA)和 1-氨基环丙烷-1-羧酸(1-aminocyclopropane-1-carboxylic acid，ACC)。MTA 通过杨氏循环使得 MET 得以再生，而 ACC 则在 ACC 氧化酶(ACC oxidase，ACO)的催化下，氧化生成乙烯。ACC 合酶和 ACC 氧化酶是乙烯合成的限速酶。

乙烯的生物合成受到植物发育状态、环境、激素及无机离子等多种因素的调节。果实成熟时，ACC 合成酶和 ACC 氧化酶的活性急剧增加，使得乙烯大量产生。低温、干旱、机械损伤等逆境条件均会增加乙烯的合成。IAA 通过增加 ACC 合成酶的转录和翻译水平，进而促进乙烯的生物合成。

当然，乙烯的生物合成也会被一些化合物所抑制。ACC 合成酶是一种以磷酸吡哆醛为辅基的酶。氨基乙氧基乙烯基甘氨酸(aminoethoxyvinyl glycine，AVG)和氨基氧乙酸(aminooxyacetic acid，AOA)是以磷酸吡哆醛为辅基的酶的特异抑制剂。AVG 和 AOA 专一性地抑制由 AdoMet 转化为 ACC 的步骤。因此，AVG 和 AOA 已经被应用于延长果实的保鲜储存。Co^{2+} 和 Ag^+ 等无机离子以及缺氧和高浓度的 CO_2(5%~10%)也能抑制乙烯的生成。

ACC 除了参与乙烯合成外，也可转化为一种稳定的结合物 N-丙二酰-ACC(N-malonyl-ACC，MACC)，该反应不可逆。当 ACC 大量转化 MACC 时，乙烯的生成减少。因此，乙烯结合物的形成对调节乙烯的生物合成具有重要作用。

由于乙烯是气态激素，在植物体内的运输性较差。乙烯的短距离运输通过细胞间隙扩散完成。长距离运输则是以 ACC 形式在木质部中进行。

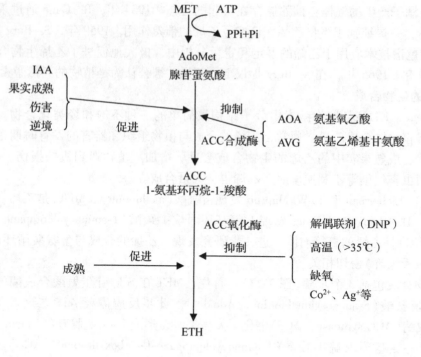

图 7-27　乙烯的生物合成（引自 Chae and Kieber, 2005）

methionine (Met), S-adenosylmethionine (AdoMet), ACC synthase (ACS) and ACC oxidase (ACO)

7.5.2　乙烯的生物学效应

乙烯参与整个植株的生长发育过程，包括萌发、果实成熟、衰老及病原菌介导的细胞死亡等。但是，关于上述许多过程的分子机制仍不清楚。其中一个主要因素是，乙烯的作用与环境因素高度相关。比如，乙烯在黑暗条件下抑制细胞伸长，在光照时却促进生长。在密植条件下，乙烯是植物生长所必需的，而低密度时乙烯的合成受到抑制。

7.5.2.1　乙烯的三重反应

三重反应（triple response）是乙烯的典型生物学效应，即当植物幼苗置于含有适当浓度的乙烯（0.1 pL·L^{-1}）中进行暗培养时，会发生茎伸长生长受到抑制、下胚轴直径增大、上胚轴水平生长的现象（图 7-28A）。此外，乙烯还抑制双子叶植物上胚轴顶端弯钩的伸展，导致叶柄的偏上性生长。

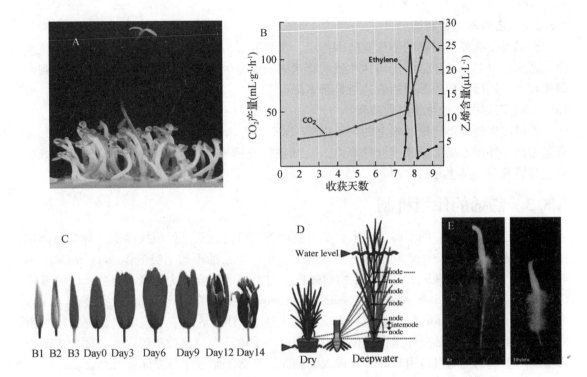

图7-28 乙烯的生理作用（引自 Taiz and Zeiger，2006）

A. 大部分幼苗表现出三重反应，只有一株突变体对乙烯不敏感　B. 乙烯的产生和呼吸作用
C. 乙烯促进花瓣的衰老　D. 乙烯诱导水稻节间伸长　E. 乙烯诱导不定根及根毛的产生

7.5.2.2　乙烯与生殖生长

乙烯处理可以加速果实成熟，同时在果实成熟的过程中，乙烯的含量也会骤然增加。然而，研究表明，并非所有的果实都对乙烯产生响应。如苹果、香蕉、梨及番茄等的果实属于呼吸跃变型，当成熟达到一定时期，乙烯含量会急剧升高，随后呼吸速率也增高，最后二者均突然下降（图7-28B）。而葡萄、草莓、柑橘等的果实则不存在乙烯升高和呼吸跃变现象。20世纪90年代，延迟成熟的番茄在市场上推出，但是由于人们对遗传工程的担心，使得转基因番茄并没有获得商业化成功。因此，解析乙烯生物合成和信号转导途径与果实成熟的关系，进而获得非转基因产品或许是商业化成功的途径之一。

与IAA相似，乙烯对黄瓜、甜瓜等葫芦科植物的性别分化具有调控作用，可增加雌花比率。研究表明，乙烯能够引起植物花的衰老（图7-28C）。因此，通过使用硫酸银等乙烯抑制剂可以延迟鲜花的衰老。

7.5.2.3　乙烯与非生物胁迫

在许多非生物胁迫下，乙烯的生成会增加。关于乙烯在涝害下作用的机理研究得较为清楚。植物遭遇涝害时，会处于缺氧状态，乙烯氧化酶（ACO）的活性受到抑制，ACC就转运到地上部组织中转化成乙烯，从而引起叶片偏上性生长（epinasty）。一些植物如深水水稻，通过乙烯诱导的地上部伸长来应对涝害。这种水稻品种植株每天可以伸长25cm，株高达到15m（图7-28D）。Y. Hattori等（2009）证实了乙烯响应因子SNORKEL 1和SNORKEL 2能够调控水稻适应深水环境。

7.5.2.4 乙烯与生物胁迫

乙烯对受病原菌侵染的植株有防御作用。实验证实，乙烯不敏感烟草由于缺少了抗病免疫系统，更趋于被正常的土传性非致病真菌感染而发生病害。同样，易感植株在受到病原菌攻击时乙烯合成酶基因的表达量显著下降。

7.5.2.5 乙烯的其他生物学效应

乙烯可以诱导不定根及根毛的产生(图 7-28E)。与外源细胞分裂素处理可以延迟叶片衰老相比，外源乙烯能够加速叶片衰老。乙烯还具有诱导次生物质合成，打破种子休眠、促进马铃薯等块茎生芽的作用。

7.5.3 乙烯的作用机制

关于乙烯信号转导的了解主要来自于对拟南芥的研究。三重反应提供了一种简单而快速进行乙烯突变体的方法。利用该方法鉴定出了第一个乙烯不敏感突变体 etr1 (ethylene resistant 1)，该突变体丧失了乙烯的生物学效应，与乙烯的结合能力极低。目前，已经鉴定出 etr2、ein2 (ethylene insensitive 2)、ein3、ein4、ein5、ein6 等乙烯不敏感突变体及 ctr1 (constitutive triple response 1) 组成型三重反应突变体。ETR1 是第一个被明确认定为植物激素受体的蛋白质。乙烯受体蛋白定位在内质网上，受体结合位点位于膜内，需要铜离子作为辅助因子。乙烯通过自由扩散方式进入细胞膜，并溶于胞液中与受体进行结合。

植物生理和遗传方面的研究表明，乙烯的一些生物学效应是由乙烯调控转录因子 EIN3、EINL1 (EIN3-Like) 及 ERF1 (ethylene response factor 1) 所介导完成的。ERF 转录因子同乙烯响应元件 GCC box 相结合，参与乙烯信号途径。

7.6 其他植物生长物质

植物体内除了上述五大类激素外，还有很多微量的有机化合物对植物生长发育表现出特殊的调节作用。

7.6.1 油菜素内酯

油菜素内酯(brassinolide，BL)又称芸薹素内酯，是一种高效、广谱、无毒的天然植物激素。广泛存在于植物的花粉、种子、茎和叶等器官中。由于其生理活性较强，已于1998年第十六届国际植物生长物质年会上被确定为第六类激素。

7.6.1.1 油菜素内酯的发现

20 世纪 40 年代，科学家发现从花粉中提取的一种化合物能够促进细胞伸长。约 30 多年后，油菜素内酯(brassinolide，BL)才被部分纯化。1979 年，证明这种化合物为甾类激素。1982 年，第二个油菜素甾体类化合物——油菜素甾酮(Castasterone，CS)，被纯化。20 世纪 70~90 年代，BR 的研究主要集中在其生物合成途径及其在农业上的应用。20 世纪 90 年代，随着拟南芥中有关 BR 合成和信号转导的突变体的鉴定，油菜素内酯的研究进入了遗传领域。

目前，已经分离到了60多种油菜素内酯类化合物，分别表示为BR1、BR2…BRn（图7-29）。其中，BR2（油菜素甾酮，Castasterone，CS）分布最为广泛，其次是第一个发现的BR1（油菜素内酯，brassinolide，BL）。

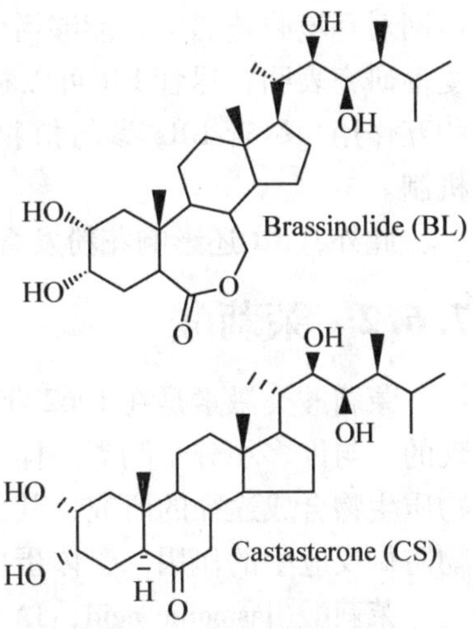

7.6.1.2 油菜素内酯的代谢

关于BR生物合成途径的研究已经进行了超过30年，仍然没有完全搞清楚。一部分原因在于，不同植物的合成途径存在轻微的差异，参与代谢的酶也不相同。BR的合成包括早期C-6氧化途径和晚期C-6氧化途径。具体为过程为菜油固醇→氢化菜油固醇→长春花固酮→茶固醇→油菜素固醇→油菜素内酯。BR的合成是在细胞膜内完成的，但是其受体结合位点却位于细胞外。因此，可能存在一种BR通过细胞的机制。不过，通过外源BR处理豌豆和番茄，发现内源性BR并没有在不同组织间移动，其合成位点和作用位点紧密相连。植物体内的BR水平通过氧化、羟化等反应，使油菜素内酯丧失活性。

图7-29 油菜素内酯的化学结构

7.6.1.3 油菜素内酯的生物学效应

BR的生物学效应包括促进细胞分裂和伸长、参与维管组织分化、增强抗逆性及光信号转导等（图7-30）。

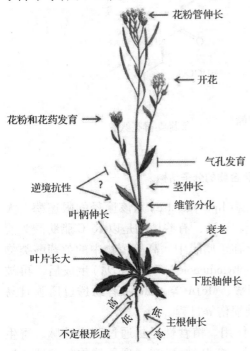

图7-30 油菜素内酯的生物学功能
（引自Yang et al., 2011）
→表示促进作用；⊣表示抑制作用

（1）细胞伸长和生长

BR可以增强木葡聚糖转移酶活性，使木葡聚糖插入到细胞壁中，以促进细胞伸长。同时，编码细胞骨架的蛋白、离子及水分转运体通过增加细胞的膨压，促进细胞的伸长生长。另外，BR能够促进质子泵入细胞壁中，引起细胞壁酸化与松弛，来促进细胞伸长。

（2）促进维管分化

BR缺失突变体表现出维管束中木质部减少、韧皮部增加的特征。该表型与使用BR合成抑制剂，如芸苔素或烯效唑的作用效果相似。

（3）增强抗逆性

利用外源BRs处理能够增加植物对热害、缺氧、干旱、病原菌等逆境条件的抗性。这些效应均是由BR诱导的基因（包括防御基因和消除活性氧基因等）介导实现的。BRs还可通过干扰对毒性重金属的吸收和加速解毒等过程来提高植物对重金属的耐受性。研究表明，内质网对环境胁迫感应,能够增强 BR 的信号传导以响应胁迫。拟南芥中 BR 介导的胁迫耐受性研究表明,尽管 BR 可以独立发挥其功能,但是也与脱落酸、乙烯和水杨酸途径存在相互作用。尽管 BRs 参与植物的抗病性及防御信号传导,但是目前仍然不清楚其介导机制。

此外,BR 还影响花粉发育和育性,抑制光形态建成等过程。

7.6.2 茉莉酸

茉莉酸类激素是在 1962 年纯化茉莉酸甲酯(methyl jasmonate,MeJA)时被首次鉴定发现的。与许多小分子酯类一样,茉莉酸甲酯容易挥发且具有芳香味。后来,随着茉莉酸类物质生物合成途径的研究,其部分生物学效应被相继证明。20 世纪 80 年代,茉莉酸在植物防御反应中的作用、受体蛋白类型和信号转导途径也相继被阐明。

茉莉酸(jasmonic acid,JA)与其挥发性甲酯衍生物茉莉酸甲酯(methyl jasmonate,MeJA)及氨基酸衍生物统称为茉莉酸类物质(Jasmonates,JAs)。生物活性较强的茉莉酸类物质是与氨基酸的结合物,特别是异亮氨酸 JA(图 7-31)。JAs 广泛分布于植物的幼嫩组织、花等器官中。

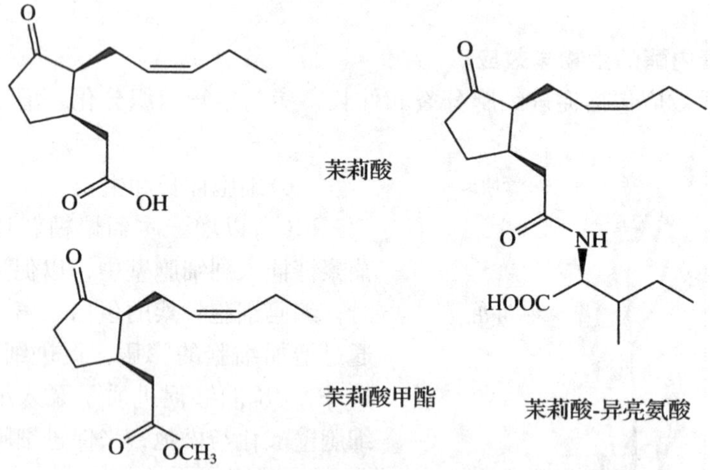

表 7-31 三种典型茉莉酸类化合物的分子结构

JA 生物合成的第一步发生于质体中,脂氧合酶(lipoxygenase)是该途径的限速酶。大多数植物以不饱和的 18-C 脂肪酸 α-亚麻酸为前体合成 JA,有些植物是以 16-C 脂肪酸为前体合成茉莉酸。这两种类型的脂肪酸前体物质均存在于脂膜中。高等植物中的茉莉酸类物质,在过氧化物体中由 12-氧-植物二烯酸(12-oxo-phytodienoic acid,OPDA)生成后,再被转运到细胞质中进行各种修饰,如形成 JA-异亮氨酸、MeJA 等。MeJA 容易透过质膜且易挥发,能够作为系统信号参与植物发育和应对机械损伤等过程。

JA 在植物对昆虫和病原菌的响应中起到调控作用。植食性昆虫通过刺入叶脉、寄生在叶片、根、花及种子中等方式从植物中吸收养分。C. Ryan 研究发现了植物防御植食性昆虫的机制,提出茉莉酸诱导蛋白酶抑制剂(proteinase inhibitors,PIs)的积累,使植物获得系统抗虫性。应用外源茉莉酸类激素也能诱导植物形成一些对植食性昆虫产生不利影响的化合物。因此，将蛋白酶抑制剂基因转入农林植物中或将 JA 类物质开发成诱抗剂，其应用前景值得期待。

此外，JA 还参与植物花的育性、果实和种子发育等过程。

7.6.3 水杨酸

水杨酸(salicylic acid，SA)是一种新发现的植物内源性激素，其分子结构如图 7-32 所示。19 世纪，SA 被确定为活性化合物。1979 年，R. F. White 报道了水杨酸在植物中的功能，发现经过 SA 或阿司匹林预处理的叶片具有防御病毒侵染的作用。1990 年，证明内源性水杨酸作为一种信号使植物参与防御反应。植物在受到病原菌、热害、缺氧、紫外光等胁迫时，体内 SA 会迅速积累。SA 参与活体营养型(biotrophs)病原菌引发的抗病并诱导植物的系统获得性抗性(systematic acquired resistance，SAR)。此外，水杨酸还能够引起植物组织生热、产生过敏反应及诱导开花等生物效应。

异分支酸合成酶(isochorismate synthase，ICS)在水杨酸合成途径中起了关键的作用，病原菌的侵染导致 ICS 表达从而诱导 SA 的合成。SA 的生物合成途径场所主要在叶绿体中进行。水杨酸的生物合成包括苯丙氨酸解氨酶介导途径和异分支酸合成酶介导的异分支酸途径。

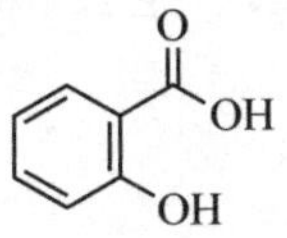

水杨酸（邻羟基苯甲酸） 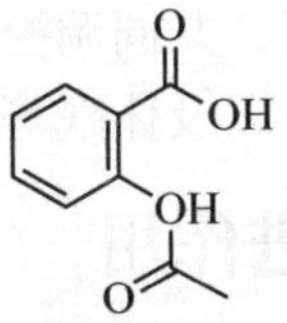　　乙酰水杨酸（阿司匹林）

图 7-32　水杨酸和乙酰水杨酸的分子结构

7.6.4 多胺

多胺(Polyamine，PA)是一类在植物中广泛存在的低相对分子质量脂肪族含氮碱类物质，依据含有胺基的不同，分为二胺、三胺、四胺及其他胺类。植物中含量比较丰富的多胺有腐胺、精胺及亚精胺。通常，多胺氨基数目越多，活性越大，细胞代谢活跃的部位，多胺含量越丰富。

多胺在促进花粉管伸长、果实形成、延迟衰老、清除自由基以及增强逆境抗性等生理过程具有显著作用。

7.6.5 玉米赤霉烯酮

玉米赤霉烯酮(Zearalenone，ZL)是 1962 年，首先由 M. Stob 在 1962 年从玉米赤霉菌中分离得到的一类二羟基苯甲酸内酯类化合物。此后，在植物中也检测到了玉米赤霉烯酮。研究表明，玉米赤霉烯酮在种子萌发、开花及增强抗性等方面具有明显作用。

7.6.6 独角金内酯

20世纪中期,独脚金醇(strigol)首先从棉花根分泌液中分离和鉴定获得。随后,在受寄生独脚金影响的玉米、高粱及谷子等植物中也分离到了该类物质。独脚金内酯(strigolactone,SL)具有诱导寄生植物种子萌发、调控植物分枝、抑制植物侧芽萌发以及与寄主植物共生等生理功能。SL还与生长素和细胞分裂素间存在相互作用。每年仅在非洲、亚洲和澳大利亚就有数万英亩的农作物因为寄生植物独脚金杂草而导致严重减产。独脚金内酯生物学的研究,为解决该问题提供了新途径。研究表明,生长素和细胞分裂素对调控植物株型具有重要作用。近年来,在拟南芥、水稻中鉴定出的独脚金内酯可以通过抑制侧芽的生长起到调控植物株型建成的作用。因此,科研人员认为,通过使用独脚金内酯可以调控水稻、小麦等作物的有效分蘖,对提高单位面积产量起到促进作用。

7.7 植物激素作用的相互关系

植物生长发育过程中的各项生理反应过程是多种激素相互作用的结果。不同激素间有的相互促进、有的相互颉颃,共同调控植物细胞的分裂、生长和分化,种子萌发、营养生长、生殖生长、衰老、脱落以及休眠等生理过程。

7.7.1 激素间的促进作用

脱落酸促进脱落的效果会由于乙烯的催熟作用而加强。生长素和细胞分裂素共同促进细胞分裂、延缓叶片衰老,而乙烯促进脱落酸的合成。生长素通过增强ACC合成酶的活性来促进乙烯的生物合成,因此高浓度的IAA抑制生长。细胞分裂素可增强生长素的极性运输。低浓度的生长素和赤霉素协同促进植物下胚轴、茎段及节间伸长生长。研究表明,在豌豆茎进行伸长生长时,IAA从促进合成和抑制降解方面保持茎组织中GA的水平。

7.7.2 激素间的颉颃作用

生长素促进顶端优势,而细胞分裂素则促进侧芽生长,消除顶端优势。生长素促进雌花增加,赤霉素促进雄花形成。乙烯可以抑制生长素的极性运输,增强生长素氧化酶的活性。赤霉素和脱落酸的生物合成的前体物质均来自于甲瓦龙酸,而且均产生法呢焦磷酸。在光敏色素作用下,经过长日照处理,GA/ABA的比值升高,植株继续生长;短日照条件下,GA/ABA的比值降低,植株进入休眠状态。相关研究表明,在种子萌发中ABA和BR间相互颉颃。

由于不同植物激素协同调节植物的生长发育和抗逆性,因此,可通过对激素信号转导途径中重要相关基因的遗传操作,来调控植物体内激素的生物学效应,以达到提高作物产量和增强抗逆性的目标。

7.8 植物生长物质与农林生产

目前，在植物体内已经发现了生长素、细胞分裂素、赤霉素、乙烯、脱落酸、油菜素内酯、茉莉酸、水杨酸、独脚金内酯等植物激素。但是，由于这些内源性激素在植物体内的含量非常低，很难通过大量提取的途径来用于农业生产。随着各类植物激素化学结构的鉴定，采用化学方法合成各种具有激素生理功能的植物生长调节剂的技术和生产方式应运而生。

7.8.1 植物生长调节剂的种类

目前，人工合成的植物生长调节剂种类繁多，生理功能也不同。根据其对生长的效应，分为以下几类：

(1) 生长促进剂

此类物质可以促进细胞分裂及伸长生长，也可促进植物营养器官和生殖器官的生长发育。常见的生长促进剂有吲哚丁酸、萘乙酸、激动素、油菜素内酯、乙烯利、6-苄基腺嘌呤、二苯基脲(DPU)等。

(2) 生长抑制剂

此类物质通常能抑制顶端分生组织细胞的伸长和分化，促进侧枝的分化和生长，从而打破顶端优势。常见的生长抑制剂有三碘苯甲酸(TIBA)、青鲜素(顺丁烯二酸酰肼)、整形素(9-羟基-9-羧酸甲酯)等。

(3) 生长延缓剂

此类物质通常抑制茎尖伸长区中的细胞伸长和节间伸长。由于该区域主要是由赤霉素起调控作用。因此，外施赤霉素往往可以逆转这种效应。生长延缓剂不影响叶片的发育和数目，一般也不影响花的发育。常见的生长延缓剂有矮壮素(2-氯乙基三甲基氯化铵，CCC)、多效唑、烯效唑、比久(二甲胺琥珀酰胺酸，B_9)等。

需要注意的是，同一种生长调节剂由于使用浓度的不同，其作用效果可能截然相反。如生长素类调节剂 2,4-D，在低浓度时促进植物生长，高浓度时则会抑制生长。相同浓度的生长调节剂，对不同植物、组织、器官或同种植物不同的生长发育时期，其生理效应也可能不同。

7.8.2 植物生长调节剂的应用

植物生长调节剂已在农林生产中得到广泛应用。人工合成的类生长素，如吲哚丙酸(indole propionic acid，IPA)、吲哚丁酸(indole butyric acid，IBA)、α-萘乙酸(α-naphthalene acetic acid，NAA)、2,4-二氯苯氧乙酸(2,4-dichlorophenoxyacetic acid，2,4-D)、萘氧乙酸(naphthoxyacetic acid，2,4,5-T)等是农林生产上最早应用的生长调节剂。有些人工合成的生长素类物质，如萘乙酸、2,4-D等，由于具有生产原料丰富、生产工艺简单等特点，易于规模化生产，而且使用效果稳定。因此，在植物插枝生根、防止器官脱落、促进结实及调控花性别分化等方面得到了广泛的推广使用。乙烯通常情况下为气体，不利于直接使用。随着乙烯释放剂——乙烯利（2-氯乙基膦酸）的研制成功，使得其在果实催熟、促进开花和防止脱落等方面得到应用。矮壮素和烯效唑在促进作物矮壮、改善株型、增加产量等方面效果明显。

本章小结

植物生长物质是指一些具有调节植物生长发育和生理功能的小分子化合物，包括内源性植物激素和人工合成的植物生长调节剂。其中，生长素、赤霉素、细胞分裂素、脱落酸和乙烯被认为是经典的五大类植物激素。油菜素内酯、水杨酸、多胺、玉米赤霉烯酮、独角金内酯等也具有植物激素的特性。

植物激素是在植物体内合成的，于极低浓度条件下，对植物的生理过程产生显著调节作用的有机化合物。植物激素的生理功能各异，不同激素间或相互促进、或相互颉颃，共同调控植物的生长发育。生长素是第一个被发现的植物激素，除具有极性运输的性质外，生长素还具有促进细胞伸长、诱导维管束分化、维持顶端优势及调控开花坐果等作用。赤霉素拥有赤霉烷环的基本结构，具有促进植物茎节伸长生长、打破休眠、影响花分化和性别决定等作用。细胞分裂素是一类腺嘌呤衍生物，参与细胞分裂、促进根芽分化、延缓衰老等过程。脱落酸是一种倍半萜化合物，具有抑制细胞分裂和伸长、促进脱落和衰老等作用，同时，脱落酸作为逆境激素，在增强植物抗逆性方面的作用明显。乙烯属于最简单的烯烃，是一种气态植物激素。幼苗的"三重反应"和果实催熟是乙烯的主要功能。此外，乙烯对细胞分化、开花和脱落等也有调控作用。油菜素内酯是植物中发现的第一个甾类激素，参与促进细胞分裂和伸长、维管组织分化、增强抗逆性及光信号转导等过程。茉莉酸和水杨酸在增强植物防御逆境胁迫，增强植物对病虫害的抗性方面作用显著。多胺可以促进生长、增强抗性。玉米赤霉烯酮可以调节植物的形态建成和营养生长。独脚金内酯具有诱导寄生植物种子萌发、调控植物分枝、抑制植物侧芽萌发以及与寄主植物共生等生理功能。

植物生长调节剂是指人工合成的、在微量使用情况下，具有类似植物激素生理功能的一些化合物。包括植物生长促进剂、植物生长延缓剂和植物生长抑制剂。植物生长调节剂的种类繁多，在农林生产上得到了广泛的推广和应用。

复习思考题

一、名词解释

植物生长物质　植物激素　植物生长调节剂　激素受体　生长素　极性运输　三重反应　偏上性生长　植物生长促进剂　植物生长延缓剂　植物生长抑制剂

二、问答题

1. 简述生长素生物合成的途径。
2. 设计一个实验来证明生长素的极性运输。

3. 简述生长素的作用机制。
4. 简述五大类植物激素的生物学效应。
5. 乙烯在果蔬贮藏中有何作用?
6. 为什么脱落酸被称为胁迫激素?
7. 解释形成无籽果实的原因。
8. 解释生长素和细胞分裂素在植物顶端优势中的作用。
9. 生长素、细胞分裂素及独脚金内酯在调控植物株型方面有何不同?
10. 简述油菜素内酯的生理作用。
11. 水杨酸和茉莉酸在增强植物抗病性方面有何特点?
12. 植物生长调节剂包括哪些类型?其应用前景如何?
13. 分别写出两种常见的植物生长抑制剂和延缓剂,并解释其生理作用。

参考文献

Chang C. and Williams M E. (April 10, 2012). Ethylene. Teaching Tools in Plant Biology: Lecture Notes. The Plant Cell (online), doi/10.1105/tpc.110.tt1010.

Fleet C. and Williams M E. (October 17, 2011). Gibberellins. Teaching Tools in Plant Biology: Lecture Notes. The Plant Cell (online), doi/10.1105/tpc.110.tt0810.

Taiz L, Zeiger E. 2006. Plant Physiology[M]. 4nd edition. Sunderland: Sinauer Associates, Inc., Publishers.

Williams M E. (April 2, 2013). The Story of Auxin. Teaching Tools in Plant Biology: Lecture Notes. The Plant Cell (online), doi/10.1105/tpc.110.0410.

Williams M E. (April 23, 2012). Abscisic Acid. Teaching Tools in Plant Biology: Lecture Notes. The Plant Cell (online), doi/10.1105/tpc.110.tt1210. Williams M E. (June 16, 2011). Introduction to Phytohormones. Teaching Tools in Plant Biology: Lecture Notes. The Plant Cell (online), doi/10.1105/tpc.110.tt0310.

Williams M E. (October 10, 2013). Cytokinins. Teaching Tools in Plant Biology: Lecture Notes. The Plant Cell (online), doi/10.1105/tpc.110.tt0610.

李合生. 2006. 现代植物生理学[M]. 北京: 高等教育出版社.

王忠. 2010. 植物生理学[M]. 北京: 中国农业出版社.

武维华. 2012. 植物生理学[M]. 北京: 科学出版社.

第 8 章

植物的生长生理

知识导图

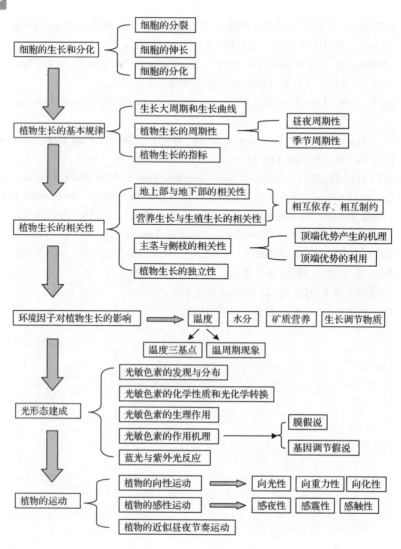

高等植物的营养生长始于种子萌发，经由苗期、幼年期直至开花结实等过程，营养生长的各阶段是植物生长与发育的具体表现形式，并且必然以细胞的分裂与分化为基础。细胞的分裂与伸长引起植物体积与重量的不可逆增加，使植物由小变大，由胚最终变成完整的植株，这种量上的增加就是生长(growth)。

细胞的分化(differentiation)则引起处于不同部位的细胞群发生质的变化，形成执行各种不同功能的组织(如机械组织、输导组织、保护组织、薄壁组织等)与器官(如根、茎、叶、花、果实或种子)，这种质上的转变就是发育(development)。

生长、分化为发育奠定基础，而发育则是生长、分化的必然结果，二者相辅相成，密不可分，不仅受植物本身内在因素的调节，而且受外界环境条件的影响。

植物的营养生长与农业、林业、园艺等的关系非常密切。如以营养器官为主要收获对象(蔬菜或木材)，则营养器官的生长将直接影响产量；如以生殖器官为主要收获对象(果实或种子)，则营养器官的生长状况将决定着生殖器官的形成与膨大，因为生殖器官所需要的养料绝大部分是营养器官提供的。为此，采取必要的措施，通过调节植物的营养生长来控制植物的生殖生长，以便提高产量和改善品质。

8.1 植物生长的细胞学基础

植物的生长是以细胞的生长为基础的。细胞的生长过程始于细胞分裂(数目增加)，经过伸长和扩大(体积增加)，而后分化定型(形态建成)。因此，细胞的全部生长过程可分为分裂期、伸长期和分化期3个时期，且各自有其形态上和生理上的特点。

8.1.1 细胞的分裂

具有分裂能力的细胞(如生长点、形成层和居间分生组织的细胞)都是一些体积小、细胞壁薄、细胞核大、原生质浓稠、合成代谢旺盛的细胞。当原生质量增加到一定程度时，便进行细胞分裂(cell division)，一个细胞变成两个细胞。通常，把从母细胞一次分裂结束形成的细胞至下次再分裂成两个子细胞所经历的时间称为细胞周期(cell cycle)或细胞分裂周期(cell division cycle)。高等植物的细胞周期随物种而异，一般为10~30 h。例如，鸭跖草根尖的细胞周期(21℃下)为17 h，蚕豆根尖的细胞周期(19℃下)为19.3 h；而且受环境因素的影响，如豌豆根尖，15℃下细胞周期为25.55 h，而在30℃下则缩短为14.39 h。通常，细胞周期可分为分裂期(mitotic stage，M期)和分裂间期(interphase)(图8-1)。分裂期是指细胞进行有丝分裂，形成两个子细胞的时间，包括前期、中期、后期和末期4个时期。分裂期以外的时间称为分裂间期，包括G_1期、S期和G_2期3个时期。①G_1期是从上一次有丝分裂结束到DNA合成之前，是DNA合成的准备时期；②S期是DNA与组蛋白合成时期，DNA的含量增加一倍；③G_2期是从DNA合成结束到下一次有丝分裂开始，是有丝分裂准备时期，G_2期完成后，细胞就进入分裂期。整个细胞周期进行着极为复杂的生化变化活动，其中贯穿整个周期最明显的变化就是核酸(尤其是DNA)和蛋白质。

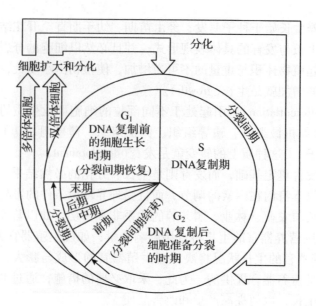

图 8-1 细胞周期示意(引自徐克章等,2007)

在小麦胚芽鞘和烟草茎髓的离体培养时发现,植物激素能够调节细胞的分裂,并表现出一定的顺序性:首先 GA 促进细胞分裂周期从 G_1 期到 S 期的过程;CTK 能促进 DNA 的合成,而在 GA 之后对细胞分裂产生作用;IAA 的调节作用较晚,能促进 rRNA 的形成。此外,B 族维生素,如 B_1(硫胺素)、B_6(吡哆醇)和烟酸也能影响细胞分裂。当缺乏这些维生素时,细胞分裂停止,根或芽的生长受阻。

处于分裂阶段的细胞,在形态上与生理上的特点是:细胞体积小而数量多,原生质浓厚且无液泡,细胞核大而细胞壁薄;呼吸强烈,代谢(尤其氮素代谢)旺盛,具有高度合成核酸与蛋白质的能力,束缚水/自由水比值较大,细胞持水力高。但由于细胞体积小,故生长缓慢。

8.1.2 细胞的伸长

在分生组织中,除少数细胞仍保留分裂能力以外,其余的大多数细胞则逐渐转入伸长阶段。在这一阶段,形态上的特点是细胞体积增大。例如,距豌豆根尖 5~6 mm 的部位,其细胞体积比分生组织的细胞增加 20 倍。在细胞体积增大过程中,最初细胞内先出现许多小液泡,随后小液泡合并成一个大液泡,细胞质与细胞核被挤压到边缘,使大量水分进入细胞,于是细胞伸长。生理上的特点是细胞内干物质积累,代谢旺盛。例如,在豌豆根尖伸长区,呼吸速率比分生区提高 2~6 倍,蛋白质合成增加 6 倍;酶的活性提高,如磷酸酯酶、二肽酶和蔗糖酶的活性分别提高 4 倍、6 倍和 25 倍。此外,构成细胞壁的各种成分含量(果胶质、纤维素、半纤维素等)也随细胞体积的扩大而不断上升(图 8-2)。由于细胞体积增加很快,因此植物生长迅速。

植物激素参与细胞伸长的调节。其中:CTK 促使细胞体积扩大;IAA 与 GA 明显地促进细胞伸长,尤其 IAA 通过活化质膜的 H^+ 泵而增加细胞壁的可塑性;ABA 与 ETH 则抑制细胞的伸长。

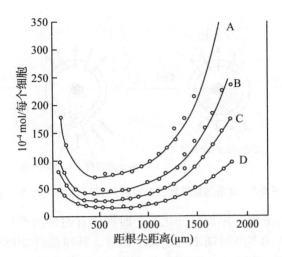

图 8-2 距洋葱根尖不同距离细胞的细胞壁组分含量(引自徐克章等,2007)
A. 果胶质 B. 半纤维素 C. 非纤维多糖 D. 纤维素

8.1.3 细胞的分化

当细胞生长结束后就进入分化阶段。细胞的分化(cell differentiation)是指由分生组织的细胞发育成结构与功能不同的组织细胞的过程。分生组织的细胞可分化成薄壁组织、输导组织、机械组织、保护组织和分泌组织等,进而形成营养器官和生殖器官。至此,细胞体积定型,细胞壁加厚,结构特化,功能专一。不同的组织与器官既有分工又有联系,使植物成为有机整体。因此,细胞分化是植物发育的基础。由于细胞生长停止,代谢强度、呼吸速率均低于细胞伸长阶段,所以生长缓慢。

极性(polarity)是指植物器官、组织、细胞在形态学、生化组成及生理特性上的差异。由于极性的存在使细胞产生不均等分裂现象。生长锥的胚式细胞具有不等分裂的能力,不等分裂的结果是产生极性,而极性的出现又是导致细胞分化的第一步。同时,某些植物激素的协调作用也能控制分化。如前所述,GA/IAA 调控形成层产生韧皮部与木质部的组织分化,CTK/IAA 调节愈伤组织形成芽与根的器官分化。此外,某些物质也影响组织分化。例如,培养丁香茎髓的愈伤组织时发现,在具备必要的养分和 IAA 的条件下,蔗糖浓度对木质部和韧皮部的分化有较大的影响。当蔗糖为低浓度(1.5%~2.5%)时,仅诱导木质部的分化;蔗糖处于高浓度(4%以上)时,只诱导韧皮部的分化;只有在中等浓度(2.5%~3.5%)时,才能同时分化出木质部与韧皮部,而且中间具有形成层。

另外,各种环境条件,如光照梯度和电势梯度等也会改变细胞的极性,影响其分化方向。对墨角藻卵的研究结果,跨越细胞的粒子流、Ca^{2+} 梯度以及肌动蛋白微丝与极性建立有一定的联系,如图 8-3 所示,受精卵受来自环境的不对称的单侧光刺激而极化。细胞内的 Ca^{2+} 在照光的一侧流出,介质中的 Ca^{2+} 从背光的一侧流入。同时,肌动蛋白组装的微纤丝以及大量的线粒体、高尔基体、核糖体等细胞器,包括细胞核都移动聚集在背光一侧。这样,Ca^{2+} 梯度和微纤丝聚集使细胞产生的极性被固定,最终引起细胞不均等分裂,使假根细胞在顶端分化出来。

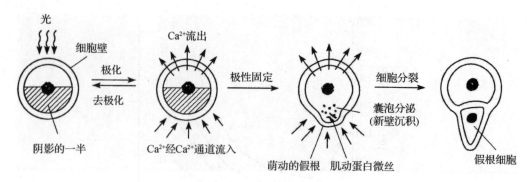

图 8-3　墨角藻极性建立的过程(引自张立军等，2012)

综上所述，细胞的分裂、伸长与分化 3 个时期没有明显的严格界限，常常相互重叠。但在自然条件下，细胞的 3 个时期不可逆转。而且，环境条件能够影响 3 个时期。例如，水分充足可延长伸长期而推迟分化期；缺水可缩短伸长期而提前分化期。在弱光高湿条件下，有利于细胞伸长而不利于细胞分化；在强光低湿的情况下，不利于细胞伸长而有利于细胞分化。

8.2　植物生长的基本规律

种子萌发和叶片展开后，植株进行光合作用，经过顶端和侧生分生组织细胞的分裂、伸长和分化，使根、茎、叶等营养器官不断生长。

8.2.1　生长大周期和生长曲线

不论是细胞、组织、器官，还是个体乃至群体，在其整个生长进程中，生长速率均表示出共同的规律：初期缓慢，以后加快，达到最高，之后又缓慢，以至停止。呈现出"慢—快—慢"的变化。通常，把生长的这三个阶段总和起来，称为生长大周期或者大生长期(grand period of growth)。

以时间为横坐标，以生长量为纵坐标，就可以绘出一条曲线，称为生长曲线(growth curve)。如果生长量以生长积量表示，生长周期变化的曲线则为 S 形曲线(图 8-4 上图)。如果用干重、高度、表面积、细胞数或蛋白质含量等参数对时间作图，亦可得到类似的生长曲线。若以生长速率对生长时间作图得到的生长速率曲线则呈抛物线(图 8-4 下图)。

如何解释以"慢—快—慢"为特征的生长大周期呢？现以细胞的生长为例加以说明。如前所述，细胞处于分裂时期，虽然数量多，但体积小，因此生长缓慢；细胞进入伸长期，由于液泡的出现并不断合并，体积迅速增大，所以生长迅速；而细胞分化期，因体积基本定型，故生长极为缓慢乃至停止。由此可见，以细胞生长为基础的组织与器官亦呈"慢—快—慢"的规律。但是，个体与群体的生长大周期则不能简单地以细胞生长的情况加以分析。初期生长缓慢，是因为处于苗期，光合能力低，干物质积累少；中期因绿叶增加，光合能力提高，干重急剧增加，生长迅速；生育后期，由于植株衰老，光合速率下降，干物质积累减慢，最后停止甚至减少。

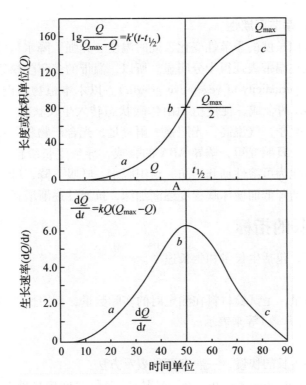

图 8-4　典型的 S 形生长曲线（上图）和绝对生长速率曲线（下图）（引自徐克章等，2007）

植物生长大周期在农业生产上具有重要的实践意义。一切促进生长的水分、肥料和生长调节剂等措施只有应用在最快生长速率到来以前才能有效，器官一旦建成，生长大周期进入末期，再补救就没有效果。

8.2.2　植物生长的周期性

植物的生长受环境条件的影响很大，所以植株或器官的生长速率随昼夜和季节而发生有规律性的变化，这种现象称为植物生长的周期性（growth periodicity），这是植物长期适应环境条件的结果。

8.2.2.1　生长速率的昼夜周期性

地球自转引起昼夜交替，导致光照、温度、水分发生昼夜周期性的变化。致使植物的生长呈现出昼夜的周期性。植物的生长随着昼夜交替变化而呈现有规律的周期性变化，称为植物生长的昼夜周期性（daily periodicity）。影响植物昼夜生长的温度、光照、水分诸因素中，以温度的影响最为明显。可分为 3 种情况：①在盛夏，植物的生长速率白天较慢，夜间较快。例如，棉花株高的生长，白天气温高（超过 35℃ 以上），蒸腾大，光照强，紫外线多，抑制生长，而夜间气温下降（30℃ 以下），蒸腾减少，空气湿润，又无紫外线，促进生长；②在春季，5~6 月，一般的作物春季播种出苗后，白天温度高于夜间，白天生长快，夜间生长慢；③如果昼夜温差不大则昼夜生长相似，例如，7~8 月水稻叶片的生长，由于水层的调节作用，昼夜温度相似，加之水稻叶片是叶基性生长（伸长区在叶鞘）。因此，稻叶的生长速率在昼夜之间无明显差异。

8.2.2.2 营养生长的季节周期性

地球公转引起日照长度的季节性变化,同时温度、光强、降水量等亦随着呈现出周期性的变化,这种变化在温带表现得十分明显。所以,温带的多年生植物呈现出营养生长的季节周期性(seasonal periodicity of vegetative growth)。以木本植物为例,春季,天气转暖,日照渐长,有利于 GA 的合成,促使植物由休眠状态转入生长状态,根系吸收能力提高,越冬芽萌发和生长;夏季,气温高、光照强、雨量足,光合产物积累多,促进植物旺盛生长;秋季,气温渐低,日照变短,诱导 ABA 的合成,导致生长缓慢,大量营养物质运向根、茎、芽,淀粉转化为可溶性糖和脂肪,组织脱水,呼吸下降,叶片脱落,芽进入休眠状态,并且随着温度的降低而使休眠程度逐渐加深,抗寒性逐渐增强。

8.2.3 植物生长的指标

植物生长的指标,包括生长量和生长速率。

(1)生长量

指生长积累的数量,是试验材料在测定时的实际数量,可用长度(如株高)、面积、直径、重量、数目(如叶片数)等来表示。

(2)生长速率

可用于表示植物生长的快慢,一般有两种表示方法:

①绝对生长速率(absolute growth rate,AGR) 单位时间内植物材料生长的绝对增加量。如以 t_1、t_2 分别表示最初与最终两次测定时间,以 W_1、W_2 分别表示最初与最终两次测得的重量,则

$$AGR = \frac{W_2 - W_1}{t_2 - t_1}$$

②相对生长速率(relative growth rate,RGR) 单位时间内植物材料绝对增加量占原来生长量的相对比例(通常以百分率表示)。如果仍用绝对生长速率的各种符号,则

$$RGR(\%) = \frac{W_2 - W_1}{W_1} \times 100$$

8.3 植物生长的相关性

高等植物的各个部分,既有精细的分工又有密切的联系,既相互协调又相互制约,形成统一的有机整体。把植物各部分之间的相互协调与相互制约的现象,称为相关性(correlation)。

8.3.1 地上部分与地下部分的相关

8.3.1.1 相互协调

"根深叶茂""本固枝荣"深刻地说明植物地上部分与地下部分相互促进、协调生长的相互关系。其原因在于营养物质和生长物质的交换,地上部分为地下部分提供光合产物和

维生素 B_1 等,地下部分为地上部分提供水分、矿质盐、部分氨基酸、生物碱(如烟碱)、植物激素(如 CTK)等。由此可见,通过物质的交换使地上、地下的生长相互依存,缺一不可。

8.3.1.2 相互制约

在水分、养分供应不足的情况下,常常由于竞争而相互制约,这在植物的根冠比 (root/tops, R/T)上表现尤为明显,即引起根冠比的变化。研究表明,环境条件、内部因素、栽培措施等均能显著地影响植物的根冠比。

(1) 土壤水分状况

植物生长所需水分主要由根系供应,土壤有效水的供应量直接影响枝叶的生长。因此,凡是能增加土壤有效水分的措施均促进地上部分的生长。这样一来,就会消耗大量的光合产物,减少向地下部分的输入,必然削弱根系的生长,于是 R/T 减少;但干旱时,由于根系的水分状况好于地上部分,处于正常生长状态,而地上部分因缺水而使生长受阻,光合产物相对较多地输入根系,促使其生长,所以 R/T 增加。以水调控植物地上部分与地下部分的相关性,在水稻栽培中已得到很好地应用。例如,水稻苗期有时需要适当落干(烤田),以促进根系生长,增加 R/T,即所谓"旱长根,水长苗"(图 8-5)。

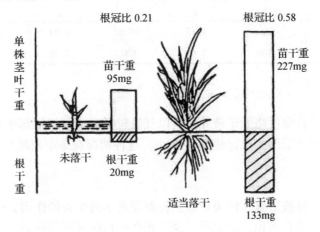

图 8-5　落干程度对稻苗根冠比的影响(引自徐克章等,2007)

(2) 土壤通气状况

枝叶处于大气中,供氧充足;根系生活在土壤里,供氧常常受抑。凡能改善通气状况的措施均有利于根系生长,吸水吸肥能力强,促进地上部分生长,使 R/T 略有增加;反之,土壤通气不良,根系生长受阻,枝叶因得不到足够的肥水也使生长受抑,R/T 变小。

(3) 土壤营养状况

以氮素的影响最大。供氮素充足,蛋白质合成旺盛,有利于枝叶生长,同时减少光合产物向根系输入,使 R/T 下降;反之,供氮不足,明显地抑制地上部分生长,而根系受抑程度则较小,于是 R/T 变大(表 8-1)。此外,土壤中其他营养元素供应状况也影响根冠比。

表 8-1 氮素水平对胡萝卜根冠比的影响(引自 徐克章等，2007)

氮素水平	整株鲜重(g)	地上部		根部		根冠比	根含糖量(%，鲜重)
		鲜重(g)	百分率(%)	鲜重(g)	百分率(%)		
低浓度	38.50	7.46	0.19	31.04	0.80	4.16	6.01
中浓度	71.14	20.64	0.29	50.50	0.71	2.45	5.36
高浓度	82.45	27.50	0.33	54.95	0.67	2.00	5.23

(4) 光照

光是光合作用的能源，光强势必影响叶片的光合能力并进而影响产物输出水平。所以，稻苗遮阴后枝叶与根系的生长均受到抑制，但根系受抑制程度更大，R/T 减小；反之，在自然光照下，光强相对增加，无论对根或对冠均促进生长，尤其对根的促进作用更大(夜间光合产物向根系输送)。

表 8-2 遮阴对稻苗地上部与根系生长的影响(徐克章等，2007)

处理	全株干重		地上部干重		根系干重		根冠比
	g	%	g	%	g	%	
遮光	5.13	51.4	4.15	54.2	0.93	42.2	0.24
自然光照	9.97	100	7.65	100	2.32	100	0.30

(5) 温度

根系生长的最适合温度略低于枝叶，所以气温较低时不利于冠部生长，R/T 变大；当气温稍高时，则有利于冠部生长，使 R/T 变小。这种情况在冬小麦越冬和翌年春天返青时得到了证实。

(6) 修剪整枝

果树修剪和棉花整枝措施有延缓根系生长而促进茎枝生长的作用，使 R/T 变小。这是因为，一方面减少了光合面积，即相对减少了光合产物向根系的运输，另一方面根系吸收肥水的能力未变，即相对增加了肥水向枝叶的供应。

综上所述，地上部分与地下部分的生长相关性主要是通过物质的交换和分配引起的，而这种物质间的相互调剂又是与环境条件的影响分不开的。

8.3.2 主茎生长与侧枝生长的相关

8.3.2.1 顶端优势

植物主茎的顶芽抑制侧芽或侧枝生长的现象称为顶端优势(apical dorminance)。这是由于顶芽和侧芽所处的位置各异，发育的早晚不同，因而在生长上存在相互制约的关系，即主茎顶端在生长上占有优势地位，抑制侧芽的生长。如果剪去顶芽，抑制会消除而使侧芽由休眠状态转入萌发状态，从而开始生长。

不同的植物顶端优势的强弱程度不同。有些植物具有明显的顶端优势，如木本植物的松、杉、柏等针叶树，上部侧枝受抑制严重，生长极慢，下部侧枝受抑制较弱，斜向生长较快，因此呈宝塔形树冠。其中，雪松最为典型，雄伟挺拔，姿态优美，成为重要的园林观赏植物；草本植物的向日葵、玉米、高粱、麻类等栽培作物，分枝极少，也具有明显的顶端优势。但是，有些植物的顶端优势并不明显，如柳树，主茎与分枝的生长差异不大，因此树型很不整齐；草本植物的水稻、小麦、大麦等，顶芽不抑制侧芽，分蘖强烈；蓖麻也是多分枝。总之，顶端优势明显与否，决定了木本植物的树冠和草本植物的株型，即决定植物地上部分的形态。

另外，许多植物的主根也存在顶端优势现象，主根生长旺盛，侧根生长受抑制。通常，双子叶植物的直根系具有明显的顶端优势；而单子叶植物的须根系基本上不存在顶端优势的现象。

8.3.2.2 顶端优势产生的机理

关于顶端优势产生的原因曾有多种解释。最早的是 K. Goebel(1900)提出的营养学说。该学说认为，顶芽构成了"营养库"，垄断了大部分营养物质。由于顶端分生组织在胚中就已存在，因而可先于以后形成的侧芽分生组织利用营养物质，从而优先生长，致使侧芽营养缺乏，生长受到抑制。在营养不足时这种现象更为明显。这一学说得到解剖学的支持。事实上，侧芽与主茎之间没有维管束连结，侧芽处于有机物质运输的主流之外，缺乏足够的养料供应。而顶芽则恰好相反，成为生长中心，被优先供应养料。

后来发现，植物的顶端优势与 IAA 有关，于是 K. V. Thimann 和 F. Skoog 提出了顶端优势的激素学说。该学说认为，主茎顶端合成的 IAA 向下极性运输，在侧芽积累，而侧芽对 IAA 的敏感性比主茎强，因此侧芽生长受到抑制。距顶芽愈近，IAA 浓度愈高，抑制作用愈强。使用外源的 IAA 可代替植物顶端的作用，抑制侧芽的生长(图 8-6)。

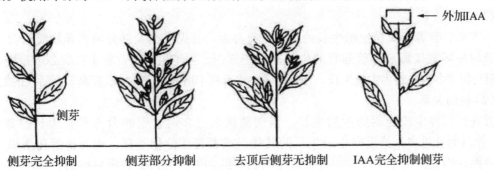

图 8-6 顶端优势激素学说(引自徐克章等，2007)

F. W. Went(1936)综合上述两种学说提出了营养物质定向运转学说，更好地解释了顶端优势产生的原因。该学说认为，IAA 既能调节生长又能够影响物质的运输方向，使养分向产生 IAA 的顶端集中。因而主茎生长迅速，侧芽则处于休眠状态。例如，在去顶的豌豆植物茎部施用加 ^{32}P 标记的化合物，在顶端切面上涂以 IAA，则有较多的 ^{32}P 集中于茎顶端；但若在去顶后 6 h 再涂以 IAA，则集中到顶端的 ^{32}P 较少。

近代研究发现，植物顶端优势的存在是多种内源植物激素相互协调作用的结果。除 IAA 的影响之外，CTK 能够促进侧芽生长，破坏顶端优势。从某种意义上说，一种植物是否存在顶端优势，在很大程度上取决于这两种激素的相互竞争结果，即 IAA/CTK 比值的大小。GA 的作用则很特殊：施于整株植物的顶端，可加强 IAA 的作用，保持顶端优势；如施于去顶芽的植株上，GA 不能代替 IAA，相反引起侧芽强烈生长。在苍耳的侧芽中发现 ABA 含量比其他部位高 50~250 倍，去掉顶芽 2 d 后侧芽中的 ABA 水平急剧下降。ETH 对侧芽的生长亦有抑制作用。

8.3.2.3 顶端优势的利用

在生产上根据具体情况，有时需要利用和保持顶端优势，如麻类、烟草、向日葵、玉米、高粱等；有时则需要消除顶端优势，以促进分枝生长。例如，幼龄果树去顶，促进侧枝生长，提高结果量；棉花整枝摘心，防止徒长，减少蕾铃脱落；大豆喷施三碘苯甲酸，抑制顶端生长，促进分枝，提高产量；移苗时断根促进侧根生长，提高成活率等。

8.3.3 营养生长与生殖生长的关系

8.3.3.1 营养生长与生殖生长

营养生长是指植物的根、茎、叶等营养器官的生长，主要集中在出苗以后至整个生长发育过程的前期；生殖生长是指植物的花、果实或种子等生殖器官的形成与生长，多半集中在生长发育的中后期，花芽开始分化是生殖生长开始的标志。在植物生长发育进程中，营养生长与生殖生长虽然是两个不同的阶段，但彼此不能截然分开，两个阶段相互重叠。而且，从营养生长向生殖生长的转化（花芽分化）是在一定的条件（如温度、日照、营养状况等）下完成的。

8.3.3.2 营养生长与生殖生长的关系

营养生长与生殖生长之间存在着既相互依存又相互制约的关系。

（1）依存关系

一方面，营养生长是生殖生长的基础，前者为后者提供绝大部分的营养物质，营养器官生长的好坏直接影响生殖器官的生长；另一方面，生殖生长是营养生长的必然趋势和结果，只有将营养生长转为生殖生长，开化结实，才有利于增强适应环境、提高繁衍后代的能力。

（2）制约关系

首先，营养生长能制约生殖生长。当供肥供水过多时，引起营养器官生长过速（徒长），养料消耗过多，推迟向生殖生长的转化，或者花芽分化不良，或者易落花落果，并贪青晚熟；当供应肥水不足时，导致营养生长不良，生殖生长受到明显抑制，穗小果少产量低。其次，生殖器官的形成与生长往往对营养器官的生长产生抑制作用，并加速营养器官的衰老与死亡。最典型的例子是果树大小年的现象和一次开花植物结实后营养体的死亡。

在果树栽培上，由于管理粗放，造成上一年结果多而下一年结果少的现象，就是果树的大小年现象。其原因在于：一是养分失调，当年结果太多，消耗养分过大，降低 7~8 月间的花芽分化率，来年结果必然减少，即为"小年"；由于小年花果较少，有充足的养分供给花芽分化，于是又出现"大年"。二是与 GA 的含量变化有关，现已查明，GA 具有抑制果树花芽分化的作用。大年结果量大，由种子形成的 GA 外运亦多，抑制果枝的花芽分化；小年则恰好相反，结果少、种子少、GA 也少，花芽分化反而多，于是又出现大年。生产上常常采用修剪枝条，调节肥水，疏花疏果等措施来克服果树大小年的现象。

关于一次开花植物结实后导致营养体死亡的原因，目前认为主要有以下三个方面：第一，光合产物分配不均。在生育后期，果实或种子成为主要的生长中心，而下部趋于衰老，叶片的光合产物供给根系；第二，竞争能力不同。通常情况下发育的果实与种子富含 IAA、GA、CTK 等激素，是代谢上的优势库，有很强的竞争力以夺取养分；第三，营养物质征调。果实或种子中相当大的一部分养料来自营养体的分解（详见第 5 章）。此外，遗传基因和秋季的不良环境，也是加速营养体死亡的原因。开花结实后营养体死亡的例子很多，在一年生植物、二年生植物和多年生植物（如竹子）中都存在这种现象。

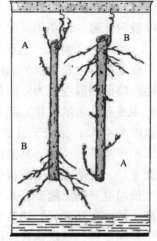

图 8-7　柳树枝条的极性
（引自康荣喜等，2002）
A. 形态学上端　B. 形态学下端

8.3.4　植物生长的独立性

植物生长的独立性主要表现在极性与再生作用。极性（polarity）是指植物的器官、组织或细胞的形态学两端在生理上所具有的差异性（即异质性）。与植物分离的部分具有恢复植物其余部分的能力（如插条长出根与芽），称为再生作用（regeneration）。如取一段柳树枝条，无论正放或倒置，总是在形态学上端（远基端）长芽，形态学下端（近基端）长根（图 8-7）。极性的存在是植物生长独立性的具体体现。极性的产生与 IAA 的极性运输有关，使形态学下端的 IAA/CTK 的比值较大，从而使下端发根，上端长芽。园艺植物的扦插以及植物的组织培养都是根据极性与再生作用来扩大植物繁殖的技术。

8.4　环境因子对植物生长的影响

植物的生长除受到基因、内源激素等内部因素影响外，还受到外部环境因素的影响。环境因素有光照、温度、水分、氧气、重力等，其中光照、温度和水分是主要因素。光照的影响将在下一节中专门述及。

8.4.1　温度

温度对植物生长的影响是通过酶而影响各种代谢过程的一种综合效应。温度不仅影响水分与矿质的吸收，而且影响物质的合成、转化、运输与分配，进而影响细胞的分裂与伸长。

8.4.1.1　生存极限温度与生长温度三基点

一般地，维持植物生命活动的温度范围比保持生长活动的温度范围大得多。把维持植物生命活动的最低温度和最高温度称为生存最低温度和最高温度，两者合称为植物生存的极限温度。生存的极限温度与植物的种类及其生育期有关。凡是原产于温带的植物其生存的最低温度较低，如梨与苹果可在东北等北方地区栽培；凡是原产于亚热带或热带的植物,其生存的最高温度则较高,如柑橘和菠萝主要在南方地区栽培。不同器官的生存极限温度也有差异,营养器官的生存极限温度幅度较大,而生殖器官的幅度较小,所以,根茎叶较耐低温,而花果易受冻害。

所谓生长温度三基点是保持植物生长的最低温度、最适温度和最高温度。其中,最适温度是植物生长最快的温度,但不是使植物健壮的温度。通常把对植物生长健壮,比最适温度略低的温度称为协调最适温度。一方面,温度三基点与植物的地理起源有关,原产于热带或亚热带的植物,温度三基点偏高,最低温度约为10℃,最适温度为30~35℃,最高温度为45℃;原产于温带的植物,温度三基点略低,分别为5℃、25~30℃和35~40℃;原产于寒带的植物,其温度三基点更低,例如,生长在北极的植物于0℃或0℃以下时仍能生长,最适温度一般很少超过10℃。几种主要农作物的温度三基点见表8-3。另一方面,生长温度三基点随器官和生育期而异。一般说来,根生长要求的温度三基点较低,芽则较高。按生育期而言,幼苗最适温度低,果实或种子成熟时最适温度高。这与季节的气温变化是同步的,是植物长期适应环境的结果。

表8-3 几种农作物生长的温度三基点(引自徐克章等,2007)

作 物	最低温度(℃)	最适温度(℃)	最高温度(℃)
水 稻	10~12	20~30	40~44
大麦、小麦	0~5	28~31	31~37
向日葵	5~10	31~37	37~44
玉 米	5~10	27~33	44~50
大 豆	10~12	27~33	33~40
南 瓜	10~15	37~44	44~50
棉 花	15~18	25~30	30~38

8.4.1.2 温周期现象

在自然条件下,温度呈昼高夜低的周期性变化。这种变化能够影响植物的生长,通常把植物对昼夜温度变化的反应称为生长的温周期现象(thermoperiodicity)。试验证明,昼夜变温对植物的生长是有利的。例如,番茄在昼温23~26℃和夜温8~15℃条件下生长最快,产量也最高(图8-8)。而马铃薯在日温20℃和夜温10~14℃条件下块茎产量最高。这是因为,白天温度较高使光合速率提高,合成更多的有机物质;夜间温度较低使呼吸速率降低,光呼吸停止,有机物质消耗减少,有利于干物质的积累,从而促进生长。反之,如夜温高昼温低将导致有机物质积累减少,不利于花芽分化及其形态建成。

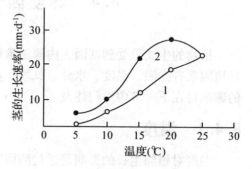

图8-8 昼夜变温对番茄生长的影响
(引自徐克章等,2007)
1. 整株植物在恒定的昼夜温度条件下
2. 整株植物在相同日温(26℃)和不同夜温条件下(如横坐标所示)

8.4.2 水分

水分状况对植物的生长有重要的影响。首先细胞的分裂与伸长需要充足的水分,使原生质处于充分饱和状态,这是水分的直接作用。同时,水分还影响各种代谢过程而间接地影响植物的生长。所以,在生产上水分常常与肥料一起来调节作物的生长,以便获得高产稳产(详见水分代谢、呼吸作用与光合作用等章节)。

8.4.3 矿质营养

植物缺乏生长所必需的矿质元素时,会引起生理失调,影响生长发育,并出现特定的缺素症状。另外,有益元素促进植物生长,有毒元素则抑制植物生长。

氮肥能使出叶期提早、叶片增大和叶片寿命相对延长。但施用过量时,会导致叶大而薄,容易干枯,寿命反而缩短。氮肥同样显著促进茎的生长,氮肥过多,会引起徒长倒伏(详见植物的矿质和氮素营养等章节)。

8.4.4 植物生长调节物质

生长调节物质对植物的生长有显著的调节作用。如 GA 能显著促进茎的伸长生长,因而在杂交水稻制种中,在抽穗前喷施 GA_3 能促进父母本穗颈节的伸长,便于亲本间传粉,提高制种产量(详见植物生长物质等章节)。

8.5 光形态建成

光是影响植物生长发育的最重要的外部因素之一。光不仅通过光合作用为植物生长发育提供物质和能量,而且通过信号形式调节植物的生长、分化和发育,如种子萌发、叶片形成、质体发育、成花诱导、器官衰老等。光以环境信号形式调节植物的生长、分化和发育的过程,称为光形态建成(photomorphogenesis)。广义而言,凡受光调控的一切非光合过程均属于光形态建成的研究范畴,如光周期、向光性、趋光性和去黄化等;狭义而言,常指光与细胞器形成、种子萌发、茎叶生长、开花结实等的关系。一般来说,光的形态建成作用是一种低能反应(比光合补偿点的能量低 10 个数量级),只作为一种信号去激发光受体(photoreceptor),启动细胞一系列反应,最终表现为形态结构的变化。

光促进幼叶的展开,抑制茎的伸长。如草坪中长在树下的草比在空旷处的草长得要高;黑暗中生长的

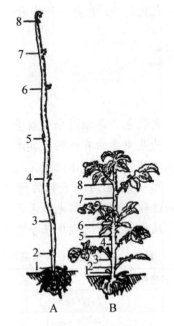

图 8-9 光对马铃薯幼苗生长的影响(引自徐克章等,2007)
A. 黑暗中生长的幼苗(数字表示节位)
B. 光下生长的幼苗(数字表示节位)

幼苗比光下生长的幼苗要高等。蓝紫光对植物生长有明显的抑制作用，紫外光对植物生长的抑制作用更强，所以高山上的植物长得特别矮小，就是因为高山上的大气稀薄，短波长的光容易透过的缘故。与正常光照下生长的植株相比，黑暗中生长的幼苗在形态上存在显著差异，如茎叶淡黄、茎秆细长、叶小而不伸展、组织分化程度低、机械组织不发达、顶端呈弯钩状、节间很长、水分多而干物重少等（图8-9）。由于黑暗中生长的幼苗的茎、叶为黄白色，因而被称为黄化苗。植物生长在远红光下与生长在暗处相似，也表现为黄化现象。

对植物生长、分化及发育起调控作用的光是红光—远红光、蓝光和近紫外光。而且植物只有吸收这些光，光通过其受体才能启动调控作用。目前已知，高等植物体内至少有三类光受体参与光调节反应。即光敏色素、隐花色素和紫外光–B受体。其中，光敏色素的研究尤为深入，涉及基因控制和膜酶调节。

8.5.1 光敏色素的发现与分布

8.5.1.1 光敏色素的发现

光敏色素的发现是20世纪植物科学研究中的一大成就。1935—1937年，Flint等发现红光区（600~700 nm）促进莴苣种子萌发，而远红光区（720~760 nm）抑制莴苣种子萌发。1946—1960年，Borthwich等利用光谱仪精确的确定，红光区最有效的波长是660 nm，远红光区最有效的波长是730 nm；而且两种波长的光具有相互抵消作用。1959年，Butler利用自己研制的双波长分光光度计成功地检测到玉米黄化幼苗体内能够吸收红光与远红光，并可相互转化的一种色素。1960年，Borthwick等将这种色素命名为光敏色素（phytochrome）。

光敏色素

光敏色素是相对分子质量大小在125 kDa的带有蓝色的蛋白质色素。1959年之前没有被认为是重要的有机物，其原因是碰到蛋白质分离和提纯的技术难题。但光敏色素的许多生物学特性在植物体的研究过程中早已揭晓。

20世纪30年代开始的研究由红光诱导的形态形成反应过程中，特别是在研究种子发芽的过程中发现了与光敏色素的作用有关的最初线索。现在这种反应的例子很多，大部分绿色植物的生活周期中几乎都含有一个以上的这种反应（表8-4）。

表8-4 光敏色素在许多高等及低等植物中诱导的代表性光形态反应（引自 Lincoln T, 2010）

植物种类	属	发育阶段	红光效果
被子植物	莴苣（*Lactuca*）	种子	促进发芽
	燕麦（*Avena*）	幼苗（黄白化）	促进绿化（展开叶片）
	白芥（*Sinapis*）	幼苗	形成叶原基，促进第一叶的发育和花青素的生成
	豌豆（*Pisum*）	植株	抑制节间伸长
	苍耳（*Xanthium*）	植物	抑制开花（光周期反应）

(续)

植物种类	属	发育阶段	红光效果
裸子植物	松树(Pinus)	幼苗	促进叶绿素的积累
蕨类植物	球子蕨(Onoclea)	幼配子体	促进生长
苔藓植物	金发藓(Polytrichum)	发芽孢子体	促进有色体的生成
绿藻植物	转板藻(Mougeotia)	成熟配子体	叶绿体对带有方向性的弱光具有定向反应

光敏色素的研究史上重大的发现是用红光(650~680 nm)照射后形态形成的效果,被紧接着用被称作远红光的较长波长(710~740 nm)照射后逆转。这种现象在发芽种子上被首次发现,此后相继发现在诱导茎和叶片的生长及开花等过程中也有这种现象。1935 年最初发现红光促进莴苣种子的发芽,而远红光抑制莴苣种子的发芽(Flint, 1936)。此后几年,在用红光和远红光交替处理莴苣种子的过程中获得了惊人的发现,最终用红光处理的种子几乎100%发芽,而最终用远红光处理的则强烈抑制种子发芽(Bothwich et al., 1952)(图8-10)。通过这个重要的实验证明,植物对红光和远红光的反应不是单纯的相反过程而是具有颉颃性的。这个结果有两种解释,其一是,存在两种色素,既吸收红光的色素和吸收远红光的色素,这两种色素在调节种子发芽的过程中起拮抗作用。其二是,存在一种色素,且有吸收红光的类型和吸收远红光的类型,两种类型可以相互转换(Bothwich et al., 1952)。选择一种色素的模式相比选择两种色素的模式,在当时是比较难以置信的,因为此前从来没有发现过光转换色素。几年后光敏色素首次从植物中提取,并且光转换特性在实验管内也得到验证,从而证明是第一种模式,即一种色素两种类型模式(Butler et al., 1959)。

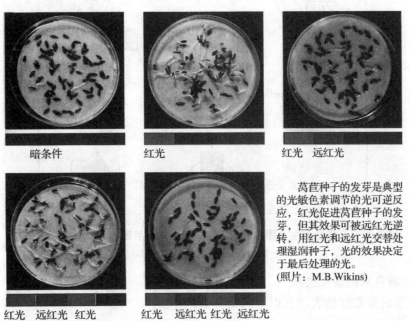

莴苣种子的发芽是典型的光敏色素调节的光可逆反应,红光促进莴苣种子的发芽,但其效果可被远红光逆转,用红光和远红光交替处理湿润种子,光的效果决定于最后处理的光。
(照片: M.B.Wikins)

图 8-10 红光和远红光对莴苣种子发芽的影响(图片引自 Lincolh T 等, 2010)

8.5.1.2 光敏色素的分布

除真菌外,光敏色素广泛存在于藻类、苔藓、地衣、蕨类、裸子植物和被子植物中。在高等植物中已从下列组织和器官中检测出来,包括根、胚芽鞘、茎、下胚轴、子叶、叶柄、叶片、营养芽、花组织、种子以及发育的果实。光敏色素在细胞中的含量极低,而一般绿色组织中的含量比黄化组织中更低,黄化组织中光敏色素的浓度约为 $10^{-7} \sim 10^{-6}$ mol·L^{-1}。

8.5.2 光敏色素的化学性质和光化学转换

8.5.2.1 光敏色素的分子结构

光敏色素是一种蓝色蛋白质,即色素—蛋白质复合体,相对分子质量为 2.5×10^5,在植物体内以二聚体形式存在。按照组成包括脱辅基蛋白(apoprotein)和生色团(chromophore)两个部分。蛋白质中含有高比例的酸性氨基酸与碱性氨基酸,并有含硫氨基酸(如半胱氨酸)。这表明光敏色素是一种带高电荷的蛋白质,而且是能起活跃反应的分子,分子内部可发生重组而改变空间构型。其脱辅基蛋白由核基因编码,在胞质中合成,而生色团在质体中合成后,运出到胞质中,二者自动装配成光敏色素蛋白(图 8-11)。光敏色素生色团是一个开链的四吡咯环结构化合物,相对分子质量为 120 000,可溶于水。光敏色素的脱辅基蛋白单体相对分子质量为 120 000~127 000,已知燕麦光敏色素蛋白质由 1 128 个氨基酸残基组成,其 N 端第 321 位的半胱氨酸以硫醚键与生色团 A 环上的烯双键共价连接而形成完整的光敏色素(图 8-12)。

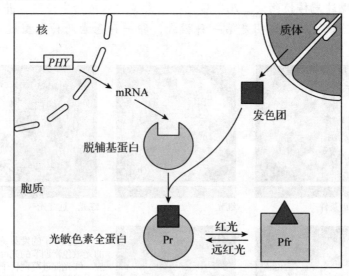

图 8-11 光敏色素生色团与脱辅基蛋白的合成与装配(引自 Taiz 等,1998)
Pr:红光吸收型　Pfr:远红光吸收型

8.5.2.2 光敏色素的理化性质

光敏色素的重要性质表现在以下两个方面:
(1)存在形式

吸收光谱试验的结果表明,光敏色素主要有红光吸收型(Pr)和远红光吸收型(Pfr)两种存在形式,在黄化组织中大部分光敏色素以 Pr 型存在。Pr 为蓝绿色,Pfr 为黄绿色;前

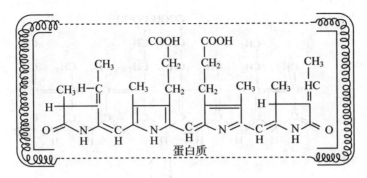

图 8-12 光敏色素生色团的假定结构(引自徐克章等，2007)

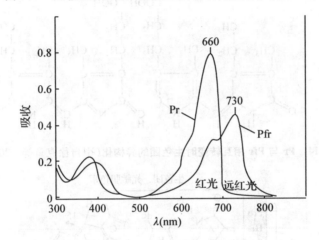

图 8-13 光敏色素的吸收光谱(引自徐克章等，2007)

者的吸收峰在 660 nm，后者的吸收峰在 730 nm(图 8-13)。光敏色素具有生理活性的存在形式是 Pfr 型。

（2）相互转化

光敏色素的两种存在形式可以相互转化，在 660 nm 的红光照射下 Pr 型转化为 Pfr 型，而在 730 nm 的远红光照射下 Pfr 型又转化为 Pr 型。即：

$$Pr \underset{\text{远红光}(730\ nm)}{\overset{\text{红光}(660\ nm)}{\rightleftharpoons}} Pfr$$

据研究，Pr 型与 Pfr 型的相互转化是蓝色蛋白质的一种特性。在转化过程中，生色团的结构与蛋白质的空间构型均发生变化。其中，生色团的变化与两个氢原子的转移有关(图 8-14、图 8-15)。

8.5.2.3 光敏色素的光化学转换

光敏色素的生理活跃型 Pfr 既可在远红光下迅速转换为 Pr，又可在黑暗中慢慢地转化为 Pr，或通过代谢而分解，而 Pr 比较稳定。植物体内生理活跃型光敏色素含量水平决定于合成速率、两种形式的互相转换速率、Pfr 的暗逆转和降解速率等(图 8-16)。

Pfr 一旦形成，即和某些物质(X)反应，生成 Pfr·X 复合物，经过一系列信号放大和转导过程，产生可观察到的生理反应。X 的性质还不清楚，在具体的反应中应是信号转导链上的早期组分。

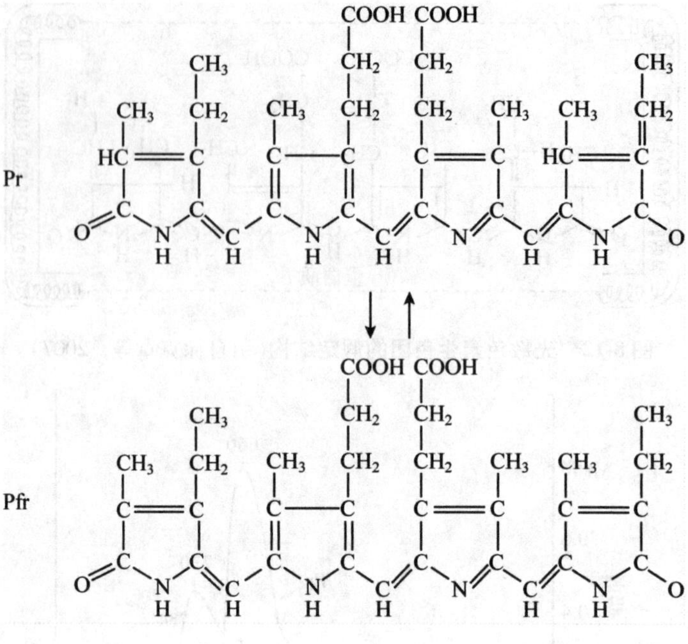

图 8-14 Pr 与 Pfr 相互转变时生色团的异构化(引自徐克章等，2007)

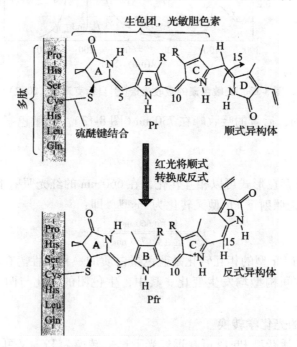

图 8-15 生色团(光敏胆色素)的 Pr 和 Pfr 以硫醚键与多肽结合，生色团随着红光和远红光的变化在 C_{15} 部位发生顺式和反式异构化(引自 Andel et al.，1997)

8.5.3 光敏色素的生理作用

光敏色素的生理作用甚为广泛，可调控植物整个生活史的形态建成。从种子萌发、叶

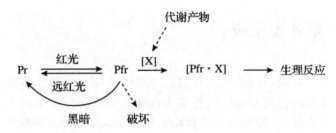

图8-16 光敏色素的产生、代谢与引起生理反应的可能途径(引自徐克章等,2007)

片扩大、节间伸长,到开花、结实、衰老与脱落(表8-5)。

表8-5 高等植物由光敏色素控制的某些反应(引自潘瑞炽等,2004)

序号	反应	序号	反应	序号	反应	序号	反应
1	种子萌发	6	小叶运动	11	光周期反应	16	叶片脱落
2	弯钩张开	7	膜透性改变	12	花诱导	17	块茎形成
3	节间延长	8	向光敏感性	13	子叶张开	18	性别表现
4	根原基起始	9	花色素形成	14	肉质化	19	单子叶植物叶片展开
5	叶分化与扩大	10	质体形成	15	叶片偏上生长	20	节奏现象

根据反应速度,由光敏色素调控的形态建成过程可分为快反应和慢反应。所谓快反应(fast reaction)是指从吸收光子到诱导出形态变化的十分迅速的反应,以秒或分计。例如,在照光后60 s就可观察到转板藻叶绿体的转动;所谓慢反应(slow reaction)是指光敏色素吸收光子后对植物生长、分化、发育的调控速度缓慢,而且反应终止后不能逆转,以小时或天计。例如,种子萌发、质体发育、成花诱导等。

8.5.4 光敏色素的作用机理

目前主要有膜假说和基因假说两种假说来阐述光敏色素调控形态建成的机理。

(1)膜假说

膜假说(membrane hypothesis)由Hendricks和Borthwick(1967)提出,他们认为,光敏色素的生理活跃形式Pfr直接与膜发生作用,通过改变膜的一种或数种特性或功能而调控植物的形态建成。例如,改变膜的组分或膜的透性。研究发现,光敏色素在调控光形态建成的快速反应中,胞内Ca^{2+}浓度升高和CaM活化。例如,转板藻在照射红光30 s后,胞内$^{45}Ca^{2+}$的积累速率提高2~10倍,于是活化CaM,进而活化肌动球蛋白转链激酶,促使肌动蛋白产生收缩运动而引起叶绿体转动。

(2)基因调节假说

基因调节假说(gene regulation hypothesis)由Mohr(1966)提出,他认为,光敏色素通过调节基因的表达而参与光形态建成。根据现有资料表明,光敏色素调节基因的表达是在转录水平上,并合成相关酶类(据统计,植物体内受光敏色素调控的酶类多达60种以上),最终引发相应的形态建成反应。

8.5.5 蓝光与紫外光反应

(1) 蓝光反应

高等植物的向光性反应,以及气孔开启、叶绿体分化与运动,茎伸长的抑制作用等,不是受红光—远红光制约,而是专一地受蓝光(400~500 nm)/近紫外光(320~400 nm)的诱导与调节,其受体为蓝光/近紫外光受体(BL/UV-A receptor),简称蓝光受体(blue light receptor)。蓝光受体也属于植物色素类,Greseel(1979)特称之为隐花色素(cryptochrome)。根据现有资料表明,隐花色素的化学本质可能是某种黄素蛋白(flavoprotein),其生色团中可能含有黄素(FAD)和嘌呤(purine)等组分。关于隐花色素的作用机理,目前所知甚少。

(2) 紫外光反应

紫外光—B 受体(UV-B receptor)是一类未知化学本质的光受体,它的吸收光谱在紫外光 B 区(280~320 nm),最大吸收峰在 290 nm。该受体能诱发玉米黄化幼苗的胚芽鞘和高粱的第一节间形成色素,以及引起大豆某些品种的气孔关闭等。

8.6 植物的运动

植物的运动(movement)不同于动物的运动,其运动的形式多种多样,其运动的机理不尽相同,但都是植物适应环境的一种形式,是感应环境刺激的一种表现,是通过细胞内一系列微观变化而引起的。

8.6.1 植物的向性运动

外界因素对植物单方向刺激所引起的定向生长运动,称为植物的向性运动(tropic movement)。向性运动包括 3 个步骤:感受(感受外界刺激)、传导(将感受到的信息传至向性发生的细胞)、反应(接受信息后,弯曲生长)。由于所有的向性运动都是起因于受刺激部位的生长不均匀,所以向性运动是不可逆的生长运动。按照刺激因素可分为向光性(phototropism)、向重力性(gravitropism)、向化性(chemotropism)和向水性(hydrotropism)等。

8.6.1.1 向光性

植物随着光源的方向而弯曲的特征称为向光性。这是植物对单向光刺激的一种反应。例如,将盆栽植物放在室内的窗台上,茎枝发生明显的向光弯曲。根据植物向光弯曲的部位不同,可将向光性分为 3 种类型:①茎向光源方向弯曲,称为正向光性(positive phototropism),如向日葵、白芥(图 8-17)、马齿苋、棉花等有正向光性;②某些植物的根具有向背光弯曲的特性,称为负向光性(negative phototropism),如白芥的根(图 8-17),常春藤的气生根有负向光性;③叶片通过叶柄扭转使其处于对光线适合的位置,称为横向光性(dia phototropism)。

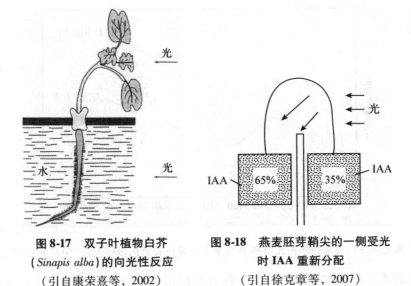

图 8-17 双子叶植物白芥
(*Sinapis alba*)的向光性反应
(引自康荣熹等，2002)

图 8-18 燕麦胚芽鞘尖的一侧受光
时 IAA 重新分配
(引自徐克章等，2007)

关于向光性机理的研究可追溯到 20 世纪 20 年代。F. W. Went(1928)利用燕麦胚芽鞘法进行向光试验，不仅发现了 IAA，而且证明在单向光作用下会引起 IAA 分布不均匀，向光侧较少(35%)，背光侧较多(65%)。因此，背光侧生长快，向光侧生长慢，导致向光弯曲(图 8-18)。这是沿用了将近半个世纪的经典理论。

自 1975 年以来，由于测试手段的提高和方法的改进，发现单光刺激后并没有引起 IAA 分配不均匀，而是引起生长抑制剂分配不均匀，即向光侧含量高，背光侧含量低，于是引起向光弯曲。据研究表明，不同的植物所含生长抑制剂的种类不同。例如，引起绿色向日葵下胚轴向光弯曲的内源生长抑制剂是黄质醛(抑制活性比 ABA 高 10 倍)(表 8-6)；引起萝卜下胚轴向光弯曲的内源生长抑制物质是顺式萝卜宁(raphanusanin)、反式萝卜宁和萝卜酰胺(raphanusamide)等。

表 8-6　绿色向日葵下胚轴受单侧光照射后生长抑制剂活性的相对分布(引自张立军等，2011)

刺激持续时间(min)	向光面抑制剂含量(%)	背光面抑制剂含量(%)	弯曲度(°)
0	51.5	48.5	0
30~45	66.5	33.5	15.5
60~80	59.5	40.5	34.5

注：采用水芹测定法。幼苗平均抑制剂含量相当于每克鲜重 60mg 顺式黄质醛。

试验表明，①不同波长的光所引起的向光性反应不同：蓝紫光最强，黄光最弱，红光居于二者之间；②向光性的作用光谱与 β-胡萝卜及核黄素(riboflavin)的吸收光谱极为相似(图 8-19)。因此，许多学者推测，这两种色素可能是光的直接受体。

8.6.1.2　向重力性

人们很早就发现，播入土中的种子，无论其胚的方向如何，胚根、胚芽总是有固定的生长方向，即根总是向下(与重力方向一致)生长，称为正向重力性(positive gravitropism)；芽(茎)总是向上(与重力方向相反)生长，称为负向重力性(negative gravitropism)；某些植

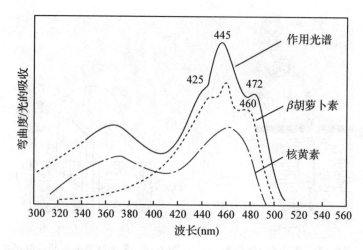

图 8-19 燕麦胚芽鞘弯曲的作用光谱和 β-胡萝卜素及核黄素的吸收光谱（引自徐克章等，2007）

物（如芦苇）的地下茎呈水平方向生长，称为横向重力性（diagravitropism）。试验证明，向重力性运动只发生于正在生长的部位。例如，白芥幼苗水平放置后，植株上部又能重新直立，其原因在于茎节的居间分生组织具有负向重力性生长的缘故（图 8-20）。

向重力性反应的重要性可以从经历狂风暴雨之后倒伏的禾谷类及其他草本植物的茎中明显地体现出来。草本植物的叶片基部着生在茎节，其接合部形成包着茎的叶鞘，其下部形成的膨大部分称为假叶枕（false pulvinus）。假叶枕作为对重力起反应的独立器官，与典型的叶枕（pulvinus）不同，假叶枕参与向重力性反应，进行不可逆的细胞伸长（图 8-21）。草本和禾谷类植物倒伏之后，靠近茎尖的幼叶假叶枕进行不均等细胞伸长，下侧细胞进行旺盛的细胞伸长，而上侧细胞几乎不进行细胞伸长。

关于向重力性的机理问题，早在 19 世纪初就引起学者的关注。T. Knight 于 1908 年首先指出，向重力性是由重力或重力加速度引起的。后来 Frank（1868）证实，重力导致的弯曲运动和向光性弯曲一样，都是由器官两侧的生长差异所致。

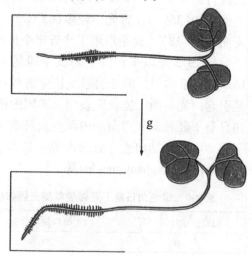

图 8-20 白芥（*Sinapis alba*）幼苗的重力性反应（引自康荣熹等，2002）
上图为水平放置不久；下图为水平放置 1d 后

通过进一步研究发现，向重力性可能与某种物质有关。1924 年 Cholodny 指出，向重力性的产生是某种延长细胞物质不对称分布所致。之后发现这种物质是 IAA。如把燕麦胚芽鞘水平放置时，由于重力作用使胚芽鞘顶端 IAA 从上边向下边转移，上侧 IAA 较少（33%），下侧 IAA 较多（67%）（图 8-22），结果导致下侧比上侧生长快，茎向上弯曲，呈负向重力性。而把根横放时，虽然 IAA 的分布与上述相同，但由于根对 IAA 的敏感性高于

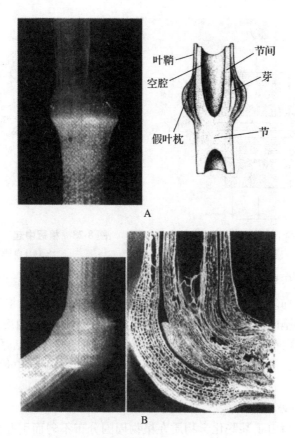

图 8-21　燕麦的假叶枕(引自康荣熹等，2002)
A. 无重力刺激的假叶枕及模式图　B. 受到重力刺激的假叶枕及电镜构造
电镜图片中可以看出，下侧细胞明显大于上侧细胞

芽，所以上侧生长快下侧生长慢而使根向下弯曲。近年来发现，根冠能合成 ABA，根横置时引起 ABA 分布不匀，上侧少而下侧多，根尖的不均衡生长向下弯曲，即呈现出正向重力性。

部分学者认为，在植物细胞内存在着感受重力反应的受体，而这种受体则是一些特殊的淀粉粒，称之为平衡石(statolith)。平衡石由 12 个左右的淀粉体(amyloplast)组成，而淀粉体则是包含 1~8 个淀粉粒的由膜包裹的色素体。不是细胞所含的淀粉体都在移动，实际上可移动的起平衡石作用的淀粉体存在于对重力性敏感的区域。这个区域称为中柱(columella)细胞区，位于根冠中央(图 8-23)。据推测，胚芽鞘尖和茎的内皮层细胞中均存在作为平衡石的淀粉颗粒。在重力作用下平衡石沉于细胞底部。平衡石的移动对细胞质产生一种压力，并作为一种刺激被细胞所感受。

植物对重力的感受和生长反应不是简单的淀粉体沉降所能完成的。在根冠感受重力和生长反应之间必然有信号传递过程，但其分子机制仍是个谜。由于 Ca^{2+} 是许多刺激途径中的胞内信使，推测在根的向重力性反应中，Ca^{2+} 也起第二信使作用。实验证明，当玉米根冠用 Ca^{2+} 的螯合剂 EDTA 处理后，根对重力失去敏感性。再提供 Ca^{2+} 时则恢复向重力性。如果阻止 Ca^{2+} 在根中的移动，则根失去向重力性。

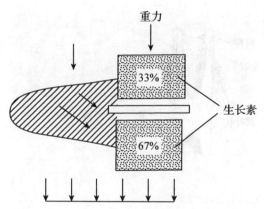

图 8-22 在重力影响下燕麦胚芽鞘尖生长素的重新分配（引自徐克章等，2007）

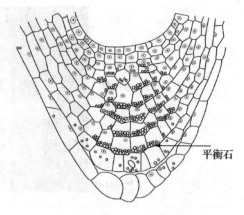

图 8-23 根冠中起平衡石作用的中柱细胞模式图（引自康荣熹等，2002）

根对重力感受及传导过程的模型如图 8-24 所示概括如下：根直立生长时，茎尖运向根尖的生长素在根中均匀分布；当根从垂直方向转到水平方向时，根冠柱细胞中淀粉体向重力方向沉降，对细胞两侧内质网产生不同的压力，刺激 Ca^{2+} 从内质网释放到胞质中，并和 CaM 结合（根冠中存在较高浓度的 CaM），Ca^{2+}-CaM 复合体激活质膜 ATPase，使 Ca^{2+} 和生长素不均匀分布，下侧积累超最适浓度的生长素会抑制根下侧的生长，引起根的向下弯曲。

8.6.1.3 向化性与向水性

植物的向化性是指由于某些化学物质在植物周围分布不匀而引起的生长。例如，植物的根总是向着肥料较多的地方生长；花粉落在柱头上，凡是亲和的，在胚珠细胞分泌物的诱导下，花粉管会进行向化性生长，以利受精。水稻深层施肥促使根系深扎，也是植物向化性反应的表现之一。植物的向水性是指土壤水分分布不匀时根总是向着湿润地方生长的特性。苗期时土壤适度干旱会促使根系向土壤深层生长，进而适当抑制地上部分生长，这就是蹲苗。干旱长根是植物向水性反应的结果。

8.6.2 植物的感性运动

植物的感性运动（nastic movement）是指无一定方向的外界因素均匀地作用于整株植物或某些器官所引起的运动。发生感性运动的器官大部分具有腹、背两面对称的结构。感性运动包括感夜性运动（nyctinastic movement）、感震性运动（seismonastic movement）和感触性运动（touchnastic movement）等。

8.6.2.1 感夜性运动

这类运动是由于昼夜交替，光照与温度的变化而引起的生长运动。例如，大豆、花生、四季豆、合欢、含羞草等豆科植物的叶片，白天呈水平展开，夜间合拢或下垂（图 8-25）。某些植物的花，也随昼夜的交替变化而开放或闭合，如像酢浆草的花和菊科植物（如蒲公英）的头状花昼开夜合，而烟草与月见草等植物的花则夜开昼闭。

这类运动是叶枕可逆的膨胀变化引起的。叶枕一般呈圆筒形，其中央有维管组织，外有厚壁组织包围（图 8-26）。维管束纵向排列有利于伸展。其外有 10~20 层细胞构成的皮

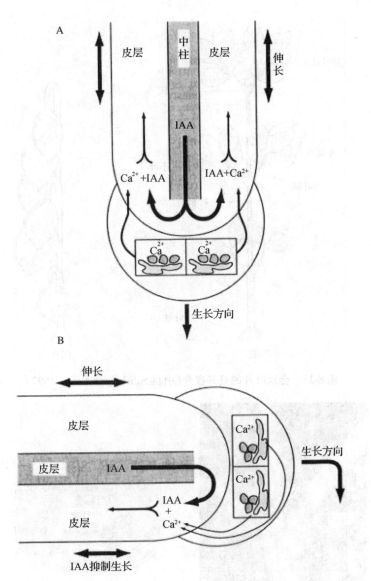

图 8-24 根在向重力性反应中 Ca^{2+} 和生长素的重新分布
（引自 Hopkins 1995）
A. 根尖方向与重力方向平行　B. 根尖方向与重力方向垂直

层，靠外的皮层细胞壁薄并富有弹性，运动中细胞的大小变化较大，也称机动细胞。机动细胞的形状和大小的变化就是叶片运动的根源。

以叶枕的轴为中心，离轴较远一侧称为伸长区（extensor），离轴较近一侧称为收缩区（flexor）（图 8-26B）。伸长区的细胞膨压增加则叶片伸展，膨压减小则叶片下垂；收缩区的细胞与此相反。伸长区和收缩区的位置是相对的，两者的相对变化引起叶片的伸展或下垂。如果伸长区的机动细胞膨胀而收缩区的机动细胞收缩则叶枕变直叶片就会伸展。

8.6.2.2 感震性运动

这类运动是由于机械刺激而引起的与生长无关的植物运动。例如，含羞草的部分小叶

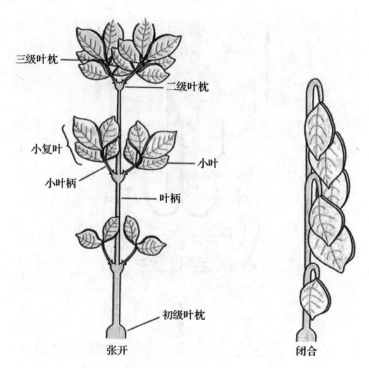

图 8-25 合欢叶片的昼开夜合(引自 Salisbuly & Ross,1992)

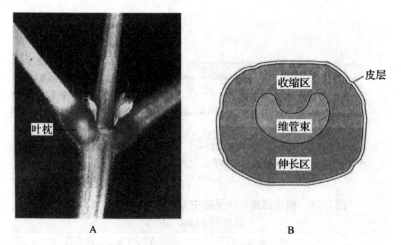

图 8-26 菜豆(*Phaseolus vulgaris*)叶枕及叶枕模式图(引自康荣熹等,2002)
A. 菜豆二级叶枕　B. 叶枕横断面模式图

受到震动或机械刺激时,小叶立刻成对合拢;如刺激再加强时可传至其他部位甚至全株,则复叶叶柄下垂(图 8-27)。

含羞草感受震动复叶下垂的机理则是由复叶的叶柄基部叶褥细胞的膨压变化引起的。从解剖上看,叶褥下半部组织的细胞,间隙较大,细胞壁薄,其质膜透性对震动或机械刺激敏感;而上半部组织则正好相反,细胞壁厚,细胞间隙较小,质膜透性对机械刺激迟钝。当叶片受到机械刺激时,叶褥下半部细胞质膜透性增加很快,水分与溶质由液泡中排

图 8-27 含羞草(Mimaosa pudia)的叶片伸展(A)与叶片下垂(B)(引自康荣熹等,2002)

出,进入细胞间隙,使下部组织的细胞紧张度下降,组织疲软;而上半部组织的细胞仍保持紧张状态,使下复叶叶柄即由叶柄基部的叶褥处弯曲,因此产生下垂运动(图8-28)。小叶运动机理与此相同,只是小叶的叶褥较小,其结构与叶柄基部的叶褥结构恰好上下相反。所以,当机械刺激时上半部组织疲软,于是小叶成对合拢。

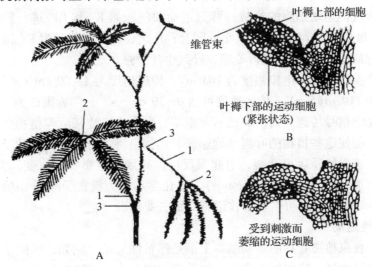

图 8-28 含羞草的感震性运动(引自张力军等,2011)
A. 含羞草的叶序结构　B. 未受刺激时叶褥的结构　C. 受刺激后叶片下垂的叶褥细胞
1. 总叶柄　2. 小叶柄　3. 叶褥

含羞草小叶在感受震动或其他刺激后,如何迅速地将刺激传递到其他小叶?部分研究者认为感震性运动是电信号传递振动刺激细胞,引发动作电位(action potential)。含羞草和合欢的叶片、捕虫植物的触毛在接受刺激后,其感受刺激的细胞膜透性和膜内外离子浓度发生瞬间改变,即引起膜电位的变化。感受细胞膜电位的变化还会引起邻近细胞膜电位的变化,从而引起电位传递。动作电位可传向动作部位,使动作部位细胞膜透性和离子浓度改变,从而造成膨压变化引起感振运动。例如,合欢的叶片运动是叶枕反侧的腹侧细胞和背侧细胞的膨压发生变化引起的(图8-29)。膨压的这种变化主要是由于 K^+ 和 Cl^- 从背侧

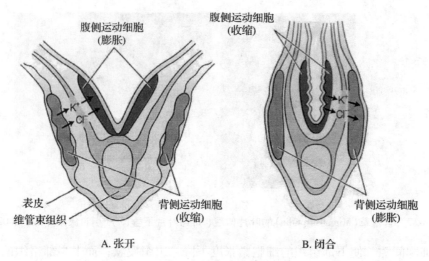

图 8-29 合欢(*Albizia pulvini*)叶枕背侧与腹侧运动细胞之间的离子移动
调节了小叶的开闭(引自 Lincoln. T 等，2006)
A. 张开　B. 闭合

运动细胞转运到腹侧运动细胞的缘故，背侧运动细胞积累 K^+ 和 Cl^- 进行膨胀，而腹侧运动细胞放出 K^+ 和 Cl^- 进行萎缩，导致小叶闭合；反之，腹侧细胞积累 K^+ 和 Cl^- 进行膨胀，而背侧运动细胞放出 K^+ 和 Cl^- 进行萎缩，导致小叶开张。

有人测定含羞草的动作电位幅度为 103 mV，传递速度为 $1\sim20$ cm·s^{-1}，捕虫植物的动作电位幅度为 $110\sim155$ mV，传递速度可达 $6\sim30$ cm·s^{-1}。学者则认为，植物受到震动刺激后，产生化学信号传递。目前，已从含羞草、金合欢、酢浆草等植物分离出一类具生物活性的物质，能使这些植物的叶褥细胞膨胀。例如，将含羞草的一片叶子置于含有这类物质的溶液中，该类物质运至叶褥，引起膜反应，导致细胞膨胀度改变，促使小叶合拢。因此，有人称这类物质为膨压素(turgorins)，其化学本质为没食子酸的 β-葡萄糖苷，浓度在 $10^{-7}\sim10^{-5}$ mol·L^{-1} 时即可引发叶枕细胞的膨胀变化。

8.6.2.3　感触性运动

一般说来，食虫植物叶片的运动基本上都是感触性运动。例如，捕蝇草、茅膏菜等叶片密布触毛，当昆虫碰上这些触毛之时，触毛即向内弯曲，将昆虫包起来，进而将其消化掉以补充营养。

8.6.3　植物的近似昼夜节奏运动

早在 1880 年达尔文就已注意到，有些植物(如菜豆)叶片的位置昼夜之间发生有规律性的变化：白天呈水平方向伸展，夜间下垂(图 8-30)。人们把植物的这种运动称之为就眠运动。而且即使外界条件改变，这种就眠运动依然存在。所以，使人们有理由推测，植物的就眠运动可能是由内部的测时系统(生物钟或生理钟)所控制，是一种内生的昼夜节奏运动(circadian rhythm movement)。但是，实际观测结果表明，内生昼夜节奏运动的周期不是正好等于 24 h，而是 $22\sim28$ h，如菜豆叶子在弱光下的运动周期长度为 27 h；燕麦胚芽鞘生长速率的节奏为 23.3 h 等。因此，部分学者认为，这是近似的昼夜节奏运动，即生物钟或生理钟(physiological clock)。

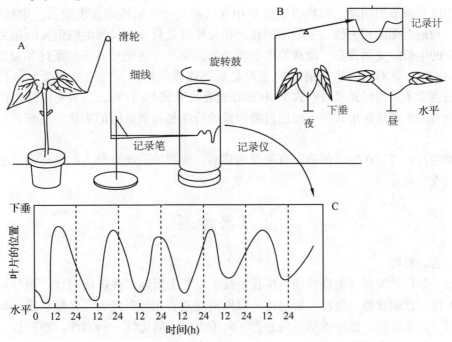

图8-30　菜豆叶运动的内生节奏记录(引自徐克章等,2007)
A. 用记纹鼓记录菜豆叶片运动的示意　B. 菜豆叶昼夜运动与记录曲线的关系示意
C. 菜豆在恒定条件(弱光,20℃)下的运动记录图

生物钟具有两个特点:①生物钟的运动可被调拨,由于其昼夜节奏周期不是正好的24 h,这样终究会出现相反的运动,即叶片白天下垂,夜晚平展,但事实并非如此。在自然条件下,生物钟的周期性运动与昼夜变化是同步的,这说明其节奏周期经常被调拨,但不能被黑暗调拨。②生物钟的运动周期对温度不敏感(温度系数为1.0~1.1),说明它不是以化学变化为基础的。据研究,就眠运动的叶片是由于叶枕两侧的运动细胞发生周期性的紧张度变化引起的;运动细胞紧张度的变化则受 K^+ 与 Cl^- 出入其液泡所调节;而 K^+ 与 Cl^- 移动又受光的调节。白天在光的刺激下质膜与液泡膜透性改变,使 K^+ 与 Cl^- 由细胞间隙进入液泡,水势降低,导致细胞吸水膨胀,于是叶片呈水平伸展状态;夜间(黑暗)过程完全逆转,叶片下垂。也有部分学者推测,光敏素可能参与膜透性的调节。

本章小结

植物在代谢生理的基础上,表现出生长发育。植物的生长发育是以细胞的分裂、伸长和分化为基础的。植物幼苗通过根尖、茎尖和形成层细胞的分裂,增加细胞的数目,通过细胞伸长增加细胞的体积,通过细胞分化形成各种组织和器官。细胞分裂包括分裂期和分裂间期,最显著的特征是DNA含量的变化。细胞伸长阶段,细胞壁和原生质增加,吸水增多,呼吸速率加快。分生组织细胞分化形成不同的组织和器官。植物激素影响细胞分裂以及细胞伸长。

根、茎、叶、种子、果实等器官以及整株植物体的生长速率都表现出生长大周期和昼夜周期性以及季节周期性。植物的生长是相互依赖又相互制约的，表现出一定的相关性，如地下部和地上部的相关性、主茎和侧枝的相关性以及营养生长和生殖生长的相关性等。

植物的生长除受到营养、激素等内部因素的影响外，还受外界环境条件如温度、水分和光照的影响。光对植物生长的影响主要是形态建成。植物体内主要的受光体是光敏色素。光敏色素主要以红光吸收形式 Pr 和远红光吸收形式 Pfr 存在，二者可以互相转化。Pfr 是光敏色素的生理活跃形式，可能通过影响膜的特性和调节基因的表达，实现对形态建成的控制。

植物的器官可以在空间位置上有限度地移动。植物的运动可分为向性运动、感性运动和近似昼夜节奏运动。

复习思考题

一、名词解释

生长　分化　发育　细胞周期　生长曲线　生长大周期　昼夜周期性　季节周期性　生长相关性　顶端优势　极性　根冠比　温周期现象　光形态建成　光敏色素　向性运动　平衡石　动作电位　感性运动　向光性　向重力性　向化性　向水性　感夜性　感震性　生物钟　近似昼夜节奏

二、问答题

1. 简述植物生长、分化和发育的概念以及细胞发育3个时期的形态及生理特点。
2. 植物的生长为何表现出生长大周期的特性？
3. 用你所学的知识解释"根深叶茂""本固枝荣""旱长根、水长苗"。
4. 为何植物有顶端优势？如何利用顶端优势指导生产实践？
5. 植物地上部与地下部的相关性表现在哪些方面？
6. 简述营养生长与生殖生长的关系。
7. 试述光敏色素的概念、性质及其在植物生命活动中的作用。
8. 就"植物生长"而言，光起什么作用？参与光合作用的光与光形态建成的光有何区别？光敏色素与叶绿素有何异同？
9. 简述植物向光性和向重力性的机理。
10. 什么是生物钟？有何生理意义？

参考文献

Borthwick H A, Hendricks S B, Parker M W, et al. 1952. A reversible photoreaction controlling seed germination[J]. Proc. Natl. Acad. Sci. USA 38：662-666.

Butler W L, Norris K H, Siegelman H W, et al. 1959. Detection, assay, and preliminary purification of the pigment controlling photosensitive development of plants[J]. Proc. Natl. Acad. Sci. USA 45：1703-1708.

Fint L H. 1936. The action of radiation of specific wave-lengths in relation to the germination of light-sensitive lettuce seed[J]. Proc. Int. Seed Test. Assoc. 8：1-4.

Galston A. 1994. *Life Processes of Plants*[M]. New York: Scientific American Library.

Lincoln T, Eduardo Z. 2006. Plant physiology[M]. 4th. USA.

Lincoln T, Eduardo Z. 2010. Plant physiology[M]. 5th. USA.

Vierstra R D, Quail P H. 1983. Purification and initial characterization of 124-kilodalton phytochrome[J]. *Avena Biochemistry*, 22: 2498-2505.

Wagner J R, Brunzelle J S, Forest K T, et al. 2005. A light-sensing knot revealed by the structure of the chromophore binding domain on phytochrome[J]. Nature, 17: 325-321.

白宝璋,贝丽霞,金锦子.1996.植物生理学[M](上:理论教程).北京:中国农业科技出版社.

白宝璋,李虎林,张玉霞.2003.植物生理学[M](中:试题库).北京:中国农业科技出版社.

白宝璋,朴世领,张玉霞,等.2003.植物生理学[M](上:理论教程).北京:中国农业科技出版社.

卞钟英,李锡春,崔宽三,等.1997.植物生理学[M].首尔:乡文社.

康荣喜,李舜熙,等.2002.植物生理学[M].首尔:地球文化社.

李合生.2002.现代植物生理学[M].北京:高等教育出版社.

潘瑞炽.2004.植物生理学[M].北京:高等教育出版社.

朴钟声.1991.作物生理学[M].首尔:乡文社.

沈雄燮.1999.植物分子生理学[M].首尔:世界科学出版社.

武维华.2003.植物生理学[M].北京:科学出版社.

徐克章,张治安.2005.植物生理学[M].长春:吉林大学出版社.

徐克章.2007.植物生理学[M].北京:中国农业出版社.

张立军,刘欢.2012.植物生理学[M].北京:科学出版社.

周云龙.1999.植物生物学[M].北京:高等教育出版社.

第 9 章

植物开花生理

知识导图

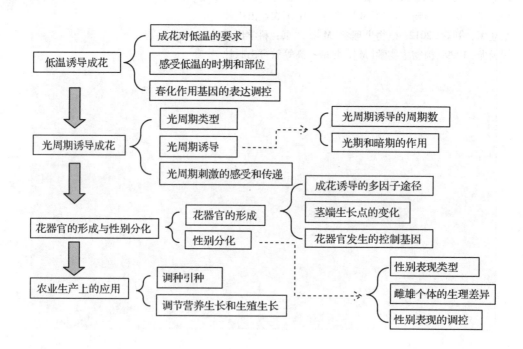

高等植物的开花对人类和植物来说都是十分重要的一个阶段。在高等植物的整个生活周期中，必须经过一定阶段的营养生长后转变为生殖生长，从营养生长转变为生殖生长的最明显的标志是花芽分化。不论是一年生、二年生或多年生植物，在营养生长期是不会开花的。其营养生长必须达到一定的时间和阶段，才能感受外界条件的诱导而开花。我们把生长到一定时期才具有感受外界环境诱导开花的能力称之为花熟状态(ripeness to flower state)。在自然条件下，达到花熟状态的植物，当其接受所需求的环境信号诱导后，特别是温度和光周期等环境因子诱导后，分生组织就进入一个相对稳定的状态，称为成花决定状态(floral determinated state)，达到成花决定状态的植物意味着具备了分化花序和花的能力，在进一步发育信号指令和适宜条件下，启动一系列成花相关基因的表达，植物体内发生复杂的细胞生理变化，最后开花。植物一旦进入开花决定状态，即使除去成花诱导的条件，也不会影响其开花进程。

植物开花可分为3个过程：①成花诱导(floral induction)过程，是指经某种信号诱导后，特定基因被启动，使植物改变发育进程。②花发端(floral evocation)过程或花芽分化(floral bud differentiation)过程，是指分生组织上形成花原基之前所发生的一系列反应到分生组织分化成可辨认的花原基。③花发育(floral development)过程，是指各部分花器官的形成和生长，首先看到花蕾，然后就是平常所见的开花。分子遗传学研究表明，上述每一个阶段都涉及特定基因的表达和复杂的调控机制。开花后，植物进行授粉受精，最后结出果实和种子。

9.1 低温诱导成花

9.1.1 植物成花对低温的要求

温度是控制植物开花的一个重要因素。人们很早就注意到低温对某些植物开花具有很大影响。1918 年，Garssner 将冬黑麦和春黑麦分别在不同的温度下萌发，而后播种。结果发现，冬黑麦在萌发时或苗期，必须经历一个低温期才能开花，而春黑麦则不需要，小麦也是如此。所以，他将这些作物分为秋播的"冬性"品种与春播的"春性"品种。冬小麦必须在秋季播种，出苗后越冬，翌年夏季才能抽穗开花，若将冬小麦春季播种，则只长茎叶不开花结实。1928 年，Lysenko 将冬麦种子吸水萌动后进行低温处理，而后在翌春播种，即可在当年抽穗开花。这样就解决了在一些高寒地区，因严冬温度太低，无法种植冬小麦的问题。Lysenko 将这一措施称为"春化"，意指冬麦春麦化了。因此，将低温诱导促使植物开花的效应称为春化作用(vernalization)，而使萌动的种子通过低温处理称为春化处理。

我国农民也早已有这方面的经验。为解决秋季因水淹等自然灾害不能播种冬小麦或出苗不好而需在春季补种的问题，采用了"闷罐法"，即把湿润种子闷在罐里放在 0~5℃ 的低温处 40~50d，春暖后再播种下去，就能在当年收获。

春化过程是一种诱导现象，本身并不直接引起开花，在春化过程完成以后，花原基仍不出现。它们只在以后当植株处于较高温度下才分化，并且在许多情况下还需要特殊的光周期条件。需要春化的植物，主要是一些二年生植物（如芹菜、胡萝卜、萝卜、葱、蒜、白菜、荠菜、百合、鸢尾、郁金香、风信子、甜菜和天仙子等）和一些冬性一年生植物（如冬小麦、冬黑麦等）。

低温是春化作用的主要条件，它的有效气温介于 0~10℃ 之间，最适气温是 1~7℃，春化时间由数天到二三十天，具体有效温度和低温持续时间随植物种类而定。如果温度低于 0℃ 以下，代谢即被抑制，不能完成春化过程。在春化过程结束之前，如遇高温，则低温效果会削弱甚至消除，这种现象称为脱春化作用（devernalization）。脱春化作用的温度一般是 25~40℃，如冬小麦在 30℃ 以上 3~5d 即可解除春化。

由于春化作用是活跃的代谢过程，在低温期间，不仅需要能源（糖）、氧气和水分，也需要细胞分裂和 DNA 复制。

9.1.2 感受低温信号的时期和部位

9.1.2.1 感受低温的时期

不同植物感受低温的时期存在明显差异，大多数一年生植物在种子吸胀后即可接受低温诱导，如冬小麦、冬黑麦等既可在种子萌发时进行诱导，也可在苗期进行诱导，其中以三叶期为最快。大多数需要低温的二年生和多年生植物，如甘蓝、月见草、芹菜、胡萝卜等，则不能在种子萌发状态进行春化，只有在绿色幼苗长到一定大小，才能通过春化。低温诱导春化需要一定量的营养体（最低数量的叶子）的原因，可能和积累一些对春化敏感的物质有关。

9.1.2.2 感受低温的部位

通常认为植株感受低温的部位是茎尖分生组织（shoot apical meristem，SAM）。曾将芹菜种植在高温的温室中，由于得不到花分化所需要的低温，不能开花结实。但是，如果用橡皮管把芹菜茎顶端缠绕起来，橡皮管内不断通过冰冷的水流，使茎的生长点获得低温，就能通过春化，可开花结实。反过来，如果把芹菜栽培在低温条件下，而给予茎生长点较高温度条件，因植株不能通过春化，也不能开花结实。用去掉子叶的萝卜胚，东黑麦的离体胚和主要包括茎区的胚尖进行离体培养试验，经过低温处理后均能开花结实，进一步证实了茎尖是感受低温的部位。

9.1.2.3 春化效应的传递

春化效应能否传递，有关的试验得到两种完全相反的结果。将菊花已春化植株嫁接在未春化植株上，未春化植株不能开花，如将春化后的芽移植到未春化的植株上，则这个芽长出的枝梢将开花。但是将未春化的萝卜植株的顶芽嫁接到已春化的萝卜植株上，该顶芽长出的枝梢却不能开花。上述实验结果指出，植物完成了春化的感应状态只能随细胞分裂从一个细胞传递到另一个细胞，且传递时应有 DNA 的复制。

但是用天仙子做的实验结果表明，春化效应可通过嫁接传递。将已春化的二年生天仙子枝条或叶片嫁接到未经春化的植株上，可诱导未被春化的植株开花；如果将已春化的天仙子枝条嫁接到没有春化的烟草或矮牵牛植株上，同样也使这两种植物开花。这说明通过低温春化的植株可能产生了某种可以传递的物质，并通过嫁接传递给未经春化的植株，诱导其开花，但至今未能在植物中分离出这种物质。

9.1.3 低温诱导成花与激素的关系

Melchers 和 Lang 等曾做过许多嫁接实验以研究春化效应的传递。将已春化的二年生天仙子枝条嫁接在未春化的植株上,结果未春化的植株开了花,因而推测在春化的植株中产生了某种开花刺激物,并可传递到未春化的植株而引起开花。他们将这种物质命名为春化素(vernalin),已有许多证据证明存在这种物质,但其至今未能被分离鉴定出来,而且在某些植物中,如菊花嫁接实验并不能证明开花刺激物从已春化的植株传递到未春化的植株中。

小麦、油菜、燕麦等多种作物经过春化处理后,体内 GA 含量增多。一些需要春化的植物(如二年生天仙子、白菜、甜菜、胡萝卜等)未经低温处理,施用 GA 也能开花。例如,未经低温处理的胡萝卜,每天用 10μg GA 连续处理 4 周,也能抽薹开花(图 9-1、表 9-1)。

这表明 GA 可以以某种方式代替低温的作用。由此可见,GA 与春化作用密切相关,但 GA 并不等同于春化素。①有些植物(如紫罗兰)经低温处理后体内 GA 含量并不增加,却照样开花。②植物对 GA 的反应也不同于低温,GA 处理未春化植株(莲座状)所引起的反应是茎先抽薹,后花芽分化;而经低温诱导的植株,抽薹与花芽分化是同步进行的,或者花芽出现在茎伸长之前。③对短日植物来说,GA 不能代替低温而发生作用。

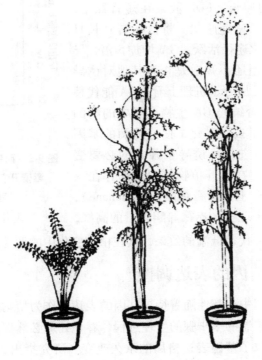

图 9-1 低温和外施赤霉素对长日条件下生长的胡萝卜开花的影响
(引自 Salisbury 和 Ross,1992)
图左:对照;图中:未冷处理,每天施用 10μg GA;图右:冷处理 8 周

表 9-1　非诱导条件下经 GA 处理可以开花的植物

需低温的植物	长日植物
芹菜（*Apium graveolens*）	苣荬菜（*Sonchus brachyotus*）
燕麦（*Avena sativa*）	一年生天仙子（*Hyoscyamus niger*）
雏菊（*Bellis pernnis*）	莴苣（*Lactuca sativa*）
甜菜（*Beta vulgaris*）	罂粟（*Papaver somniferum*）
甘蓝（*Brassica oleracea*）	矮牵牛（*Petunia hybrida*）
胡萝卜（*Daucus carota*）	萝卜（*Raphanus sativus*）
毛地黄（*Digitalis purpurea*）	金光菊（*Rudbeckia laciniata* L.）
二年生天仙子（*Hyoscyamus niger*）	高雪轮（*Silene armeria*）
紫罗兰（*Matthiola incana*）	菠菜（*Spinacia oleracea*）

研究结果表明：GA 并不能诱导所有需春化的植物开花；植物对 GA 的反应也不同于低温诱导，被低温诱导的植物抽薹时就出现花芽，而 GA 虽可引起多种植物茎伸长或抽薹，但不一定开花。一般认为，茎的伸长和花的形成是各自独立的发育过程。

不同的 GA 对植物茎伸长和开花效应有很大的差别（图 9-2）。对于长日植物毒麦，GA_{32} 明显促进开花，但对茎伸长的作用很小；GA_1 促进茎伸长而对开花的效应小；相比较而言，一个长日照周期的诱导开花效果最好，却没有引起茎的伸长。LDP 菠菜在短日照下，体内 GA 水平低，植物保持莲座状。将植株转到长日照下后，GA 的 13-羟基化途径活跃，GA_1 增加 5 倍，导致伴随开花的茎伸长，但还不知道是否有其他对诱导开花专一的 GA 起作用。从分子机理上看，GA 能代替植物对低温的要求，是否编码 GA 生物合成中的酶的基因在春化过程中发生了去甲基化，使这些酶的基因得以表达，合成 GA，再进一步诱导了开花的必要变化。这些年的研究发现，在高等植物体内普遍存在一种微量生理活性物质——玉米赤霉烯酮（zearalenone），在春化过程中植物体内出现玉米赤霉烯酮含量的高峰，

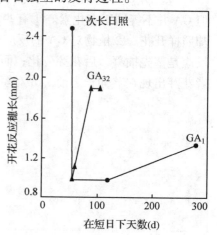

图 9-2　两种不同赤霉素对长日植物
毒麦开花（抽穗）和茎伸长生长
（茎长）的相对作用
（引自蒋德安，2011）

外施玉米赤霉烯酮有部分代替低温的效果，其在植物春化中的调控作用有待进一步研究。

9.1.4　春化作用基因的表达调控

植物发育的每一时期中，都伴随着特异基因的表达。作为植物成花决定过程之一的春化作用亦是一个受基因控制的多步骤的生理过程，春化处理必然促使冬小麦幼芽内某些特定基因表达或抑制，导致了基因表达格局的永久改变。研究指出，在春化过程中，核酸、特别是 RNA 含量增加，而且有新的 mRNA 合成。从经过 60d 春化处理的冬小麦麦苗中提取出来的染色体主要合成沉降系数大于 20S 的 mRNA，而从在常温下萌发的冬小麦麦苗中得到的染色体主要合成 9~20S 的 mRNA。提取春小麦和经春化处理的冬小麦幼芽中的 mR-NA，通过麦胚系统进行体外翻译，得到几种多肽，而未经春化处理的冬小麦则不能翻译

出这些多肽。

某些特定基因被诱导活化后，促进了特异的 mRNA 和新的蛋白质合成，经过低温处理的冬小麦种子中游离氨基酸和可溶性蛋白质含量增加，经春化处理的冬小麦有新的蛋白质谱带出现，而未经低温处理的幼苗体内没有这些蛋白质，表明这些蛋白质是低温诱导产生的；而在春小麦幼苗中这些蛋白质的存在并非低温诱导的产物；将进行春化的冬小麦幼芽置高温下进行去春化处理，播种后生长的植株不能抽穗开花，检测发现原来经低温诱导产生的那些蛋白质消失了。在冬小麦春化过程结束后，再经高温处理，蛋白质没有消失，也不影响植株的抽穗开花。在低温诱导下产生的这些新的蛋白质在植物体内的存在是生长点可进行穗分化的前提条件之一。

在春化过程中，呼吸代谢也发生变化。冬性禾谷类作物春化处理前期，需要氧和糖的供应，此时氧化酶中以细胞色素氧化酶起主导作用。15～20d 低温处理后，细胞色素氧化酶活性逐渐降低以致消失，而抗坏血酸氧化酶和多酚氧化酶活性逐渐上升，这些酶活性的变化说明在春化过程中呼吸代谢的复杂性。

与春化相关的特异蛋白质的发现引导研究者去寻找与春化作用相关的基因，近些年来取得了令人欣喜的进展。中国科学院植物研究所种康研究员等从冬小麦中得到了 *Ver*17、*Ver*19 和 *Ver*203 等 3 个与春化相关的 cDNA 克隆。利用反义基因技术观察到，经部分春化处理的反义基因植株与对照相比，开花显著地被抑制了，据此认为，*Ver*203 很可能是控制春化过程进行的关键基因之一。研究者利用模式植物拟南芥克隆了数个对春化敏感的基因，其中 *VRN*1 和 *VRN*2 阻抑下游靶基因 *FLC*（flowering locus C）表达水平降低，*VIN*3 则促进 *FLC* 基因表达水平降低（在非春化植株的顶端分生组织中，*FLC* 强烈表达，低温处理后 *FLC* 表达水平就减弱）。*FLC* 基因作为春化作用的关键基因（开花阻遏基因），其表达水平降低促进下游靶基因 *SOC*1（suppressor of overexpression constans）和 *FT*（flowering locus T）的表达，进而促进开花（图 9-3）。*SOC*1、*FT* 和 *LFY*（LEAFY）一起被称作开花的整合子（integrators），这些基因表达增加，促进植物开花。也有人认为说明春化作用通过 DNA 去甲基化（demethylation）而促进开花，如以 DNA 去甲基化剂 5-氮胞苷（5-azacytidine）处理拟南芥晚花型突变体和冬小麦，总 DNA 甲基化水平降低，开花提早；而拟南芥早花型突变体和春小麦对 5-氮胞苷不敏感。因此，认为拟南芥晚花型突变体之所以迟开花，是由于它的基因被 DNA 甲基化而不能表达，由此提出春花基因去甲基化学说。

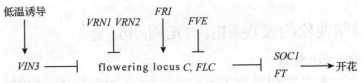

图 9-3 拟南芥春化过程中若干关键基因的调控关系（引自蒋德安，2011）
⟶ 表示促进表达　⊣ 表示抑制表达

综上所述，春化过程是一个受特定基因表达与调节的复杂过程，某些特定基因被诱导活化后，促进了特定的 mRNA 和新的蛋白质合成，进而导致一系列生理生化的变化，促进花芽分化。

9.2 光周期诱导成花

植物成花除了受低温诱导外，还受光周期诱导。地球上不同纬度地区的昼夜长度随季节发生有规律的变化(图9-4)。在北半球，纬度越高的地区，夏季昼越长而夜越短；冬季昼越短而夜越长；春分和秋分时，各纬度地区昼夜长度相等，均为12h。在一天之中，白天和黑夜的相对长度称为光周期(photoperiod)。植物对白天和黑夜相对长度的反应，称为光周期现象(photoperiodism)。植物的开花、休眠和落叶，以及鳞茎、块茎、球茎等地下贮藏器官的形成都受昼夜长度的调节，但是，在植物的光周期现象中最为重要且研究最多的是植物成花的光周期诱导。

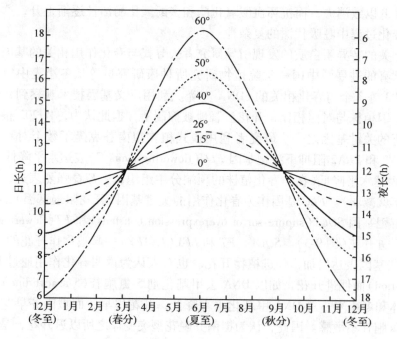

图9-4 北半球不同纬度地区昼夜长度的季节性变化

9.2.1 光周期现象的发现和植物光周期类型

9.2.1.1 光周期现象的发现

人们很早就了解到许多植物的开花有季节性表现，如紫罗兰、油菜在春季开花；小麦(冬性)在春末夏初开花；菊花在秋季开花。对多数植物来说，同一地区的同一品种的植物尽管在不同时间播种，但开花期都差不多，且同一种植物生长在同一纬度的时候，每年都在大约相同的日子开花；同一品种在不同纬度地区种植时，开花期表现有规律的变化。最早发现光周期影响植物开花的是美国园艺学家Garner和Allard。在1920年，他们注意到烟草的一个变种在夏季茂盛生长，植株高达3~5 m仍不开花。但若在冬季来临之前将植株移栽到温室(或在温室中直接栽培)中，株高不到1 m时就都能开花。他们还试验了一些影响开花的可能因素，如温度、光质、营养条件和日照长度等，结果发现，夏季若用黑布遮光的方法，缩短每日照光时间，在夏末烟草也能开花；而冬季在温室中栽培的烟草，若用人工延长光照时间，则烟草只进行营养生长却不开花。由此可见，短日照是此种烟草开花的关键条件。他们发现除烟草外，大豆、水稻、高粱也有这种现象。经过大量的系统研究之后，证明了植物开花与昼夜的相对长度（即光周期）有关，许多植物必须经过一定时间的适宜光周期后才能开花，否则就一直处于营养生长状态。光周期现象的发现，不仅使人们对开花的生理现象有了较深的理解，而且也认识到光对植物整个生长发育过程具有广泛的调节作用。

9.2.1.2 植物光周期反应类型

通过人工延长或缩短光照的办法，总结各种植物对日照长短时的开花反应，了解到植物的光周期反应可分为下列几个类型：

①长日植物（long-day plant, LDP）　指日照长度必须长于一定时数才能开花的植物。延长光照，则加速开花；缩短光照，则延迟开花或不能开花。属于长日植物的有小麦、黑麦、胡萝卜、甘蓝、天仙子、洋葱、燕麦、甜菜、油菜等。

②短日植物（short-day plant, SDP）　指日照长度必须短于一定时数才能开花的植物。如适当缩短光照，可提早开花；但延长光照，则延迟开花或不能开花。例如美洲烟草、大豆、菊花、日本牵牛、苍耳、水稻、甘蔗、棉花等。

③日中性植物（day-neutral plant, DNP）　指在任何日照条件下都可以开花的植物，例如番茄、茄子、黄瓜、辣椒和菜豆等。

④长—短日植物（long-short-day plant, LSDP）　指开花要求先长日后短日的双重日照条件的植物，如大叶落地生根、芦荟、夜香树等。

⑤短—长日植物（short-long-day plant, SLDP）　指开花要求先短日后长日的双重日照条件的植物，如风铃草、鸭茅、瓦松、白兰叶草等。

⑥中日照植物（intermediate-day-length plant, IDP）　指只有在某一中等长度的日照条件下才能开花，而在较长或较短日照下均保持营养生长状态的植物，如甘蔗要求 11.5~12.5 h 日照。

⑦两极光周期植物（ampho photoperiodism plant, APP）　与中日照植物相反，这类植物在中等日照条件下保持营养生长状态，而在较长或较短日照下才开花，如狗尾草等。

我国的石明松早在 1973 年发现的湖北光周期敏感核不育水稻（HPGMR）农垦 58S 属于晚粳类型的短日植物，它是一个自然发生的突变体，具有两个性质不同的光周期反应。从感光叶龄至幼穗分化开始，称为"第一光周期反应"，此时期短日照加速幼穗发育，提早抽穗；从幼穗第二次枝梗及颖花原基分化期到花粉母细胞形成期，在一定温度和长日照条件下，可诱导雄性不育，短日照则诱导雄性可育，这一反应称为"第二光周期反应"，是 HPGMR 独有的特性。HPGMR 的发现表明，两个光周期反应分别影响幼穗分化和雄性不育，而感光部位——叶片和叶鞘却相同。HPGMR 是继矮秆基因、三系水稻之后在水稻研究中的第三个重大发现，在理论上为研究光周期反应中顶端与叶片的关系提供了有价值的材料，在实用上拓宽了杂种优势的应用范围。

9.2.2 光周期诱导

9.2.2.1 临界日长

对光周期敏感的植物对日照长度的要求都有一定的临界日长。临界日长(critical day length)是指昼夜周期中诱导短日植物开花所必需的最长日照或诱导长日植物开花所必需的最短日照。对长日植物来说，日长大于临界日长，即使是24 h日长都能开花；而对短日植物来说，日长必须小于临界日长才能开花，但是日长太短也不能开花，可能是因光照不足，植物几乎成为黄化植物之故。因此可以说，长日植物是指在日照长度长于临界日长才能正常开花的植物；短日植物是指在日照长度短于临界日长才能正常开花的植物。

在自然条件下，昼夜总是在24 h的周期内交替出现的，因此，和临界日长相对应的还有临界暗期(critical dark period)。临界暗期是指在昼夜周期中短日植物能够开花所必需的最短暗期长度，或长日植物能够开花所必需的最长暗期长度。

那么，对于诱导植物开花来说，到底是临界日长重要还是临界夜长重要呢？Hamner用短日植物大豆进行的试验表明，当日长固定为16 h时改变暗期长度，发现只有当暗期大于10 h以上才能开花(图9-5)，暗期13~15 h开花数最多；反过来，将暗期固定为16 h时改变光期长度，结果发现开花反应随光期长度的增加而增加，但当光期超过10 h时，开花数反而减少(图9-6)。这些结果表明临界暗期的存在，暗期长度控制短日植物开花，而不是光期长度。又如，长日植物天仙子，在11 h日长和14 h暗期环境下不开花，但以6 h日长和6 h暗期处理时则开花。同样的试验也证明苍耳的临界暗期是8.5 h。因此，长日植物应该称为短夜植物(short-night plant)，短日植物则应该称为长夜植物(long-night plant)，但由于长期使用的结果，现在仍然使用过去的术语。

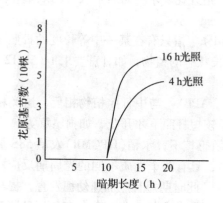

图9-5 不同光期下暗期长度对大豆开花的影响
(引自蒋德安，2011)

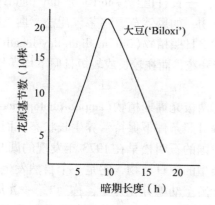

图9-6 16h暗期下光周期长度与花原基节数的关系(引自蒋德安，2011)

植物的临界日长和反应类型是由遗传决定的，即便是密切相关的植物种也可能表现出基本差异，如藜属植物，一种短日植物，有各种不同的光周期家族(具有不同的临界日长)。此外，临界日长也受环境影响，特别是温度能轻微地改变临界日长，另外就是植物年龄，如牵牛花的成龄植株比幼苗的临界日长要长。

9.2.2.2 光周期诱导周期数

植物达到花熟状态时，在适宜的光周期条件下就可以诱导成花，那么植物在适宜的光周期下放置多久才能诱导成花？是不是在花芽分化之前一直都要处于适宜的光周期下？用多种植物进行研究表明，植物在进行花芽分化之前，只要得到足够天数的适宜光周期处理，以后即使处于不适宜的光周期条件下，仍然能保持这种刺激的效果而开花，这种诱导效应称为光周期诱导(photoperiodic induction)。花芽分化出现在适宜的光周期处理后的若干天。因此，光周期成花反应是个诱导过程，植物经过适宜的光周期处理以后，产生的诱导效果可以保留在体内，花芽分化就是光周期处理效果的表达。

不同种类的植物通过光周期诱导所需的天数不同。例如，苍耳、日本牵牛、水稻只需要一个短日照的光周期，其他短日植物所需天数为大豆2~3d，大麻4d，红叶紫苏和菊花需要12d；毒麦、油菜、菠菜、白芥等则要求一个长日照的光周期，其他长日植物所需天数为天仙子2~3d，拟南芥4d，一年生甜菜13~15d，胡萝卜15~20d。短于其诱导周期的最低天数时，不能诱导植物开花，而增加光周期诱导的天数则可加速花原基的发育，花的数量也增多。

9.2.2.3 光期和暗期的作用

自然条件下，由于一天24 h的光暗循环，光期长度与暗期长度是互补的。所以，有临界日长就会有相应的临界暗期。Hamner和Bonne(1938)以短日植物苍耳为试验材料，研究发现在24 h的光暗周期中，无论光期多长，只有当暗期长度长于8.5 h时，苍耳才能开花。这说明在成花反应中暗期比光期更为重要，暗期长度对植物的开花起决定性作用。所谓临界暗期(critical dark period)，是指在光暗周期中，短日植物能开花的最短暗期长度或长日植物能开花的最长暗期长度。从这一点来看，短日植物实际上就是长夜植物(long-night plant)，而长日植物实际上是短夜植物(short-night plant)，特别是对于短日植物而言，其开花主要是受暗期长度的控制，而不是受日照长度的控制。

暗期间断试验更有力地说明光周期中的暗期长度对诱导植物开花的决定作用。如果在足以引起短日植物开花的暗期，在接近暗期中间的时候，被一个足够强度的闪光所间断，短日植物就不能开花，但长日植物却能开花(图9-7)。如果在长的日照中间给予一个短时间的黑暗以间断光期，则不发生短日效应，仍然是长日植物开花，短日植物不开花。如果是短光期结合短暗期，则发生长日效应，即短日植物不开花，长日植物开花。如果长光期结合长暗期，则发生短日效应，即短日植物开花，长日植物不开花。由此可见，诱导植物开花起决定作用的是光周期中的暗期长度，而不是光期长度。

一般认为植物通过光周期诱导所需的光强较低，约50~100 lx，而暗期间断所需要的光强也很低，而且短时间的光(闪光)即有效。用不同波长的光来间断暗期的试验表明，无论是抑制短日植物开花或诱导长日植物开花，都是红光最有效。如果在红光照过之后立即再照以远红光，就不能发生夜间断的作用，也就是被远红光的作用所抵消。这个反应可以反复逆转多次，而开花与否决定于最后照射的是红光还是远红光(表9-2)。由此可见，在植物花诱导中也有光敏色素的参与。

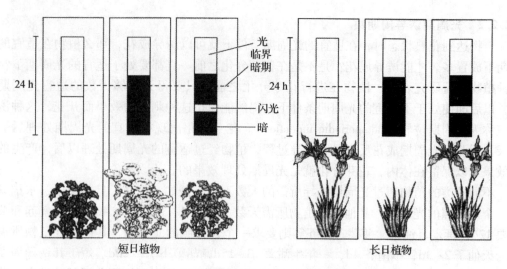

图 9-7 开花的光周期调节（引自 Taiz 和 Zeiger，2006）

A. 当夜长超过临界暗期时，短日植物开花，用闪光间断暗期则阻止开花；夜长短于临界暗期时，长日植物开花，用闪光间断暗期可诱导长日植物开花 B. 暗期对开花的效应，用不同光周期处理短日或长日植物，证明暗期长度是关键的变量

表 9-2 在诱导暗期中间给予红光和远红光交互照射时对短日植物开花的影响

夜间断处理	苍耳成花阶段	菊花成花阶段
对照（无夜间断）	6.0	18.0
红光	0.0	0.0
红光—远红光	5.6	8.0
红光—远红光—红光	0.0	0.0
红光—远红光—红光—远红光	4.2	7.0
红光—远红光—红光—远红光—红光	0.0	0.0

注：① 苍耳红光和远红光都持续 2min，菊花红光和远红光都持续 3min；
② 成花阶段为相对的成花数值

9.2.3 光敏色素在成花诱导中的作用

如前所述，光敏色素参与植物的成花诱导。一般认为光敏色素在植物成花过程中的作用，不是取决于植物体内光敏色素的绝对含量，而是取决于 Pfr 与 Pr 的比值（图 9-8）。对短日植物而言，其开花要求相对较低的 Pfr/Pr。在光期结束时，体内光敏色素主要呈 Pfr 型，这时 Pfr/Pr 的比值高。进入暗期后，Pfr 逐渐逆转为 Pr，或 Pfr 降解而减少，使 Pfr/Pr 逐渐降低，Pfr/Pr 随暗期延长而降到一定的阈值以下时，就可促发成花刺激物质形成而促进开花。而对于长日植物来说，其开花则需要相对较高的 Pfr/Pr，因此，在暗期过长时，会抑制开花。如果暗期被红光间断，Pfr/Pr 升高，则抑制短日植物成花，促进长日植物成花。

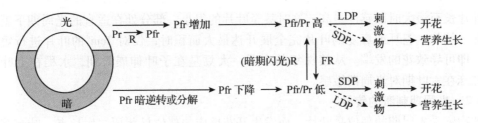

图 9-8　两种类型光敏色素在暗期间断中的转化及其与不同光周期类型植物开花的关系
（引自张立军，2011）

近年来进一步的研究表明，植物的成花反应并不完全受暗期结束时 Pfr/Pr 所控制。例如，短日植物日本牵牛，在暗期的初始阶段以远红光照射，使 Pfr 水平降低，不但不能促进开花，反而抑制开花。对许多短日植物来说，在暗期的初始阶段（3~6 h 内），体内保持较高水平的 Pfr，有利于成花，而在暗期的后半段，较低水平的 Pfr 促进成花。所以短日植物的开花诱导要求是暗期的前期是"高 Pfr 反应"，后期是"低 Pfr 反应"。

长日植物对暗期间断的反应不如短日植物敏感，需要更长的光间断才能诱导长日植物在短日条件下开花。这表明长日植物在短日条件下的暗期间断需要较长时间的光照以提高 Pfr 的水平，因为长日植物的成花需要高的 Pfr/Pr。有人分析暗期光间断的有效光谱成分在暗期前期是 720~740nm，后期是 670nm。可见长日植物暗期前期是"低 Pfr 反应"，后期是"高 Pfr 反应"。一般认为，长日植物对 Pfr/Pr 的要求没有短日植物严格。

9.2.4　光周期刺激的感受和传导

9.2.4.1　感受光周期刺激的部位

植物在适宜的光周期诱导后，发生开花反应的部位是茎顶端生长点，然而，试验表明感受光周期的部位却是植物的叶片。若将短日植物菊花全株置于长日照条件下，则不开花而保持营养生长；置于短日照条件下，可开花；若叶片处于短日照条件（每天按时遮光）下而茎顶端给予长日照，可开花；叶片处于长日照条件下而茎顶端给予短日照，则不能开花

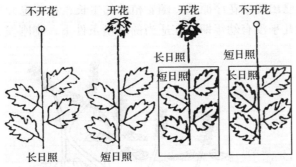

图 9-9　叶片和茎尖的光周期处理对菊花开花的影响（引自 Chailakhyan，1937）

（图 9-9）。如图 9-9 所示实验充分说明：植物感受光周期的部位是叶片。对于光周期敏感的植物，只有叶片处于适宜的光周期条件下，才能诱导开花，而与顶端的芽所处的光周期条件无关。叶片对光周期的敏感性与叶片的发育程度有关。幼小的和衰老的叶片敏感性

差，叶片长至最大时敏感性最高，这时甚至叶片的很小一部分处在适宜的光周期下就可诱导开花。例如，苍耳或毒麦的叶片完全展开达最大面积时，仅对 $2cm^2$ 的叶片进行短日照处理，即可导致花的发端。从植株年龄来看，大豆是在子叶伸展时期，水稻在七叶期前后，红麻在六叶期对光周期敏感。

9.2.4.2 光周期刺激的传导

植物感受光周期的部位是叶片，而发生开花反应的部位是茎顶端生长点。叶和茎尖生长点之间隔着叶柄和一段茎。因此，必然有信息从叶片传导至茎顶端。20 世纪 30 年代，前苏联学者柴拉轩（Chailakhyan）用嫁接实验来证实了这种推测：将 5 株苍耳植株嫁接串连在一起，只要其中一株的单个叶片接受了适宜的短日光周期诱导，即使其他植株都处于长日照条件下，最后所有植株也都能开花（图9-10）。这证明植株间确实有刺激开花的物质通过嫁接的愈合处而传递。另外，经过短日照处理的短日植物（如高凉菜）通过嫁接可引起长日植物（如八宝）开花。更有趣的是，不同光周期类型的植物嫁接后，在各自的适宜光周期诱导下，都能相互影响而开花。例如，长日植物天仙子和短日植物烟草嫁接，无论在长日照或短日照条件下两者都能开花。所有这些实验结果均表明：①成花物质能够传导；②长日植物和短日植物的成花刺激物质可能具有相同的性质。用蒸汽或麻醉剂处理叶柄或茎，可以阻止开花刺激物的运输，说明传导途径是韧皮部。

9.3 花器官形成与性别分化

9.3.1 幼年期

植物的幼年期（juvenile phase）是指植物具有开花能力之前的发育阶段，在此期间，任何环境条件都不能诱导开花。高等植物幼年期的长短因植物种类不同而有很大差异。一般草本植物的幼年期较短，约几天或几周，但有的草本植物根本或几乎没有幼年期。例如，花生种子的休眠芽中已出现了花序原基，随着植株的生长，花芽也分化完成；油菜、日本矮牵牛、红黎等植物几乎没有幼年期，在适当的环境条件下，刚刚发芽 2~3d 的植株就可

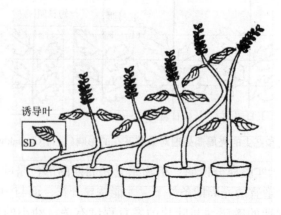

图 9-10 苍耳嫁接实验（引自徐克章，2007）

以长出花芽。大多数木本植物的幼年期较长，一般从几年到几十年不等。例如，果树的幼年期一般为3年以上，所谓"桃三杏四梨五年，枣树当年就赚钱"指的就是幼年期，而欧洲水青冈（又称山毛榉）的幼年期则长达30~40年。如何促进植物的生长，缩短幼年期，尽早进入成花生殖阶段，是植物生产工作者，特别是园艺工作者经常思考的问题。

与幼年期相对应的是成年期（adult phase）。幼年期除在开花能力上与成年期不同外，在其他生理和形态上与成年期也有明显的区别。生理上幼年期代谢活动更旺盛，生长速率较快，而成年期代谢活动相对缓慢。例如，常春藤（*Hedera helix*）在形态上，幼年期叶片为5裂掌状叶，茎有花色素，节间有气生根，枝呈攀缘状态，而成年期叶片为全缘卵形叶，茎无花色素，节间无气生根，枝呈直立生长；在生理上，常春藤植株进入成年期后，形成气生根的能力几乎完全丧失（表9-3）。

表9-3　英国常春藤幼年期与成年期特征。（引自 Taiz 和 Zeiger，2006）

特征	幼年期	成年期
叶形	3或5裂掌状叶	完整的卵形叶
叶序	互生	螺旋状
花青素	幼叶和茎有花青素	无花青素
茎上茸毛	被短茸毛	光滑无毛
生长习性	茎攀缘和斜向生长	茎直立生长
顶芽	茎（枝条）无限生长，无顶芽	有限生长，具鳞片的顶芽
气生根	有	无
发根能力	强	差
开花	不开花	有花

利用突变体的研究发现，植物有调节幼年期的特异基因，如玉米的突变体 *tp* 是 *TEO-POD* 基因突变，植株表现为在通常应发育为成年结构的部位幼年化，叶片介于幼年和成年植株之间，应出现雌、雄蕊的部位仍生长叶片等。但突变体的生长速度并未受到影响，说明这个基因控制着玉米从幼年期向成年期的转变。植物经过幼年期以后，要在适宜的季节才能诱导开花，而季节变化的主要特征是温度高低和日照长短，植物开花就与温度高低和日照长短有着密切的联系。

9.3.2　花器官的形成

9.3.2.1　成花诱导的多因子途径

近年来应用现代遗传学理论和分子生物学手段，结合以往有关的假说，使我们对成花的机理有了更深入的理解和认识。成花诱导是一个包含多种交互作用因子的复杂的系统，包括糖类、赤霉素、细胞分裂素、菠萝蛋白酶和乙烯等。以长日植物拟南芥为材料，研究发现成花诱导是由以下4条发育途径控制的（图9-11）。

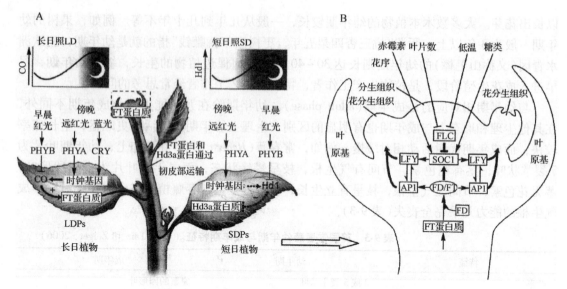

图 9-11 植物成花的多因子诱导途径示意（引自 Taiz 和 Zeiger，2006）

A. 植物成花的多因子诱导途径　B. 左图方框部分的放大

→表示促进作用　⊣表示抑制作用

(1) 光周期途径

光周期途径（photoperiodic pathway）发生在叶片中，包括光敏色素（*PHYA* 和 *PHYB* 有相反的成花效应）和隐花色素及生物钟的光受体调节这条途径。就长日植物而言，*PHYA* 和 *CRY* 促进生物钟基因表达，后者促进 *CO*（*CONSTANS*）基因表达上升，*CO* 再促进 *FT* 基因表达，形成 *FT* 蛋白质。就短日植物而言，*PHYA* 同样促进生物钟基因表达，后者促进 *Hd1*（heading date 1）基因表达并形成 *Hd1* 蛋白，以抑制 *Hd3a* 蛋白质。已知 FT 蛋白质和 Hd1 蛋白质可由韧皮部运输到顶端成花部位，FT 或 Hd1 可以与顶端的 FD 蛋白质相互作用，促进 *AP1*（apetala 1）、*SOC1*（suppressor of overexpression constans）基因的表达，进一步引起 *LFY*（*LEAFY*）基因的表达，*AP1* 和 *LFY* 促进花分生组织同源基因表达，进行花诱导。

(2) 自主/春化双重途径

自主/春化双重途径（autonomous/vernalization pathway）是指植物要达到一定的年龄（长成一定数量的叶片）或低温诱导以后才能开花。在拟南芥的自主途径中，已知是通过抑制开花抑制基因 *FLOWERING LOCUSC*（*FLC*）的表达来促进成花，*FLC* 是通过抑制 *SOC1* 表达来抑制开花的；春花作用同样抑制 *FLC* 的表达，恢复 *SOC1* 表达来促进成花的。

(3) 糖类/蔗糖途径

糖类/蔗糖途径（carbohydrate or sucrose pathway）主要包括人们早就认识到高 C/N 比促进植物开花，拟南芥也不例外，可能是因为糖类/蔗糖促进拟南芥中 *SOC1* 表达促进成花的。

(4) 赤霉素途径

赤霉素途径（gibberellin pathway）是指赤霉素被受体接受之后，通过自身的信号转导途径来促进 *SOC1* 基因表达，从而促进植株早成花和在非诱导短日照下成花。

有研究表明以上这 4 条途径都是为了增加花分生组织关键基因 *AGL*20（agamouslike 20）

的表达。AGL20 是 MADs 的转录因子，它能够把来自这 4 条途径的信号整合成单一的输出信息。很明显，当这 4 条途径都被激活时，输出的信号是最强的。AGL20 调节下游花分生组织决定基因 LFY 的表达，而后者的下游基因就是后文要提到的决定花器官形成的 ABC 基因。最近的研究指出，拟南芥成花 4 条途径的信号，主要由 LFY、SOC1/AGL20 和 FT 进行整合，因此把这 3 个基因称作整合子(intergrator)。整合子可以平衡来自不同开花途径的信号，决定拟南芥何时成花。通过控制这些整合子的表达强度来调节下游花分生组织基因和花器官基因的表达。

9.3.2.2 花芽分化过程中茎端生长点的变化

花芽分化(floral bud differentiation)是指花原基形成以及花芽各部分形成、分化与成熟的过程。在这个转变过程中，茎生长点在形态和生理上都发生一系列显著的变化。

(1) 形态变化

不论是禾本科植物的穗分化还是单子叶植物、双子叶植物的芽分化，经过光周期、低温等诱导后，最初的形态变化都是生长锥伸长和表面积增大。例如，小麦春化后，生长锥开始伸长，生长锥表面一层或数层细胞分裂加快，分裂的这些细胞体积小，细胞质浓稠，细胞内无淀粉粒；而生长锥内部细胞分裂较慢并逐渐停止，其细胞较大，细胞质较稀薄，其中出现液泡，并有淀粉粒。形态变化的结果使原来发生叶原基的部位出现了小穗原基，在小穗原基上进一步分化出了小花原基。双子叶植物苍耳花序的分化则不同，首先是生长锥膨大，然后自生长锥基部周围形成球状突起并逐渐向上部推移(图9-12)。由于表层和中部细胞分裂速率不同，而使生长锥表面出现皱折，由原来分化叶原基的生长点开始形成花原基，再由花原基逐步分化出花器官的各个部分。

图 9-12 苍耳接受短日诱导后生长锥的变化(引自 Salisbury 和 Ross，1992)
图中数字表示发育阶段，0 为营养生长时的茎尖

(2) 生理生化变化

进入花芽分化状态后，生长锥细胞代谢水平提高，有机物发生剧烈转化等一系列生理生化变化。例如，葡萄糖、果糖和蔗糖等可溶性糖含量增加；氨基酸和蛋白质含量增加；核酸合成速率加快。试验表明，若用 RNA 合成抑制剂 5-氟尿嘧啶或蛋白质合成抑制剂亚胺环己酮处理植物的芽，均能抑制营养生长锥分化成为生殖生长锥，说明生长锥的分化伴随着核酸和蛋白质的代谢。

9.3.2.3 花器官发生的控制基因

开花是有花植物最主要的发育特点，这一过程除受环境信号和内源信号诱导外，还受许多基因的控制。目前，利用遗传学和分子生物学研究手段，从模式植物拟南芥、金鱼草及其他植物中已经克隆到许多与花芽分化有关的基因，如 CO(CONSTANS)、GI(GIGANTEA)、EMF(embryonic flower) 和 TFL(terminal flower) 等决定开花时间的花时基因；CAL(CAULIFLOWER)、SUP(SUPERMAN)、FLC 和 UFO(unusual floral organs) 等决定花原基的起始位置、形状等的定域基因；AGL20(agamous-like 20)、LFY(LEAFY)、AP1(APETELA1)、AP2(APETELA2) 和 FLO(FLORICAULA) 等花分生组织特征基因，它们的表达对于花原基的形成是必需的。以拟南芥为例，花分生组织产生 4 种不同类型的花器官，它们是萼片、花瓣、雄蕊和心皮，这些器官围绕分生组织侧面集中成环，称为轮(whorl)。如图 9-13 所示，野生型拟南芥的花器官从外到内排列如下。第 1 轮由 4 个萼片组成，成熟期是绿色的，第 2 轮由 4 个花瓣组成，成熟期是白色的，第 3 轮包含 6 个雄蕊，其中两个较短，第 4 轮是一个复合的雌蕊，包含两个融合心皮，每个心皮包含多个胚囊和一个花柱。

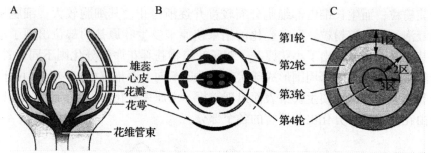

图 9-13 拟南芥花的四轮结构示意（引自 Tazi 和 Zeiger，2006）
A. 发育的花纵切全图 B. 发育的花横切展示花轮 C. 基因控制区域

研究发现，植物花发育中存在同源异型现象，即存在花的某一类器官被另一类器官所取代的突变，如花瓣被雄蕊替代、花萼被雌蕊替代等，这种遗传变异现象被称为花发育的同源异型突变(homeotic mutation)。控制同源异型现象的基因称为同源异型基因(horneotic gene)。这些基因分别控制着花分生组织特异性和花器官特异性的建立，分别称之为花分生组织特征基因和花器官特征基因。

在拟南芥中已经克隆到 AP1(APETALA 1)、AP2(APETALA 2)、AP3(APETALA 3)、PI(PISTILLATA) 和 AG(AGAMOUS) 5 类花器官特征基因。这 5 种基因可归纳为 A、B、C 三类，AP1 和 AP2 属 A 类基因，AP3 和 PI 属 B 类基因，AG 属 C 类基因。每类基因分别控制相邻的两轮花器官的发生。A 类基因 AP1 和 AP2，控制第 1 和第 2 轮花器官，A 类基因的缺失会导致心皮取代第 1 轮的萼片，雄蕊取代第 2 轮的花瓣；B 类基因 AP3 和 PI，控制第 2 和第 3 轮花器官，B 类基因的缺失会导致萼片取代第 2 轮的花瓣，心皮取代第 3 轮的雄蕊；C 类基因 AG，控制第 3 和第 4 轮花器官，C 类基因的缺失会导致花瓣取代第 3 轮的雄蕊，萼片取代第 4 轮的心皮。除 AP2 外，所有 A、B 和 C 类基因都高度保守，拥有一个 180 bp 的 DNA 序列，称为 MADS-box 基因。

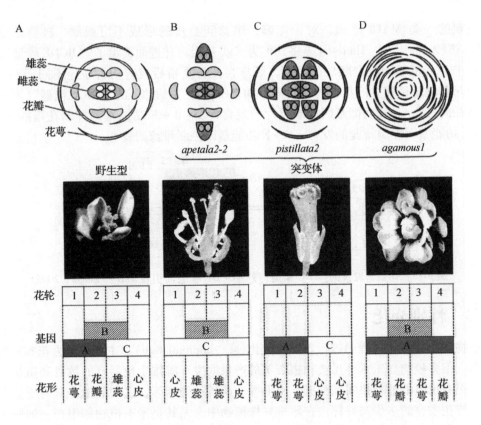

图 9-14 拟南芥花器官特征基因的突变改变了花的结构（引自 Tazi 和 Zeiger，2006）
A. 野生型，A、B 和 C 三类基因正常表达，形成正常的花萼、花瓣、雄蕊和心皮 4 轮花
B. ap2 突变体 缺失花萼和花瓣，是 A 基因功能缺失导致在整个花分生组织中表达 C 基因功能
C. pi 突变体缺失花瓣和雄蕊，是 B 基因功能缺失导致 A 和 C 基因功能表达
D. ag 突变体缺失雄蕊和心皮，是 C 基因功能缺失导致在整个花分生组织中表达 A 基因功能

在此基础上，Coen 和 Meyerowitz 于 1991 年提出了著名的解释同源异型基因控制花形态发生的"ABC 模型"（图 9-14）。这个模型的要点是，正常花的四轮结构（萼片、花瓣、雄蕊和心皮）的形成是分别由 A、B、C 三类基因的共同作用而完成的，每一轮花器官特征的决定分别依赖 A、B、C 三类基因中的一类或两类基因的正常表达。A 类基因单独控制萼片的形成，A 与 B 类基因共同控制花瓣的形成，B 与 C 类基因共同控制雄蕊的形成，C 类基因单独控制心皮的形成。如果其中任何一类或更多类的基因发生突变而丧失功能，则花的形态发生将出现异常。该模型还提出，A 与 C 类基因相互颉颃，即 A 类与 C 类基因除了它们本身决定器官特异性之外，还具有定域的功能。用这个模型可以解释和预见野生型植株花器官的形成模式及大部分突变体的表型。

自"ABC 模型"提出以来，研究者陆续从多种植物中克隆并鉴定出大量的决定花器官特征的基因，而 D 功能基因和 E 功能基因的发现，将"ABC 模型"发展为"ABCDE 模型"。Colombo 等在研究矮牵牛胚珠发育调控时，发现 *FBP*11 基因与胚珠的形成有关，是胚珠发育的主控基因，被命名为 D 功能基因。在拟南芥、金鱼草和水稻中也存在此类控制胚珠形成的基因，这样"ABC 模型"被扩展为"ABCD 模型"。*AGL2*、*AGL4* 和 *AGL9* 也是拟南芥中较早发现的一类 MADs 基因，对于花瓣、雄蕊和心皮的形成不可或缺，被重新命名为 *SEP*1、*SEP*2 和 *SEP*3，Theissen 等将其称为 E 类基因，并进而提出了"ABCDE 模型"。

由于 D 功能基因决定胚珠的发育，胚珠在授粉受精后发育为种子，不同于萼片、花瓣、雄蕊和雌蕊是独立的花器官，故将"ABCDE 模型"最后修正为"ABCE 模型"（图 9-15）。就拟南芥而言，A + E 功能基因控制萼片的发育，A + B + E 功能基因控制花瓣的发育，B + C + E 功能基因控制雄蕊的发育，C + E 功能基因控制雌蕊的发育。

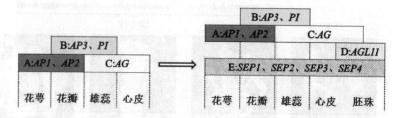

图 9-15　花器官发育的"ABC 模型"与"ABCDE 模型"（引自 Tazi 和 Zeiger，2006）

9.3.3　性别分化

植物在花芽分化过程中进行着性别分化(sex differentiation)，主要表现为花器官构造上的差异。很多植物如玉米、瓜类和银杏等的产量取决于雌雄生殖器官的数目和质量；许多工业上很有价值的油料果实如油桐、山毛榉、胡桃和大麻等，它们的油产量与质量也往往取决于雌花发育的多少与好坏。在雌雄异株植物中，尤其是木本植物如银杏、油桐等，只有在栽培多年以后才开花。为了发展雌株栽培，如何在苗期就鉴别出树木的性别是非常重要的。

9.3.3.1　花的性别表现类型

多数植物的花分生组织中都产生雌蕊和雄蕊的雏形。随着发育，性器官发生变化，或共同发育，或某一性器官退化，形成以下不同的性别表现(sex expression)类型。

①雌雄同株同花　绝大多数植物在同一花中分化出雌雄两性器官，即分化出同时具有雌蕊和雄蕊的两性花，如小麦、水稻、大豆、棉花、番茄等。

②雌雄同株异花　这类植物的雌雄两性器官共存于同一株体上，但彼此分开，各自成为雌花和雄花，如南瓜、黄瓜等瓜类作物和玉米、蓖麻等。

③雌雄异株异花　这类植物的雌花与雄花分别着生于不同的植株上，如菠菜、大麻、银杏、杨、柳、杜仲、番木瓜等。

此外，还有雄花、两性花同株，雌花、两性花同株和雌花、雄花、两性花同株等性别表现类型。有的植株在发育中有过渡状态的中间类型出现。例如，玉米的雄花上有时结出籽粒来，大麻雄株的雄蕊尖端出现柱头状结构，番木瓜也会出现杂性植株（既有雄花又有两性花）。中间类型的存在说明植物的性别是可以转化的(表 9-4)。

表 9-4 高等植物性别表现的主要类型

性别表现类型	同一植株上可能形成的花型	代表植物
雌雄同株同花型（hermaphroditism）	两性花	小麦、番茄、拟南芥
雌雄同株异花型（monoecism）	雄花和雌花	玉米、黄瓜、白麦瓶草
雌雄异株型（dioecism）	雄花或雌花	菠菜、大麻、杨、柳
雌花两性花同株型（gynomonoecism）	雌花和两性花	金盏菊、灰绿藜
雌花两性花异株型（gynodioecism）	雌花或两性花	小蓟
雄性两性花同株型（andromonoecism）	雄花和两性花	硬毛茄、槭树、元宝枫
雄性两性花异株型（androdioecism）	雄花或两性花	柿树
三性花同株型（trimonoecism）	雌花和雄花和两性花	番木瓜
三性花异株型（trioecism）	雌花或雄花或两性花	番木瓜

据研究，有花植物开始进入生殖阶段时，已分化出雌蕊与雄蕊的原基，只是由于某种原因使一方得到继续发育，另一方受抑制而退化，于是出现单性花。但在某种因子影响下，这种抑制作用被部分或全部解除，于是就产生了性别转化的现象。必须注意的是，植物的性别分化只是一种表型性状，并不改变植物的基因型。

9.3.3.2 性染色体和性别基因

大多数雌雄异株植物有性染色体，雄性为 XY 型染色体，雌性为 XX 型染色体。已知石刁柏常染色体数 10 对，正常雌性为 XX，雄性为 XY；女娄菜常染色体数 11 对，正常雌性为 XX，雄性为 XY。另外，对一些遗传突变体的分子生物学研究表明，在性染色体上存在性别基因。在雌雄同株异花植物中，通过相关的性基因控制在同一植株上产生雄花或雌花的时间和位置，导致同一植株上形成不同性别的花。这类植物的花芽在分化初期都具有两性器官，在发育过程中，一个性器官受到抑制或退化，最后发育成单性花。如已经鉴定出了影响黄瓜性别分化的多个基因位点，它们调节雄花和雌花产生的位置和时间；通过对玉米突变体的研究也发现了一些与其性别决定有关的基因，如 ts1 和 ts2 的突变体使雄性花序向雌性花序转变，导致雄穗结实。但它们的突变体并不影响营养体发育，而是影响正常的性别决定过程。

9.3.3.3 雌雄个体的生理差异

雌雄个体间的生理差异，包括以下几个方面。

①雄株的呼吸速率高于雌株，如桑、大麻、番木瓜等植物。

②雌雄株氧化酶活性不同，雄株的过氧化氢酶活性比雌株高 50%~70%，银杏、菠菜等植物雄株幼叶的过氧化物酶同工酶数目少于雌株。

③雌株具有较高的还原能力，而雄株具有较高的氧化能力。例如，千年桐雌株组织的还原力高于雄株。

④在内源激素含量上，大麻雌株叶片中 IAA 含量较高，雄株叶片中 GA 含量较高。玉米也发现类似现象：在雌穗原基中 IAA 含量较高，GA 含量较低；但在雄穗原基中恰恰相反，IAA 浓度较低，而 GA 浓度却较高。此外，在雌雄异株的野生葡萄中还发现，雌株的 CTK 含量高于雄株。

⑤在核酸含量上，雌株的 RNA 含量以及 RNA 与 DNA 的比值高于雄株。

⑥在其他物质方面，如叶绿素、胡萝卜素和碳水化合物的含量，雌株也高于雄株。

9.3.3.4　性别表现的调控

（1）植株年龄对性别表现的影响

在雌雄同株异花植物中，雌花和雄花出现早晚不同，通常是雄花早于雌花。例如，西葫芦最初只形成雄花，以后雌花、雄花同时出现，然后只形成雌花。黄瓜也有类似现象，不同枝蔓上的雄花与雌花比例不同：主枝32∶1；一级分枝15∶1；二级分枝7∶1。由此可见，植株从下部花到上部花，雌花比例逐渐增加。

（2）环境因子对性别表现的影响

这方面的影响主要包括光周期、温周期和营养状况等。

①光周期　长日植物和短日植物经过适宜光周期诱导后才能开花，而且，诱导后的光周期还影响植物的雌雄花的比例。总体而言，适宜长度的日照促进多开雌花，不适宜长度的日照则促进多开雄花，即长日照促进长日植物多开雌花；短日照则促进短日植物多开雌花，长日植物多开雄花。例如，蓖麻是长日植物，在花芽形成前10d，若每天光照延长至22 h，雌花大大增加；黄瓜为短日植物，如给予连续光照，雄花数量急剧增加，而雌花寥寥无几。试验表明，光周期对某些植物种类性别表现会产生更加深刻的影响，如长日植物菠菜，光周期诱导后给予短日照，雌株上也可形成雄花。

②温周期　低温与昼夜温差大对许多植物的雌花发育有利。例如，低温时番木瓜雌花占优势，中温时雌雄同花比例增加，高温时雄花发育占主导。夜间低温对菠菜、麻、葫芦等植物的雌花发育有利；而对黄瓜则相反，夜温低时雌花减少，夜温高时雌花增加。

③营养状况　通常水分充足、氮肥较多促进雌花分化；土壤较干旱、氮肥较少促进雄花分化。

（3）生长物质对性别表现的调控

植物激素、多胺、生长调节剂具有控制性别分化的作用。

①IAA　对性别分化的影响十分稳定，一般总是增加雌株和雌花，这对雌雄同株植物尤为明显。例如，用IAA处理黄瓜，不仅可降低第一朵雌花的着生节位，而且增加雌花数目。

②GA　与IAA恰好相反，其主要促进雄性器官的发育，不利于雌性器官的分化。这种作用对雌雄同株的瓜类与雌雄异株的大麻更为明显，如大麻用GA处理之后，雄株由50%增加到80%，而雌株却由50%下降至20%。

③CTK　有利于雌花的形成，如促进黄瓜增加雌花数量。

④ETH　与IAA的作用一样，促进雌花发育。

⑤多胺　有人在天南星科植物中发现，雄花和雌花中酚酰胺的组成是有差异的。例如，雄花比雌花含有更多的中性酚酰胺，而雌花比雄花含有更多的碱性酚酰胺。根据花中所含酚酰胺的种类与数量，可区分出雄花和雌花。

⑥生长调节剂　人工合成的植物生长调节物质对植物的性别表现也产生一定的影响。例如，三碘苯甲酸和马来酰肼可抑制雌花的产生；矮壮素则能抑制雄花的形成。这类物质对植物性别分化，很可能是通过调节内源激素的水平而起作用的。

GA与CTK的比值影响到雌雄异株植物的性别。在自然情况下，根系主要合成CTK，叶片主要合成 GA。根部与叶片形成的激素一般是保持平衡的，因此雌性植株和雄性植株出现的比例基本上是相等的。用雌雄异株植物大麻和菠菜进行试验，在去掉根系时叶片中合成 GA 运转到茎的顶芽，促使顶芽分化成雄性，当去掉叶片时，根内形成的 CTK 被运送到顶芽，促进雄性花分化。

(4) 栽培措施对性别表现的影响

熏烟可增加雌花的数量，其原因是烟中含有 ETH 与 CO。CO 对黄瓜性别表现影响显著，用 0.3% CO 处理黄瓜幼苗，可大大增加雌花与雄花的比例，而且雌花出现提早，CO 的作用是抑制 IAA 氧化酶的活性，保持较高水平的 IAA，有利于雌花的分化。机械损伤也会改变某些植物的性别，黄瓜的茎折断后长出的新蔓全开雌花，番木瓜植株的根部受伤或地上部分折伤后新长出的枝条全部开雌花。这可能与植物受伤后产生的 ETH 有关。

9.4 春化作用和光周期理论在农业生产上的应用

自然界的光周期决定了植物的地理分布与季节分布，植物对光周期反应的类型是对该地区自然光周期长期适应的结果。低纬度地区不具备长日照条件，一般只分布短日植物；高纬度地区的生长季节日照较长，多分布长日植物；中纬度地区既有短日照，又有长日照，因此短、长日植物都有分布。在同一纬度地区，长日植物多在日照较长的春末和夏季开花，而短日植物则多在日照较短的秋季开花。然而由于自然选择和人工培育，同一种植物可以在不同纬度地区分布。例如，短日植物大豆，从我国的东北到海南都有当地育成的品种，它们各自具有适应本地区日照长度的光周期特性。如果将我国不同纬度地区的大豆品种在北京地区种植，则因日照条件的改变会引起它们的生育期随其原有的光周期特性而呈现出规律性的变化：南方的品种由于得不到短日的条件，致使开花推迟；相反北方的品种因较早获得短日条件而使花期提前（表 9-5）。这反映了植物与原产地光周期相适应的特点。

表 9-5 中国不同纬度地区大豆在北京种植时的开花情况

原产地及纬度	广州 23°	南京 32°	北京 40°	锦州 41°	佳木斯 47°
品种名称	番禺豆	金大 532	本地大豆	平顶香	满仓金
原产地播种后到开花日数(d)	—	90	80	71	55
北京播种后到开花日数(d)	168	124	80	63	36

绝大多数要求低温春化的植物属于长日植物，如冬小麦、冬大麦、菠菜、甜菜和康乃馨等，这些植物在低温下完成春化后还必须在长日照下才能开花。但有些植物例外，如菊花是低温短日照植物，在低温下完成春化后，必须在短日照下才能开花。而蚕豆和甜豌豆则属于低温日中性植物，在低温下完成春化以后，在长日照或短日照条件下均可开花。由此可以看出，在进行引种育种，控制开花时要十分注意温度和光周期的配合。

(1) 春化处理

在农业生产上对萌动种子通过春化的低温处理，称为春化处理。经过春化处理的植物,花诱导加速,提早开花、成熟。我国劳动人民利用罐埋法(把萌发的冬小麦闷在罐中,放在 0～5℃ 低温处 40～50 d)、七九小麦(即在冬至那天起将种子浸在井水中,翌晨取出阴干,每 9 d 处理 1 次,共 7 次)等方法,顺利解决冬小麦的春播问题。另外,在特殊情况如春季突遇自然灾害或其他原因使作物受毁,作为生产补救办法,对于萌动种子能通过春化的作物,可将其种子进行春化处理后播种,即使是春季播种也能抽穗结实。

(2) 适时播种

由于植物对低温和光周期长短要求的不同,不同的植物必须选择适合的播种时期。需要低温春化的作物应在能满足春化的时期播种,如麦子和油菜等常在秋冬季节播种。长日植物需要播种在花芽分化时有大于其临界日长的季节,短日植物需要播种在花芽分化时有短于其临界日长的季节。水稻的光敏核不育也是通过控制播种期来控制雄蕊败育,进行杂交制种。

(3) 调种引种

在农林业生产中,需要经常从外地引进优良品种,但在进行远地引进新作物品种时,要特别注意被引进品种的光周期性质及当地气候因素。因为即使同一种作物的不同品种,因地理分布不同,对光周期的要求常有明显的差异,因此,在不同纬度地区间引种时,必须首先考虑植物能否及时开花结实,否则可能会因提早或延迟开花而造成减产,甚至颗粒无收。这在历史上有过严重的教训,例如,曾把河南的小麦种子在广东种植,由于广东气温较高,日照较短,结果小麦只长叶片不抽穗,造成颗粒无收。还有吉林的水稻(春森 5 号)引到湖南,日照缩短加速发育,导致在秧田中抽穗,这些都给生产造成很大的损失。对此,在引种时首先要了解被引品种的光周期特性,属于长日植物、短日植物还是日中性植物;同时要了解作物原产地与引种地生长季节的日照条件的差异;还要根据被引进作物的经济利用价值来确定所引品种。一般来讲我国南方品种临界日长比北方品种要短,在生长季节中春夏的长日照,南方地区比北方来得晚,秋天的短日照在偏南地区比偏北地区要早些。引种时,短日植物若南种北引,发育延迟,开花晚,因此要引用早熟品种;若北种南引时,发育加速,提早开花,应引用晚熟品种。长日作物正好相反,南种北引时,应引用晚熟品种;北种南引时则应引进早熟品种。

(4) 加速世代繁育

在育种工作中,通过人工光周期诱导,可以加速良种繁育,缩短育种年限。如在进行甘薯杂交育种时,可以人为地缩短光照,使甘薯开花整齐,以便进行有性杂交,培育新品种。此外,可以利用异地种植以满足植物对光周期的要求,如短日植物水稻和玉米可在海南岛加快繁育种子;长日植物小麦夏季在黑龙江、冬季在云南种植,可以满足作物发育对光照和温度的要求,一年内可繁殖 2～3 代,加速了育种进程。

(5) 调节营养生长和生殖生长

对于麻类、烟草等以收获营养器官为目的的短日植物来说,增产的途径往往是延迟其开花,如南麻北种,即可利用生长季节的日照较长,抑制其开花,使营养器官茎秆生长旺盛,从而提高麻的产量和质量。但种子往往不能及时成熟,要解决这一问题,可在留种地采用苗期短日照处理方法。又如,短日植物烟草,原产热带或亚热带,引种至温带时,可提前至春季播种,利用夏季的长日照及高温多雨的气候条件,促进营养生长,提高烟叶产量。

(6) 调节花期

在当今园艺生产上,花卉生产逐渐市场化、商品化,要求花卉能在一年中各个时期均衡供应。目前已经广泛地利用人工控制光周期的办法来提前或推迟花卉植物开花。例如,菊花是短日植物,在自然条件下秋季开花,倘若给予遮光缩短光照处理,则可提前至夏季开花,一般短日处理 10d 之后便开始花芽分化;也可以人工光照延迟开花,如菊花为短日植物,原在秋季(10月)开花,现经人工处理(遮光成短日照)在 6~7 月间就可开出鲜艳的花朵;如果延长光照或晚上闪光使暗期间断,则可使花期延后。广州市园艺工作者利用这个原理,加上摘心以增多花数,使一株菊花准时在春节开 2 000~3 000 朵花。

园艺生产上还可以采用低温处理可促进石竹等花卉的花芽分化,还可使秋播的一、二年生草本花卉改为春播,当年开花;利用解除春化可控制某些植物开花,如越冬贮藏的洋葱鳞茎在春季种植前用高温处理以解除春化,防止其在生长期抽薹开花,以获得大的鳞茎,增加产量;我国四川省种植的当归为二年生药用植物,当年收获的块根质量差:不宜入药,需第二年栽培,但第二年栽种时又易抽薹开花而降低块根品质,如在第一年将其块根挖出,储藏在高温下而使其不通过春化,就可减少第二年的抽薹率而获得较好的块根,提高产量和药用价值。

在温室中延长或缩短日照长度,控制作物花期,可解决花期不遇问题,对杂交育种也将有很大的帮助。如早稻和晚稻杂交时,可对处于 4~7 叶期的晚稻秧苗进行遮光处理,使其提早开花以便和早稻杂交,选育新品种。植物通过光周期所要求的光强度,一般只需 50~100 lx。

本章小结

种子植物的生命周期,要经过胚胎形成、种子萌发、幼苗生长、营养体形成、生殖体形成、开花结实、衰老和死亡等阶段。通常将植物达到花熟状态之前的营养生长时期称为幼年期,处在幼年期的植物不能诱导开花。已经完成幼年期的植物,在适宜的条件下能诱导开花。低温和光周期是植物成花诱导的两个主要环境因子。

低温诱导促使植物开花的作用称为春化作用。一般一年生冬性植物和大多数二年生植物以及一些多年生草本植物的开花都需要经过春化作用。植物感受低温的部位是茎尖生长点,春化作用促进了成花基因的顺序表达,合成新的 mRNA 和特异蛋白质,从而导致花芽分化。春化作用在未完成之前给予高温,可以解除,但一旦完成春化,高温就不再能解除春化。在成花诱导的基础上,茎尖生长锥在形态上、生理生化上均发生很大变化,经花芽分化并形成花器官。性别分化实际上是关于雌、雄蕊的发育问题。植物性别表现主要有 3 种类型:雌雄同株同花植物、雌雄同株异花植物和雌雄异株植物,植物花器官的位置和性别表现依赖于同源异型基因的正确表达,同时也受多种环境因子的影响。

植物对白天黑夜相对长度的反应,称为光周期现象。根据植物成花对光周期的要求,可将植物分成长日植物、短日植物和日中性植物等类型。在昼夜的光暗交替中,暗期对植物的成花起决定作用,短日植物的成花要求暗期长于一定的临界值,而长日植物则要求暗期短于临界夜长。植物接收光周期信号的部位是叶片，叶片感受光周期信号后，产生的成花物质传递至发生花芽分化的茎生长点，在那里发生从营养生长锥向生殖生长锥的转变。但是至今仍未确定成花物质的性质。光敏色素参与了植物对光信号的接受和对光周期中时间的测量。

植物成花生理理论在农业生产上有重要的指导意义，并已被广泛地应用于品种繁殖、异地引种、控制花期、调节营养生长和生殖生长等实践中。

复习思考题

一、名词解释

幼年期　花熟状态　春化作用　去春化作用　光周期现象　长日植物　日中性植物　临界日长　临界暗期　光周期诱导　成花决定态

二、问答题

1. 如何证实植物感受低温的部位是茎尖生长点。
2. 指出感受光周期刺激的部位及反应部位，并举例证明。
3. 如何证明暗期长度相对于光期长度对植物开花的影响更重要？
4. 写出两种控制冬贮洋葱开花的有效方法，并加以解释。
5. 根据植物开花对光周期的反应，可将植物分为几种类型？举例说明。
6. 说明光周期现象与植物地理起源和分布的关系，以及在生产上的应用。
7. 为什么说光敏色素在植物的成花诱导中起重要作用？
8. 说明 GA 不是春化素的理由。
9. 怎样证明感受光周期后所产生的开花刺激物是可以传递的？
10. 春化作用在农业生产实践中有何应用价值？
11. 根据所学生理知识，简要说明从远方引种要考虑哪些因素才能成功。

参考文献

Lincoln Taiz, Eduardo Zeiger. 2006. Plant Physiology[M]. 4th. Sunderland：Sinauer Associates Inc.
Chailakhyan M K H. 1937. Concerning the hormonal nature of plant development processes[M]. Dokl Akad Nauk SSSR.
Salisbury F B, Ross C W. 1992. Plant Physiology[M]. 4th. Belmont, California：Wadsworth Inc. 蒋德安. 2011. 植物生理学[M]. 2 版. 北京：高等教育出版社.
武维华. 2008. 植物生理学[M]. 2 版. 北京：科学出版社.
徐克章. 2007. 植物生理学[M]. 北京：中国农业出版社.
徐克章，张志安. 2005. 植物生理学[M]. 北京：高等教育出版社.
杨世杰. 2010. 植物生物学[M]. 2 版. 北京：高等教育出版社.
余叔文，汤章城. 1998. 植物生理与分子生物学[M]. 2 版. 北京：科学出版社.
张立军，刘新. 2011. 植物生理学[M]. 2 版. 北京：科学出版社.
张志安，陈展宇. 2009. 植物生理学[M]. 长春：吉林大学出版社.

第 10 章

植物的成熟和衰老生理

知识导图

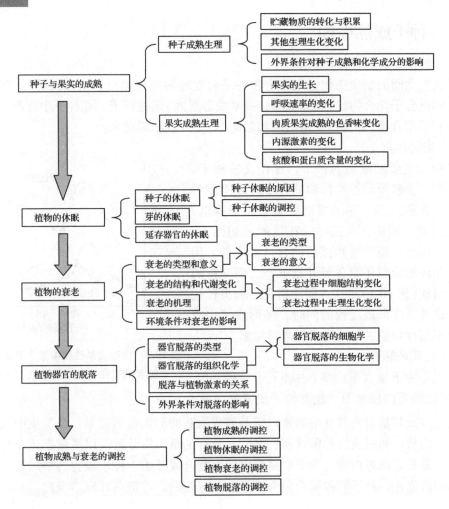

高等植物受精后，受精卵发育成胚，胚珠发育成种子，子房及其周围的组织膨大发育成果实。种子和果实形成时，在形态和生理上都会发生一系列复杂的变化。多数植物种子和某些植物的营养繁殖器官，在成熟后进入休眠，只有在外界条件适宜时才能萌发，生产上有时需要延长或破除休眠。此外，伴随种子和果实的成熟，植株逐渐趋于衰老，有些器官甚至发生脱落现象。种子与果实生长的好坏，不仅决定当年农产品的产量和品质，同时也影响下一代的繁育。因此，研究和调控植物的成熟、休眠、衰老与脱落，具有重要的理论及应用意义。

10.1 种子与果实的成熟

种子成熟（seed maturation）实质上是胚从小长大，以及营养物质在种子中变化和积累的过程。果实成熟（fruit ripening）是果实充分成长以后到衰老之间的一个发育阶段。在种子和果实成熟过程中，在形态和生理上均发生了一系列复杂的变化，下面分别介绍种子和果实成熟过程中的生理生化变化。

10.1.1 种子成熟生理

10.1.1.1 贮藏物质的转化与积累

种子成熟期间的物质变化，大体上和种子萌发时的变化相反。植株营养器官的养料，以可溶性的低分子化合物状态（如蔗糖、氨基酸等形式）运往种子，在种子中逐渐转化为不溶性的高分子化合物（如淀粉、蛋白质和脂肪等），并且积累起来。

（1）糖类的转化

以淀粉为主要贮藏物的种子，称作淀粉种子，水稻、小麦、玉米等禾谷类作物的种子均属于淀粉种子，在其成熟过程中伴随可溶性糖含量的降低，不断积累淀粉。例如，水稻在开花后的最初几天，胚乳内非还原糖、还原糖和淀粉的含量都增加。10余天后，非还原糖和还原含量开始下降，而淀粉的含量依然增加（图10-1），这表明淀粉是由糖类转化而来的。此外，在形成淀粉的同时，还形成了构成细胞壁的不溶性物质，如纤维素和半纤维素。

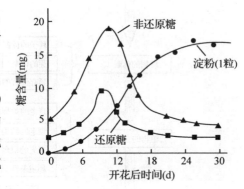

图10-1 水稻成熟过程中单个胚乳内主要糖类的变化（引自李合生，2006）

（2）蛋白质的转化

豆科植物种子富含蛋白质（占种子干重的40%以上），称之为蛋白质种子。此类种子积累蛋白质，首先，是叶片或其他营养器官的氮素以氨基酸或酰胺的形式运到荚果，在荚皮中氨基酸或酰胺合成蛋白质，暂时成为贮藏状态；然后，暂存的蛋白质分解，以酰胺态运至种子转变为氨基酸，最后合成蛋白质。种子贮藏蛋白的生物合成开始于种子发育的中后期，至种子干燥成熟阶段终止。种子贮藏蛋白分为清蛋白、球蛋白、谷蛋白和醇溶蛋白。贮藏蛋白没有明显的生理活性,主要功能是提供种子萌发时所需的氮和氨基酸。

种子脱水和 ABA 可以调节贮藏蛋白基因的表达。在种子成熟时,其干燥胚中有一些基因可被 ABA 或渗透胁迫诱导表达,如编码胚胎发生晚期丰富蛋白(late embryogenesis abundant protein,LEAP)的基因。LEAP 大多是高度亲水的。一般认为,LEAP 在植物细胞中具有保护生物大分子,维持特定细胞结构,缓解干旱、盐碱及低温等环境胁迫的作用。

(3) 脂肪的转化

花生、油菜、大豆、向日葵、蓖麻等种子中脂肪含量很高,称为脂肪种子或油料种子。油料种子在成熟过程中,脂肪含量不断提高,碳水化合物含量相应降低(图 10-2),表明脂肪是由碳水化合物转化而来的。其次,在油料种子成熟初期形成大量的游离脂肪酸,随着种子的成熟,游离脂肪酸用于合成脂肪,使种子的酸价(中和 1g 油脂中游离脂肪酸所需 KOH 的毫克数)逐渐降低。另外,随着种子的成熟,在初期种子内部首先合成饱和脂肪酸,然后在去饱和酶的作用下转化为不饱和脂肪酸,使种子的碘价(100g 油脂所能吸收碘的克数)逐渐升高。所以,种子要达到充分成熟,才能完成这些转化过程。如果油料种子在未完全成熟时便收获,不但种子的含油量低,而且油质差。

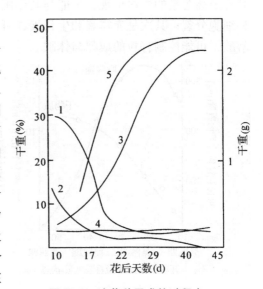

图 10-2 油菜种子成熟过程中有机物及粒重的变化

(引自王恒根,2013)

1. 可溶性糖 2. 淀粉 3. 千粒重
4. 含氮物质 5. 粗脂肪

(4) 矿质的积累

种子成熟脱水时,运进种子的 Ca^{2+}、Mg^{2+} 和 PO_4^{3-} 同肌醇形成非丁(phytin,肌醇六磷酸钙镁盐,或称为植酸钙镁盐),是禾谷类等淀粉种子中磷酸的储存库与供应源。例如,水稻种子成熟时有 80% 的无机磷以非丁形式储存于糊粉层,当种子萌发时,非丁分解释放出 P、Ca、Mg 等用于水稻幼苗生长。

10.1.1.2 其他生理生化变化

(1) 呼吸速率的变化

有机物积累和种子的呼吸速率有密切关系。种子成熟过程中,有机物质积累迅速时,呼吸速率亦增高;种子接近成熟时,呼吸速率逐渐降低(图 10-3)。

(2) 含水量的变化

种子含水量与有机物的积累恰好相反,即随着种子的成熟,其含水量逐渐减少(图 10-4)。因为有机物质的合成是脱水过程,种子成熟时幼胚中具有浓厚的细胞质而无液泡,自由水含量很少,种子的生命活动由代谢活跃转入代谢微弱的休眠状态,以利于贮藏和抵御恶劣环境。

(3) 内源激素的变化

在种子成熟过程中,种子中内源激素发生有规律的变化。例如,玉米素在小麦胚珠受精之前含量很低，在受精末期达到最大值，随后减少；赤霉素在抽穗到受精之前有一个小的峰值，随后下降，这可能与抽穗有关，受精后籽粒开始生长时，赤霉素含量迅速增加，受精后3周达到最大值，随后减少；生长素在胚珠内含量少，受精时稍增加，随后减少，当籽粒生长时再增加；收获前一周鲜重达到最大值，之后下降。籽粒成熟时生长素消失（图10-5）。此外，脱落酸在籽粒成熟期含量大增。上述情况表明，小麦成熟过程中，植物激素最高含量的顺序出现，可能与其作用有关。首先出现的是玉米素，可能调节籽粒建成和细胞分裂；其次是赤霉素和生长素，可能调节光合产物向籽粒中运输和积累；最后是脱落酸，可能控制籽粒的成熟与休眠。

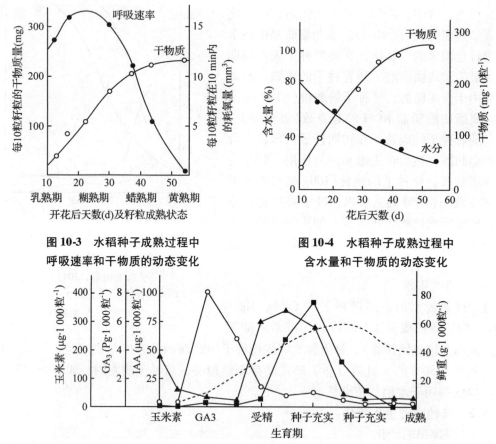

图10-3　水稻种子成熟过程中呼吸速率和干物质的动态变化

图10-4　水稻种子成熟过程中含水量和干物质的动态变化

图10-5　小麦籽粒发育过程中内源激素含量及千粒鲜重的动态变化（引自王恒根，2013）
玉米素(○)　GA₃(▲)　IAA(■)　千粒鲜重(—)

10.1.1.3　外界条件对种子成熟和化学成分的影响

尽管遗传性决定不同种或品种种子的化学成分，但外界条件也影响种子的成熟过程和它的化学成分。

(1) 光照

光照强度直接影响植物的光合作用，从而影响种子内有机物质的积累。小麦灌浆期间若遇到连续阴雨天，千粒重减小，会造成减产。此外，光照也影响籽粒的蛋白质含量和含油量。

(2) 温度

温度对油料种子的含油量和油分性质的影响很大。吉林省农业科学院大豆研究所 (1982) 的研究分析表明, 大豆种子依据生态区不同而存在着品质区划现象。南方大豆种子的脂肪含量低, 蛋白质含量高; 北方特别是东北地区的大豆种子的脂肪含量高, 蛋白质含量较低 (表 10-1)。种子成熟期间, 适当的低温有利于油脂的累积。在油脂品质上, 种子成熟时温度较低而昼夜温差大时, 有利于不饱和脂肪酸的形成; 在相反的情形下, 有利于饱和脂肪酸的形成。所以, 最好的干性油是从纬度较高或海拔较高地区的种子中得到的。

表 10-1 我国不同地区大豆的品质

不同地区品种	蛋白质含量(%)	油脂含量(%)
北方春大豆	39.9	20.8
黄淮海夏大豆	41.7	18.0
长江流域春夏秋大豆	42.5	16.7

(3) 土壤含水量

土壤干旱会破坏作物体内水分平衡, 严重影响灌浆, 造成籽粒不饱满, 导致减产。土壤水分过多, 由于缺氧使根系受到损伤, 光合下降, 种子不能正常成熟。

(4) 空气相对湿度

连日阴雨, 空气相对湿度高, 会延迟种子成熟。空气湿度较低, 则加速成熟。但空气湿度太低会出现大气干旱, 不但阻碍同化物质运输, 而且导致合成酶活性降低, 水解酶活性增高, 干物质积累减少, 种子瘦小产量低。常将因干燥与热风引起的种子灌浆不足称为"风旱不实"现象。在我国河西走廊, 小麦种植常因遭遇干热风, 妨碍了籽粒的灌浆, 引起小麦减产。

(5) 矿质营养

营养条件对种子的化学成分也有显著影响。氮肥有利于种子蛋白质含量提高; 但氮肥过多 (尤其是生育后期) 会引起贪青晚熟, 油料种子则降低含油率; 适当增施磷钾肥可促进糖类向种子中运输, 利于种子中淀粉和脂肪的合成与累积。

10.1.2 果实成熟生理

10.1.2.1 果实的生长

(1) 生长模式

果实生长主要有三种模式: 单"S"形生长曲线、双"S"形生长曲线和三"S"形生长曲线。

①单"S"形生长曲线 属于单"S"形生长模式的果实有苹果、梨、香蕉、板栗、核桃、石榴、柑橘、枇杷、菠萝、草莓、番茄、无籽葡萄等。这种类型的果实在开始生长时速度较慢, 以后逐渐加快, 直至急速生长, 达到高峰后又渐变慢, 最后停止生长 (图 10-6)。这种慢—快—慢生长节奏的表现与果实中细胞分裂、膨大及成熟的节奏是相一致的。

②双"S"形生长曲线 属于双"S"形生长模式的果实有桃、李、杏、樱桃等核果以及葡萄、柿、山楂、无花果等非核果。这种类型的果实在生长中期出现一个缓慢生长期，表现为慢—快—慢—快—慢的生长节奏。这段缓慢生长期是果肉暂时停止生长，而内果皮木质化、果核变硬和胚迅速发育的时期。果实第二次迅速增长的时期，是进行中果皮细胞的膨大和营养物质的大量积累（图10-6）。

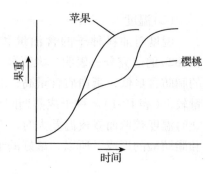

图10-6 果实的生长模式曲线
（引自李合生，2006）
苹果为"S"型，樱桃为双"S"型

③三"S"形生长曲线 属于三"S"形生长曲线目前只在猕猴桃的果实中发现，在其果实生长过程中出现3个快速生长期，表现为慢—快—慢—快—慢—快—慢的生长节奏。

（2）单性结实

一般情况下，植物通过受精作用才能结实。但是有些植物也可不经受精即能形成果实，这种现象称为单性结实（parthenocarpy）。单性结实的果实里不产生种子，形成无籽果实（seedless fruit）。单性结实分为天然单性结实（natural parthenocarpy）、刺激性单性结实（stimulative parthenocarpy）和假单性结实（fake parthenocarpy）3类。

①天然单性结实 不经授粉、受精作用或其他任何刺激诱导而形成无籽果实的现象称天然单性结实。例如，香蕉、菠萝和有些葡萄、柑橘、无花果、柿子、黄瓜等，个别植株或枝条发生突变，形成无籽果实。人们用营养繁殖方法把突变枝条保存下来，培育无核品种。

②刺激性单性结实 在外界环境条件的刺激下而引起的单性结实称为刺激性单性结实，也称为诱导性单性结实（induced parthenocarpy）。例如，短光周期和较低叶温可引起瓜类作物单性结实；较低温度和较高光强可诱导番茄形成无籽果实；利用植物生长调节剂（葡萄、枇杷用赤霉素；辣椒用萘乙酸）均能刺激子房等组织膨大，诱导单性结实。

③假单性结实 有些植物授粉、受精后，由于某种原因而使胚停止发育，但子房或花托继续发育，也可形成无籽果实，这种现象称为假单性结实。例如，有些无核柿子和葡萄等。

10.1.2.2 呼吸速率的变化

（1）呼吸跃变

当果实成熟到一定程度时，呼吸速率首先降低，然后突然增高，最后又下降，此时果实便进入完全成熟期。果实在成熟之前发生的这种呼吸突然升高的现象称为呼吸跃变（respiratory climacteric）或呼吸峰（图10-7）。呼吸跃变的出现，标志着果实从成熟到完熟，达到可食用的程度。

（2）跃变型果实和非跃变型果实

根据果实是否有呼吸跃变现象，将果实分为跃

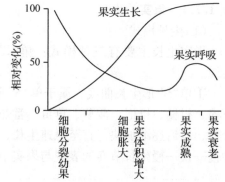

图10-7 跃变型果实的生长及其呼吸进程
（引自李合生，2006）

变型和非跃变型两类。跃变型果实有：苹果、梨、香蕉、桃、李、杏、柿、无花果、猕猴桃、芒果、番茄、西瓜、甜瓜、哈密瓜等，这类果实在母株上或离体成熟过程中都有呼吸跃变。非跃变型果实有：柑橘、橙子、葡萄、樱桃、草莓、柠檬、荔枝、可可、菠萝、橄榄、腰果、黄瓜等，其果实在成熟期呼吸速率逐渐下降，不出现高峰。

(3) 跃变型果实和非跃变型果实主要区别

①跃变型果实成熟比较迅速，非跃变型果实成熟比较缓慢；

②跃变型果实含有较复杂的贮藏物质，在即将达到可食用状态时，贮藏物质强烈水解，呼吸加强。在跃变型果实中，香蕉中淀粉水解的速率较苹果高，因而香蕉的成熟快于苹果；

③跃变型果实与非跃变型果实在"乙烯产生特性"和"对乙烯的反应效应"方面存在差异。其中跃变型果实中乙烯能诱导自我催化过程的发生，不断产生大量乙烯，促进成熟。

(4) 果实成熟过程中乙烯的调节机理

跃变型果实中乙烯生成有两个调节系统。系统Ⅰ负责呼吸跃变前果实中低速率的基础乙烯生成；系统Ⅱ负责呼吸跃变时乙烯的自我催化释放，其乙烯释放效率很高。非跃变型果实成熟过程中只有系统Ⅰ活动，缺乏系统Ⅱ，乙烯生成速率低而平衡。两种类型果实对乙烯反应的区别在于：对于跃变型果实，外源乙烯只在跃变前起作用，诱导呼吸上升(图10-8)；同时启动系统Ⅱ，形成乙烯自我催化，促进乙烯大量释放，但不改变呼吸跃变顶峰的高度，且与处理用乙烯浓度关系不大，其反应是不可逆的。对于非跃变型果实则不同，外源乙烯在整个成熟期间都起作用，可

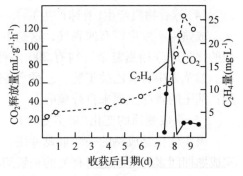

图10-8 香蕉成熟期乙烯产生与呼吸高峰的关系

(引自 Taiz and Zeiger 主编，宋纯鹏，王学路等译，2009)

提高果实的呼吸速率。并且，呼吸速率增加与处理乙烯的浓度密切相关，其反应是可逆的。但外源乙烯不能促进非跃变型果实内源乙烯的增加。乙烯的大量产生是跃变型果实呼吸跃变产生的原因，其机理可能是乙烯通过受体与细胞膜结合，增强膜透性，加速气体交换，从而提高果实的呼吸速率；乙烯可诱导呼吸酶的 mRNA 的合成，提高呼吸酶含量，并可提高呼吸酶活性，对抗氰呼吸有显著的诱导作用，进而加速果实成熟和衰老进程。

10.1.2.3 肉质果实成熟的色、香、味的变化

肉质果实在生长过程中，不断积累有机物。这些有机物大部分是从营养器官运送来的，但也有一部分是果实本身制造的，因为幼果的果皮往往含有叶绿体，可以进行光合作用。当果实长到一定大小时，果肉已储存很多有机养料，但还未成熟，因此果实不甜、不香，且硬、酸、涩。这些果实在成熟过程中，要经过复杂的生理生化转变，才能使果实的色、香、味发生很大的变化，从而达到可以食用的程度。

(1) 淀粉转变为可溶性糖(果实变甜)

未成熟的果实中储存着许多淀粉，所以早期果实无甜味。到成熟末期，果实中储存的淀粉转化为可溶性糖，积累在细胞液中，淀粉含量越来越少，还原糖、蔗糖等可溶性糖含

量迅速增多，使果实变甜。糖的种类对果实甜度也有很大影响，如果以蔗糖的甜度定为1，则葡萄糖为0.49，果糖为1.03~1.50。其中葡萄糖口感较好，而果糖则较甜。

(2) 有机酸转化(酸味减少)

果实的酸味源于有机酸的积累。如柑橘、菠萝果肉细胞的液泡含有柠檬酸，仁果类(苹果、梨等)和核果类(桃、李、杏、梅等)含苹果酸，葡萄中含有大量酒石酸。在成熟过程中，多数果实有机酸含量下降，因为有些有机酸转变为糖，有些则由呼吸作用氧化为CO_2和H_2O，还有些被K^+、Ca^{2+}等离子中和生成盐，因此酸味明显减少。

(3) 单宁物质转化(涩味减少)

有些果实未成熟时有涩味，如柿子、香蕉、李子等。这是由于细胞液中含有单宁等物质。单宁是一种不溶性酚类物质，可以保护果实免于脱水及病虫侵染。果实成熟过程中，细胞内单宁被过氧化物酶氧化成过氧化物或凝结成不溶性物质，从而使涩味减少。

(4) 芳香物质产生(香味产生)

成熟果实发出特有的香气，这是由于果实内部存在着微量的挥发性物质。这些芳香物质的化学成分相当复杂，约有200多种，主要是酯、醇、酸、醛和萜烯类等低分子化合物。如苹果中含有乙酸丁酯、乙酸己酯、辛醇等挥发性物质；香蕉的特色香味是乙酸戊酯；橘子的香味主要来自柠檬醛。

(5) 果胶物质的变化(果实变软)

果实软化是成熟的一个重要特征。引起果实软化的主要原因是细胞壁物质的降解。果实成熟期间多种与细胞壁有关的水解酶活性上升，细胞壁结构成分及聚合物分子大小发生显著变化，如纤维素长链变短，半纤维素聚合分子变小，其中变化最显著的是果胶物质的降解。不溶性的原果胶分解成可溶性的果胶或果胶酸，果胶酸甲基化程度降低，果胶酸钙分解。果实成熟期间变化最显著的酶为多聚半乳糖醛酸酶(polygalacturonase, PG)，可催化多聚半乳糖醛酸α-1,4键的水解，在果实软化过程中起着重要的作用。

(6) 色素的变化(色泽变艳)

随着果实的成熟，多数果实色泽由绿色渐变为黄、橙、红、紫或褐色。这常作为果实成熟度的直观标准。与果实色泽有关的色素有叶绿素、类胡萝卜素、花色素和类黄酮素等。

① 叶绿素 叶绿素一般存在于果皮中，有些果实(如苹果)果肉中也有。叶绿素的消失可以在果实成熟之前(如橙)、之后(如梨)或与成熟同时进行(如香蕉)。在香蕉和梨等果实中叶绿素的消失与叶绿体的解体相联系，而在番茄和柑橘等果实中则主要由于叶绿体转变成有色体，使其中的叶绿素失去了光合能力。氮素、GA、CTK和生长素均能延缓果实褪绿，而乙烯对多数果实都有加快褪绿的作用。

② 类胡萝卜素 果实中的类胡萝卜素种类很多，一般存在于叶绿体中，褪绿时便显现出来。番茄中以番红素和β胡萝卜素为主。香蕉成熟过程中果皮所含有的叶绿素几乎全部消失，但叶黄素和胡萝卜素则维持不变。桃、番茄、红辣椒、柑橘等则经叶绿体转变为有色体而合成新的类胡萝卜素。类胡萝卜素的形成受环境的影响，如黑暗能阻遏柑橘中类胡萝卜素的生成，25℃是番茄和一些葡萄品种中番红素合成的最适温度。

③ 花色素苷和其他多酚类化合物 花色素苷是花色素和糖形成的β-糖苷，已知结构的

花色素苷约250种。花色素能溶于水，一般存在于液泡中，在果实成熟期大量积累。花色素苷的生物合成与碳水化合物的积累密切相关，促进糖分积累的外界因素均利于果实着色。高温往往不利于着色，这也是造成我国南方苹果着色很差的根本原因。花色素苷的形成需要光，但有些苹果要在直射光下才能着色，所以树冠外围果色鲜红，而内膛的果实常呈绿色。

总之，在肉质果实成熟过程中，内部有机物质的变化明显受温度和湿度的影响。通常在夏凉多雨的条件下，果实中酸含量高，糖分相对减少；在阳光充足、气温较高及昼夜温差较大的条件下，果实中酸含量少而糖分较多，这正是新疆吐鲁番的哈密瓜和葡萄特别甜的原因。

10.1.2.4 内源激素含量的变化

在果实成熟过程中，生长素、赤霉素、细胞分裂素、脱落酸和乙烯5类植物激素，都是有规律地参加到代谢反应中。有人测定了苹果（图10-9）、柑橘等果实成熟过程中内源激素的动态变化，发现在开花与幼果生长时期，生长素、赤霉素、细胞分裂素的含量增高。在苹果果实成熟时，乙烯含量达到最高峰，而柑橘、葡萄成熟时，脱落酸含量最高。

10.1.2.5 核酸和蛋白质含量的变化

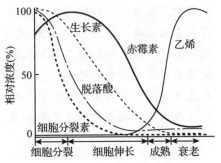

图10-9 苹果果实各生育时期激素的动态变化（引自李合生，2006）

在苹果、梨和番茄等果实成熟时，RNA含量显著增加。用RNA合成抑制剂放线菌素D处理正在成熟的梨果实，RNA含量减少，果实成熟受阻。研究表明，果实成熟与蛋白质合成有关。苹果和梨等成熟时，蛋白质含量上升，如用蛋白质合成抑制剂亚胺环己酮处理成熟着的果实，则14C-苯丙氨酸结合到蛋白质的速度减低，果实成熟延迟。

知识窗

果实成熟的分子生物学研究进展

果实成熟包含着复杂的生理生化变化，近年来逐渐受到植物生理生化学家和分子生物学家的重视。已有研究表明，果实成熟是分化基因表达的结果。

果实成熟过程中mRNA和蛋白质合成发生变化。例如，番茄在成熟期有一组编码6种主要蛋白质的mRNA含量下降；另一组编码4~8种蛋白质的mRNA含量增加，其中包括多聚半乳糖醛酸酶（PG）的mRNA。这些mRNA涉及色素的生物合成、乙烯的合成和细胞壁代谢，而编码叶绿体的多种酶的mRNA数量减少。

反义RNA技术的应用为研究PG在果实成熟和软化过程中的作用提供了最直接的证据。获得的转基因番茄能表达PG反义mRNA，使得PG的活性严重受阻，转基因植株纯合子后代的果实中PG活性仅为正常的1%。在这些果实中果胶的降解受到抑制，而乙烯、番茄红素的积累以及转化酶、果胶酶等的活性未受到任何影响，果实仍然正常成熟，并没有像预期的那样推迟软化或减少软化程度。这些结果说明，虽然PG对果胶降解十分重要，但它不是果实软化的唯一因素，果实的软化可能不只与果胶的降解有关。尽管有实验表明，反义 PG 转基因对果实软化没有多大影响，但转基因果实的加工性能有明显改善，能抗裂果和机械损伤，更能抵抗真菌侵染，这可能与 PG 活性下降导致果胶降解受到抑制有关。也有少数报道发现转 PG 反义基因番茄在果实贮藏期可推迟软化进程。PG 蛋白现已从成熟的番茄、桃等果实中得到分离。

基因工程在调节果实成熟中的应用，不仅有助于对成熟有关的生理生化基础的深入研究，而且为解决生产实际问题提供了诱人的前景。一个成功的例子是 ACC 合成酶反义转基因番茄，其原理是将 ACC 合成酶 cDNA 的反义系统导入番茄，转基因植株的乙烯合成严重受阻。这种表达反义 RNA 的纯合子果实，放置三、四个月不变红、不变软也不形成香气，只有用外源乙烯处理，果实才能成熟变软，成熟果实的质地、色泽、芳香和可压缩性与正常果实相同。这种转基因番茄现已投入商业生产。同样把 pTOM13（ACC 氧化酶基因）引入番茄植株，获得反义 ACC 氧化酶 RNA 转化植株。该植株在伤害和成熟时乙烯增加都被抑制了，而且抑制程度与转入的基因数相关。另外，利用基因工程能够改变果实色泽，提高果实品质方面的研究也已取得一定的进展。如将反义 pTOM5n 导入番茄，转基因植株花呈浅黄色，成熟果实呈黄色，果实中检测不到番茄红素。利用调节次生代谢关键酶的基因表达来改变花卉的颜色已取得成功，很有可能用同样的方法也能够改变果实的颜色。

10.2 植物的休眠

多数植物的生长都要经历季节性的不良气候时期，如温带的四季在光照、温度和降水量上的差异就十分明显，植物如果不存在某些防御机制，便会受到伤害或致死。休眠（dormancy）是植物的整体或某一部分生长极为缓慢或暂时停止生长的现象，是植物抵制不良自然环境的一种自身保护性的生物学特性。休眠有多种形式，一、二年生植物大多以种子为休眠器官，即种子休眠；多年生落叶树以休眠芽过冬，即芽休眠；而多种二年生或多年生草本植物则以休眠的根系、鳞茎、球茎、块根、块茎等度过不良环境，即延存器官休眠。

无论是种子休眠、芽休眠还是延存器官休眠，都是经过长期进化而获得的对环境条件和季节性变化的生物学适应性。例如，温带地区的植物秋季形成种子后，通过休眠来避免冬季严寒的伤害；禾谷类作物种子因为有短暂的休眠期，可以避免穗上萌发，同时也利于物种的延续和农业生产；树木的叶片在秋季脱落前形成不透水、不透气的芽，使其提前做好御寒准备，以上例证都是植物适应环境的保护性反应。

此外，杂草种子因其具有复杂的休眠特性，萌发期参差不齐，经常困扰农林生产，进一步研究杂草种子的休眠特性，对于杂草防除及提高作物产量具有重要的意义。

根据休眠的深度和原因，通常将休眠分为强迫休眠（epistotic dormancy）和生理休眠（physiological dormancy）2 种类型。由于不利于生长的环境条件而引起的休眠称为强迫休眠。在适宜的环境条件下，因为植物本身内部原因而造成的休眠称为生理休眠（也称作真正休眠）。一般所说的休眠主要是指生理休眠。

10.2.1 种子休眠

10.2.1.1 种子休眠的原因

种子休眠主要是由以下 3 方面原因引起的：

(1) 种皮(果皮)障碍

豆科、锦葵科、藜科、樟科、百合科等植物种子，其种皮、果皮坚厚，或其上附有致密的蜡质和角质，被称为硬实种子、石种子。这类种子往往由于种壳的机械压制或种(果)皮不透水、不透气阻碍胚的生长而呈现休眠，如莲子、椰子、苜蓿、紫云英等。

(2) 胚未发育完全

胚未发育完全有 2 种情况：①胚尚未完成发育，如银杏种子成熟后从树上掉下时还未受精，等到外果皮腐烂，吸水、氧气进入后，种子里的生殖细胞分裂，释放出精子后才受精。②如兰花、人参、冬青、当归、白蜡树等种胚体积很小，结构不完善，必须要经过一段时间的继续发育，才达到可萌发状态(图 10-10)。

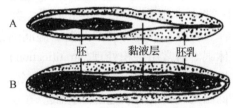

图 10-10　欧洲白蜡树种子胚的发育
(引自王恒根，2013)
A. 刚收获；B. 在湿土中贮藏 6 个月

(3) 种子未完成后熟

有些植物种子形成后，胚在形态上似已发育完全，但生理上还未成熟，必须要通过后熟作用(after ripening)才能萌发。所谓后熟作用是指成熟种子离开母体后，需要经过一系列的生理生化变化后才能完成生理成熟而具备发芽的能力。后熟期长短因植物而异，如油菜的后熟期较短，在田间已完成后熟作用；粳稻、玉米、高粱的后熟期也较短，籼稻基本上无后熟期；小麦后熟期稍长些，少则 5 d(白皮)，多则 35~55 d(红皮)；某些大麦品种后熟期只有 14 d；而莎草种子的后熟期长达 7 年以上。未通过后熟作用的种子不宜栽种，否则成苗率低。未通过后熟期的小麦磨成的面粉烘烤品质差，未通过后熟期的大麦发芽不整齐，不适于酿造啤酒。种子在后熟期间对恶劣环境的抵抗力强，此时进行高温处理或化学药剂熏蒸对种子的影响较小。

(4) 萌发抑制物的存在

有些种子不能萌发是由于果实或种子内有萌发抑制物质的存在。这类抑制物多数是一些低分子量的有机物，如具挥发性的氢氰酸(HCN)、氨(NH_3)、乙烯、芥子油；醛类化合物中的柠檬醛、肉桂醛；酚类化合物中的水杨酸、没食子酸；生物碱中的咖啡碱、古柯碱；不饱和内酯类中的香豆素、花楸酸以及脱落酸等。这些物质存在于果肉(苹果、梨、番茄、西瓜、甜瓜)、种皮(苍耳、甘蓝、大麦、燕麦)、果皮(酸橙)、胚乳(鸢尾、莴苣)、子叶(菜豆)等处，能使其内部的种子不能萌发。萌发抑制物抑制种子萌发有重要的生物学意义。如生长在沙漠中的植物，种子里含有这类抑制物质，要经一定雨量的冲洗，种子才萌发。如果雨量不足，不能完全冲洗掉抑制物，种子就不萌发。这类植物就是依靠种子中的抑制剂使种子在外界雨量能满足植物生长时才萌发，巧妙地适应干旱的沙漠条件。

10.2.1.2 种子休眠的调控

生产上有时需要解除种子的休眠,有时则需要延长种子的休眠。

(1) 种子休眠的解除

① 机械破损　适用于有坚硬种皮的种子。可用沙子与种子摩擦、划伤种皮或者去除种皮等方法来促进萌发。

② 清水漂洗　西瓜、甜瓜、番茄、辣椒和茄子等种子外壳含有萌发抑制物,播种前将种子浸泡在水中,反复漂洗,也可用流水冲洗,让抑制物渗透出来,提高种子的发芽率。

③ 层积处理　已知有 100 多种植物,特别是一些木本植物的种子,如苹果、梨、榛、山毛榉、白桦、赤杨等要求低温、湿润的条件来解除休眠。通常用层积处理(stratification),即将种子埋在湿沙中置于 1~10℃ 条件下,经 1~3 个月的低温处理就能有效地解除休眠。在层积处理期间种子中的抑制物质含量下降,而 GA 和 CTK 的含量增加。一般说来,适当延长低温处理时间,能促进萌发(图 10-11)。

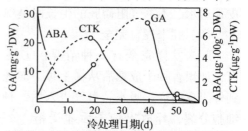

图 10-11　糖槭种子层积处理过程中内源激素的变化

(引自潘瑞炽,2012)

④ 温水处理　某些种子(棉花、小麦、黄瓜等)经日晒和用 35~40℃ 温水处理,可促进萌发。

⑤ 化学处理　某些种子(棉花、刺槐、皂荚、合欢、漆树、槐树等)采用浓硫酸处理 2min~2h 后立即用水漂洗,可以增加种皮透性,促进萌发。

⑥ 生长调节剂处理　多种植物生长物质能打破种子休眠,促进种子萌发。其中 GA 效果最为显著。

⑦ 光照处理　需光性种子种类很多,对照光的要求也很不一样。有些种子一次性感光就能萌发。如泡桐浸种后给予 1 000 lx 光照 10 min 就能诱发 30% 种子萌发,8 h 光照的种子萌发率可达 80%。

⑧ 物理方法　用 X 射线、超声波、高低频电流、电磁场处理种子,也有破除休眠的作用。

(2) 种子休眠的延长

有些种子有胎萌现象,如水稻、小麦、玉米、大麦、燕麦和油菜等,胎萌的发生往往造成较大程度的减产,并影响种子的耐贮性。防止种子胎萌,延长种子的休眠期,在实践上有重要意义。例如,有些小麦种子在成熟收获期遇雨或湿度较大,就会引起穗发芽,这在南方尤其严重。一般认为高温(26℃)下形成的小麦籽粒休眠程度低,而低温(15℃)下形成的休眠程度则高。这可能是由于高温下种子中的发芽抑制物 ABA 降解速度较低温下快。有研究者认为红皮小麦种皮中存在着的色素物质与其能保持较长的休眠有关。对于需光种子可用遮光来延长休眠。对于种(果)皮有抑制物的种子,如要延长休眠,收获时可不清洗种子。生产上经常需要保存种子,可用延长种子休眠的方法来处理。

10.2.2 芽休眠

芽休眠(bud dormancy)指植物生活史中芽生长的暂时停顿现象。芽是很多植物的休眠器官，多数温带木本植物，包括松、柏科植物和双子叶植物在年生长周期中明显地出现芽休眠现象。芽休眠不仅发生于植株的顶芽、侧芽，也发生于根茎、球茎、鳞茎、块茎，以及水生植物的休眠冬芽中。芽休眠是一种良好的生物学特性，能使植物在恶劣的条件下生存下来。

10.2.2.1 芽休眠原因

(1) 日照长度

日照长度是诱发和控制芽休眠最重要的因素。对多年生植物而言，通常长日照促进生长，而短日照引起伸长生长的停止以及休眠芽的形成。在板栗、苏合香等植物中，日照诱发芽休眠有一个临界日照长度。日照长度短于临界日长时就能引起休眠，长于临界日长则不发生休眠。如刺槐、桦树、落叶松幼苗在短日照下经 10~14 d 即停止生长，而进入休眠。短日照和高温可以诱发水生植物，如水车前、水鳖属和狸藻属的冬季休眠芽的形成。短日照也促进大花捕虫堇芽的休眠。而铃兰、洋葱则相反，长日照可诱发其休眠。

(2) 休眠促进物

促进休眠的物质中最主要是脱落酸，其次是氰化氢、氨、乙烯、芥子油、有机酸等。短日照之所以能诱导芽休眠，这是因为短日照促进了脱落酸含量增加的缘故。短日照条件下桦树中的提取物(含 ABA)能抑制在 14.5 h 日照下桦树幼苗的生长，延长处理时间可以形成具有冬季休眠芽全部特征的芽。在休眠芽恢复生长时，提取物内细胞分裂素的活性增加。多年生草本植物的休眠形成与上述木本植物相同。在有旱季的地区，这些草本植物会在旱季进入休眠期。

10.2.2.2 芽休眠的调控

(1) 芽休眠的解除

① 低温处理　许多木本植物休眠芽需经历 260~1 000 h 的 0~5℃ 的低温才能解除休眠，将解除芽休眠的植株转移到温暖环境下便能发芽生长。有些休眠植株未经低温处理而给予长日照或连续光照也可解除休眠。北温带大部分木本植物比较特殊，一旦芽休眠被短日照充分诱发，再转移到长日照下也不能恢复生长，必须通过低温处理才能解除休眠。

② 温浴法　把植株整个地上部分或枝条浸入 30~35℃ 温水中 12 h，取出放入温室就能解除芽的休眠。使用此法可使丁香和连翘提早开花。

③ 乙醚气熏法　把整株植物或离体枝条置于一定量乙醚熏气的密封装置内，保持 1~2 d 能发芽。

④ 植物生长调节剂　要打破芽休眠使用 GA 效果较显著。用 1 000~4 000 $\mu L \cdot L^{-1}$ GA 溶液喷施桃树幼苗和葡萄枝条，或用 100~200 $\mu L \cdot L^{-1}$ 激动素喷施桃树苗，都可以打破芽的休眠。

(2) 芽休眠的延长

在农业生产上，要延长贮藏器官的休眠期，增强耐贮性，以提高商品的市场价值。如马铃薯在贮藏过程中易出芽，同时还产生一种称作龙葵素的有毒物质，不能食用，可应用萘乙酸钠盐溶液防止马铃薯在贮藏期发芽。

10.2.3 延存器官的休眠

10.2.3.1 延存器官休眠的解除

块茎、鳞茎等延存器官也存在休眠现象。如马铃薯块茎在收获后，也有休眠。马铃薯休眠期长短依品种而定，一般是 40~60 d。因此，在收获后立即作种薯就有困难，需要破除休眠，应用赤霉素破除休眠是当前最有效的方法。

10.2.3.2 延存器官休眠的延长

马铃薯在长期贮藏后，度过休眠期就会萌发，这样会影响马铃薯的商品价值。所以，生产上也常常需要设法延长休眠。例如，在生产上可用萘乙酸甲酯粉剂处理洋葱和大蒜的鳞茎，从而提高它们的耐贮藏性。

10.3 植物的衰老

植物的衰老(senescence)是指细胞、器官或整个植株的生命功能衰退，最终导致自然死亡的一系列变化过程。衰老是植物发育的正常过程，它可以发生在分子、细胞、组织、器官及整体水平上。衰老是受植物遗传控制的、主动和有序的发育过程。环境条件可以诱导衰老。

10.3.1 衰老的类型和意义

10.3.1.1 衰老的类型

根据植物与器官死亡的情况，植物衰老可分为 4 种类型：

①整株衰老　指一年生或二年生植物(玉米、大豆、冬小麦等)开花结实后，除留下种子外，整株都衰老死亡。

②地上部衰老　指多年生草本植物(苜蓿、芦苇等)，每年地上部器官衰老死亡，而根系和其他地下部分继续生存多年。

③脱落衰老　指多年生落叶木本植物的叶片每年发生季节性同步衰老脱落。

④渐进衰老　指多年生常绿木本植物较老的器官和组织逐渐衰老退化，并被新的组织和器官取代。

实际上，同一植株不同部位的衰老节律也很不同，叶片以脱落型衰老为主；枝条以渐进型衰老为主；繁殖器官有其各自的成长和成熟类型，它们或者与叶片、植株衰老行为有联系，或者不联系。另外，植物本身具有无限生长的特性，因此，器官的衰老过程是伴随发生在植物生活周期的各个时期的。

10.3.1.2 衰老的生物学意义

衰老是植物在长期进化和自然选择过程中形成的一种不可避免的生物学现象，是正常的生理过程。因此，不应把衰老单纯看成消极的、导致死亡的过程。从生物学意义来说，没有衰老就没有新的生命开始。例如，温带落叶树的叶片，在冬季前叶片脱落，从而降低蒸腾作用,有利于安全越冬;花的衰老及其衰老部分的养分撤离,能使受精胚珠正常发育;果实成熟衰老使得种子充实,有利于繁衍后代;一、二年生的植物成熟衰老时,其营养器官贮存的物质降解并再分配到种子、块茎和球茎等新生器官中去,以利于新器官的发育等。因此,植物衰老在生态适应以及营养物质再度利用等方面具有积极的生物学意义。但是,衰老又有着消极的一面,如在生产上由于措施不当或逆境影响,造成某些器官甚至植株早衰,进而影响农产品的产量和质量。因此,在生产实践中应通过提高植物的抗衰老能力来克服这些不利影响。

10.3.2 衰老的结构与代谢变化

10.3.2.1 衰老过程中细胞结构的变化

细胞衰老与生物膜的衰老直接相关。生物膜对细胞生命活动具有重要的调节作用,所以,生物膜在形态、结构和功能上的变化会直接影响细胞的生命活动。膜的衰老是细胞衰老的重要原因,也可作为细胞衰老的重要标志。

研究表明,细胞趋向衰老的过程中,膜脂的饱和脂肪酸比例逐渐升高,生物膜由液晶态转变为凝固态,引起膜结构的破坏,表现为细胞透性增大,选择透性功能丧失。由于细胞膜的降解衰变,导致细胞的结构也发生明显衰变。首先,叶绿体完整性消失,外膜消亡,类囊体膜逐渐解体,在基质中出现许多脂肪球。其次,细胞中的核糖体和粗糙型内质网数量急剧减少。当衰老达到一定程度时,线粒体嵴扭曲甚至消失,核膜裂损,液泡膜、质膜发生降解,其中的各类水解酶分散到整个细胞中,产生自溶作用,进而使细胞解体和死亡。

衰老与程序性细胞死亡(programmed cell death,PCD)有关,包括一系列特有的细胞形态学和生理生化变化。进一步分析认为,衰老引起的变化与相关基因的表达和调控有关。

10.3.2.2 衰老过程中生理生化变化

(1)蛋白质含量下降

蛋白质水解是植物衰老的第一步。离体衰老叶片在蛋白质水解的同时,伴随着游离氨基酸的积累,可溶性氮会暂时增加(图10-12)。衰老过程中可溶性蛋白和膜结合蛋白同时降解,被降解的可溶性蛋白中85%是Rubisco。未离体的叶片衰老时氨基酸以酰胺形式转移至茎或其他器官被再度利用。通过对^{14}C亮氨酸参入蛋白质的测定证明,衰老叶片中氨基酸参入蛋白质的能力下降。因此,在衰老过程中蛋白质含量的下降是由于蛋白质的分解代谢大于合成代谢所致。在衰老过程中也有某些蛋白质的合成,主要是水解酶如核糖核酸酶、蛋白酶、脂酶、纤维素酶等。

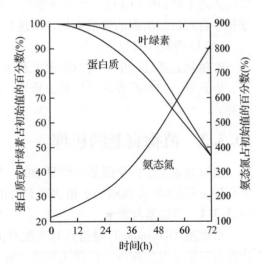

图10-12 离体叶片衰老过程中蛋白质、氨态氮和叶绿素含量的变化(引自王忠,2008)

(2)核酸含量降低

叶片衰老时,RNA总量下降,尤其是rRNA的减少最为明显。其中以叶绿体和线粒体的

rRNA 对衰老最为敏感，而细胞质的 tRNA 衰退最晚。叶衰老时 DNA 也下降，但下降速度较 RNA 小。如在烟草叶片衰老处理 3d 内，RNA 下降 16%，但 DNA 只减少 3%。虽然 RNA 总量下降，但某些酶（蛋白酶、核酸酶、纤维素酶、多聚半乳糖醛酸酶等）的 mRNA 的合成仍在继续，这些酶的表达基因，以及与乙烯合成相关的 ACC 合成酶和 ACC 氧化酶等基因，称作衰老相关基因（SAG），即在衰老过程中出现表达上调或下调变化。

（3）光合速率下降

叶片衰老时，叶绿体被破坏，类囊体膨胀，裂解，嗜锇体的数目增多，体积增大，因而引起叶片叶绿素含量迅速减少。例如，用遮光来诱导燕麦离体叶片衰老，到第三天，叶片中的叶绿素含量只有起始值的 20% 左右，最后叶绿素完全消失。类胡萝卜素比叶绿素降解稍晚。此外，伴随着水解酶活性的提高，Rubisco 减少，光合电子传递和光合磷酸化过程受阻，直接导致光合速率下降（图 10-13）。

（4）呼吸速率的变化

叶片在衰老时呼吸速率下降，但下降速率比光合速率慢，这是因为叶片衰老过程中线粒体的结构相对比叶绿体结构稳定。有些植物叶片在衰老初期呼吸速率保持平稳，后期出现呼吸跃变，以后呼吸速率则迅速下降（图 10-13）。

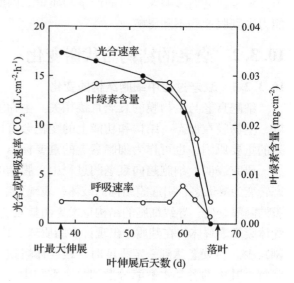

图 10-13　白苏叶片中叶绿素含量、光合速率与呼吸速率随叶伸展后天数的变化（引自王忠，2008）

叶片衰老时，氧化磷酸化逐步解偶联，产生的 ATP 数量减少，细胞中合成反应所需的能量不足，加速衰老进程。

（5）植物激素的变化

在植物衰老过程中，内源激素也发生一定的变化。通常表现为，促进生长的细胞分裂素、生长素、赤霉素等含量呈减少趋势；而诱导衰老和成熟的脱落酸、乙烯等含量呈增加趋势。

10.3.3　植物衰老的机理

植物衰老发生的原因是错综复杂的，"自由基、核酸和植物激素学说"及"程序性细胞死亡理论"从不同方面阐明了植物衰老的机理，具体内容如下。

10.3.3.1　自由基与衰老

自由基（free radical）是指具有未配对电子的原子、离子、分子、基团和化合物等。生物自由基是通过生物体内自身代谢产生的一类自由基，包括氧自由基和非含氧自由基，其中氧自由基（oxygen free radical）是最主要的。氧自由基又称作活性氧（active oxygen），是化学性质活泼，氧化能力很强的含氧物质的总称。它又可分为无机氧自由基和有机氧自由基两类。无机氧自由基主要有超氧自由基（O_2^-）、羟自由基（·OH）；有机氧自由基主要有过氧化物自由基（ROO·）、烷氧自由基（RO·）和多聚不饱和脂肪酸自由基（PUFA·）。多数自由基具有不稳定，寿命短，化学性质活泼，氧化能力强，能持续进行链式反应的特点。生物体内的自由基能迅速攻击包括 DNA 在内的所有生物分子，能破坏细胞膜的结构与功能，引起细胞死亡，有细胞杀手之称。自由基导致的代谢失调及其在体内积累是植物衰老的重要原因之一。

植物体内的有些酶类与衰老也密切相关。如超氧化物歧化酶（superoxide dismutase，SOD），参与自由基的清除和膜的保护；脂氧合酶（lipoxygenase，LOX），催化膜脂中不饱和脂肪酸加氧，产生自由基，使膜损伤并积累膜脂过氧化产物丙二醛（malondiadehyde，MDA）。植物衰老过程中伴随 SOD 酶活性的下降和 LOX 酶活性的升高，导致生物体内自由基产生与消除的平衡破坏，以致积累过量的自由基，对细胞膜及许多生物大分子产生破坏作用，如加强酶蛋白质的降解、促进脂质过氧化反应、加速乙烯产生、引起 DNA 损伤、改变酶的性质等。正常情况下，由于植物体内存在活性氧清除系统，细胞内活性氧水平很低，不会引起伤害。植物细胞中活性氧的清除主要是通过有关保护酶和一些抗氧化物质进行的。细胞的保护酶除超氧化物歧化酶（SOD）外，还有过氧化物酶（peroxidase，POD）、过氧化氢酶（catalase，CAT）、谷胱甘肽过氧化物酶（glutathione peroxidase，GPX）、谷胱甘肽还原酶（glutathione reductase，GR）等，其中以 SOD 最为重要。研究表明，SOD 在植物叶片细胞的叶绿体、线粒体和细胞质中均有存在，主要功能是催化 O_2^- 歧化为 H_2O_2，H_2O_2 在 POD（叶绿体）或 CAT（线粒体或过氧化物体中）作用下形成 H_2O。

非酶类的活性氧清除剂可分为天然的和人工合成的两大类，统称为抗氧化剂。天然的有还原型谷胱甘肽（glutathione，GSH）、类胡萝卜素（CAR）、铁氧还蛋白、甘露糖醇、维生素 C 和维生素 E 等，可保护生物膜避免在衰老条件下造成光氧化伤害。人工合成的活性氧清除剂种类很多，如苯甲酸钠、没食子酸丙酯、二苯胺、2,6-二丁基对羟基甲苯等。

10.3.3.2 核酸与衰老

植物衰老与 DNA 损伤有着密切的关系。某些物理、化学因素如紫外线、电离辐射、化学诱导剂等会引起 DNA 损伤、结构破坏，使细胞核合成蛋白质的能力下降，从而造成细胞衰老。研究表明，紫外线照射能使 DNA 分子中同一条链上 2 个胸腺嘧啶碱基对形成二聚体，影响 DNA 双螺旋结构，导致转录、复制和翻译过程受到影响。

Orgel 等人提出了与核酸有关的植物衰老的差误理论，认为植物衰老是由于基因表达在蛋白质合成过程中引起差误积累所造成的，而差误产生是由于 DNA 的裂痕或缺损导致错误的转录、翻译，并积累无功能的蛋白质（酶）造成的。当产生的错误率超过某一阈值时，细胞代谢紊乱，启动衰老。叶片蛋白酶基因的表达与叶片衰老过程相关。有研究表明，在即将衰老的组织中，RNA 酶活性上升引起核酸（尤其是 rRNA）的降解，从而影响功能蛋白质的合成，导致组织衰老。

10.3.3.3 植物激素与衰老

植物激素学说认为，植物体或器官内各种激素的相对水平不平衡是引起衰老的原因。抑制衰老和促进衰老的激素之间相互作用，协同调控衰老过程。

一般认为，赤霉素、细胞分裂素、油菜素内酯及低浓度生长素具有延缓衰老的作用，而脱落酸、乙烯、茉莉酸、高浓度生长素具有促进衰老的作用。其中，乙烯是最典型的衰老促进剂。低浓度的生长素可延缓衰老，但浓度升高到一定程度时，可诱导乙烯合成，从而促进衰老。脱落酸对衰老的促进作用可被细胞分裂素所颉颃。细胞分裂素是最早被发现具有延缓衰老作用的内源激素，可通过影响 RNA 合成、提高蛋白质合成能力、影响代谢物的分配来推迟衰老进程。赤霉素和生长素对衰老的延缓作用有一定的局限性，其效应与物种有关。脱落酸和乙烯对衰老有明显的促进作用。脱落酸可抑制核酸和蛋白质的合成，加速叶片中 RNA 和蛋白质的降解，并能促使气孔关闭。脱落酸在植物体内含量的增加是引起叶片衰老的重要原因。乙烯不仅能促进果实呼吸跃变，提早果实成熟，而且还可以促进叶片衰老，这与乙烯能增加膜透性、形成活性氧、导致膜脂过氧化以及抗氰呼吸速率增加、物质消耗增加有关。茉莉酸和茉莉酸甲酯可加快叶片中叶绿素的降解速率，加速 Rubisco 分解，促进乙烯合成，提高蛋白酶与核糖核酸酶等水解酶的活性，加速生物大分子降解，因而促进植物衰老。

10.3.3.4 程序性细胞死亡

程序性细胞死亡(programmed cell death，PCD)的概念是由 Glucksmann 于 1995 年提出的，是指胚胎发育、细胞分化及许多病理过程中，细胞遵循其自身的"程序"，主动结束其生命的生理性死亡过程，又称为细胞凋亡(apoptosis)。程序性细胞死亡是一种由内在因素引起的非坏死性变化，即包括一系列特有的形态学和生物化学变化，这些变化都涉及相关基因的表达和调控。1988 年，L. D. Nooden 认为叶片衰老是一个 PCD 过程。实验证明，叶片衰老是在核基因控制下，细胞结构(包括叶绿体、细胞核等)发生高度有序的解体及其内含物的降解，而且大量矿质元素和有机营养物质能在衰老细胞解体后有序地向非衰老细胞转移和循环利用。PCD 另一重要功能被认为是保护植物抵抗病原体，这被称为超敏反应，它被证明是一种遗传程序化的过程。目前 PCD 理论已成为备受关注的一种解释细胞衰老的学说。

虽然关于衰老机理的学说有多种，但至今还没有哪一种学说能够比较完整而系统地解释衰老发生的机理，这可能是因为不同植物、不同组织和器官有着不同的衰老机制。根据现有知识可以推断，衰老是一系列预定的细胞和生化过程。植物衰老的发生可能是某种信号传递到细胞后，一些衰老相关基因(senescence associated genes，SAG)被激活。新激活的基因编码了水解酶，如蛋白酶、核糖核酸酶、脂酶和参与乙烯生物合成的酶，它们能在组织死亡时进行物质降解，使激素和自由基平衡失调，从而引起代谢失调，最终导致衰老。

10.3.4 外界条件对植物衰老的影响

(1) 光照

光照是引起植物衰老的重要因子之一。适度的光照能延缓衰老，黑暗会加速衰老。强光对植物有伤害作用，加速衰老。不同光质对衰老的作用不同，红光能延缓衰老；远红光可消除红光的作用；蓝光显著地延缓叶片衰老；紫外光因可诱发叶绿体中自由基的形成而促进衰老。短日照促进衰老，长日照延缓衰老。

(2) 温度

高温和低温都会加速叶片衰老，这可能与蛋白质降解，叶绿体功能衰退，生物膜相变，自由基产生以及膜脂过氧化等有关。

(3) 水分

水分胁迫能够诱导乙烯和脱落酸的大量合成，加速叶绿素和蛋白质降解，降低光合速率，提高呼吸速率，促进自由基产生，加速叶片衰老。

(4) 气体

若 O_2 浓度过高，则会加速自由基形成，引发衰老。低浓度 CO_2 有促进乙烯形成的作用，从而促进衰老；而高浓度 CO_2 则抑制乙烯形成，因而延缓衰老。

(5) 矿质营养

多种矿质元素对衰老均有调节作用。如氮肥不足，叶片易衰老；增施氮肥，能延缓叶片衰老。Ca^{2+} 处理果实能够减少乙烯释放，能延迟果实成熟，从而延迟衰老；$10^{-10} \sim 10^{-9}$ $mol \cdot L^{-1}$ 的 Ag^+、10^{-4} $mol \cdot L^{-1}$ 的 Ni^{2+} 可延缓水稻叶片的衰老。

知识窗

衰老过程中的基因表达和调控

衰老是一个高度调节的程序化过程。在此过程中，人们将表达上调或增加的基因称为衰老相关基因（senescence associated genes，SAG）；而表达下调或减少的基因称为衰老下调基因（senescence down-regulated genes，SDG）。现已从拟南芥、油菜和玉米等多种植物中分离鉴定出 50 多个叶片的 SAG。另外，从番茄、香蕉及甜瓜中也分离了与果实成熟相关的多个基因，且发现这些基因与叶片的 SAG 同源性很高。同样，与叶片 SAG 同源的很多基因也在脱落的花组织、未受精的果实等一些衰老组织中表达。

在多种植物中，编码蛋白水解酶的基因在 SAG 中占大多数。蛋白水解酶基因中有三组编码半胱氨酸蛋白酶，第一组编码的酶类能诱导禾谷类种子的萌发，第二组类似于木瓜蛋白酶，第三组类似于蛋白加工酶类。其他的 SAG 则编码衰老过程中蛋白水解酶体系的成分，包括天冬氨酸蛋白酶和泛素（ubiquitin）。

SAG 有一部分与植物对病原微生物的防御反应有关。在很多植物中，这部分基因编码抗真菌蛋白、病程相关蛋白及几丁质酶等。还有一些 SAG 编码的蛋白包括各种金属硫蛋白（metallothioneins），其功能是防止金属离子介导的氧化伤害或者参与离子的贮藏和运输。

衰老过程中基因表达的调节尚无统一的模式，对各种 SAG 启动子区域的结构和功能分析结果表明，这些基因本身存在着很大的差异。

10.4　植物器官的脱落

脱落（abscission）是指植物细胞、组织或器官与植物体分离的过程，如树皮和茎顶的脱落，叶、枝、花和果实的脱落。植物器官脱落是一种生物学现象。在正常条件下，适当的脱落，淘汰掉一部分衰弱的营养器官或败育的花果，以保持一定株型或保存部分种子，所以脱落是植物自我调节的手段。在干旱、雨涝、营养失调情况下，叶片、花和幼果也会提早脱落，这是植物对外界环境的一种适应。然而，过量和非适时脱落，往往会给农业生产带来严重的损失。如何减少不正常的脱落,是生产上需要解决的问题。

10.4.1 器官脱落的类型

器官脱落可分为3种:①由于衰老或成熟引起的脱落叫正常脱落,如果实和种子的成熟脱落;②因植物自身的生理活动而引起的生理脱落,如营养生长与生殖生长的竞争,源与库不协调等引起的脱落;③因逆境条件(水涝、干旱、高温、低温、盐渍、病害、虫害、大气污染等)而引起的胁迫脱落。生理脱落和胁迫脱落都属于异常脱落。

10.4.2 器官脱落的组织化学

10.4.2.1 脱落的细胞学

在叶柄、花柄和果柄有一特化的区域,称为离区(abscission zone),离区是由几层排列紧密的离层(abscission layer)细胞组成的。离层部分细胞小,见不到纤维。多数植物器官在脱落之前已形成离层,只是处于潜伏状态,一旦离层活化,即引起脱落。叶柄、花柄和果柄等就是从离层处与母体断离而脱落的。但也有例外,如禾本科植物叶片不产生离层,因而不会脱落;花瓣脱落也没有离层形成。离

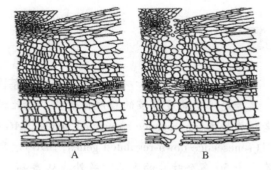

图 10-14 凤仙花叶片脱落时离区细胞的变化
(参照 Taiz and Zeiger 主编,宋纯鹏,王学路等译,2009)
A. 2~3层细胞 B. 胞壁水解,细胞变圆、松散

层细胞开始发生变化时,首先是核仁变化非常明显,RNA 含量增加,内质网、高尔基体和小泡(vesicle)增多,小泡聚积在质膜,释放出酶到细胞壁和中胶层,分泌果胶酶和纤维素酶等,进而引起细胞壁和中胶层分解膨大,离层细胞变圆,排列疏松,外力作用下,器官就会脱落,残茬处细胞壁木栓化,形成保护层(图 10-14)。

10.4.2.2 脱落的生物化学

脱落的生物化学过程主要是离层的细胞壁和中胶层水解,使细胞分离,而细胞的分离又受酶的控制。与脱落有关的酶类较多,其中纤维素酶、果胶酶与脱落关系密切,此外过氧化物酶和呼吸酶系统与脱落也有一定的关系。

(1) 纤维素酶(cellulase)

纤维素酶是与脱落直接有关的酶,菜豆、棉花和柑橘叶片脱落时,纤维素酶活性增加。从菜豆叶柄离区中分离出 pI9.5 和 pI4.5(分别称为 9.5 或 4.5 纤维素酶)两种纤维素酶,前者与细胞壁木质化有关,受生长素调控;后者与细胞壁降解有关,受乙烯调控。测定柑橘小叶片离区的各个不同区段中的纤维素酶活性,发现酶活性最高的部位是在离区的近轴端(靠近茎的 0.22 mm 处),所以纤维素酶的活性不一定与离层细胞的分开直接有关,而可能与离层分离后的保护层发育的关系更为直接。

(2) 果胶酶(pectinase)

果胶酶是作用于果胶复合物的酶的总称。果胶酶有果胶甲酯酶(PME)和多聚半乳糖醛

酸酶（PG）两种。PME 水解果胶甲酯，去甲基后果胶酸易与 Ca^{2+} 结合成不溶性物质，从而抑制细胞的分离和器官脱落；而 PG 主要水解多聚半乳糖醛酸的糖苷键，使果胶解聚，进而促进脱落。菜豆叶柄脱落前，PME 活性下降，PG 活性上升，而乙烯则能抑制 PME 活性，促进 PG 活性，所以乙烯可以促进脱落。

（3）过氧化物酶

过氧化物酶活性与脱落相关。菜豆叶柄随着老化时间延长，过氧化物酶活性增加，并在脱落前达最高值。乙烯和 ABA 诱导脱落时都会增加过氧化物酶活性。

10.4.3 脱落与植物激素的关系

（1）生长素类

生长素类物质既可以抑制脱落，也可以促进脱落，它对器官脱落的效应与生长素使用的浓度、时间和施用部位有关。将生长素施在离区近基端（离区靠近茎的一面），则促进脱落；施于离区远基端（离区靠近叶片的一侧），则抑制脱落。这表明脱落与离区两侧的生长素含量密切相关。阿迪柯特（Addicott）等（1955）提出了生长素梯度学说（auxin gradient theory）来解释生长素与脱落的关系。该学说认为器官脱落受离区两侧生长素浓度梯度所控制，当远基端的生长素含量高于近基端时，则抑制或延缓脱落；反之，当远基端生长素含量低于近基端时，则会加速脱落（图 10-15）。

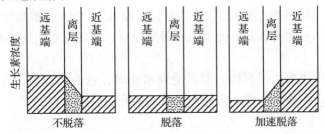

图 10-15　叶子脱落和叶柄离层远基端生长素和近基端生长素相对含量的关系（引自潘瑞炽，2012）

（2）乙烯

乙烯是与脱落有关的重要激素。内源乙烯水平与脱落率呈正相关。奥斯本（Osborne，1978）提出双子叶植物的离区内存在特殊的乙烯响应靶细胞，乙烯可刺激靶细胞分裂，促进多聚糖水解酶的产生，从而使中胶层和基质结构疏松，导致脱落。乙烯的效应依赖于组织对它的敏感性，即随植物种类以及器官和离区的发育程度不同而敏感性差异很大，当离层细胞处于敏感状态时，低浓度乙烯即能促进纤维素酶及其他水解酶的合成及转运，导致叶片脱落；而且离区的生长素水平是控制组织对乙烯敏感性的主导因素，只有当其生长素含量降至某一临界值时，组织对乙烯的敏感性才能够表现出来。萨特尔（Suttle）和赫尔特斯特兰特（Hultstrand）（1991）用整株棉花幼苗为试验材料，证实叶片内生长素含量可控制叶片对乙烯的敏感性。乙烯处理会促进嫩叶脱落，但对完全展开的叶片没有影响，化学分析表明，完全展开叶片内游离态生长素含量较嫩叶高 1 倍以上。

（3）脱落酸

Davis 等（1972）首先注意到棉铃中脱落酸含量与其脱落曲线一致，且幼果易落品系含有较多的脱落酸。在生长的叶片中脱落酸含量极低，只有在衰老的叶片中才含有大量的脱落酸。秋天短日照促进脱落酸合成，所以能导致季节性落叶。脱落酸促进脱落的原因是脱落酸抑制了叶柄内生长素的传导，促进了分解细胞壁的酶类的分泌，并刺激乙烯的合成，增加组织对乙烯的敏感性，但脱落酸促进脱落的效应低于乙烯。

（4）赤霉素和细胞分裂素

赤霉素和细胞分裂素对脱落有间接作用。如在棉花、番茄、苹果和柑橘等植物上施用赤霉素能延缓其脱落，蔡可等（1979）发现赤霉素防止棉花幼铃脱落的效果最佳。但赤霉素也能加速外植体的脱落。在玫瑰和香石竹中，细胞分裂素能延缓衰老脱落，这可能是因为细胞分裂素能通过调节乙烯合成，降低组织对乙烯的敏感性而产生的影响。

以上各类激素的作用不是彼此孤立的，器官的脱落也并非受某一种激素的单独控制，而是多种激素相互协调、平衡作用的结果。

10.4.4 外界因素对脱落的影响

（1）光

光强度减弱时，脱落现象增加；短日照促进落叶而长日照延迟落叶；不同光质对脱落也有不同影响，远红光增加组织对乙烯的敏感性，促进脱落，而红光则延缓脱落。

（2）温度

高温促进脱落，如四季豆叶片在25℃时，棉花在30℃时脱落最快。在田间条件下，高温常引起土壤干旱而加速脱落。低温也会导致脱落，如霜冻可引起棉株落叶。

（3）水分

干旱会促进器官脱落，但当植物根系受到水淹时，也会出现叶、花、果的脱落现象。干旱、涝淹会影响内源激素水平，进而影响植物器官的脱落。

（4）氧气

氧气浓度也会影响器官脱落，氧气浓度在10%~30%范围内，增加其浓度会增加棉花外植体脱落。高浓度氧气促进脱落的原因可能是促进了乙烯的合成。

（5）矿质营养

缺乏N、P、K、Ca、Mg、S、Zn、B、Mo和Fe都会引起植物器官脱落。N、Zn缺乏会影响生长素的合成；B素缺乏常使花粉败育，引起不孕或果实退化；Ca是中胶层的组成成分，其缺乏会引起严重的脱落现象。

此外，大气污染、紫外线、盐害、病虫害等对脱落都有影响。生产上常常根据实际情况采用植物生长调节剂、改善肥水条件及基因工程等方法来控制异常脱落。

10.5 植物成熟和衰老的调控

根据生产上的要求，管理者有时需要人为地调控植物的成熟、休眠、衰老及脱落过程，了解植物成熟和衰老的调控方法，掌握并适时利用调控技术，对农林生产具有重要的理论及实际意义。

10.5.1 植物成熟的调控

(1) 植物生长调节剂

在农林生产及日常生活中广泛应用植物生长调节剂进行人工催熟。乙烯利可使呼吸跃变提前,甚至可以诱导本来没有跃变期的果实产生呼吸高峰,如橘子和柠檬,从而促进果实成熟。在棉花吐絮前,通过乙烯利处理,可加快棉铃开裂吐絮的过程,使一些霜后花变为霜前花,无效花变为有效花,从而促进棉铃成熟,进而增加棉花产量。

(2) 气控法

跃变型果实如果在成熟期适当降低温度、减少 O_2 浓度,提高 CO_2 浓度(或充入氮气),可延迟呼吸跃变的出现,延缓果实成熟;贮藏番茄时,控制室内空气中 O_2 的体积分数为 2%~5%,CO_2 的体积分数为 0.2%~2%,可以推迟番茄成熟,有效延长贮藏期。另外,采用烟熏法可使香蕉提早成熟。

(3) 基因工程

通过转基因技术获得番茄耐贮品种,推迟其成熟期,从而增加果实的耐贮性,现已逐渐引起人们的关注与应用。

10.5.2 植物休眠的调控

(1) 植物生长调节剂

植物生长调节剂既能打破植物休眠,也能延长休眠。如樟子松、鱼鳞云杉和红皮云杉等树木的种子浸在 100 $\mu L \cdot L^{-1}$ GA 溶液中 24 h,可以提高发芽势和发芽率;马铃薯块茎在刚收获后用 0.5~1 $mg \cdot L^{-1}$ GA 溶液中浸泡 10 min,可破除休眠,促进发芽。用 0.01%~0.5% 青鲜素(MH)水溶液在小麦收获前 20 d 进行喷施,可抑制小麦穗发芽;用 0.4% 萘乙酸甲酯粉剂(用泥土混制)放置于贮藏室,可延长洋葱、大蒜鳞茎等延存器官和马铃薯块茎的休眠。

(2) 温汤浸种

将油松、沙棘种子用 70℃ 水浸泡 24 h,可增加种子透性,进而促进萌发。

(3) 层积处理

由于黄连种子的胚未分化成熟,需要 5℃ 低温下层积处理 90 d 完成胚分化过程以打破休眠(如果用 10~100 $\mu L \cdot L^{-1}$ GA 溶液同时处理,只需 48 h 便可打破休眠)。

(4) 化学药剂

用 0.1%~2.0% 过氧化氢溶液浸泡棉籽 24 h,能显著提高发芽率。

(5) 乙醚气熏法

将紫丁香、铃兰根茎放在体积为 1L 的密闭容器中(容器内注入 0.5~0.6 mL 乙醚),1~2 d 后取出,在 15~20℃ 下保持 3~4 周就能长叶开花。

10.5.3 植物衰老的调控

(1) 植物生长调节剂

一般 CTK、低浓度 IAA、GA、BR、PA 可延缓植物衰老;而 ABA、乙烯、JA、高浓度 IAA 可促进植物衰老。

(2) 环境条件

适度光照能延缓多种植物叶片的衰老,而强光照会加速衰老;短日照处理可促进叶片衰老,而长日照则延缓叶片衰老。干旱和水涝都能促进叶片衰老。营养元素缺乏也会促进叶片衰老。高浓度氧气会加速自由基形成,引发叶片衰老,而高浓度CO_2抑制乙烯形成,因而延缓叶片衰老。另外,高温、低温、大气污染、病虫害等不同程度地促进植物或器官的衰老。

(3) 基因工程

植物的衰老过程受多种遗传基因控制,并由衰老基因产物启动衰老过程。通过对抗衰老基因的转移可以对植物或器官的衰老过程进行调控,然而基因工程只能加速或延缓衰老,却不能抑制衰老。

10.5.4 植物脱落的调控

(1) 植物生长调节剂

植物生长调节剂既能促进脱落,也能延迟脱落。为了保证"源"和"库"的平衡,在开花期对一些开花过多的苹果和鸭梨喷施 40 mg·L^{-1} NAA 或乙烯利(梨树在盛花期和末花期喷施,浓度为 240~480 mg·L^{-1};苹果在盛花期 20 d 和 10 d 喷施,浓度为 250 mg·L^{-1})能够疏花、疏果,对获得高产、优质果实有重要的促进作用。生产上施用乙烯利促使棉花落叶,可便于棉铃吐絮和机械采收。叶面喷施生长素类化合物 2,4-D 10~25 mg·L^{-1},可防止番茄落花、落果;在棉花结铃盛期施用 20 mg·L^{-1}赤霉素溶液,可防止和减少棉铃脱落;国外常采用乙烯合成抑制剂 AVG 等用于防止果实脱落,效果显著。在采收前使用 50~60 mg·L^{-1} NAA 可以延迟果实脱落 1 周或更长时间。

(2) 肥水条件

通过改善营养条件,增加水肥供应,同时配合适当修剪,可使更多光合产物供应给花果,满足花果生长发育的养分需求,从而保花、保果,减少脱落。例如,用 0.05 mol·L^{-1}醋酸钙能减轻柑橘和金橘因施用乙烯利而造成的落叶和落果。

(3) 基因工程

通过调控与衰老有关基因的表达,进而影响调控植物器官脱落。

本章小结

在种子的成熟过程中,有机物主要向合成方向进行,可溶性的、低分子物质逐渐转化为不溶性的、高分子化合物贮藏起来,如淀粉、蛋白质、脂肪等。种子的化学成分受光照、温度、土壤含水量、空气相对湿度和矿质营养等外界环境条件的影响。

果实生长主要有单"S"形生长曲线、双"S"形生长曲线和三"S"形生长曲线 3 种模式。单性结实分为天然单性结实、刺激性单性结实和假单性结实 3 类。呼吸跃变的出现标志着果实成熟达到可以食用的程度,这与果肉中乙烯含量的增多有关。根据果实成熟过程中是否有呼吸跃变现象,将果实分为跃变型果实和非跃变型果实 2 种。果实成熟时发生色、香、味的变化,即淀粉转变为可溶性糖(果实变甜);有机酸转化(酸味减少);单宁物质转化(涩味减少);芳香物质产生(香味产生);果胶物质的变化(果实变软);色素的变化(色泽变艳)等系列过程。此外,果实成熟过程中内源激素、核酸和蛋白质含量也发生很大的变化。

休眠是植物的整体或某一部分生长极为缓慢或暂时停止生长的现象,是植物抵制不良自然环境的一种自身保护性的生物学特性。植物休眠可分为强迫休眠和生理休眠(也称作真正休眠)两种类型。种子休眠的主要原因有种皮限制、种子未完成后熟、胚未完全发育以及存在抑制萌发的物质。解除种子休眠的方法有机械破损、清水漂洗、层积处理、温水处理、化学处理、生长调节剂处理、光照处理、物理方法等。芽休眠和延存器官休眠可通过人工方法打破或延长。

衰老是成熟细胞、组织、器官和整个植株自然地终止生命活动的一系列衰败过程,是植物体生命周期的最后阶段。植物衰老有整株衰老、地上部衰老、渐进衰老和脱落衰老4种类型。衰老主要受遗传基因控制,但也受环境条件的影响。植物衰老时,蛋白质及核酸降解,光合和呼吸速率下降,促进生长的细胞分裂素、生长素、赤霉素等含量呈减少趋势;而诱导衰老和成熟的脱落酸、乙烯等含量呈增加趋势。生物膜由液晶态转变为凝固态,失去选择透性。植物衰老的解释机理有自由基损伤学说、DNA损伤学说、植物激素调节学说和程序性细胞死亡理论等。

脱落是指植物细胞组织或器官与植物体分离的过程。脱落分为正常脱落、生理脱落和胁迫脱落3种类型。器官在脱落之前先形成离层。脱落时,离层细胞中的高尔基体、内质网或液泡分化出来的小泡,聚集在质膜附近,分泌果胶酶和纤维素酶等,使细胞壁和中胶层分解和膨大,导致离层细胞分离、脱落。生长素和细胞分裂素会延迟器官脱落,而过高或过低温度、干旱、弱光、短日照会促进脱落。

农林生产上,经常需要人为调控植物的成熟、休眠、衰老和器官脱落过程。

复习思考题

一、名词解释

呼吸跃变　跃变型果实　非跃变型果实　单性结实　离层　休眠　衰老　脱落　层积处理　强迫休眠　生理休眠

二、问答题

1. 种子成熟过程中会发生哪些生理生化变化?
2. 种子中主要的贮藏物质有哪些?它们的合成与积累有何特点?
3. 试述乙烯与果实成熟的关系及作用机理。
4. 果实成熟期间在生理生化方面发生哪些变化?
5. 影响果实着色的因素有哪些?
6. 简述种子休眠的原因以及打破休眠的方法。
7. 试述植物衰老时发生哪些生理生化变化?衰老的机理如何?
8. 引起植物衰老的可能因素有哪些?
9. 植物器官脱落的原因是什么?

10. 植物器官脱落与植物激素有何关系？
11. 如何调控器官的衰老与脱落？

参考文献

王三根. 2013. 植物生理学[M]. 北京：中国林业出版社.
潘瑞炽. 2012. 植物生理学[M]. 北京：中国农业出版社.
李合生. 2007. 现代植物生理学[M]. 北京：高等教育出版社.
王忠. 2008. 植物生理学[M]. 北京：中国农业出版社.
Taiz L, Zeiger E. 2006. Plant Physiology[M]. 4th. Sunderland：Sinauer Associates Inc.
郝建军. 2013. 植物生理学[M]. 北京：化学工业出版社.
陈琳. 2013. 现代植物生理原理及应用[M]. 北京：中国农业科学技术出版社.

第11章

植物逆境生理

知识导图

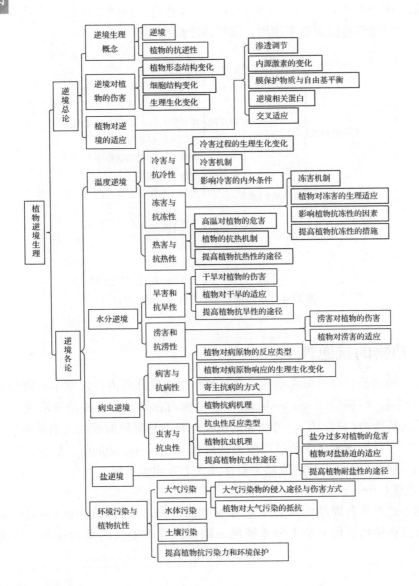

在植物生产中，陆生植物在其生育期内经常会遭遇各种不良环境，如干旱、渍涝、低温、高温以及病虫侵染等；而且随着现代工农业的发展，又出现了大气、土壤和水体的污染。上述不良环境在危及动植物的生存、生长和发育的同时，同样威胁着人类的生产和生活。所以，在生理学水平揭示农林植物对不良环境的适应机制，探讨植物生产中增强植物抗逆性的理论和方法，对提高作物的产量和品质具有重要的经济、生态和社会效益。

11.1 逆境生理概念

11.1.1 逆境

根据环境的种类，可将逆境分为生物胁迫（biotic-stress）和非生物胁迫（abiotic-stress）两大类，详见下图（图11-1）。自然环境条件下，多种逆境同时发生的复合胁迫是较为普遍的，例如，干旱通常伴随着高温逆境，甚至伴随病虫害等。

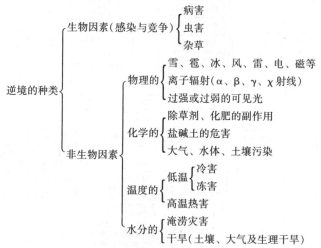

图 11-1　逆境的类型（引自王三根，2013）

11.1.2 植物的抗逆性

由于陆生植物的自身不可移动性，在其整个生长发育期内，常常不可避免的遭受各种不良环境的侵袭。抗逆性（stress resistance）是植物内在具有的、或诱导形成的对不良环境的适应性或抵抗能力（或性状）。可诱导的抗逆性并不是突然形成的，而是通过逐步适应而建立的，植物对逆境逐步适应的过程称为锻炼或驯化（acclimation）。植物自身建立的用来抵抗逆境的适应性（adaptability）策略主要涉及3个方面或层次：

（1）避逆性（stress escape）

指植物通过对生育周期的调整来避开逆境的干扰，在相对适宜的环境中完成其生活史。这种方式在植物进化上是十分重要的。例如，夏季生长的短命植物，其渗透势比较低，能随环境而改变自己的生育期。

（2）御逆性（stress avoidance）

指植物处于逆境时，其生理过程不受或少受逆境的影响，仍能保持自身正常的生理活性。这主要是植物体营造了适宜生活的内环境，避免了外部不利环境的危害。这类植物通常具有根系发达，吸水、吸肥能力强，物质运输能力小，角质层较厚，还原性物质含量高，有机物质合成快等特点。如仙人掌（CAM 植物），不仅在组织内贮藏大量的水分，而且在白天关闭气孔以降低蒸腾，从而减少水分散失。

（3）耐逆性（stress tolerance）

指植物处于不利环境时，通过代谢反应来阻止、降低或修复由逆境造成的损伤，使其仍能保持自身正常的生理活动。例如，植物遇到干旱或低温时，细胞内的渗透物质会增加，从而提高细胞抗性。

11.2 植物对逆境的形态和生理响应

11.2.1 形态结构变化

逆境可以导致植物形态发生明显的变化，这种变化既可以是适应性的表现，也可以是损伤性表现。例如，干旱会导致植物叶片和嫩茎萎蔫，气孔开度减小甚至关闭；淹水使叶片黄化、枯干，根系褐变甚至腐烂；病原菌侵染致使植物叶片和果实等出现病斑。

11.2.2 细胞结构变化

逆境致使细胞膜结构状态发生改变，使其选择功能遭到破坏，胞内大量离子和某些有机质外渗，外界有毒离子进入，从而导致体内一系列生理生化过程受到干扰；严重逆境甚至导致细胞膜破裂，细胞的区域化遭到破坏，原生质性质发生改变；叶绿体、线粒体等细胞器易遭受逆境的伤害。

11.2.3 生理生化变化

（1）水分代谢变化

在冰冻、低温、高温、干旱、盐渍、土壤过湿和病害等逆境发生时，植物体的水分代谢有相似变化，即吸水力降低，蒸腾量降低，但蒸腾量降低的幅度大于吸水量，导致植物组织的含水量降低，产生萎蔫。另外，水分代谢也可充当一种逆境调节信号，水流和水压的变化促使植物对不同逆境做出适应性反应，值得一提的是，静水压力信号变化比流水压力信号变化要快得多，这可能有利于解释某些快速反应，如气孔运动等。

（2）光合作用变化

任何一种逆境均致使植物光合强度呈下降趋势。逆境导致光合作用下降的原因很多，主要涉及气孔关闭、叶绿体损伤、光合酶活性降低或被破坏等因素。在高温条件下，植物光合作用的下降可能与酶的变性失活有关，也可能与脱水时气孔关闭，增加气体扩散阻力有关;在干旱条件下由于气孔关闭而导致光合作用的降低则更为明显。

(3)呼吸作用变化

大量研究表明,呼吸速率变化与逆境胁迫的强度和时间密切相关,逆境下植物的呼吸作用变化主要涉及3种类型:①呼吸速率降低,例如,冰冻、高温、盐渍和淹水胁迫时,植物的呼吸速率都会逐渐降低;②呼吸速率先升高后降低,例如,零上低温和干旱胁迫时,植物的呼吸速率会先升高后降低;③呼吸速率明显增高,植物发生病害时,植物呼吸速率会极显著地增高,且这种呼吸速率的增高与菌丝体本身呼吸无关。

(4)物质代谢变化

在低温、高温和干旱等胁迫下,磷酸化酶和蛋白酶水解活性提高,促进淀粉水解和蛋白质降解,使体内的葡萄糖、蔗糖和可溶性氮含量增加;同时在逆境下某些蛋白质的合成能力也增加。此外,在逆境下植物可以通过改变其代谢途径以提高自身抗逆性,例如,逆境致使植物的 C_3 光合途径向 C_4 或 CAM 途径转变,或是 C_4 光合途径向 CAM 途径转变。在盐生的松叶菊属植物中发现,盐胁迫或 NaCl 处理可诱导 PEP 羧化酶的产生,这是碳同化由 C_3 途径转为 CAM 途径的重要生理生化标志,也是盐胁迫引起气孔关闭后植物得以维持碳同化继续运行的适应性表现。

11.3 植物对逆境的适应性

在胁迫的过程中植物发生的生理生化变化称为胁变(strain)。胁变可分为不同程度,在一定胁迫范围内,逆境去除后植物能够恢复正常的、程度较轻的、可逆的胁迫为弹性胁变(clastic strain);反之,如果超过可忍范围或植物自身修复能力,损伤将变成不可逆的,植物将受害甚至死亡,此称为塑性胁变(plastic strain)。

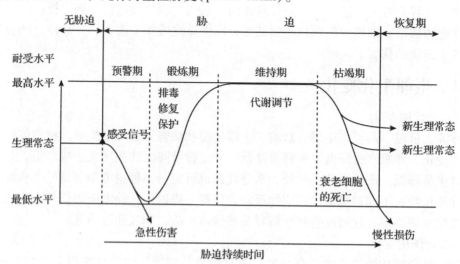

图 11-2 植物对逆境的反应

(引自 CABANE 等,2012)

逆境反应的早期阶段"预警期"（alarm phase）涉及逆境信号的感知和转导，该阶段可能对植物造成急性损伤（acute damage）；接下来是"锻炼期"（acclimation phase），该阶段涉及植物对逆境的修复和保护反应；"维持期"（maintenance phase）植物具有通过代谢调节来稳定、巩固修复和保护的能力；如果植物不能顺利通过维持期，严重的逆境将会产生对植物的慢性损伤（chronic damage）导致植物不可逆转的衰老和细胞死亡，植物将进入枯竭期（exhaustion phase）。如果维持期去除了造成严重损伤的逆境，植物将进入恢复期，并建立新的生理常态（图10-2）。

植物生长发育受遗传信息和环境信息的调控。其中环境信息对遗传信息的表达起到重要的调控作用。例如，在干旱胁迫下，植物往往通过降低叶片的生长速率、或脱落老叶等途径来减少总面积，从而有效地降低蒸腾失水。逆境胁迫不但影响根长、根的数量和根系分布，还可改变根冠比例使根冠比值增大以改善植株的水分平衡及营养利用。逆境胁迫对发育的影响也是明显的，通常可促进提早开花和结籽，以及加快发育进程来尽快使植物度过难关，以保证繁衍后代。

11.3.1 渗透调节

在一定的胁迫范围内，某些植物可通过自身细胞的渗透调节作用表现出抵抗外界渗透胁迫的能力。植物通过细胞渗透势调节抵抗逆境的作用称为渗透调节（osmotic adjustment 或 osmotic regulation），其对植物蒸腾作用、呼吸作用、细胞压力势、酶活性和膜透性等都有十分重要的调节作用。

渗透胁迫（osmotic stress）是指环境与生物之间由于渗透势的不平衡而形成的对生物的胁迫。当环境渗透势低于植物细胞渗透势时会导致细胞失水，严重时可造成细胞膨压的完全丧失，直至死亡。土壤干旱和盐渍在一定意义上都同属于渗透胁迫，在一定的胁迫范围内，某些植物能通过自身细胞的渗透调节来抵抗外界干旱或盐害造成的渗透胁迫。

参与渗透调节的可溶性物质称渗透调节物质（osmoticum or osmolytes）。渗透调节物质的种类很多，大致可以分为两大类：一类是由外界进入细胞的无机离子；另一类是在细胞内合成的有机物质，如脯氨酸、甜菜碱和可溶性糖等。有机渗透调节物具有相对分子质量小、易溶于水、合成迅速、不易透过细胞膜、生理 pH 范围内不带静电荷、引起酶结构变化的作用极小的特征。上述两类物质在渗透调节过程中并不是孤立的，而是相互补充和联系的。

(1) 无机离子

作为重要的溶质，逆境下细胞内常常会累积无机离子以调节细胞渗透势，特别是盐生植物主要通过细胞内无机离子的累积来进行渗透调节。K^+、Na^+、Ca^{2+}、Mg^{2+}、Cl^-、SO_4^{2-}、NO_3^- 是盐生植物重要的渗透调节物质。渗透调节能力因无机离子类型和累积的量（浓度），以及植物种类、不同品种以及同一品种的不同器官而不同。例如，野生番茄会比栽培种积累更多的 Na^+ 和 Cl^- 离子；洋葱不积累 Cl^-，而菜豆和棉花则积累 Cl^-。

(2) 脯氨酸

脯氨酸（proline）是最重要和最有效的有机渗透调节物质。几乎所有的逆境，如干旱、低温、高温、冰冻、盐渍、低 pH、病害、大气污染等都会造成植物体内脯氨酸的累积，尤其在干旱胁迫时脯氨酸累积最多，可比胁迫开始时的含量高几十倍甚至几百倍。大麦叶片在水分胁迫条件下，叶片成活率与叶中脯氨酸含量之间有密切关系。

脯氨酸有助于保持原生质体与环境之间的渗透平衡，与胞内的一些化合物形成聚合物（类似亲水胶体），以防止原生质体的水分散失；同时，分布在细胞质的脯氨酸与蛋白质相互作用能增加蛋白质的可溶性，减少可溶性蛋白的沉淀，增强蛋白质的水合作用，故脯氨酸是细胞质中的重要渗透调节物质(cytoplasmic osmoticum)。此外，脯氨酸也有助于保持膜结构的完整。

逆境下脯氨酸累积主要有以下3方面的原因：①脯氨酸合成加强，标记的谷氨酸在植物失水萎蔫后能迅速转化为脯氨酸，高粱幼苗饲喂谷氨酸后在渗透胁迫下能迅速形成脯氨酸；②脯氨酸氧化作用受抑，而且脯氨酸氧化的中间产物还会逆转为脯氨酸；③蛋白质合成减弱，从而抑制了脯氨酸掺入蛋白质合成。

(3) 甜菜碱

甜菜碱(betaines)是一类季铵化合物，化学名称为N-甲基代氨基酸。植物中的甜菜碱主要有十几种，其中甘氨酸甜菜碱(glycine betaine)、丙氨酸甜菜碱(alanine betaine)和脯氨酸甜菜碱(proline betaine)是比较重要的甜菜碱。植物在干旱、盐渍条件下会发生甜菜碱的累积，主要分布于细胞质中。在正常植株中甜菜碱含量比脯氨酸高10倍左右；在水分亏缺时，甜菜碱积累比脯氨酸慢，解除水分胁迫时，甜菜碱的降解也比脯氨酸慢。如大麦叶片在水分胁迫24 h后甜菜碱才明显增加，而脯氨酸在10 min后便积累。

(4) 可溶性糖

可溶性糖主要来源于淀粉等碳水化合物的分解代谢，以及光合作用的合成代谢，包括蔗糖、葡萄糖、果糖、半乳糖等。作为渗透调节物质，低温逆境下植物体内常常积累大量的可溶性糖。

11.3.2 植物激素

逆境能够促使植物体内激素的含量和活性发生变化，并通过这些变化来影响生理过程。在逆境胁迫下，植物体内五大类激素的总体变化趋势是：生长素、赤霉素和细胞分裂素含量减少，而脱落酸和乙烯含量增加。

(1) 脱落酸

又称逆境激素，在调节植物对逆境的适应过程中作用尤为突出，是植物逆境交叉适应的调节物质之一。在低温、高温、干旱和盐害等多种胁迫下，体内ABA含量大幅度升高，这种现象的产生是因为逆境胁迫增加了叶绿体膜对ABA的通透性，并加快根系合成的ABA向叶片的运输及积累所致。黄瓜幼苗在低温(3℃±2℃)和盐胁迫(0.25 mol·L^{-1})下处理3 d，子叶内源ABA含量分别增加16倍和32倍；低温(8~10℃)下处理3 d，水稻幼苗叶片内源ABA含量增加21倍(表11-1)，且这种增加是发生在严重的电解质渗漏之前。但是当植株受到低温伤害后，内源ABA的积累速率降低。

有大量试验表明，外施适量的ABA可以提高植物的抗冷、抗旱和抗盐性，因为ABA可延缓自由基清除酶活性，从而阻止体内自由基的过氧化作用，减少对膜的损伤；可促进脯氨酸等渗透调节物质的积累，增加渗透调节能力；可促进气孔关闭，减少蒸腾失水，维持水分平衡；可调节逆境相关蛋白基因表达，促进逆境蛋白合成等。

表 11-1　低温对水稻（单生 1 号）幼苗内源 ABA 含量和电解质渗漏率的影响（引自潘瑞炽，1995。）

低温天数 (d)	每克鲜重叶 ABA 含量		每克鲜重根电解质渗漏率		每克鲜重叶电解质渗漏率	
	(mg)	(%)	($\mu\Omega \cdot cm^{-1}$)	(%)	($\mu\Omega \cdot cm^{-1}$)	(%)
0	0.7	100	220	100	360	100
3	13.5	2 100	196	89	396	110
6	20.	3 200	688	313	1242	345
9	58.5	8 600	1 177	535	2016	560

（2）乙烯

植物在干旱、大气污染、机械刺激、化学胁迫、病害等逆境下，体内乙烯成几倍或几十倍的增加；当胁迫解除时则恢复正常水平，组织一旦死亡乙烯就会停止产生。逆境乙烯的产生有利于植物克服或减轻因环境胁迫所带来的伤害，促进器官衰老，引起枝叶脱落，减少蒸腾，保持水分平衡；同时，乙烯可提高与酚类代谢有关的酶类（如苯丙氨酸解氨酶、多酚氧化酶、几丁质酶）的活性、并影响植物呼吸代谢，从而直接或间接地参与植物对伤害的修复或对逆境的抵抗过程。小麦叶片失水后乙烯及其直接前体 1-氨基环丙烷-1-羧酸（1-aminocyclopropane-1-carboxylic acid，ACC）含量均增加；2 h 后 ACC 含量下降，可转变为不可挥发的丙二酰基-1-氨基环丙烷-1-羧酸（N-malonyl-ACC，MACC），导致其含量继续增加。

（3）其他激素

当叶片缺水时，内源赤霉素（gibberellin，GA）活性迅速下降；GA 含量的降低先于 ABA 含量的上升，是由于 GA 和 ABA 的合成前体相同的缘故。抗冷性强的植物体内 GA 含量一般低于抗冷性弱的植物，外施赤霉素（1 000 $mg \cdot L^{-1}$）可使某些植物的抗冷性显著降低。

叶片缺水时，叶肉 ABA 含量增加的同时，细胞分裂素（cytokinin，CTK）含量减少，降低了气孔导度和蒸腾速率。番茄叶水势在 -1.5～-0.2 MPa 之间，吲哚乙酸氧化酶活性随叶水势下降而直线上升，吲哚乙酸（indole-3-acetic acid，IAA）含量下降；当水势小于 -1.0 MPa 时，则会抑制吲哚乙酸向基部的运输。

11.3.3　膜保护与自由基平衡

（1）逆境下膜的变化

生物膜的透性对逆境的反应是比较敏感的，如在干旱、冰冻、低温、高温、盐渍、SO_2 污染和病害发生时，质膜透性增大，内膜系统出现膨胀、收缩或破损。在正常条件下生物膜呈液晶态，当温度下降到一定程度时转变为凝胶态（晶态），这种膜脂的相变可导致细胞膜透性增大，引起胞内离子渗漏，也导致膜结合蛋白活性改变，进而引起细胞代谢失调。

膜脂种类及膜质中饱和脂肪酸与不饱和脂肪酸的比例都与植物的抗冷性、抗冻性和抗旱性相关。不同碳链长度及不同饱和键数的脂肪酸固化温度不同，即膜脂碳链越长，固化温度越高;相同长度的碳链不饱和键数越多,固化温度越低。例如,相同温度下粳稻胚的膜脂中脂肪酸不饱和度要大于籼稻,粳稻耐冷性大于籼稻;油橄榄、柑橘和小麦等植物的抗冻性也与膜脂中不饱和脂肪酸含量呈正相关。此外,膜脂饱和脂肪酸含量还与叶片抗脱水力和根系吸水力密切相关。小麦在灌浆期如遇干旱,抗旱性强的品种叶表皮细胞的饱和脂肪酸较多,不抗旱小麦品种则较少。

膜蛋白与植物抗逆性密切相关。例如,低温(0℃)处理的甘薯块根,其线粒体膜蛋白与磷脂的结合力明显减弱,磷脂中的磷脂酰胆碱(phosphatidyl cholines,PC)等就会从膜上脱离,随后膜解体导致组织坏死。这就是以膜蛋白为核心的冷害膜伤害假说。

(2)活性氧对膜的伤害及其平衡

活性氧是指性质极为活泼,氧化能力很强的含氧物的总称。活性氧包括含氧自由基和含氧非自由基。主要活性氧有 O_2^-(超氧自由基)、$^1O_2·$(单线态氧)、$OH·$(羟基自由基)、$RO·$(烷氧自由基)和含氧非自由基(H_2O_2)等。活性氧的主要危害是引起膜脂过氧化损伤,蛋白质变性,核酸降解。正常条件下植物体内自由基的产生与清除处于动态平衡;但是,当植物受到逆境胁迫时,这种动态平衡被打破,产生的大量自由基超过一定阈值时,造成糖、脂、蛋白和核酸等生物大分子的氧化损伤,尤其是膜脂中不饱和脂肪酸的双键部位最易受到自由基攻击,发生膜脂过氧化作用,丙二醛(MDA)含量增加,使膜结构遭到破坏;后续发生的连锁反应破坏膜蛋白的结构与功能,因膜脂过氧化产生的脂性自由基可使膜蛋白发生聚合反应和交联反应。

同样,植物体内也存在着清除这些自由基的多种途径,可分为酶促系统和非酶促抗氧化物质。酶促系统主要有超氧化物歧化酶(SOD)、过氧化氢酶(CAT)、过氧化物酶(POD)、谷胱甘肽还原酶(GR)等;非酶促系统主要包括维生素E、维生素C、类胡萝卜素、还原型谷胱甘肽等。多种逆境如干旱、大气污染、低温胁迫等都有可能降低SOD等酶的活性,从而破坏活性氧平衡。干旱胁迫下不同抗旱性小麦叶中SOD、CAT、POD活性,与膜透性、脂膜过氧化水平之间都存在着负相关。一些植物生长调节剂和人工合成的活性氧清除剂在胁迫下也有提高保护酶活性、对膜系统起保护作用的效果。

在植物遭受逆境胁迫时,一旦活性氧自由基积累增多,抗氧化酶或抗氧化物质的活性氧清除能力亦增加,从而保持二者间的稳态平衡。当这种平衡被打破,即活性氧的积累超过了一定阈值,导致膜脂过氧化水平增高、膜脂成分改变、不饱和指数下降,膜的相对透性增加,膜结构和功能改变;另外,活性氧累积也导致叶绿素等生物分子遭到破坏,从而引起一系列生理生化代谢紊乱。如果长时间逆境胁迫,导致代谢紊乱无法恢复,植物的生长发育

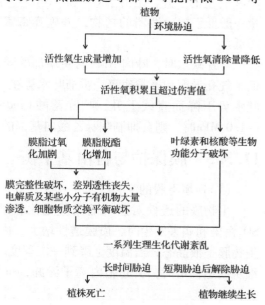

图11-3 活性氧与植物膜伤害机制

(引自武维华,2003)

会受到明显抑制,甚至死亡(图 11-3)。

11.3.4 逆境相关蛋白

逆境蛋白(stress protein)是在特定的环境条件下产生的,通常使植物增强对相应逆境的适应性。逆境蛋白的产生是基因表达的结果,逆境条件使一些正常表达的基因被关闭,而一些与适应性有关的基因被启动。例如,热击蛋白(heat shock proteins, HSPs)增强植物的耐热性;病原相关蛋白(pathogenesis-related protein, PR)的合成增加了植物的抗病能力。逆境蛋白可在植物不同生长阶段或不同器官中产生,可存在于不同的组织中,组织培养条件下的愈伤组织以及单个细胞在逆境诱导下也能产生逆境蛋白。逆境蛋白在亚细胞的定位较为复杂,可定位于胞间隙(如多种病原相关蛋白)、细胞壁、细胞膜、细胞核、细胞质及各种细胞器中。特别是细胞质膜上的逆境蛋白种类很丰富,而植物的抗性往往与膜系统的结构和功能有关。

(1)热激蛋白

由高温诱导合成的热休克蛋白广泛存在于植物界,已发现在大麦、小麦、谷子、大豆、油菜、胡萝卜、番茄以及棉花、烟草等植物中都有热激蛋白。大部分 HSP 的功能是作为分子伴侣帮助错误折叠的蛋白质和聚集蛋白形成正确构象,并阻止一些蛋白质的错误折叠。热激蛋白根据其相对分子质量和一级结构可以分为以下 6 组:HSP100,HSP90,HSP70,HSP60,HSP40 和小分子 sHSP(Gaur Rajarshi Kumar, 2013)。

通常诱导 HSPs 合成的理想温度条件是比正常生长温度高出 10℃ 左右。热激处理诱导 HSPs 所需温度因植物种类而不同:豌豆 37℃、胡萝卜 38℃、番茄 39℃、棉花 40℃、大豆 41℃、谷子 46℃ 均为比较适合的诱导温度。当然,热激温度也会因不同处理方式而有所不同,如生长在 30℃ 环境下的大豆,当处于 35℃ 时不能诱导,37.5℃ 时 HSPs 开始合成,40℃ 时 HSPs 合成占主导地位,45℃ 时正常蛋白和 HSPs 合成都被抑制。

植物对于热激处理的反应是很迅速的,热激处理 3~5 min 就能发现 HSP mRNA 含量增加,20 min 可检测到新合成的 HSPs。处理 30 min 大豆黄化苗中 HSPs 合成已占主导地位,而正常蛋白合成则受阻抑。

(2)病原相关蛋白

这是植物被病原菌感染后形成的与抗病性有关的一类蛋白,也称病程相关蛋白(pathogenesis-related protein, PR)。自从在烟草中被首次发现以来,至少在 20 多种植物中发现了病原相关蛋白的存在。不但真菌、细菌、病毒和类病毒可以诱导病原相关蛋白产生,而且与病原菌有关的物质也可诱导这类蛋白质产生。如几丁质、β-1,3-葡聚糖甚至高压灭菌杀死的病原菌及其细胞壁、病原菌滤液等也有诱导作用。病原相关蛋白的相对分子质量往往较小,且主要存在于细胞间隙。病原相关蛋白常具有水解酶活性,几丁质酶和 β-1,3-葡聚糖酶就是其中常见的代表,这两种酶对病原真菌的生长有抑制作用。

(3)重金属结合蛋白

虽然一些重金属元素(如 Cu、Zn 等)是植物正常生长发育的必需营养元素,但当植物生长在含有过高浓度重金属的土壤中时,这些重金属元素会对植物产生强烈的毒害作用。有些植物在遭受重金属胁迫时,体内能迅速合成一类束缚重金属离子的多肽,这类多肽被称为植物重金属结合蛋白（heavy metal binding protein）。根据植物重金属结合蛋白的合成和性质的差异，可将其分为类金属硫蛋白（metallothioneins-like，类MT蛋白）和植物螯合肽（phytochelatin，PC）。迄今已从番茄、水稻、玉米、烟草、甘蔗、菠菜等多种植物中分离得到了镉和铜结合蛋白。这些蛋白相对分子质量一般很低，富含半胱氨酸（Cys），几乎无芳香族氨基酸，通过Cys上的—SH基与重金属离子结合形成金属硫醇盐配位。1981年Murashgi在Cd^{2+}处理的裂殖酵母中发现两种相对分子质量分别为1.8 kDa和4 kDa的镉结合肽，以后又在经Cd^{2+}处理的蛇根木悬浮培养细胞中分离得到了相同的多肽，将其称为植物螯合肽。许多重金属离子，如Cd^{2+}、Pb^{2+}、Zn^{2+}、Ag^+、Ni^{2+}、Hg^{2+}、Cu^{2+}、Au^+等都可诱导植物螯合肽的合成。植物重金属结合蛋白，无论是类MT还是PC，都含有丰富的半胱氨酸残基，能通过Cys上的—SH与金属离子结合，因此，推测它们可能起着解除重金属离子毒害以及调节体内金属离子平衡的作用。有人推测重金属结合蛋白可通过结合与释放某些植物必需营养元素的离子如Cu^{2+}、Zn^{2+}等，调节细胞内的离子平衡。

现在一般认为，植物通过逆境蛋白的合成，使自身在代谢和结构上发生调整，从而增强抵御外界不良环境的能力。但是，到目前为止，在众多的逆境蛋白中，除少量被确定为植物适应过程中所必需的酶外，大多数逆境蛋白的功能还不清楚。比较不同逆境下植物的逆境蛋白，可以发现不同逆境条件有时能诱导产生某些相同的逆境蛋白，如缺氧、重金属、盐和水分胁迫、ABA处理等都能诱导热激蛋白的合成；病程相关蛋白也可由某些化学物质如水杨酸、乙烯等诱导合成，暗示着植物适应逆境条件可能存在某些共同的机制。

但是，也有研究表明，逆境蛋白不一定就与逆境或抗性有直接联系。表现在以下方面：①有的逆境蛋白（如HSPs）可在植物正常生长、发育的不同阶段出现，似与胁迫反应无关；②有的逆境蛋白产生的量与其抗性无正相关性。如同一植株不同叶片中病原相关蛋白的量可相差10倍，但这些叶片在抗病性上并没有显著差异；③许多情况下没有逆境蛋白的产生，但植物对逆境同样具有一定的抗性。虽然已有若干关于逆境蛋白基因表达的调控报道，也有在转录和翻译水平上调控的例子，但关于各种刺激的接受、信号的传递、转换以及逆境蛋白在植物抗逆性中的作用等还有待深入研究。

11.3.5 交叉适应

植物也像动物一样，存在着交叉适应现象，即植物经历了某种逆境后，能提高对另一些逆境的抵抗能力，这种对不良环境之间的相互适应作用，称交叉适应（cross adaptation）或交叉耐受（cross-tolerances）。通过缺水、缺肥、盐渍等处理可提高烟草对低温和缺氧的抵抗能力；干旱或盐处理可提高水稻幼苗的抗冷性；低温处理能提高水稻幼苗的抗旱性；外源ABA、重金属及脱水可增加玉米幼苗的耐热性；冷驯化和干旱则可增加冬黑麦和白菜的抗冻性。

多种逆境条件下，植物体内的脯氨酸等渗透调节物质累积；ABA、乙烯等激素含量会增加；多种膜保护物质（包括酶和非酶的有机分子）在胁迫下可能发生类似的反应（表11-2），使细胞内活性氧的产生和清除达到动态平衡，以及使不同逆境诱导产生的相同逆境蛋白，例如，缺氧、水分胁迫、盐和镉等都能诱导HSPs的合成；多种病原菌等都能诱导病原相关蛋白的合成。从而有助于提高植物对逆境的交叉适应或交叉耐受。

表 11-2 交叉适应性中的保护性酶(引自 Bowler 等, 1992)

种 属	处 理	交叉忍耐	有关的酶
陆地棉	干旱	百草枯	GR
烟草	O_3、百草枯	百草枯、SO_2	SOD、GR、SOD
玉米	干旱	百草枯、SO_2	SOD、GR

注：AP 为抗坏血酸过氧化物酶；GR 为谷胱甘肽还原酶；SOD 为超氧化物歧化酶。

11.4 温度逆境

温度影响植物生理代谢及生长发育过程，有最低温度、最适温度和最高温度 3 个基点。低于最低温度时，植物就会受到寒害，按低温程度和受害情况的不同分为冷害和冻害；超过最高温度时植物就会遭受热害。

11.4.1 冷害与抗冷性

在零上低温时，虽无结冰现象，但能引起喜温植物的生理障碍，使植物受伤甚至死亡，这种冰点以上低温对植物的危害称为冷害(chilling injury)。植物对冰点以上低温的适应能力称为抗冷性(chilling resistance)。

通常原产于热带或亚热带的植物对冷害敏感。在我国，冷害经常发生于早春和晚秋，例如，水稻、棉花、玉米等春播后，常遭冷害而造成死苗或僵苗不发；水稻开花前遭受冷空气侵袭，就会产生较多空秕粒；在华南生长的三叶橡胶树，冬季碰上不定期寒流侵袭，会使枝条干枯甚至全株受害，影响橡胶树安全越冬和向北扩大栽培面积；果蔬在贮藏期遇低温，导致表皮变色，局部坏死，形成凹陷斑点。

11.4.1.1 冷害过程的生理生化变化

(1) 水分代谢失调

冷害引起冷敏感植物最明显的生理变化是水分的丢失和植物的萎蔫，因为低温胁迫下，植物吸水能力和蒸腾速率显著下降，其中根部吸水能力急剧降低，而蒸腾仍保持一定速率，所以蒸腾大于吸水。特别是天气转暖后，环境突变，叶温升高迅速，致使排水加快，地温升高比较慢，导致吸水跟不上蒸腾，更加剧了水分平衡的失调。因此，寒潮过后，植株的叶尖和叶片迅速干枯。

(2) 光合速率减弱

低温导致叶绿体分解加速，叶绿素含量下降，加之酶活性又受到影响，因而光合速率明显降低。寒潮来临时往往带来阴雨导致光照不足，影响更是严重。

(3) 呼吸速率骤变

冷害对喜温植物呼吸作用的影响极为显著。如水稻秧苗、黄瓜植株、三叶橡胶树、甘薯根以及苹果、番茄的果实等在零上低温条件下，冷害病征出现之前，表现为呼吸速率加快；随着低温的加剧或时间延长，至病征出现的时候，呼吸会更强，以后则迅速下降。无论抗冷性是强或弱，植株的呼吸速率在低温情况下都有些升高，这点在某种意义上，可以理解为正常的适应现象，因为呼吸旺盛，释放较多热能可提高植株的温度，以减少冷害程度。但是，呼吸速率猛增却是一种病理现象，因为许多试验都证实，低温破坏线粒体结构，氧化磷酸化解偶联，氧化剧烈进行而磷酸化受阻，呼吸释放出的能量大多数转变为热能，但储存在高能磷酸键的能量很少。特别是不耐寒的植物（或品种），呼吸速度大起大落的现象特别明显。

(4) 胞质环流减慢或停止

有研究表明，冷害敏感植物（番茄、甜瓜、玉米等）的叶柄表皮毛在10℃下1~2 min时，其胞质环流很缓慢或完全停止；而冷害不敏感的植物（甘蓝、胡萝卜）在0℃时仍有胞质环流。关于胞质环流存留的确切机理还不太清楚，但这个过程需要ATP供给能量。可能是受冷害的植物的氧化磷酸化解偶联，ATP含量明显下降，因此，影响胞质环流和正常代谢。

(5) 有机物分解加剧

植株受冷害后，水解大于合成，不仅蛋白质分解加剧，游离氨基酸的数量和种类也增多，而且多种生物大分子都减少。冷害后植株还积累许多对细胞有毒害的中间产物如乙醛、乙醇、酚、α-酮酸等。

11.4.1.2 冷害的机制

零上低温对组织的伤害，大致分为以下两个步骤：第一步是膜脂相变；第二步是由于膜损坏而引起代谢紊乱。

(1) 膜脂相变

把对冷敏感的西番莲叶片放在0℃的水中，叶片溶质将泄漏，但用抗冷性的西番莲作同样的处理，并未发生溶质泄漏现象。溶质的丧失反映冷害对质膜的损害，并且也可能伤害了液泡膜，依次破坏叶绿体和线粒体膜，进而抑制光合作用和呼吸作用。按照生物膜的流动镶嵌模型学说，生物膜以脂质双分子层为骨架，蛋白质和甾醇"镶嵌"在膜脂中，而脂质的物理状态与温度有关，正常温度下生物膜为液晶相，温度低时为凝胶相。

实验表明，冷不敏感植物的膜脂的不饱和脂肪酸的比例常常大于冷敏感植物（表11-3）；王洪春等（1982）对206个水稻品种的种子干胚膜脂肪酸组分分析表明，抗冷品种（粳稻）含有较多的亚油酸(18：2)和较少的油酸(18：1)，致使其脂肪酸的不饱和指数高于不抗冷品种（籼稻），比较同一植物不同抗冷性品种表明，抗冷品种叶片膜脂的不饱和脂肪酸在含量上和在不饱和程度方面（双键数目）也都比不抗冷品种的高；经过抗冷锻炼后，植物不饱和脂肪酸的含量能明显提高，随之膜相变温度降低，抗冷性加强；当低温来临时，去饱和酶(desaturase)活性增强，不饱和脂肪酸增多，使膜在较低温度时仍保留液态。以上现象说明，膜脂脂肪酸不饱和度与膜流动性有关。植物就是通过调节膜脂不饱和度来维持膜的流动性以适应低温条件。增加膜脂中的不饱和脂肪酸的含量和不饱和程度，就能有效地降低膜脂的相变温度，维持其自身流动性，使植物不受伤害。因此，膜不饱和脂肪酸指数(unsaturated fatty acid index, UFAI)，即不饱和脂肪酸在总脂肪酸中的相对比值，可作为衡量植物抗冷性的重要生理指标。

表 11-3 冷不敏感和冷敏感植物离体线粒体脂肪酸组成（引自 Lyons 等，1960）

主要脂肪酸	脂肪酸含量/%					
	冷不敏感植物			冷敏感植物		
	花椰菜芽	萝卜根	豌豆苗	菜豆苗	甘薯	玉米苗
棕榈酸(16:0)	21.3	19.0	12.8	24.0	24.9	28.3
硬脂酸(18:0)	1.9	1.1	2.9	2.2	2.6	1.6
油酸(18:0)	7.0	12.2	3.1	3.8	0.6	4.6
亚油酸(18:2)	16.1	20.6	61.9	43.6	50.8	54.6
亚麻酸(18:3)	49.4	44.9	13.2	24.3	10.6	6.8
不饱和与饱和脂肪酸含量的比值	3.2	3.9	3.8	2.8	1.7	2.1

(2) 膜损坏而引起的代谢紊乱

低温下，膜从液晶态转变为凝胶态，膜收缩且出现裂缝。因此，一方面使透性剧增，细胞内溶质渗漏，打破了离子平衡，引起代谢失调。另一方面使结合在膜上的蛋白系统受到破坏，如膜上的 H^+-ATPase 活性下降，类囊体膜上的 CF_0 和 CF_1 呈解偶联状态，从而抑制了溶质进出细胞的过程和正常的能量转换途径。与此同时，与膜结合的酶系统与在膜外游离的酶系统之间丧失固有的平衡，破坏了原有的协调进程，于是积累一些有毒的中间产物(乙醛、乙醇等)，时间过长，植物中毒。氧化磷酸化解偶联后，能量主要以热能形式放出，很少储存于高能磷酸键中，有机体的内能低微，使正常的和所有需能的生理过程受到阻碍。

(3) 自由基伤害

许多研究表明，冷敏感植物在冷胁迫下，活性氧产生增多，保护酶活性减弱，造成活性氧积累，引起膜脂的过氧化作用和蛋白质(特别是膜蛋白)的交联、聚合作用，使细胞膜系统的结构和功能破坏，导致细胞受害。如冷敏感植物黄瓜、玉米、番茄在 0℃ 以下时，CAT 活性降低从而导致 H_2O_2 积累；冬小麦幼苗经过 4℃ 冷处理 3~5 min 后，H_2O_2 含量明显增加；刘建伟等在对茄子抗冷性的研究中发现，低温能增加茄子体内 O_2^- 等活性氧含量，降低 SOD 活性，加强膜脂过氧化作用。

综上所述，冷害机制可以概括如图 11-4 所示。

11.4.1.3 影响冷害的内外条件

(1) 内部条件

不同作物对冷害的敏感性不同，棉花、豇豆、花生、玉米和水稻等对冷害的温度很敏感，这些作物在生长期如处于 2~4℃ 下，12 h 即产生伤害。同一作物不同品种或类型的抗寒性亦不同。例如，适应冷凉环境生长的粳稻的抗冷性比适应高温环境生长的籼稻强得多。在同一植株不同生长期中，生殖生长期比营养生长期敏感(花粉母细胞减数分裂期前后最敏感)，在营养生长中，生长迅速的比生长缓慢的易受冷害。

(2) 外界环境

低温锻炼对提高喜温植物的抗冷性是有一定效果的。在 25℃ 中生长的番茄幼苗在 12.5℃ 低温锻炼几小时到 2 d，对 1℃ 的低温就有一定的抵抗能力。黄瓜、香蕉的果实和甘

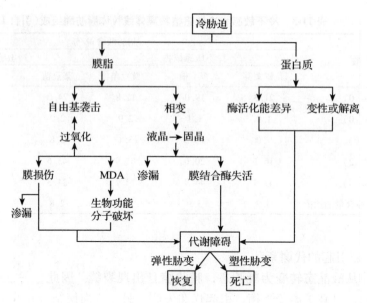

图 11-4　冷害伤害途径(引自郝建军等，2013)

薯块根经过低温锻炼，同样对冷害有一定的抵抗能力。但是，这种保护作用只是对轻度至中等的低温有效，如温度过低或冷害时间过长还是会死亡的。

植物生长速率与抗冷性强弱呈负相关。具有稳生稳长，组织结实，含水量低，呼吸速率适中等生长状态的植株对不良环境有一定的适应准备，较能抗冷。相反，暴生暴长，组织疏松，身娇肉嫩，含水量高，呼吸旺盛的植株对低温全无适应准备，经受不住低温侵袭。所以，在低温来临之前的季节，应合理施用磷钾肥，少施或不施化学氮肥，不宜灌水，以控制稻秧生长速率，提高抗冷能力。还可以喷施植物生长延缓剂以延缓生长，从而提高脱落酸水平和抗性。

11.4.2　冻害与抗冻性

当温度下降到 0℃ 以下，植物体内发生冰冻，因而受伤甚至死亡，这种冰点以下的低温对植物的伤害称为冻害(freezing injury)。植物对冰点以下低温的适应能力称为抗冻性(freezing resistance)。

冻害在我国的南方和北方均有发生，尤以西北、东北的早春和晚秋以及江淮地区的冬季、早春危害严重，应予重视。一般剧烈的降温和升温，以及连续的冷冻，对植物的危害较大；缓慢的降温与升温解冻，植物受害较轻。植物受冻害时，叶片就像烫伤一样，细胞失去膨压，组织柔软、叶色变褐，最终干枯死亡。

11.4.2.1　冻害机制

(1) 结冰伤害

冻害对植物的影响，主要是由于水分结冰而引起的。由于降温情况不同，结冰情况也不一样，伤害也就不同。结冰伤害的类型有以下两种。

① 细胞间结冰　通常温度缓慢下降的时候，细胞间隙中细胞壁附近的水分结成冰，即所谓胞间结冰(图 11-5)。细胞间隙水分结冰会减少细胞间隙的蒸汽压，周围细胞的水蒸气

便向细胞间隙的冰晶体凝聚,逐渐加大冰晶体的体积。细胞间结冰伤害的主要原因是细胞质过度脱水,破坏蛋白质分子和细胞质凝固变性。细胞间结冰伤害的次要原因有两个:细胞间隙形成的冰晶体过大时,对细胞质发生机械损害;温度回升,冰晶体迅速融化,细胞壁易恢复原状,而细胞质却来不及吸水膨胀,有可能被撕破。然而,胞间结冰对细胞伤害不大,并不一定使植物死亡。大多数经过抗冻锻炼的植物是能忍受胞间结冰的。某些抗冻性较强的植物(白菜、葱等)有时虽然被冻得像玻璃一样透明,但在解冻后仍然不死。

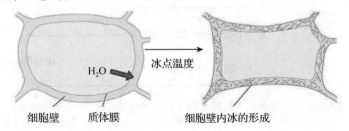

图 11-5 在冰点温度的植物体内的水分随着水势梯度流动,穿过质体膜进入细胞壁和细胞间空隙结冰(引自 Buchanan 等,2002)

②细胞内结冰 当温度迅速下降时,除了在细胞间隙结冰以外,细胞内的水分也结冰,一般是先在细胞质结冰,然后在液泡内结冰,这就是细胞内结冰(图 11-5)。细胞内结冰伤害的原因主要是机械损害,冰晶体会破坏生物膜、细胞器和胞质溶胶的结构,使细胞亚显微结构的隔离被破坏,酶活动无秩序,影响代谢。

(2)膜结构损伤

膜对结冰最敏感,如柑橘的细胞在 $-4.4 \sim -6.7$℃ 时其所有的膜(质膜、液泡膜、叶绿体和线粒体)都被破坏,小麦根分生细胞结冰后线粒体膜也发生显著的损伤。低温造成细胞间结冰时,可产生脱水、机械和渗透3种胁迫,这3种胁迫同时作用,使蛋白质变性或改变膜中蛋白和膜脂的排列,膜受到伤害,透性增大,溶质大量外流。另一方面膜脂相变使得一部分与膜结合的酶游离而失去活性,光合磷酸化和氧化磷酸化解偶联,ATP 形成明显下降,引起代谢失调,严重的则使植株死亡(图 11-6)。

(3)巯基假说

莱维特(Levitt)于1962年提出了植物细胞结冰引起蛋白质损伤的假说。他认为在冰冻条件下,组织结冰脱水时,蛋白质分子相互靠近,相邻蛋白外部的巯基(—SH)彼此接触,氧化生成二硫键(—S—S—);也可以通过一个分子外部的—SH 与另一分子内部的—SH 形成(—S—S—)(图 11-7),于是蛋白质凝聚。而当解冻再度吸水时,肽链松散,氢键断裂,但—S—S—键属共价键,比较稳定,蛋白的空间结构被破坏,导致蛋白质变性失活,从而引起细胞伤害和死亡。所以植物组织抗冻性的基础在于阻止细胞中蛋白质分子间二硫键的形成。当植株脱水后,细胞内—SH 多且—S—S—少的,则抗冻性强。一些实验已发现植物受冻害的蛋白质中—S—S—增多,而受冻但未受伤害的细胞却不发生这种变化。

11.4.2.2 植物对冻害的生理适应

植物在长期进化过程中,在生长习性方面对冬季的低温有各种特殊的适应方式。例如,一年生植物主要以干燥种子形式越冬;大多数多年生草本植物越冬时地上部死亡,而以埋藏于土壤中的延存器官(鳞茎、块茎等)度过冬天;大多数木本植物形成或加强保护组

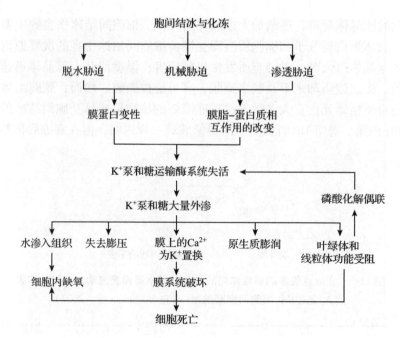

图 11-6 冻害的可能机制（引自王三根，2013）

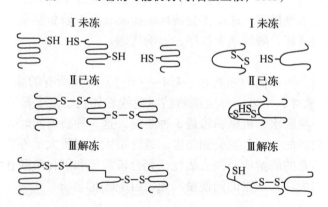

图 11-7 蛋白质分子内与分子间二硫键形成示意（引自 J. Levitt，1980）
侧为相邻肽键外部的—SH 基相互靠近，发生氧化形成—S—S—；右侧一个蛋白分子的—SH 与另一个蛋白质分子内部的—S—S—作用形成分子间的—S—S—

织（芽鳞片、木栓层等）和落叶。

植物在冬季来临之前，随着气温的逐渐降低，体内发生了一系列的适应低温的生理生化变化，抗冻能力逐渐加强。这种提高抗冻能力的过程，称为抗冻锻炼。尽管植物抗冻性强弱是植物长期对不良环境适应的结果，是植物的本性。但即使是抗冻性很强的植物，在未进行过抗冻锻炼之前，对寒冷的抵抗能力还是很弱的。例如，针叶树的抗冻性很强，在冬季可以忍耐 $-40 \sim -30$ ℃ 的严寒，而在夏季若处于人为的 -8 ℃ 下便会冻死。我国北方晚秋或早春季节，植物容易受冻害，就是因为晚秋时，植物内部的抗冻锻炼还未完成，抗冻力差；在早春，温度已回升，体内的抗寒力逐渐下降，因此，若晚秋或早春寒潮突然袭击，植物就易受害。例如，番茄的低温锻炼需要 15d，当重新升温时，植物很快丧失抗冻性，24h后再次变得对冻害敏感。

在冬季低温来临之前，植物在生理生化方面对低温的适应变化有以下几点：

(1) 植株含水量下降

随着温度下降，植株吸水减少，含水量逐渐下降。随着抗冻锻炼过程的推进，细胞内亲水性胶体加强，使束缚水含量相对提高，而自由水含量则相对减少（图11-8）。由于束缚水不易结冰和蒸腾，所以，总含水量减少和束缚水量相对增多，有利于植物抗冻性的加强。

(2) 呼吸减弱

植株的呼吸随着温度的下降而逐渐减弱，很多植物在冬季的呼吸速率仅为生长期中正常呼吸的1/200。细胞呼吸弱，消耗的糖分少，有利于糖分积累；细胞呼吸微弱，代谢活动低，从而有利于对不良环境的抵抗。其中抗寒弱的植株或品种呼吸减弱得很快，而抗冻性强的则减弱得较慢速和平稳。

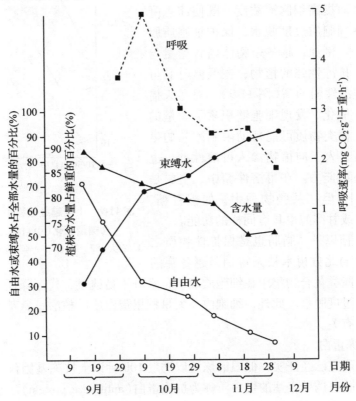

图11-8 栽培于长春地区的冬小麦（品种"吉林"）在不同时期的含水量、
自由水含量、束缚水含量和呼吸速率（引自潘瑞炽，2012）

(3) 脱落酸含量增多

多年生树木（桦树等）的叶子，随着秋季日照变短、气温降低，逐渐形成较多的脱落酸，并运到生长点（芽），抑制茎的伸长，并开始形成休眠芽，叶子脱落，植株进入休眠阶段，提高抗寒力。例如，有人分析假挪威槭顶芽脱落酸含量变化在5~6月最低，初秋后开始增多,翌年春季以后又逐渐减少,证明脱落酸水平和抗冻性呈正相关;拟南芥的脱落酸不敏感突变体(abi)或脱落酸缺失突变体(abal)不能通过低温驯化产生抗冻性,但用脱落酸处理 abal 突变体能恢复和提高抗冻能力;通过无芒雀麦草细胞培养实验表明,生长在 25℃ 的对照植株,最低生存温度极限是 -9℃,用脱落酸处理 7d 后,却大大提高了冷冻耐性,最低生存温度达到 -40℃,说明脱落酸与抗冻有关。

(4) 生长停止,进入休眠

冬季来临之前,树木呼吸减弱,脱落酸含量增多,顶端分生组织的有丝分裂活动减少,生长速度变慢,节间缩短,核膜开口关闭,细胞核与细胞质之间物质交流停止,细胞分裂和生长活动受到抑制,植株进入休眠。如果核膜开口不关闭,核和质之间继续交流物质,植株继续生长。

(5) 保护性物质的增多

在温度下降的时候,淀粉水解加剧,可溶性糖含量增多,从而提高细胞液浓度,既使冰点降低,又可使缓冲细胞质过度脱水,保护细胞质胶体不致遇冷凝固。例如,越冬植物体内含糖量与温度呈负相关,抗冻性强的植物,在低温时其可溶性糖含量比抗冻性弱的高(图 11-9);对冬天播种的谷物进行冷驯化,发现细胞壁积累了大量的可溶性糖,这些糖类物质可能帮助限制冰晶的生长。人们还发现,人工向植物渗入可溶性糖,也可提高植物的抗冻能力。在可溶性糖中,主要是蔗糖起重要作用,但在某些物种中,如棉籽糖、果聚糖、山梨醇或甘露醇也具有同样的功能。

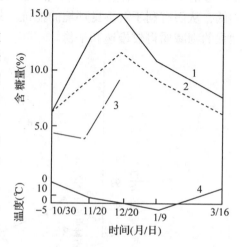

图 11-9 小麦越冬过程中温度和麦苗茎部含糖量变化 (引自潘瑞炽,2001)

1. 农大 183 2. 碧玛一号 3. 碧玉 4. 温度曲线

除了可溶性糖以外,脂肪也是保护性物质之一。在越冬期间的北方树木枝条特别是越冬芽的胞间连丝消失,脂类化合物集中在细胞质表层,水分不易透过,代谢降低,细胞内不容易结冰,亦能防止过度脱水。此外,细胞内还大量积累蛋白质、核酸、氨基酸等,这些也可能与提高抗冻性有关。

(6) 诱导抗冻蛋白

现在大量的研究已经证实,低温锻炼可以诱发 100 种以上抗冻基因 (antifreeze gene) 的表达,这类由冷胁迫诱导表达的蛋白质称为抗冻蛋白 (antifreeze protein)。它最初是从在极地冰覆盖的水下生活的鱼类体内发现的。这些抗冻蛋白并不是通过一些溶质来降低水的冰点所产生的效应,它们能结合在冰晶表面,并减缓和阻止冰晶的生长。动、植物可能通过类似的机制来抑制冰晶的生长。从拟南芥中鉴定出的一个冷诱导基因,与冬天比目鱼编码的抗冻蛋白基因具有 DNA 同源性;有实验曾将冷驯化的白菜叶片中分离出抗冻蛋白;体外试验能保护非冷驯化菠菜的类囊体不被冷冻和解冻伤害。目前已发现有约 30 种植物存在抗冻蛋白,包括被子植物、裸子植物、蕨类植物和苔藓植物。

11.4.2.3 影响植物抗冻性的因素

(1) 内部因素

各种植物原产地不同,生长期的长短不同,对温度条件的要求也不一样,因此,抗冻能力也不同。例如,生长在北方的桦树、黑松等树木,能安全度过 −40 ~ −30℃严寒,而生长在热带、亚热带的香蕉,则很易遭霜冻危害。同一作物不同品种之间的抗冻性差别也是很明显的。

同一植物不同生长时期的抗冻性也不同。冬性作物在通过春化以前的幼年阶段抗冻性最强,春化以后抗冻性急剧下降,完成光周期诱导后就更低。一般说来,冬性较强的品种抗冻性强,冬性较弱的品种抗冻性弱。木本植物在由生长转入休眠状态时,抗寒性逐渐增加;完全休眠时,抗寒性最强;由休眠状态变到生长状态时,抗寒性就显著减弱。一些不抗冻的果树品种,由于冬季休眠程度不深,在天气刚一回暖就很快恢复生长,此时如遇突然侵袭的低温,就极易受冻害。

(2) 外界条件

抗冻性强弱与植物所处休眠状态及抗冻锻炼的情况有关,所以,影响休眠和抗冻锻炼的环境条件,对植物的抗冻性将产生影响。

温度逐渐降低是植物进入休眠的主要条件之一。因此,秋季温度渐降,植株渐渐进入休眠状态,抗冻性逐渐提高。到了春季温度升高时,植株从休眠状态转入生长状态,抗冻性就逐渐降低。

光照长短可影响植物进入休眠,同样影响抗冻能力的形成。我国北方秋季白昼渐短,长期如此就导致植物产生一种适应,即秋季日照渐短是严冬即将到来的信号。所以短日照促使植物进入休眠状态,提高抗冻力;长日照则阻止植物休眠,抗冻性甚差。例如,在北方城市,当行道树(杨树、柳树等)在秋季短日照影响下都落了叶,而在路灯下的植株或部分枝条,因路灯晚上照明,即延长光照时间,成为长日照,所以,秋季仍不落叶。这样的植株或枝条因未能进入休眠,冬天常有被冻死的危险。

光照强度与抗冻力有关。在秋季晴朗天气下,光合强,积累较多糖分,对抗冻有好处。如果该时阴天多,光照不足,光合速率低,积累糖分少,抗冻力就较低。

如果土壤含水量过多,细胞吸水太多,植物锻炼不够,抗冻力也差。在秋季,土壤水分不要过多,要降低细胞的含水量,使植物缓慢生长,以提高抗冻性。

土壤营养元素充足,植株生长健壮,有利安全越冬。但不宜偏施氮肥,以免植株徒长而延迟休眠,抗冻力降低。

11.4.2.4 提高植物抗冻性的措施

(1) 抗冻锻炼

在植物遭遇低温冻害之前,逐步降低温度,使植物提高抗冻的能力,是一项有效的措施。通过锻炼(hardening)之后,植物的含水量发生变化,自由水减少,束缚水相对增多;膜不饱和脂肪酸也增多,膜相变的温度降低;同化物积累明显,特别是糖的积累;激素比例发生改变,脱水能力显著提高。但是,植物进行抗冻锻炼的本领,是受其原有习性所决定的,不能无限地提高。无论如何锻炼水稻也不可能像冬小麦那样抗冻。

(2) 化学调控

一些植物生长物质可以用来提高植物的抗冻性。如用生长延缓剂 Amo1618 与 B_9 处理，可提高槭树的抗冻力。用矮壮素与其他生长延缓剂来提高小麦抗冻性已开始应用于实际。脱落酸可提高植物的抗冻性已得到比较肯定的证明，如 20 $\mu g \cdot L^{-1}$ 脱落酸的处理即可保护苹果苗不受冻害；细胞分裂素对许多作物(玉米、梨树、甘蓝、菠菜等)都有增强其抗冻性的作用。有研究表明，稀土元素能直接或通过提高保护酶活性来清除自由基，植物保护膜不被破坏，从而提高抗冻性。

(3) 农业措施

采取有效农业措施，加强田间管理，防止冻害发生。如及时播种、培土、控肥、通气、促进幼苗健壮、防止徒长、增强秧苗素质；寒流霜冻来前实行冬灌、熏烟、覆草等以抵御强寒流袭击；实行合理施肥，可提高钾肥比例，也可用厩肥与绿肥压青，提高越冬或早春作物的御寒能力；早春育秧，采用薄膜苗床、地膜覆盖等对防止冷害和冻害都很有效。

11.4.3 热害与抗热性

由高温引起植物伤害的现象称为热害(heat injury)。而植物对高温胁迫(high temperature stress)的适应则称为抗热性(heat resistance)。

热害的温度很难定量，因为不同类的植物对高温的忍耐程度有很大差异。另外，发生热害的温度和作用时间有关，即致伤的高温和暴露的时间成反比，暴露时间越短，植物可忍耐的温度越高。我国西北和南方等地区有时太阳猛烈暴晒，西北、华北等地区有时吹干热风，都会使植物严重受害。向阳的果实和树干常出现的"日灼病"，就是由于温度快速升高而引起的一种热害。

11.4.3.1 高温对植物的危害

植物受高温危害后，会出现各种热害病征：树干(特别是向阳部分)干燥、裂开；叶片出现死斑，叶色变褐、变黄；鲜果(葡萄、番茄等)烧伤的受伤处与健康处之间形成木栓，有时甚至整个果实死亡；出现雄性不育，花序或子房脱落等异常现象。高温对植物危害是复杂的、多方面的，归纳起来可分为直接伤害和间接伤害两个方面：

(1) 直接伤害

直接伤害是指高温直接破坏原生质体结构，在短期(几秒到半小时)高温后，就迅速呈现热害症状，并可从受热部位向非受热部位传递蔓延，高温对植物直接伤害的原因有下列各种解释。

① 生物膜破坏　在正常条件下，生物膜的脂类和蛋白质之间是靠静电引力或疏水键相互联系的。高温时，脂类分子活动性增加超过了它与蛋白质的静电引力，从双分子层固相中游离出来，形成一些液化的小囊泡，从而破坏膜的结构，使膜系统出现孔隙、漏洞，使膜失去了半透性和主动吸收的特性(图 11-10C)，同时也破坏与膜相关联的电子载体和酶类活性，正常生理功能不能进行，最终导致细胞死亡。

脂类液化程度取决于脂肪酸的饱和程度，饱和脂肪酸越多越不易液化，耐热性越强。对夹竹桃(*Nerium oleander*)植物进行高温驯化时发现膜脂将聚集大量的饱和脂肪酸，以降

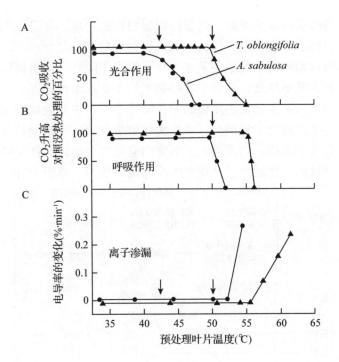

图 11-10 *Atriplex sabulosa* 和 *Tidestromia oblongifolia* 对热胁迫的反应（引自 Taiz 和 Zeiger，2002）
箭头指示方向分别为光合作用开始抑制时的温度

低膜的流动性。利用降低去饱和功能的 omega-3 脂肪酸拟南芥突变体为材料研究表明，其光合作用的耐热功能大大提高，这可能由于叶绿体脂类饱和度升高的缘故。

②蛋白质变性　高温逆境直接引起植物体内蛋白质变性和凝聚。高温对蛋白质最初的影响是破坏蛋白质分子空间构型中的氢键和离子键，发生蛋白质变性。一般最初的变性是可逆的，如果高温消除，变性蛋白可以恢复到原来的状态，代谢正常。如果高温继续下去，蛋白质很快聚集，转变成不可逆的凝聚状态，即

$$自然状态 \underset{正常高温}{\overset{高温}{\longleftrightarrow}} 变性 \overset{高温}{\longrightarrow} 凝聚状态$$

（2）间接伤害

间接伤害是指高温导致代谢的异常，渐渐使植物受害，其过程是缓慢的。高温持续时间越长或温度越高，伤害程度也越严重。

①代谢饥饿　高温下光合作用和呼吸作用均受到抑制，但随着温度的升高，光合速率的下降要先于呼吸速率（图 11-10）。当呼吸速率与光合速率相等时的温度，称为温度补偿点（temperature compensation point）。所以，当温度高于温度补偿点时，呼吸大于光合，就会消耗贮存的养料，时间过久，植株呈现饥饿现象甚至于死亡。与 C_4 植物和 CAM 植物相比，C_3 植物由于光呼吸也增强，更易造成饥饿现象。当然，饥饿的产生不一定单纯是同化物的减少，有时也可能是由于运输受阻或库接纳能力降低所致。

②有毒物质积累　高温使氧气的溶解度减小，抑制植物的有氧呼吸，同时积累无氧呼吸所产生的有毒物质，如乙醇、乙醛等。实验也发现，对热敏感的品种其乙醇、乙醛含量增高，而苹果酸的含量减少；如果提高高温时的氧分压，则可显著减轻热害。

氨(NH_3)毒也是高温的常见现象。高温抑制蛋白质的合成,促进蛋白质的降解,使体内氨过度积累而毒害细胞。有机酸含量高,能减轻氨毒危害。

③生理活性物质代谢障碍　高温使某些生化代谢发生障碍,使得植物生长所必需的活性物质如维生素、核苷酸等缺乏,从而引起植物生长不良或出现伤害。

④高温破坏蛋白质　是生化代谢障碍的一种特殊形式,主要表现为水解加剧和合成减弱。一方面细胞产生了自溶的水解酶类,或溶酶体破裂释放出水解酶使蛋白质分解;另一方面破坏了氧化磷酸化的偶联,因而丧失了为蛋白质生物合成提供能量的能力。此外,高温还破坏核糖体和核酸的生物活性,从根本上降低蛋白质的合成能力(图11-11)。

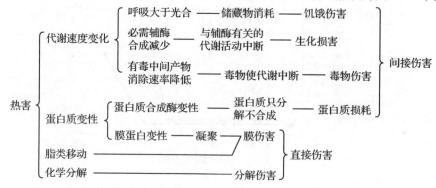

图 11-11　高温对植物的伤害(引自潘瑞炽,2008)

11.4.3.2　植物的抗热性机制

(1)植物避热性

在强烈的太阳光辐射和高温环境下,植物通过减少吸收太阳光的能力以避免叶面温度过高。如典型的 C_3 和 C_4 植物依赖蒸腾冷却来消耗热量,降低叶面温度;景天科植物的气孔在白天关闭,它们不能通过蒸腾作用降温,而能从入射的太阳辐射光中发射长波光(红外线)来驱散热量,并通过传导和对流进行散失。另外,抗热与抗旱都依赖同样的适应方式,即叶绒毛和叶面蜡质可以对光进行反射,叶子卷曲、叶片方向垂直、叶子生长变小且高度分割,使边界层厚度最小化,这些变化均能最大限度地传送和转导热量散失。一些沙漠灌木丛如白扁果菊(*Encelia farinosa*)具有两种不同形式的叶子,夏季时是短绒毛的叶子,取代了冬季时几乎没有绒毛的叶子,以避免其过分受热。

(2)植物耐热性机制和影响因素

①内部因素　不同生长习性的植物的耐热性不同。一般说来,生长在干燥炎热环境下的植物耐热性高于生长在潮湿冷凉环境下的植物。例如,C_4 植物起源于热带或亚热带地区,其耐热性一般高于 C_3 植物。C_4 植物光合作用最适温度范围为 40~45℃,也高于 C_3 植物(20~25℃)。因此,C_4 植物温度补偿点高,在45℃高温下仍有净光合的生产,而 C_3 植物温度补偿点低,当温度升高到30℃以上时已无净光合生产。

植物在不同的生育时期和不同部位,其耐热性也有差异。功能叶片的耐热性大于嫩叶,更大于衰老叶;种子休眠时耐热性最强,随着种子吸水膨胀,耐热性下降;果实越趋成熟,耐热性越强;油料种子对高温的抵抗力大于淀粉种子。

蛋白质是否具有热稳定性是植物是否抗热的最重要的生理基础。蛋白质的热稳定性主要决定于化学键的牢固程度与键能大小。凡是疏水键、二硫键越多的蛋白质，其抗热性就越强，这种蛋白质在较高温度下不会发生不可逆的变性与凝聚。同时，耐热植物体内合成蛋白质的速度很快，可以及时补偿因热害而造成的蛋白质的损耗。

植物抗热性还和有机酸代谢强度有关。有研究发现，当把有机酸（如柠檬酸、苹果酸）引入植物体内，其氨含量减少而酰胺剧增，热害症状便大大减轻。肉质植物抗热性强，其原因是因为它具有旺盛的有机酸代谢。

②外部因素　温度对植物耐热性有直接影响。如干旱环境下生长的藓类，在夏季高温时，耐热性强，冬季低温时，耐热性差。

湿度与抗热性也有关。一般而言，植物器官或组织的含水量越少，其抗热性越强。主要原因如下：a. 水分子参与蛋白质分子的空间构型，两者通过氢键连接起来，而氢键易于受热断裂，因此蛋白质分子构型中水分子越多受热后越易变性。b. 蛋白质含水充足，它的自由移动与空间构型的展开更容易，因而受热后也越易变性。故种子越干燥，其抗热性越强；幼苗含水量越多，越不耐热。

矿质营养与耐热性的关系较复杂。植物氮素过多，其耐热性降低；而营养缺乏的植物其热死温度反而提高，其原因可能是氮素充足增加了植物细胞含水量。此外，一般而言一价离子可使蛋白质分子的键松弛，使其耐热性降低；二价离子（Mg^{2+}、Zn^{2+}等）连接相邻的两个基团，加固了分子的结构，增强了热稳定性。

11.4.3.3　提高植物抗热性的途径

（1）高温锻炼

高温锻炼有可能提高植物的抗热性。如把一种鸭跖草栽培在28℃下5周，其叶片耐热性上限与对照（生长在20℃下5周）相比，从47℃变成51℃，提高了4℃。将组织培养材料进行高温锻炼，也能提高其耐热性。将萌动的种子放在适当高温下锻炼一定时间，然后播种，可以提高作物的抗热性。

（2）化学制剂处理

用 $CaCl_2$、$ZnSO_4$、KH_2PO_4 等喷洒植株可增加生物膜的热稳定性；施用生长素、激动素等生理活性物质，能够防止高温造成的损伤。

（3）加强栽培管理

改善栽培措施可有效预防高温伤害，如合理灌溉，增强小气候湿度，促进蒸腾作用；合理密植，通风透光；温室大棚及时通风，使用遮阳防虫网；采用高秆与矮秆、耐热与不耐热作物间作套种；高温季节少施氮肥等。

11.5　水分逆境

水分胁迫（water stress）包括旱害和涝害两种。

11.5.1　旱害与抗旱性

旱害（drought injury）是指土壤水分缺乏或大气相对湿度过低对植物造成的危害。植物抵抗旱害的能力称为抗旱性（drought resistance）。旱害是干旱和半干旱地区粮食生产的主要障碍之一，它常造成作物减产。我国西北、华北地区干旱缺水是影响农林生产的重要因子，南方各地虽然雨量充沛，但由于各月分布不均，也时有干旱危害。

依据引起植物发生水分亏缺的不同原因，可以将干旱分为以下3种类型：

(1) 大气干旱

大气干旱是指空气过度干燥，相对湿度过低（10%~20%），这时植物蒸腾过强，根系吸水补偿不了失水，从而受到危害。大气干旱常伴随高温和干风，特别在我国西北、华北地区的小麦灌浆期"干热风"时有发生，对产量造成很大影响。因此，干旱胁迫和热胁迫常常是相互关联的。

(2) 土壤干旱

大气干旱如果长期存在，会引起土壤干旱，所以这两种干旱常同时发生。土壤干旱是指土壤中可利用水不足或缺乏，使植物处于缺水状态，对植物造成伤害。土壤干旱时，植物生长困难或完全停止，受害情况比大气干旱严重。

(3) 生理干旱

土壤水分并不缺乏，只是因为土温过低、土壤溶液浓度过高、土壤通气不良等原因，妨碍根系吸水，造成植物体内水分平衡失调，从而使植物受到的干旱危害。

11.5.1.1 干旱对植物的伤害

干旱对植物影响的最直观表现是萎蔫和生长受抑。植物在水分亏缺严重时，细胞不能维持正常紧张，叶片和茎的幼嫩部分下垂，这种现象称为萎蔫（wilting）。萎蔫可分为暂时萎蔫和永久萎蔫两种。例如，在炎夏的白天，蒸腾强烈，水分暂时供应不及，叶片和嫩茎萎蔫；到晚间，蒸腾下降，而吸水继续，消除水分亏缺，即使不浇水也能恢复原状。这种靠降低蒸腾即能消除水分亏缺以恢复原状的萎蔫，称为暂时萎蔫（temporary wilting）。如果由于土壤已无可供植物利用的水，虽然降低蒸腾仍不能消除水分亏缺以恢复原状的萎蔫，称为永久萎蔫（permanent wilting）。永久萎蔫时间持续过久，植物就会死亡。细胞的分裂和伸长都必须在水分充足的条件下才能进行，因此生长对水分胁迫特别敏感。

旱害产生的实质是原生质脱水，由此可带来一系列生理生化变化并危及植物的生命。

(1) 各部位间水分重新分配

水分不足时，不同器官不同组织间的水分，按各部位的水势大小重新分配。水势高的部位的水分流向水势低的部位。例如，干旱时幼叶向老叶夺水，促使老叶死亡和脱落；胚胎组织把水分分配到成熟部位的细胞中去，使小穗数和小花数减少；灌浆时缺水，籽粒就不饱满，进而影响产量。

(2) 膜受损伤

干旱胁迫下的膜伤害和质膜透性的增加是干旱伤害的本质之一。干旱条件下，叶绿体、线粒体、过氧化物酶体、细胞壁等会产生大量的活性氧，直接或间接启动膜脂的过氧化作用，导致膜的损伤，电解质大量外渗，质膜透性增加，丧失选择透性，破坏细胞区室化，膜上酶的活性也丧失。

(3) 光合作用减弱

光合作用对水分亏缺特别敏感，水分不足使光合作用显著下降，直至趋于停止。干旱使光合作用受抑制的原因是多方面的，主要包括：水分亏缺后造成气孔关闭，CO_2扩散的阻力增加；叶绿体片层膜体系结构改变，光系统Ⅱ活性减弱甚至丧失，光合磷酸化解偶联；叶绿素分解加速，而合成受抑制；淀粉水解加强，糖类积累，水解产物输出缓慢等。

(4) 呼吸异常

干旱对呼吸作用的影响较复杂，一般呼吸速率随水势的下降而缓慢降低，不抗旱品种比抗旱品种下降更多。有时水分亏缺会使呼吸短时间上升，而后下降，这是因为开始时呼吸基质增多的缘故。缺水初期，淀粉酶活性增加，使淀粉水解为糖，可暂时增加呼吸基质，但到水分亏缺严重时，呼吸又会大大降低。

(5) 蛋白质分解，脯氨酸积累

干旱时植物体内的蛋白质分解加速，合成减少，这与蛋白质合成酶的钝化和能源(ATP) 的减少有关。如玉米水分亏缺 3h 后，ATP 含量减少 40%。蛋白质分解则加速了叶片衰老和死亡，当复水后蛋白质合成迅速地恢复。所以，植物经干旱后，若在灌溉或降雨时适当增施氮肥有利于蛋白质合成，补偿干旱的有害影响。

与蛋白质分解相联系的是，干旱时植物体内游离氨基酸特别是脯氨酸含量增高，可增加达数十倍甚至上百倍之多。

(6) 破坏核酸代谢

随着细胞脱水，其 DNA 和 RNA 含量减少。主要原因是干旱促使 RNA 酶活性增加，使 RNA 分解加快，而 DNA 和 RNA 的合成代谢则减弱。

(7) 激素的变化

干旱时细胞分裂素含量降低，脱落酸含量增加，这两种激素对 RNA 酶活性有相反的效应，前者降低 RNA 酶活性，后者提高 RNA 酶活性。脱落酸含量增加还与干旱时气孔关闭、蒸腾强度下降直接相关。干旱时乙烯含量也提高，从而加快植物部分器官的脱落。

(8) 机械损伤

上述的旱害多属破坏正常代谢，一般不至于造成细胞或器官的立即损伤或死亡。而干旱对细胞的机械性损伤可能会使植株立即死亡。细胞干旱脱水时，液泡收缩，对原生质产生一种向内的拉力，使原生质与其相连的细胞壁同时向内收缩，在细胞壁上形成很多折叠，损伤原生质的结构。如果此时细胞骤然吸水复原，可引起细胞质和细胞壁不协调膨胀，把黏在细胞壁上的原生质撕破，导致细胞死亡。

干旱引起的伤害汇总如图 11-12 所示。

11.5.1.2 植物对干旱的适应

(1) 避旱性

避旱植物主要出现在四季分明的地区。包括生活在沙漠中的植物，生活周期非常短，冬季几周内即可结束生活史，夏季土壤干旱之前就成熟。这样的植物主要是一年生植物。

(2) 耐旱性

指植物在干旱的季节通过自身的调节作用抵抗干旱的能力。植物耐旱方式有以下几种：

①限制叶片扩展　水分亏缺时，分生细胞膨压下降，细胞伸展受抑制，继而导致叶片生长缓慢，这种较小叶片面积的形成减少了水分的蒸腾，可有效保持土壤中提供生长期可

图 11-12　旱害对植物的伤害(引自王三根，2013)

利用的有限水分。

②刺激叶片脱落　在植物已经形成一个较稳定的叶面积后，若出现水分胁迫，叶片将会衰老并最终脱落以减少蒸腾(图 11-13)。如多种干旱落叶的沙漠植物，一旦处于干旱时，它们就会脱落所有叶子，而雨后又会长出新叶。另外，水分胁迫下，植物体内乙烯合成增加也是促使叶片大量脱落的一个重要原因。

③促进根的生长　轻微的水分亏缺能影响根的发育。如前所述，当叶片吸收水分减少时，抑制叶片生长，降低了植物对碳和能量的消耗，并且多数同化产物运到根部，进一步促进根向更湿润的深层土壤生长，以吸收更多水分。

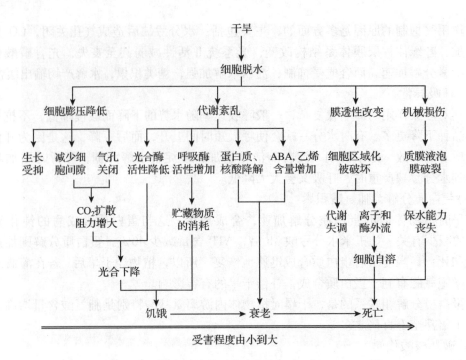

图 11-13　水分胁迫下棉花幼苗叶子脱落的情况
(引自 Taiz 和 Zeiger，2002)

在整个实验过程中，左边的植物正常浇水，中间和右边的植物分别遭受中度和严重缺水胁迫。经历严重胁迫的植物，其茎的顶端只剩下一簇叶子

④脱落酸诱导气孔关闭　水分胁迫下，保卫细胞膨压改变、植物体内脱落酸含量增加等因素都能引起气孔导度下降，从而减少蒸腾。

⑤渗透调节维持细胞水分平衡 植物在干旱胁迫下，细胞除失水浓缩外，还能通过代谢活动增加细胞内的溶质浓度，降低渗透势，从而使细胞保持一定的膨压以维持正常的生命活动。小米、高粱、小麦、棉花等作物的抗旱品种比不抗旱品种的渗透调节能力更强，植物在维持膨压的情况下渗透势更低。但也有人发现大豆上较高的渗透能力与抗旱性不相关；不同抗旱性的水稻品种其渗透调节能力差异不大。

⑥增加叶片上蜡质的沉积 为了防御水分胁迫，植物叶片通常会产生一个较厚的角质层，以减少表皮的水分散失（角质蒸腾）。

⑦改变叶片的能量耗散 如热害中所述，蒸发热的散失能够降低叶片表面温度。当水分胁迫抑制蒸腾作用时，叶片中的多余能量需要通过其他适应性反应散失，如许多干旱地区的植物具有的小叶片（减少界面层阻力）；萎蔫造成的叶片卷曲和角度改变；叶片表面的绒毛和蜡质能减少植物对能量的吸收。

⑧改变基因表达 渗透胁迫下能够诱导多种基因的表达，如渗透调节相关酶的基因，这些基因编码的酶参与渗透物的形成；与膜转运相关的蛋白如 ATPase 和水通道蛋白；在种子成熟时，干燥胚中发现的 LEA 蛋白，具有较强的亲水活性和稳定细胞膜的作用等。

综上所述，植物适应干旱条件的形态特征是：根系发达而深扎，根/冠比大（能更有效地利用土壤水分，特别是土壤深处的水分，并能保持水分平衡）；增加叶片表面的蜡面沉积（减少水分蒸腾）；叶片细胞小（可减少细胞收缩产生的机械损害）；叶脉致密，单位面积气孔数目多（加强蒸腾，有利吸水）。适应干旱条件的生理特征是：细胞液的渗透势低（抗过度脱水）；在缺水情况下气孔关闭较晚（光合作用不立即停止），酶的合成活动仍占优势（仍保持一定水平的生理活动，合成大于分解）等。

11.5.1.3 提高植物抗旱性的途径

(1) 抗旱锻炼

将植物处于一种致死量以下的干旱条件中，让植物经受干旱磨炼，可提高其对干旱的适应能力。在农业生产上已提出很多锻炼方法。如玉米、棉花、烟草、大麦等可采用在苗期适当控制水分，抑制生长，以锻炼其适应干旱的能力，这称为"蹲苗"。在蔬菜移栽前拔起让其适当萎蔫一段时间后再栽植，这称为"搁苗"。甘薯剪下的藤苗很少立即扦插，一般要放置于阴凉处一段时间，这称为"饿苗"。通过这些处理措施后，植株根系发达，保水能力强，叶绿素含量高，干物质积累多，抗逆能力强。

播前的种子锻炼可用"双芽法"。即先用一定量水分把种子湿润，如小麦，用风干重 40% 的水分，分三次拌入种子，每次加水后，经一定时间的吸收，再风干到原来的重量，如此反复浸种后播种，这种锻炼使萌动的幼苗改变了代谢方式，提高了抗旱性。

(2) 化学诱导

用化学试剂处理种子或植株，可产生诱导作用，提高植物抗旱性。如用 0.25% 的 $CaCl_2$ 溶液浸种 20h，或用 0.05% 的 $ZnSO_4$ 溶液喷洒叶面都有提高植物抗旱性的效果。有人用谷子风干重 30%、40%、50% 的水分及 40% 的硼酸溶液反复三次浸种，结果大田增产 25%。

(3) 合理施肥

磷、钾肥能促进根系生长，提高保水力。小麦在水分临界期缺水，未施钾肥的植株含水量为65.9%，而播前施钾肥的含水量可达73.2%；氮素过多容易造成枝叶徒长，蒸腾失水增多，易受旱害；一些微量元素也有助于作物抗旱，如硼在提高作物的保水能力与增加糖分含量方面与钾类似，同时硼还可提高有机物的运输能力，使蔗糖迅速地流向结实器官，这对因干旱而引起运输停滞的情况有重要意义；铜能显著改善糖与蛋白质代谢，这在土壤缺水时效果更为明显。

(4) 生长延缓剂与抗蒸腾剂的使用

脱落酸可使气孔关闭，减少蒸腾失水。矮壮素、B_9等能增加细胞的保水能力。合理使用抗蒸腾剂也可降低蒸腾失水，抗蒸腾剂是可降低蒸腾失水的一类化学物质。其包括薄膜性物质，喷于作物叶面，可形成单分子薄膜，以遮断水分的散失，如硅酮、十六烷醇等；反射剂，对光有反射性，从而减少用于叶面蒸腾的能量，如高岭土；气孔开度抑制剂，可改变气孔开度大小而控制蒸腾，如阿特津、苯汞乙酸。我国近年从风化煤中提取一种生物活性物质——黄腐酸，经研究证明，具有促进根系发育，缩小气孔开度和减少蒸腾的作用，是一种有效的抗蒸腾剂，被命名为"抗旱剂一号"。在甘肃、河南等地应用于玉米、冬小麦等作物，有抗旱增产效果。

(5) 发展旱作农业

旱作农业是指不依赖灌溉的农业技术，其主要措施包括：收集保存雨水备用；采用不同根区交替灌水；以肥调水，提高水分利用效率；地膜覆盖保墒；掌握作物需水规律以及合理用水等。

11.5.2 涝害与抗涝性

水分不足固然对植物的生长不利，但水分过多对植物也有害。水分过多对植物之所以有害，并不在于水分本身，因为植物在溶液中还是能正常生长的(如溶液培养)，而是由于水分过多会引起缺氧，从而产生一系列危害。水分过多对植物造成的伤害分为湿害和涝害。湿害(wet injury)是指土壤水分达到饱和时对旱生植物的伤害。涝害(flood injury)是指地面积水，淹没了作物的全部或一部分而造成的伤害。湿害虽不是典型的涝害，但本质与涝害大体相同，对作物生产有很大影响。我国几乎每年都有局部的洪涝灾害，而6~9月则是涝灾多发时期，给农业生产带来很大损失。

11.5.2.1 涝害对植物的伤害

(1) 代谢紊乱

涝害时由于缺氧而抑制有氧呼吸，大量消耗可溶性糖，积累酒精；光合作用大大下降，甚至完全停止；分解大于合成，使生长受阻，产量下降。涝害较轻时，由于合成不能补偿分解，植株逐渐被饿死；严重时，蛋白质分解，细胞质结构遭受破坏而致死。

(2) 营养失调

涝害时土壤的好气性细菌(氨化细菌、硝化细菌等)的正常生长活动受到抑制，影响矿质营养供应；相反，土壤厌气性细菌(如丁酸细菌)活跃，增加土壤溶液的酸度，降低其氧化还原势。使土壤内形成大量有害的还原性物质(H_2S、Fe^{2+}、Mn^{2+}等)，使必需元素 Mn、Zn、Fe 等易被还原而流失，造成植株营养缺乏。

(3) 乙烯增加

水涝时促使植物根系大量合成乙烯的前体物质 ACC，当 ACC 上运到茎叶后接触空气即转变为乙烯。乙烯导致叶柄偏上生长，叶片向下卷曲、脱落，茎膨大加粗；根系生长减慢；花瓣褪色等。例如，水涝时，向日葵根部乙烯含量大增，美国梧桐乙烯含量提高 10 倍。

11.5.2.2 植物对涝害的适应

(1) 发达的通气组织

植物是否适应淹水胁迫，很大程度决定于植物体内有无通气组织（图 11-14）。例如，水稻的根和茎有发达的通气组织，能把地上部吸收的氧输送到根部，所以抗涝性就强。而小麦的茎和根缺乏这样的通气组织，所以对淹水胁迫的适应能力弱（图 11-15）。淹水缺氧之所以能诱导根部通气组织形成，主要是因为缺氧刺激乙烯的生物合成，乙烯的增加刺激纤维素酶活性加强，于是把皮层细胞的胞壁溶解，最后形成通气组织。

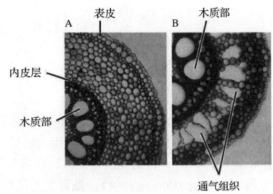

图 11-14 缺氧诱导玉米根尖通气组织的形成
（引自 Taiz 和 Zeiger，2002）
A. 氧气充足对照 B. 缺氧对照

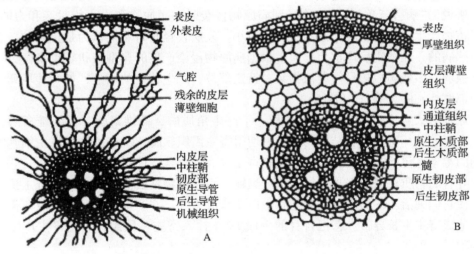

图 11-15 水稻(A)与小麦(B)的老根结构比较（引自徐汉卿，1995）

(2) 提高抗缺氧能力

缺氧所引起的无氧呼吸使植物体内积累有毒物质，而耐缺氧的生化机理就是要消除有毒物质，或对有毒物质具忍耐力。某些植物（如甜茅属）淹水时刺激糖酵解途径，以后即以磷酸戊糖途径占优势，这样消除了有毒物质的积累。有的植物缺乏苹果酸酶，抑制由苹果酸形成丙酮酸，从而防止了乙醇的积累。有一些耐湿的植物则通过提高乙醇脱氢酶活性以减少乙醇的积累。有研究发现，耐涝的大麦品种相比不耐涝的大麦品种受涝后根内的乙醇脱氢酶的活性高；水稻根内乙醇氧化酶活性很高，可减少乙醇的积累。

淹水缺氧与其他逆境一样，抑制原来的蛋白质的合成，产生新的蛋白质或多肽。实验证明，玉米苗缺氧时形成两类新的蛋白：首先是过渡多肽（transition polypeptides），后来形成厌氧多肽（anaerobic polypeptide）。后者中有一些是糖酵解酶或与糖代谢有关的酶，这些酶的出现会产生ATP，提供部分能量，也通过调节碳代谢以避免有毒物质的形成和累积。

11.6　病虫逆境

11.6.1　病害与抗病性

植物病害（plant disease）是指植物受到病原物的侵染，导致正常生长发育受阻的现象，是致病生物与寄主植物之间相互作用的结果。引起植物病害的寄生物统称为病原物（pathogenetic organism），包括真菌、细菌、病毒和一些寄生性植物。其中，菌类寄生物统称为病原菌（disease producing germ），被寄生的植物称为寄主（host）。植物抵抗病原物侵染的能力称为寄主抗病性（host resistance）；病原物建立侵染寄生关系致使寄主发病的能力为病原物致病性（pathogenicity）；寄主的抗病性与病原物的致病性是二者协同进化的结果。

病害是寄主和寄生物相互作用的结果，由寄主、病原物和环境共同决定，也就是植物病理学所说的"病害三角"。当植物受到病原物侵袭时，病原物和寄主相对亲和力的大小，决定了植物产生不同的反应：亲和性相对较小，发病较轻时寄主被认为是抗病的，反之则认为是感病的。在植物病理学上，通常根据病原物侵染产生的典型症状轻重来衡量植物的抗病性强弱。多数病原物只侵袭植物某一特定部位，产生特定的病症，如叶片坏死斑、萎蔫，根部腐烂和肿大等（图11-16）。

病原物的致病方式主要有以下几种：①产生角质酶、纤维素酶、半纤维素酶、磷脂酶、蛋白酶等破坏寄主细胞结构的酶类，使得寄主组织软腐。②产生破坏寄主细胞膜和正常代谢的毒素，包括非寄主专一性毒素和寄主专一性毒素，使得寄主细胞死亡。③产生阻塞寄主导管的物质，阻断寄主植物的水分运输，引起植物枯萎。④产生破坏寄主抗菌物质的酶，使它们失活。⑤利用寄主核酸和蛋白质合成系统。⑥产生植物激素，破坏寄主激素平衡，造成寄主生长异常。⑦把自身的一段DNA插入寄主基因组，迫使寄主产生供自己营养的物质。

11.6.1.1　植物对病原物的反应类型

植物受病原物侵染后，从完全不发病到严重发病，在一定范围内表现为连续过程。因此，面对不同的病原物同一寄主植物既可以是抗病的，也可以是感病的，甚至在不同的环境条件下相同寄主对同一病原物的抗、感能力也会发生变化，所以寄主的抗病性要依据具体情况而定。总体来看，寄主的抗病反应可分为如下4种类型：

①感病（susceptibility）　病原物侵染导致寄主生长发育受阻，发生病害，甚至局部或全株死亡，影响产量和质量。如果造成较大（经济）损失，则可界定为高度感病（高感）。

②耐病（tolerance）　病原物侵染导致寄主受害发病，但对产量和品质影响不大。

③抗病（resistance）　病原物侵入寄主后被局限或不能继续扩展，寄主发病较轻对产量

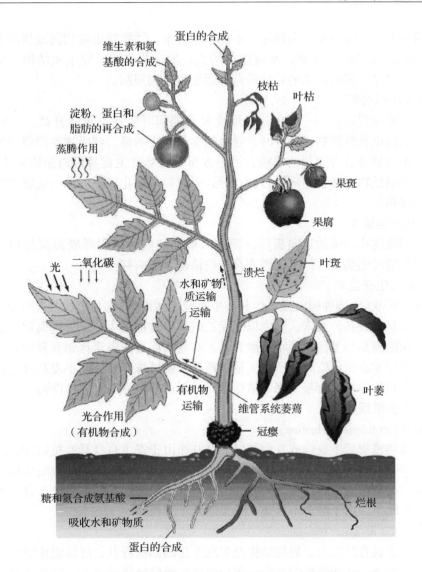

图 11-16 病原物对植物的伤害（引自 GEORIE N. AGRIOS, 2005）

和品质影响不大。如果发病很轻，则可界定为高度抗病（高抗）。

④免疫（immunity） 寄主排斥或破坏进入体内的病原物，在利于病害发生的条件下不感染或不发生任何病症。

11.6.1.2 植物对病原物响应的生理生化变化

（1）光合作用抑制

植物对光合作用影响主要表现在病原物侵染叶片产生的褪绿、黄化造成对叶绿体的破坏或光合色素合成的减少；同时叶部斑点和枯萎等可以导致叶片光合面积减少，感病后光合速率开始下降；另外，也有些病原物侵染产生毒素直接或间接抑制光合作用相关酶活性，从而导致光合作用降低。

（2）水分平衡失调

植物受病菌感染后，以萎蔫或猝倒为特征的病害首先表现出水分平衡失调。造成水分失调的原因主要有：①根被病菌损坏，不能正常吸水；②维管束被病菌或病菌引起的寄主代谢产物(胶质、黏液等)堵塞，水流阻力增大；③病菌破坏了原生质结构，使其透性加大，蒸腾失水过多。同时需水的矿物质营养运输也受到限制。

(3) 呼吸作用加强

植物被病原菌侵染后，一般在症状形成显现期间呼吸速率迅速升高，而后恢复或下降；在病原物侵染抗性植物或品种时，呼吸速率升高更明显。呼吸速率增强的原因：一方面是病原生物增殖进行着强烈的呼吸；另一方面是感病寄主自身代谢加快导致呼吸加快。病害侵染后感病植物的细胞间隔被打破，导致原本被区域化间隔的酶与底物直接接触，以至呼吸速率提高。

(4) 同化物运输受干扰

感病后同化物比较多的运向病区，糖输入增加和病区组织呼吸提高是相一致的。水稻、小麦的功能叶感病后，严重防碍光合产物输出，影响籽实饱满。

(5) 激素发生变化

某些病害症状(形成肿瘤、偏上生长、生长速度猛增等)都与植物激素的变化有关。组织在染病时大量合成各种激素，其中以吲哚乙酸含量增加最为突出，进而促进乙烯的大量生成，如锈病能提高小麦植株吲哚乙酸含量。有些病症是赤霉素代谢异常所致。例如，水稻恶苗病是由于赤霉菌侵染后，产生大量赤霉素，使植株徒长；而小麦丛矮病则是由于病毒侵染使小麦植株赤霉素含量下降，植株矮化，因而喷施赤霉素即可得到改善。

11.6.1.3 寄主抗病的方式

(1) 避病 (avoidance infection)

受到病原物侵染后不发病或发病较轻，这并非由于寄主自身具有抗病性，而是病原物的盛发期和寄主的感病期不一致时，植物即可避免侵染。如雨季葡萄炭疽病孢子大量产生时，早熟葡萄品种已经采收或接近采收，因此避开了危害；又如，大麦在自花授粉前，花序始终在旗叶鞘里，由于雌蕊不暴露，结果避开了黑穗病。

(2) 抗侵入 (invasion resistance)

指由于寄主具有的形态、解剖结构及生理生化的某些特点，可以阻止或削弱某些病原物侵入的抗性类型。如叶表皮的茸毛、刺、蜡质、角质层等，此外，气孔数目、结构及开闭规律、表面伤口的愈合能力、分泌可抑制病原物孢子萌发和侵入的化学物质等均与抗侵入的机理有关。

(3) 抗扩展 (spread resistance)

寄主的某些组织结构或生理生化特征，使侵入寄主的病原物进一步的扩展被阻止或限制。如厚壁、木栓及胶质组织可以限制扩展；组织营养成分、pH 值、渗透势及细胞含有的特殊化学物质可以限制扩展；抗菌素、植物碱、酚、单宁及侵染诱导产生的植保素等均不利于病原物的继续扩展。

(4) 过敏性反应 (hypersensitive response, HR)

又称保卫性坏死反应，是病原物侵染后侵染点附近的寄主细胞和组织很快死亡，使病原物不能进一步扩展的现象。这是寄主高抗的典型表现。

11.6.1.4 植物抗病机理

植物不断受到潜在病原微生物的侵袭，多数情况下由于防御反应的激活，病原微生物不能定殖。植物本身所固有的细胞壁、蜡质层木栓化组织及化学屏障等一系列的防御反应体系是植物对病原物的第一道防线，具有广谱性。如果病原微生物突破了这一道防线，植物将激活一套由抗病基因或防卫基因介导的抗病体系，阻止病原微生物的扩展致病。植物对病原菌侵染致病有多方面的抵抗能力，主要涉及形态结构、生理代谢等以下几个方面：

(1) 形态结构屏障

许多植物表面都有角质层保护，坚厚的角质层能阻止病菌侵入。如苹果和李的果实在一定程度上能抵抗各种腐烂病真菌，主要依赖角质层的增厚；三叶橡胶树白粉病菌不侵染老叶，因为老叶有坚厚的角质层结构作保护。

(2) 组织局部坏死

有些病原真菌只能寄生活的细胞，在死细胞里不能生存。抗病品种与活体寄生病原物接触时，在被侵染部位以局部组织迅速坏死形成枯斑(necrotic lesion)的方式来阻止病害扩散，即发生过敏性反应(Hypersensitive Response，HR)。这样病害就被局限于某个范围而不能扩展。因此，组织坏死是一个保护性反应。随后，在一定的时期内，整个植株会对病原物产生抗性，称为系统获得性抗性(systemic acquired system，SAR)。所以，如果先用无致病力或弱致病力菌株或死的病菌接种植物，植物就会产生对该病原菌强致病力菌株侵染的抗性，称为交叉保护。

(3) 病菌抑制物

植物体原本就含有一些物质对病菌有抑制作用，使病菌无法在寄主中生长。酚类化合物与抗病有明显的关系，如儿茶酚对洋葱鳞茎炭疽病菌的抑制，绿原酸对马铃薯的疮痂病、晚疫病和黄萎病的抑制；亚麻根分泌的一种含氰化合物，可抑制微生物的呼吸；生物碱、单宁都有一定的抗病作用。

(4) 植保素(phytoalexin)

广义的植保素是指所有与抗病有关的化学物质；而狭义的植保素仅限于受病原物或其他非生物因子刺激后寄主产生的一类对病原物有抑制作用的物质。植保素通常是低分子化合物，一般出现在侵染部位附近。最早是从豌豆荚内果皮中分离出来的避杀酊，不久又从蚕豆中分离出非小灵，马铃薯中分离出逆杀酊，后来又从豆科、茄科及禾本科等多种植物中陆续分离出一些具有杀菌作用的物质。至今从被子植物的18个科中分离到的植保素就有100多种，在已明确其结构的48种里，大都是异类黄酮和萜类物质。

(5) 病原相关蛋白

病原相关蛋白(PRs)是植物被病原菌感染或一些特定化合物处理后新产生(或累积)的蛋白。PRs的种类很多，如有的PRs具有β-1,3-葡聚糖酶或壳多糖酶等水解酶的活性，它们分别以葡聚糖和甲壳素(甲壳质、几丁质)为作用底物。高等植物不含甲壳素，只含少量的葡聚糖，但它们是大多数真菌及部分细菌的主要成分。这两种酶在健康植株中含量很低，在染病后的植株中含量却大大提高，通过对病原菌菌丝的直接裂解作用而抑制其进一步侵染。

病原相关蛋白主要包括以下几类：与病程相关的，如几丁酶(CHI)、β-1,3-葡聚糖酶(CLU)、β-淀粉酶、溶菌酶等基因；与植保素合成有关的，如苯丙氨酸解氨酶(PAL)、查尔酮合成酶(CHS)、脂氧合酶(LOX)等基因；与结构抗性有关的，如富含羟脯氨酸糖蛋白

（HRGP）基因、木质素合成有关酶的基因等。

此外，植物还通过多种方式来达到抗病的效果：如提高氧化酶活性，当病原微生物侵入作物体时，该部分组织的氧化酶活性加强，有助于分解毒素，促进伤口愈合，抑制病原菌水解酶活性，从而抵抗病害的扩展。另外，苯丙氨酸代谢途径的产物如木质素、香豆素、类黄酮等也常常具有抑制病原菌的作用，因此该代谢的第一个关键酶——苯丙氨酸解氨酶（PAL）的活性强弱可作为抗病性的重要生理指标。

11.6.2 虫害与抗虫性

11.6.2.1 虫害与抗虫性的概念

世界上以作物为食的害虫达几十万种之多，其中万余种可造成经济损失，严重危害的达千余种。因害虫种类多、繁殖快、食量大，所以无论作物产量或质量均遭受到巨大的损失。植食性昆虫和寄主植物之间复杂的相互关系是在长期进化过程中形成的，这种关系可以分为两个方面，即昆虫对寄主的选择性和植物对昆虫的抗性。比较特殊的是有些昆虫可以携带、传播病毒，导致寄主发生病毒性病害。

在植物和昆虫的相互作用中，植物具有的抵抗害虫取食为害的能力，称为植物的抗虫性（pest resistance）。不同植物采用不同机制来避免、阻碍或限制昆虫的侵害，或者通过快速再生来忍耐虫害。根据田间观察害虫在植物上生存、发育和繁殖的相对情况，寄主植物对虫害的反应可分为以下几种类型：

①免疫　指植物或某一作物的品种在任何条件下，具有不被某一特定害虫取食或危害的特性。

②抗虫　指植物或同种植物的不同品种具有受害虫的危害低于其他植物或同种植物其他品种受害平均值的特性。可细分为高抗和中抗。

③感虫　指植物或同种植物的不同品种具有受害虫的危害大于其他植物或同种植物其他品种受害平均值的特性。可细分为低感和高感。

11.6.2.2 抗虫性反应类型

对抗虫性反应有多种分类法，如物理的、化学的和营养的抗性，也可分为生态抗性（ecological resistance）和遗传抗性（inheritance resistance）两大类。

（1）生态抗性

昆虫—植物相互作用中，发掘利用环境因素，特别是非生物环境因素对植物抗虫性表现的影响，充分利用可不同程度地减轻虫害发生的环境因子，提高植物的抗虫性。

①寄主回避　一定环境条件下，寄主因其易感虫时期与害虫高危期不相遇，而使寄主表现出的短暂的增强抗虫性的能力。对于寡食性害虫来说，遇到易感寄主与利于危害的物候期（phenological period）相协调、同步是十分重要的，否则就有可能出现寄主回避。自然界中，寄主回避是造成隔若干年才有一次害虫大发生的主要原因。我国常见害虫如稻瘿蚊、麦红吸浆虫等，均有严格的危害物候期，哪怕几天的相差就会使危害水平形成悬殊差异，所以可以通过品种熟期和播期的选择建立寄主回避。

②诱导抗虫性　因环境因子变化引起寄主植物产生暂时性增强的相对抗虫性。如长管蚜在高于20℃下不易繁殖，然而这种温度却适宜小麦生长；由于长期阴雨、日照不足，

植物光合下降致使害虫营养水平下降、虫群不易发展而表现的相对抗虫性。

(2) 遗传抗性

遗传抗性指植物可通过遗传方式传递给后代的抗性。

① **拒虫性** 指植物忌避害虫降落、产卵及取食，主要依靠形态解剖结构的特点或生理生化作用，使害虫不被吸引或不能取食。

② **抗生性** 指植物对昆虫的生存、发育和繁殖等产生影响，使入侵害虫死亡，如抗虫棉，当棉铃虫食其叶子后便死亡。

③ **耐虫性** 指植物能经受住害虫取食危害的能力。主要表现为耐虫性植物有代偿性生长，如受地下害虫危害后，可以迅速长出新根，而又不致于过分竞争地上部分的养分，显然它有较好的内部调节机能。

以上3种可遗传的抗性类型的划分，并非绝对的，不是任何抗虫现象都能明显划归于3种类型之中的某一种，但也可能一种植物同时具备两种或3种抗性。如抗麦茎蜂的实秆小麦品种"Rescue"，既因不吸引雌蜂产卵而具有拒虫性，又因幼虫蛀入后不易存活而具有抗生性，加之该品种即使受蛀后也不易倒伏，所以对收获影响不大。

11.6.2.3 影响抗虫性的环境因子

内因(遗传抗性)在任何情况下都不能脱离外因(生态抗性)而单独表现，所以环境因子如温度、光照与湿度、土壤、栽培条件等，都影响着抗虫性的强弱和表现。

(1) 温度

温度过高过低均会使植物丧失抗性。首先，温度影响寄主正常的生理活动，进而可改变害虫的生物学特性；其次，温度可改变寄主对昆虫取食及生长发育的影响；最后，温度直接影响着昆虫的行为和发育，而温度的极限值则取决于植物和害虫的种类。

(2) 光质

光质影响植物对虫害的抗性。低红光/远红光比例低时生长的黄瓜叶毛变少，韧性增强和 C/N 比例发生改变，导致黄瓜植株上的甲虫 (*Acalymma vittatum*) 密度增加93%。相似的是，番茄植株生长在富含远红光环境下更易受烟草天蛾 (*Manduca sexta*) 的危害，导致烟草天蛾总量增加48%。此外，红光还参与诱导植物增强对根部虫害的抗性。接种根结线虫 (*Meloidogyne javanica*) 的拟南芥植株用红光处理后，根部根结数量明显下降，表明红光处理能够降低根结线虫对植物根部的危害。因此，特定的光质可通过激活植物的抗性途径来减轻植物受病虫害的侵染。而当植株处于夜间黑暗环境下，由于缺乏光照导致其抗逆性减弱，所以植物在夜间受病虫害侵袭的几率较日间明显增加。

(3) 土壤肥力及水分

土壤营养水平能改变抗性水平和表现。苜蓿斑点蚜在缺钾无性系植株上容易存活繁殖，而缺磷无性系植株则对该蚜的抗性增强。此外，过量缺乏钙和镁，植株的抗虫性会减弱。随着氮肥及磷肥施用量的增加，玉米螟在感虫杂种叶片上取食级别加大，伤斑和虫道增多，而其对抗虫杂种则无影响。土壤连续或严重缺水，会使韧皮部汁液黏度加大，致使刺吸式口器害虫，如蚜虫会取食减少，生殖受抑。

(4) 栽培条件

栽植过密，致使通风透气不良，可能会诱导某些害虫大量发生；而有利的方面则可通过适当的早播或迟播来提高抗虫性。

11.6.2.4 植物抗虫机理

(1) 植物抗虫的理论基础

① 形态解剖特性 主要是通过物理方式干扰害虫的运动机制，包括干扰昆虫对寄主的选择、取食、消化以及昆虫的交配及产卵，因此形态基础构成了拒虫机理的主要方面。这与植物产生的对昆虫毒害甚至致死的化学物质密切相关。

② 生理生化特性 植物能否被昆虫侵害需靠以下两种联系：a. 信息联系，即指植物是否具有吸引昆虫取向、定位至栖息取食、繁衍后代的理化因素。b. 营养联系，即植物能否满足害虫生长繁殖所必须的营养条件。前者决定了植物对昆虫是趋还是避，即是否具有拒虫性，后者则是抗生性的决定因素之一。

(2) 植物抗虫性表现

① 拒虫性的表现

拒产卵：不同植物或品种所发出的引诱雌虫的气味不同，如甘蓝蝇（*Hylemya brassicae*）的产卵，取决于植物是否存在促进产卵的烯丙基异硫氰化物，该物质在品种间是有差异的。大菜粉蝶雌虫产卵则需要黑芥子苷的存在。印楝、川楝或苦楝的抽提物对稻瘿蚊有明显的拒产卵作用。棉花的叶、蕾、铃上无花外蜜腺的品种，至少可减少昆虫40%的产卵量，说明花外蜜腺含有促进产卵的物质，无花外蜜腺则成为重要的抗虫性状。

拒取食：植物存在一些能降低昆虫存活率的生化物质，但昆虫致死的原因，多是因为饥饿加之不良环境的胁迫，而不是因为取食了毒素。如番茄碱、垂茄碱、茄碱、卡茄碱（即察康碱）和菜普亭等生物碱，均对幼虫取食起抗拒、阻止或不良影响的作用。四季豆属植物中含有的生氰糖苷菜豆亭等，对墨西哥豆象（*Epilachna varivestis*）起取食诱停素的作用。

② 抗生性的表现 当昆虫取食了对它有抗性的植物成分，可导致慢性中毒到逐渐死亡，这种现象称植物抗生性表现。抗生性多有季节性，还可能因害虫危害的结果而增加，这使得抗生性的机制更为复杂。

抗生性与植物营养的关系：抗生性与植物碳氮比、氨基酸种类、维生素、糖和卵磷脂等关系密切。豌豆抗蚜品种在生长期碳氮比较高，可使成蚜体重下降、产仔量减少，而衰老时与感虫品种趋于一致。抗蚜豌豆品种"完美"较感蚜品种"锦标"的氨基酸种类多，除作为营养物质外，氨基酸还通过影响筛管内的液压可间接使昆虫无法取食而挨饿。通过研究抗甘蓝菜蚜和桃蚜的氨基酸种类还发现，两种蚜虫各有其偏嗜性氨基酸，这可以作为某些品种均只能抗一种蚜虫的解释原因。维生素也是昆虫所偏嗜的食物，如缺乏抗坏血酸可使某些玉米自交系能抗欧洲玉米螟。糖和卵磷脂的含量影响昆虫的繁殖，因此就对生殖的抗性而言，糖和卵磷脂之比似乎较碳氮比更为重要。

抗生性与植物毒素的关系：毒素包括来自腺体毛的分泌物、组织胶以及一些次生化合物。抗生性有关的次生物质有异戊间二烯类、乙酰配体及其衍生的物质、生物碱、糖苷等。其中有些毒性物质具有改变昆虫行为、感觉、代谢、内分泌的效应；有些还影响昆虫发育、变态、生殖及寿命。烟草属某些品种的腺体毛分泌的烟碱、新烟碱、降烟碱等生物碱、对蚜虫皆是有毒的。棉毒素含有的棉籽醇为环状三萜，除虫菊花中所含的杀虫有效成分除虫菊酯，则为附加了其他结构的一种混合萜，这些次生物质都以不同的方法对昆虫产生毒害。从罗汉松中分离出来的一种高毒物质罗汉松内酯，已证实对昆虫的发育具有抑制效应。圆叶苜蓿毛上分泌的低浓度液体则会降低幼虫的取食和发育速度，浓度高时几天内即死亡。银杏这个古老树种之所以不易受昆虫侵害，与叶片中存在的羟内酯和醛类有关。

此外，多种茄科植物可分泌黏固昆虫或对昆虫有毒的化学物质，主要是机械作用，无毒性可言。

11.6.2.5 提高植物抗虫性的途径

(1) 培育抗虫品种

国内外都有用生物技术来培育的抗虫品种，如抗虫棉。现已分离出几十种抗植物虫害的基因，如蛋白酶抑制剂基因(proteinase inhibitor gene)和凝集素基因(lectin gene)，以及苏云金芽胞杆菌(*Bacillus thuringiensis*，Bt)中 *cry* 和 *cyt* 基因编码的杀虫晶体蛋白(insecticidal crystal proteins，ICPs)，以及营养期分泌的杀虫蛋白(*vegetative insecticidal protein*，Vips)转基因技术的运用将成为提高作物抗虫性的重要手段。

(2) 栽培管理

合理施肥是提高抗虫性的重要措施，如增施钙肥等；合理密植，改善通风透光环境促使植物健康生长等；同时结合植物生长调控剂的使用，这些都能提高植物的抗虫性。

(3) 应用预警机制

根据某些害虫的物候期，选用早熟或晚熟品种，或对品种适当早播或迟播来避开虫害的危害时期。

目前，国内外都有用生物技术来培育的抗虫品种，如转 Bt 基因的抗虫棉，从 1938 年起，Bt 被大规模开发成微生物杀虫剂用于害虫防治，取得了良好的经济效益与生态效益；自 1996 年起，导入 Bt 特异抗虫基因的转基因作物被批准商业化种植，至今已有棉花、玉米等多种抗虫转基因作物被大面积推广种植。

11.7 盐 逆 境

土壤盐分过多对植物造成的危害，称为盐害(salt injury)，也称盐胁迫(salt stress)。植物对盐分过多的适应能力称为抗盐性(salt resistance)。

一般在气候干燥、地势低洼、地下水位高的地区，水分蒸发会把地下盐分带到土壤表层(耕作层)，这样易造成土壤盐分过多。海滨地区因土壤蒸发或者咸水灌溉、海水倒灌等因素，可使土壤表层的盐分升高到 1% 以上。然而，人类活动是导致土壤盐渍化的主要原因，集约农业和不适当的水资源管理加剧农田盐渍化。当灌溉水含有高浓度的溶质，而积累的盐分不能通过排水系统清除，持续灌溉使盐分很快就会达到对盐敏感植物造成伤害的浓度。随着灌溉农业的发展，盐碱地面积将继续扩大。我国盐碱土主要分布于西北、华北、东北和海滨地区，约 $2\,000 \times 10^4 \text{hm}^2$，约占总耕地面积 10%。如果能提高作物抗盐力，并改良盐碱土，那么这将对农业生产的发展产生极大的推动力。

钠盐是形成盐分过多的主要盐类，主要包括 $NaCl$、Na_2SO_4、Na_2CO_3、$NaHCO_3$。若土

壤中盐类以碳酸钠(Na_2CO_3)和碳酸氢钠($NaHCO_3$)为主时,此土壤称为碱土(alkaline soil);若以氯化钠(NaCl)和硫酸钠(Na_2SO_4)等为主时,则称其为盐土(saline soil)。因盐土和碱土常混合在一起,盐土中常有一定量的碱土,故习惯上把这种土壤称为盐碱土(saline and alkaline soil)。

11.7.1 盐分过多对植物的危害

根据许多研究报道,土壤含盐量超过0.2%~0.25%时就会造成危害,主要表现在以下几个方面:

(1)生理干旱

土壤盐分过多,降低了土壤水势,使植物不能吸水,甚至体内水分外渗,不但种子不能萌发或延迟发芽,而且生长着的植物也不能吸水或吸水很少,形成生理干旱。这种溶质的渗透影响与土壤水分亏缺类似,因此植物对高盐水平的早期响应与水分亏缺相同。

(2)离子毒性

当细胞中离子积累达到伤害浓度时,便会发生特异的离子毒性影响,尤其是Na^+、Cl^-和SO_4^{2-}。①高浓度的Na^+可取代质膜上的Ca^{2+}导致细胞膜透性增加,从而使细胞内Na^+增加和K^+外渗,Na^+/K^+比值增大,打破原有的离子平衡。实验表明,生长在25 mmol·L^{-1} NaCl或Na_2SO_4溶液中的菜豆,其叶片中的K^+强烈地外流。如果在这种溶液中加入2 mmol·L^{-1} Ca^{2+},则可阻止这种Na^+诱导的K^+外流。如果用200 mmol·L^{-1}甘露醇溶液处理,则不会有K^+外流现象。因此认为,这种K^+外流不是渗透效应,而是盐离子破坏质膜透性,Na^+置换膜结合的Ca^{2+}所致。②非盐胁迫下,高等植物细胞原生质体大约含100mmol·L^{-1} K^+和低于10 mmol·L^{-1} Na^+,这是酶可以执行正常功能的离子环境。异常高的Na^+/K^+和高浓度的总离子浓度会使酶失活,并抑制蛋白质合成。③植物吸收某种盐类过多则排斥了对另一些营养元素的吸收,产生了类似单盐毒害的作用,这种不平衡吸收,造成营养失调,从而抑制生长。如Na^+与K^+通过竞争转运蛋白上的位点进入胞内,抑制K^+的吸收;Na^+也能抑制磷和Ca^{2+}的吸收;Cl^-和SO_4^{2-}过多时,则抑制HPO_4^{2-}吸收;氯化物抑制硝酸盐的吸收等。④盐胁迫下,作物被迫吸收盐离子,由于盐离子的毒害作用,造成活性氧等自由基产生和修复系统的动态平衡被破坏,启动了膜脂过氧化或膜蛋白过氧化作用,造成膜脂或膜蛋白损伤,从而破坏膜结构,使质膜的透性增加,胞内水溶性物质外渗,作物表现出盐害特征。

(3)生理代谢紊乱

如上所述,盐分过多会抑制蛋白质的合成,加速蛋白分解,因此使植物体内积累过多的氨、胺等有毒物质;盐分过多使PEP羧化酶和RuBP羧化酶活性降低,叶绿体趋于分解,叶绿素被破坏,叶绿素和类胡萝卜素的生物合成受干扰,气孔关闭,光合作用受到抑制;低盐时植物呼吸受到促进,而高盐时则受到抑制,氧化磷酸化解偶联。

11.7.2 植物对盐胁迫的适应

根据植物抗盐能力的大小,可分为盐生植物(halophyte)和甜土植物(glycophyte)两大类。盐生植物是盐渍生境中的天然植物类群,一定浓度NaCl促进其生长,可生长的盐度范围为 1.5%~2.0%，如碱蓬、海蓬子等；盐生植物在形态上常表现为肉质化，吸收的盐分主要积累在叶肉细胞的液泡中，通过在细胞质中合成有机溶质来维持与液泡的渗透平衡。绝大多数农作物属甜土植物，对盐渍敏感，耐盐范围为 0.2%~0.8%，其中甜菜、高粱等抗盐能力较强，棉花、向日葵、水稻、小麦等较弱，荞麦、亚麻、大麻、豆类等最弱。

在同一植物不同生育期，对盐分的敏感性也不同。幼苗时很敏感，长大后能逐渐忍受，开花期忍受力又下降。

植物对盐渍环境的抵抗方式有两种，即御盐(salt avoidance)和耐盐(salt tolerance)。

11.7.2.1 御盐

有的植物虽然生长在盐渍环境中，但植物可以通过某种方式将细胞内盐分控制在伤害阈值之下，以避免盐分过多对细胞造成伤害。植物通过拒盐、排盐和稀盐的途径来达到御盐的目的。

(1) 拒盐(salt exclusion)

拒盐植物的根细胞对某些离子的透性降低，尤其是在周围介质盐类浓度增高时，它能稳定地保持对离子的选择透性，根本不吸收或很少吸收盐分。例如，长冰草(*Agropyron elongatumi*)虽生长在盐分较多的土壤中，但它的根细胞对 Na^+ 和 Cl^- 的透性较小，不吸收，所以细胞累积 Na^+ 和 Cl^- 较少。也有些植物(如芦苇)拒盐只发生在局部组织，如疏导组织拒盐，使根吸收的盐类只积累在根细胞的液泡内，不向地上部分运转。

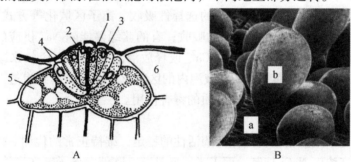

图 11-17 泌盐植物二色补血草(*Limonium bicolor*)盐腺结构(A)和滨藜(*Atriplex spongiosa*)盐囊泡(B)(引自王宝山等，2007)

图 A：1. 分泌孔　2. 分泌细胞　3. 毗邻细胞　4. 杯状细胞　5. 收集细胞　6. 表皮细胞

图 B：a. 柄细胞　b. 气球状囊泡细胞

(2) 排盐(salt excretion)

排盐也称泌盐(salt secretion)。这类植物吸收盐分后并不存留在体内，而是通过盐腺(salt gland)和盐囊泡(salt bladder)主动排泄到茎叶的表面，而后被雨水冲刷脱落，从而防止过多盐分在体内的积累。如柽柳(*Tamarix chinensis*)和匙叶草(*Latouchea fokiensis*)，玉米、高粱等作物也有排盐作用。盐腺的泌盐机理目前还不很清楚，但有人认为盐腺表面就是一个依靠 ATP 供能的离子泵。盐生植物排盐主要是通过盐腺(图 11-17)，但也可以通过其他途径，如有些植物将吸收的盐分转移到老叶中积累，最后脱落叶片以此来阻止盐分在体内的过量积累；用标记的 Na^+ 研究表明，大豆中渗漏到木质部中的盐分能再次被吸收和分泌到根环境中，菜豆中随蒸腾流运输到茎尖的盐分可经韧皮部再次输送到根。

(3) 稀盐(salt dilution)

指通过吸收水分或加快生长速率来稀释细胞内盐分的浓度。如红树虽然每天接收 1.7 mmol·L^{-1} 盐分，但叶片的盐浓度保持恒定(510~560 mmol·L^{-1})。肉质化的植物靠细胞内大量贮水来冲淡盐的浓度。近年来采用植物激素促进植物生长来提高抗盐性具有显著效果。

11.7.2.2 耐盐

是指植物可以通过生理或代谢的适应来忍受进入细胞内的盐分，使其对植物不引起伤害或伤害轻微的能力。植物有多种耐盐方式：

(1) 耐渗透胁迫

通过细胞的渗透调节来适应由盐分过多而产生的水分胁迫。一种情况是以积累离子来调节渗透平衡，如小麦、黑麦等在盐分过高时，将吸收的离子积累于液泡中，提高其溶质含量，降低水势从而达到防止细胞脱水的目的；有些植物是通过积累可溶性有机溶质来调节渗透平衡，包括甜菜碱、脯氨酸、山梨醇、甘露醇、松醇和蔗糖。如耐盐的绿藻在低浓度的 NaCl 下主要合成糖、氨基酸等，而在高浓度的 NaCl 下则 90% 的光合产物都为乙二醇，通过乙二醇含量的增高来调节细胞的渗透势。有研究表明，通过这些无毒的有机物积累调节渗透势对植物更为有利。

(2) 营养元素平衡

有些植物在盐渍下，可以通过离子的选择性吸收、离子区域化等方式重建离子平衡。例如，有些植物在盐渍时能增加对 K$^+$ 的吸收；有的蓝绿藻能随 Na$^+$ 供应的增加而加大对 N 的吸收；植物可以通过吸收土壤中的 Ca^{2+} 或释放液泡中储藏的 Ca^{2+} 来减少对 Na$^+$ 离子的吸收，提高 Na$^+$ 的流出速度；Na$^+$ 在液泡内的区域化，不但能起到渗透调节作用，也能降低细胞质中的 Na$^+$ 浓度，避免对细胞质的毒害作用。

(3) 代谢稳定性

在较高盐浓度中某些植物仍能保持酶活性的稳定，维持正常的代谢。例如，菜豆的光合磷酸化作用受高浓度 NaCl 抑制，而玉米、向日葵、欧洲海蓬子等在高浓度 NaCl 下反而刺激光合磷酸化作用；玉米幼苗用 NaCl 处理时可提高过氧化物酶活性，大麦幼苗在盐渍条件下仍保持丙酮酸激酶的活性，但不耐盐的植物则缺乏这种特性。

(4) 与盐结合

通过代谢产物与盐类结合，减少游离离子对原生质的破坏作用。细胞中的清蛋白可提高亲水胶体对盐类凝固作用的抵抗力，从而避免原生质受电解质影响而凝固。

11.7.3 提高植物耐盐性的途径

(1) 培育抗盐品种

这是提高作物抗盐性的根本途径。一般通过在培养基中逐代加 NaCl 的方法，可获得耐盐的适应细胞，适应细胞中含有多种盐胁迫蛋白，以增强抗盐性。有人用转基因技术已培育出抗盐的番茄品种。

(2) 抗盐锻炼

抗盐锻炼是指将植物种子按盐分梯度进行一定时间的处理，提高抗盐能力的过程。例如，棉花种子播前可按顺序分别在 0.3%、0.6% 及 1.2% 的 NaCl 溶液中浸泡 12h；玉米种子可用 3% NaCl 浸种 1h，这些处理均可显著增强它们的耐盐性。

(3) 使用生长调节剂

用生长调节剂处理植株，如喷施 IAA 或用 IAA 浸种，可促进作物生长和吸水，提高抗盐性。对生长在盐渍土上的小麦喷施 5 $\mu mol \cdot L^{-1}$ IAA 溶液，可增加产量。

(4) 改造盐碱土

通过合理灌溉，泡田洗盐、增施有机肥、盐土种稻、种植耐盐作物(田菁、紫穗槐、向日葵、甜菜等)等方法改造盐碱土。

11.8 环境污染

随着近代工业的飞速发展，废渣、废气和废水的排放越来越多，扩散范围越来越大，以及农业生产中大量使用农药化肥等化学物质。当这些有害物质的量超过了生态系统的自然净化能力时，就产生了环境污染(environmental pollution)。

环境污染不仅直接危害人类的健康与安全，而且严重影响植物的生长发育，大幅度地降低作物产量和品质。污染物的大量聚集，还可能造成植物死亡，甚至破坏整个生态系统。环境污染就其污染的因素而言，可分为大气污染、水体污染和土壤污染 3 类。其中，以大气污染和水体污染对植物的影响最大，不仅范围广，接触面积大，而且容易转化为土壤污染。

11.8.1 大气污染

大气污染(atmosphere pollution)是指有害物质进入大气，对人类和其他生物造成危害的现象。大气中的有害物质称为大气污染物(atmosphere pollutant)。

11.8.1.1 大气污染物

对植物有毒的大气污染物是多种多样的，主要是二氧化硫(SO_2)、氟化氢(HF)、氯气(Cl_2)以及各种矿物燃烧的废气等；有机物燃烧时一部分未被燃烧完的碳氢化合物如乙烯、乙炔、丙烯等对某些敏感植物也可产生毒害作用；臭氧(O_3)与氮的氧化物如二氧化氮(NO_2)等也是对植物有毒的物质；其他的如一氧化碳(CO)、二氧化碳(CO_2)超过一定浓度时对植物也有毒害作用。

此外，光化学烟雾(photochemical smog)也对植物有严重的伤害，工厂、汽车等排放出来的氧化氮类物质和燃烧不完全的烯烃类碳氢化合物，在强烈的紫外线作用下，形成一些氧化能力极强的氧化性物质，如 O_3、NO_2、醛类(RCHO)、硝酸过氧乙酰(peroxyacetyl nitrate, PAN)等。早在 20 世纪 40 年代初期，美国洛杉矶地区曾因光化学烟雾使大面积的农作物和百余万株松树伤亡。

11.8.1.2 大气污染物的侵入途径与伤害方式

大气污染物对植物的危害不仅与有害气体的种类、浓度和持续时间有关，而且同植物的种类、发育阶段、生长状况及其他环境条件有关。如果积累浓度超过了植物敏感阈值，就会造成对植物的伤害。

(1) 侵入的部位与途径

植物叶片是植物与周围大气进行气体交换最活跃的部分，所以叶片是最易受到大气污染物侵入和发生伤害的部位；花的各种组织也很易受污染物伤害而造成受精不良和空瘪率提高，如雌蕊的柱头；植物的其他暴露部分，如芽、嫩梢等也可受到侵染。

气体进入植物的主要途径是气孔。白天气孔张开，既有利于 CO_2 同化，也有利于有毒气体进入。有的气体直接对气孔开度有影响，如 SO_2 促使气孔张开，增加叶片对 SO_2 的吸收，而 O_3 则促使气孔关闭。另外，角质层对 HF 和 HCl 有相对高的透性，因而它是 HF 和 HCl 进入叶肉组织的主要途径。

(2) 伤害方式

污染物进入细胞后如积累浓度超过了植物敏感阈值即产生伤害。植物受大气污染的伤害按程度可分为 3 类：急性伤害、慢性伤害和隐性伤害。

① 急性伤害　指植物在较高浓度有害气体的作用下，在短时间(几小时、几十分钟或更短)内就发生的组织坏死的现象。叶组织受害时最初呈灰绿色，然后质膜与细胞壁解体，细胞内含物进入细胞间隙，叶片变软，组织坏死，最终全株干枯死亡。

② 慢性伤害　指植物较长期接触亚致死浓度的污染空气，造成植株受害的现象。通常先影响叶绿素的合成和细胞生长，使叶片缺绿、变小、畸形，严重影响植物的生长发育。有时在芽、花、果和树梢上也会有伤害症状。

③ 隐性伤害　指植物接触污染空气，外部不表现出明显症状，生长发育基本正常，仅由于有害物质积累影响生理代谢的现象。隐性伤害会导致作物品质和产量的下降。

11.8.1.3 植物对大气污染的抵抗

植物对大气污染的抗性分为 3 类：屏蔽性(avoidance)、忍耐性(tolerance)和适应性(adaptation)。

(1) 屏蔽性

指使污染物不进入或少进入组织、细胞，这与叶片形态结构、气孔控制能力有关。有的植物其形态结构有利于阻挡污染气体进入叶内，例如，叶片角质层厚，表皮细胞小而致密，细胞壁木栓化等；植物还能够通过调节气孔运动的方式来阻碍污染气体的进入。

(2) 忍耐性

指污染物进入细胞内，由于植物自身的一系列生理生化特性而限制其毒性或少受其毒害，还可通过代谢解毒机制进行防御。尽管植物通过气孔调节能防止部分有害气体侵入，但气孔不可能完全闭合，所以一部分有害气体仍能进入植物体内。有些植物可通过体内的代谢系统来减轻大气污染带来的危害，如硝酸、亚硝酸还原酶使 NO_3^-、NO_2^- 转化为 NH_3，参与氨基酸的合成；亚硫酸氧化酶系统可使 SO_3^{2-}、HSO_3^- 转成毒性较小的 SO_4^{2-}，一部分用于胱氨酸的合成，一部分还原成 H_2S 而被释放到大气中去。另外，植物体内还存在一些清除活性氧的物质，能够清除由于大气污染产生的有毒害作用的活性氧，从而降低污染的危害。

(3) 适应性

指生长在污染区的植物，在一定的大气污染浓度阈值下，伤害不再继续增加，产生一种抗污染的适应机制。有些植物在大气污染下出现可见的伤害症状，但如果继续暴露在污染大气中，可见伤害并不再进一步发展，一些伤害指标如细胞膜透性等也得到一定的恢复。

11.8.2 水体污染

水体污染不仅危害人类的健康，在危害水生生物的生长的同时，也影响其他植物的生长发育。污染水体的物质种类很多，有重金属、洗涤剂、氰化物、有机酸、漂白粉、酚类、染料等，以及水体富营养化等。在工业污水中常含 Hg、Cr、As、Cd、Pb 等重金属离子，在很低浓度下就会使植物受害。研究表明，重金属致害的机理可能与蛋白质变性有关。一方面它们能置换某些酶蛋白中的 Fe、Mn 等活性位点，抑制酶的活性，干扰正常代谢；另一方面，它们能与膜蛋白结合，影响膜的通透性。此外，重金属离子浓度过高会使原生质变性。

石油中的一些有机物质可被植物吸收、积累，直接引起伤害。另外，石油覆盖在土壤表面能降低水中的含氧量，同时也可造成水温的升高，加速土壤中的还原作用，产生 H_2S 间接伤害植物，植物受油类物质伤害后，植株矮小，分蘖减少，严重时植物枯萎死亡。值得注意的是，在含石油的污水中存在一种致癌性强的稠环芳香烃(3,4-苯并芘)，通过植物的富集又能转而危害人的健康。因此，用石化污水灌溉时，含油量应严格控制在 5 mg · kg^{-1} 以下。

尽管污染的水体影响植物生长发育，但是，植物对水体污染也有解毒和净化作用。污染物被植物吸收后，有的分解为营养物质；有的形成络合物而降低毒性。例如，水生植物中的水葫芦、浮萍、金鱼藻和黑藻等能吸收水中酚和氰化物，也可吸收汞、铅、铬和砷；大部分酚进入植物体内可与糖结合生成无毒的酚糖苷，储存于细胞内；一小部分游离酚能被多酚氧化酶和过氧化物酶氧化，生成 CO_2、H_2O 和其他无毒的物质，从而解除毒性。

11.8.3 土壤污染

土壤污染对植物的危害很严重。首先，引起土壤酸碱度变化，如 SO_2 溶于土壤中使土壤酸化；其次，土壤中积累的重金属等对植物也有毒害作用；最后，各种污染物进入土壤后直接伤害植物，而且有些植物能够富集土壤中的有害物质，通过食物链转而危害人类健康。

土壤污染主要来自水污染和大气污染：用污水灌溉农田，有毒物质会沉积在土壤中；大气污染物随雨、雪降落到地表渗入土壤，都会造成土壤污染。另外，施用某些残留量较高的化学农药，也会污染土壤。

11.8.4 提高植物抗污染力和环境保护

11.8.4.1 提高植物抗污染力的措施

(1) 培育抗污染的品种

利用常规方法或生物技术培育出抗污力强的品种是提高植物抗污染力的根本途径。

(2) 进行抗性锻炼

用较低浓度的污染物预先处理种子或幼苗，经处理后的植株对被处理的污染物的抗性会提高。

(3) 改善土壤条件

通过改善土壤条件，提高植株生活力，可增强对污染的抵抗力。如当土壤 pH 过低时，施入石灰可以中和酸性，改变植物吸收阳离子的成分，可增强植物对酸性气体的抗性；施用钙可缓解铝对多种作物的毒害作用；施硅可使硅与铝形成无毒的铝硅酸离子，降低活性铝浓度，缓解铝毒(aluminum toxicity)危害。

(4) 化学调控

有人用维生素和植物生长调节物质喷施柑橘幼苗，或加入营养液让根系吸收，提高了对 O_3 的抗性。有人喷施能固定或中和有害气体的物质(如石灰溶液)，结果使氟害减轻。外源有机酸(如柠檬酸、苹果酸等)可降低铝对小麦生长的抑制作用。

11.8.4.2 利用植物保护环境

不同植物对各种污染物的敏感性有差异；同一植物对不同污染物的敏感性也不一样。利用这些特点，可以用植物来保护环境。

(1) 吸收和分解有毒物质

通过植物本身对各种污染物的吸收、积累和代谢作用，能达到分解有毒物质减轻污染的目的。污染物被植物吸收后，有的分解成为营养物质，有的形成络合物，从而降低毒性。每千克柳杉叶(干重)每日能吸收 3 g SO_2，若每公顷柳杉林叶片按 20 t 计算，则每日可吸收 60 kg SO_2，这是一个可观的数字。地衣、垂柳、臭椿、山楂、板栗、夹竹桃、丁香等吸收 SO_2 能力较强，能积累较多硫化物。垂柳、拐枣、油茶有较大的吸收氟化物的能力，即使体内含氟很高，也能正常生长。水生植物中的水葫芦、浮萍、金鱼藻、黑藻等能吸收与积累水中的酚、氰化物、汞、铅、镉、砷等物，因此对于已积累金属污染物的水生植物要慎重处理。

有报道指出，植物吸收酚后，5~7 d 就会全部分解掉。NO_2 进入植物体内后，可被硝酸还原酶和亚硝酸还原酶还原成 NH_4^+，然后由谷氨酸合成酶转化为氨基酸，进而合成蛋白质。

(2) 净化环境

首先，植物不断地吸收工业燃烧和生物释放的二氧化碳并放出氧气，使大气层的二氧化碳和氧气处于动态平衡。据计算，1 hm^2 阔叶树每天可吸收 1 000 kg 的二氧化碳；常绿树(针叶林)每年每平方米可固定 1.4 kg CO_2；其次，叶片表面上的绒毛、皱纹及分泌的油脂等可以阻挡、吸附和黏着粉尘，如每公顷山毛榉阻滞粉尘的总量为 68 t，云杉林为 32 t，松林为 36 t；再次，有的植物如松树、柏树、桉树、樟树等可分泌挥发性物质，杀灭细菌，有效减少大气中的细菌数量；最后，植物还可减少空气中的放射性物质，在有放射性物质的地方，树林背风面叶片上放射性物质的颗粒仅是迎风面的1/4。

城市中的水域由于积累了大量营养物质，导致藻类繁殖过量，水色浓绿浑浊，甚至变黑发臭，影响景观和卫生。为了控制藻类生长，可采用换水法或施用化学药剂，也可采用生物治理法，如在水面种植水生植物，通过植物吸收水中营养物质来抑制藻类生长，使水色澄清。

利用某些植物对金属离子的富集作用可改良土壤。如蜈蚣草对砷(As)具有超富集作用，其体内的As含量可达到环境中的上百倍。

(3) 监测环境污染

低浓度的污染物用仪器监测是有难度的，但可以利用某些植物对某一污染物特别敏感的特性，作为指示植物来监控污染程度。如紫花苜蓿和芝麻在 $1.2\ \mu g \cdot L^{-1}$ 的 SO_2 浓度下暴露 1 h 就有可见症状；唐菖蒲是一种对HF非常敏感的植物，可用来监测大气中HF浓度的变化。

本章小结

植物在整个生育期面临多样的逆境，主要分为非生物和生物胁迫两大类；逆境影响植物的形态结构、细胞结构以及生理生化变化。

植物对不同逆境的适应性不同，主要有三种形式，即避逆性、御逆性和耐逆性。植物在渗透调节水平、激素变化、膜保护性物质和自由基平衡以及逆境相关蛋白等生理生化水平进行逆境响应调节。

冷害的机制是膜相变和自由基的伤害，冷害对植物造成的伤害有水分代谢失调、光合速率减弱、呼吸先升后降、胞质环流减慢或停止和有机物分解大于合成。

冻害的本质是由结冰引起的机械、渗透、脱水胁迫和蛋白质损伤，抗冻植物可以通过多种生理生化变化提高其抗冻性，而其抗冻性强弱还受植物内在因素和外界条件的影响。

热害对植物的伤害包括直接伤害和间接伤害，直接伤害包括膜损伤和蛋白变性，间接伤害包括代谢饥饿、有毒物质积累、生物活性物质减少和蛋白合成减弱。植物抗热性受多种内、外因素的影响。

旱害的实质是由于原生质脱水而对植物造成的一系列损伤。植物对干旱的适应包括限制叶片伸展、刺激叶片脱落、促进根的生长、诱导气孔关闭、渗透调节、蜡质沉积、能量耗散和改变基因表达等方式。

涝害的实质是由于水淹造成的缺氧。缺氧引起代谢紊乱、营养失调和乙烯增加。

盐胁迫的实质是由于离子浓度过大造成的生理干旱、离子毒性和代谢紊乱。

生物逆境胁迫主要有病原物和昆虫等两大类。植物抗病性主要有避病、抗侵入、抗扩展和过敏性反应等4种方式；植物抗虫性主要有生态抗性和遗传抗性等两种类型。

环境污染不仅影响植物的生长发育，而且还可能破坏整个生态系统。环境污染就其污染的因素而言，可分为大气污染、水体污染和土壤污染3类。

复习思考题

一、名词解释

逆境　抗逆性　植物逆境生理　胁变　抗性锻炼　渗透调节　逆境蛋白　交叉适应　冷害　冻害　抗冷性　抗寒锻炼　巯基假说　热害　抗旱性　大气干旱　土壤干旱　生理干旱　涝害　湿害　盐害　抗盐性　盐碱土　避盐　耐盐　盐生植物　甜土植物　病原物　抗病性　过敏性反应　系统获得性抗性　植保素　光化学烟雾

二、问答题

1. 在逆境中，植物体内累积脯氨酸有什么作用？
2. 外施 ABA 提高植物抗逆性的原因是什么？
3. 什么叫植物的交叉适应？交叉适应有哪些特点？
4. 在冷害过程中植物体内发生了哪些生理生化变化？
5. 为什么植物的休眠状态与抗寒能力密切相关？
6. 菜苗移栽之前往往搁置一段时间成活率高，简要分析其原因。
7. 抗旱植物在形态和生理上具有哪些特点？
8. 干旱对植物产生哪些伤害？
9. 植物耐盐的生理学机制有哪些？如何提高植物的抗盐性？
10. 简述大气污染对植物造成的伤害症状如何？大气污染对植物生理生化过程有哪些影响？提高植物对大气污染抗性的途径是什么？
11. 植物在环境保护中有什么作用？

三、问题讨论

1. 简要说明水分胁迫与盐胁迫对植物影响的异同之处。
2. 逆境对植物代谢有何影响？

参考文献

CABANE M, AFIF D, HAWKINS S. 2012. Lignins and Abiotic Stresses[J]. Advances in Botanical Research, 61: 199-262.

Islam S Z, Babadoost M, Bekal S, et al. 2008. Red Light-induced Systemic Disease Resistance against Root-knot Nematode Meloidogyne javanica and Pseudomonas syringae pv. tomato DC 3000[J]. Journal of phytopathology, 156(11-12): 708-714.

Izaguirre M M, Mazza C A, Biondini M, et al. 2006. Remote sensing of future competitors: impacts on plant defenses[J]. Proceedings of the National Academy of Sciences, 103(18): 7170-7174.

McGuire R, Agrawal A A. 2005. Trade-offs between the shade-avoidance response and plant resistance to herbivores? Tests with mutant Cucumis sativus[J]. Functional Ecology, 19(6): 1025-1031.

Roberts M R, Paul N D. 2006. Seduced by the dark side: integrating molecular and ecological perspectives on the influence of light on plant defence against pests and pathogens[J]. New Phytologist, 170(4): 677-699.

Stephen G. Pallardy. 2011. Physilolgy of Woody plants[M]. 3rd. 尹伟伦, 等译. 北京: 科学出版社.

Taiz L, Zeiger E. 2009. Plant Physiology[M]. 4th ed. 宋纯鹏,王学路,等译. 北京:科学出版社.

Tester M, Davenport R. 2003. Na$^+$ tolerance and Na$^+$ transport in higher plants[J]. Ann Bot(Lond), 91:503-526.

陈润政,黄上志,宋松泉,等. 1998. 植物生理学[M]. 广州:中山大学出版社.

郝建军. 2013. 植物生理学[M]. 2版. 北京:化学工业出版社.

李娅娜,江可珍,别之龙. 2009. 植物盐胁迫及耐盐机制研究进展[J]. 黑龙江农业科学,(3):153-155.

刘祖祺,张石城. 1994. 植物抗性生理学[M]. 北京:中国农业出版社.

毛秀红,刘翠兰,燕丽萍,等. 2010. 植物盐害机理及其应对盐胁迫的策略[J]. 山东林业科技,189(4):128-130.

潘瑞炽. 2012. 植物生理学[M]. 7版. 北京:高等教育出版社.

王宝山. 2007. 植物生理学[M]. 2版. 北京:科学出版社.

武维华. 2003. 植物生理学[M]. 北京:科学出版社.

张继澍. 2006. 植物生理学[M]. 北京:高等教育出版社.

张立军,梁宗锁. 2007. 植物生理学[M]. 北京:科学出版社.

王三根. 2001. 植物生理生化[M]. 北京:中国农业出版社.

王三根. 2013. 植物生理生化[M]. 北京:中国林业出版社.

王忠. 2009. 植物生理学[M]. 2版. 北京:中国农业出版社.

附录 常见名词英汉对照

种子成熟 seed maturation
果实成熟 fruit ripening
单性结实 parthenocarpy
无籽果实 seedless fruit
天然单性结实 natural parthenocarpy
刺激性单性结实 stimulative parthenocarpy
假单性结实 fake parthenocarpy
诱导性单性结实 induced parthenocarpy
呼吸跃变 respiratory climacteric
休眠 dormancy
强迫休眠 epistotic dormancy
生理休眠 physiological dormancy
后熟作用 after ripening
层积处理 stratification
芽休眠 bud dormancy
衰老 senescence
程序性细胞死亡 programmed cell death，PCD
自由基 free radical
氧自由基 oxygen free radical
活性氧 active oxygen
超氧化物歧化酶 superoxide dismutase，SOD
脂氧合酶 lipoxygenase，LOX
丙二醛 malondiadehyde，MDA
过氧化物酶 peroxidase，POD
过氧化氢酶 catalase，CAT
谷胱甘肽过氧化物酶 glutathione peroxidase，GPX
谷胱甘肽还原酶 glutathione reductase，GR
还原型谷胱甘肽 glutathione，GSH
细胞凋亡 apoptosis
衰老相关基因 senescence associated genes，SAG
脱落 abscission
离区 abscission zone
离层 abscission layer
小泡 vesicle

纤维素酶 cellulase
果胶酶 pectinase
生长素梯度学说 auxin gradient theory
生长 growth
分化 differentiation
发育 development
细胞分裂 cell division
细胞周期 cell cycle
细胞分裂周期 cell division cycle
分裂期 mitotic stage
分裂间期 interphase
相对生长速率 relative growth rate (RGR)
绝对生长速率 absolute growth rate (AGR)
生长大周期 grand period of growth
生长曲线 growth curve
生长的周期性 growth periodicity
昼夜周期性 daily periodicity
季节周期性 seasonal periodicity
相关性 correlation
根冠比 root/tops (R/T)
顶端优势 apical dorminance
再生作用 regeneration
光形态建成 photomorphogenesis
光受体 photoreceptor
光敏色素 phytochrome
脱辅基蛋白 apoprotein
生色团 chromophore
快反应 fast reaction
慢反应 slow reaction
膜假说 membrane hypothesis
基因调节假说 gene regulation hypothesis
蓝光受体 blue light receptor
隐花色素 cryptochrome
黄素蛋白 flavoprotein
嘌呤 purine
温周期现象 thermoperiodicity
植物的运动 plant movement
向性运动 tropic movement

向光性 phototropism
向重力性 gravitropism
叶枕 pulvinus
假叶枕 false pulvinus
向化性 chemotropism
向水性 hydrotropism
正向光性 positive phototropism
负向光性 negative phototropism
横向光性 dia phototropism
顺式萝卜宁 raphanusanin
萝卜酰胺 raphanusamide
核黄素 riboflavin
正向重力性 positive gravitropism
负向重力性 negative gravitropism
横向重力性 diagravitropism
平衡石 statolith
淀粉体 amyloplast
中柱 columella
感性运动 nastic movement
感夜性运动 nyctinastic movement
感震性运动 seismonastic movement
感触性运动 touchnastic movement
动作电位 action potential
膨压素 turgorins
内生的昼夜节奏运动 circadian rhythm movement
生物钟或生理钟 physiological clock